中国科学院科学出版基金资助出版

数据包络分析 第二卷

广义数据包络分析方法

马占新 著

U0313382

科学出版社

北京

内 容 简 介

本书旨在给出一种更具广泛含义的数据包络分析方法——广义数据包络分析方法,并探讨其在自然科学与社会科学领域中的应用. 主要包括作者博士后出站报告(2001)的部分内容以及作者 2001~2010 年的主要工作,是作者近十年主要研究工作的总结. 第 1 章综述了数据包络分析方法近 30 年的主要研究进展. 第 2 章从构成 DEA 生产可能集的参照系出发,重新审视 DEA 理论. 第 3 章以 C^2R 模型、BC^2 模型为基础,阐述了广义 DEA 方法的构造思想和基本模型. 第 4 章和第 5 章分别给出了带有偏好锥的广义 DEA 模型和具有无穷多个决策单元的广义 DEA 模型. 第 6 章给出了综合的广义 DEA 模型. 第 7 章给出了只有输出的广义 DEA 模型. 第 8 章给出了评价多属性决策单元的广义 DEA 模型. 第 9 章给出了基于模糊综合评判的广义 DEA 模型. 第 10 章和第 11 章应用广义 DEA 方法给出了几种组合有效性评价和系统风险评估的方法. 第 12 章和第 13 章给出了基于面板数据的广义 DEA 方法及应用. 第 14 章探讨了广义 DEA 方法在生物信息综合分析中的应用.

本书可供数学系、管理系、经济系的本科生、研究生和教师使用,也适合经济、管理领域从事数据分析和评价的工作人员参考.

图书在版编目(CIP)数据

广义数据包络分析方法 / 马占新著. —北京: 科学出版社, 2012
ISBN 978-7-03-033420-6

Ⅰ. ①广… Ⅱ. ①马… Ⅲ. ①包络–系统分析 Ⅳ.①N945.12

中国版本图书馆 CIP 数据核字(2012)第 013524 号

责任编辑: 王丽平 房 阳 / 责任校对: 赵桂芬
责任印制: 徐晓晨 / 封面设计: 陈 敬

科 学 出 版 社 出版
北京东黄城根北街 16 号
邮政编码: 100717
http://www.sciencep.com

北京建宏印刷有限公司 印刷
科学出版社发行 各地新华书店经销

*

2012 年 2 月第 一 版 开本: B5 (720 × 1000)
2018 年 6 月第二次印刷 印张: 22 1/2
字数: 437 000
定价: 149.00 元
(如有印装质量问题, 我社负责调换)

前　　言

数据包络分析 (data envelopment analysis, DEA) 是美国著名运筹学家 Charnes 等提出的一种效率评价方法, 经过 30 多年的发展, 现已成为管理学、经济学、系统科学等领域中一种常用且重要的分析工具. 某些运筹学或经济学的主要刊物, 如 *Annals of Operations Research* (1985), *European Journal of Operational Research* (1992), *Journal of Productivity Analysis* (1992), *Journal of Econometrics* (1990) 等都先后出版了 DEA 研究的特刊. 本书第 1 章系统地介绍了国内外 DEA 方法研究与应用的现状. 从 DEA 30 多年的发展历史来看, DEA 方法在经济管理学科中的应用十分广泛, 其中比较主要的方向有技术经济与技术管理、资源优化配置、绩效考评、人力资源测评、技术创新与技术进步、财务管理、银行管理、物流与供应链管理、组合与博弈、风险评估、产业结构分析、可持续发展评价等. 有关统计数据表明, 自 1978 年以来, DEA 方法的研究保持了持续、快速增长的趋势. 特别是在 2000 年以后, DEA 方法的应用迅速增长, 应用的范围也在不断扩大, 已经成为经济管理学科中的热点研究领域.

作者开始对 DEA 的研究是在 1996 年, 当时作者考入大连理工大学管理学院攻读博士学位, 在导师唐焕文教授的指导下开始研读 DEA 方面的文章, 并把对 DEA 的研究作为博士论文的选题方向. 尽管当时关于 DEA 的研究已经取得了众多进展, 无论 DEA 理论还是应用都获得了空前发展, 但 DEA 方法本身仍然存在着不同程度的局限性. 例如, DEA 方法仅仅是一种效率评价方法, DEA 方法给出的结果只是一种相对结果, DEA 有效前沿面的构造仍未走出随机化的困境等.

由于作者硕士期间的研究方向是格论和模糊数学, 从专业直觉感到偏序集理论和 DEA 方法之间可能存在着某种必然联系, 在导师唐焕文教授和赵萃魁教授的鼓励下, 作者开始探讨数据包络分析与偏好理论之间的关系. 到 2003 年为止, 用了 8 年时间初步建立了基于偏好理论的 DEA 方法理论新体系. 通过研究发现: ① 从偏序集的理论出发, 不仅可以刻画 DEA 有效的本质特征、给出不同于 Charnes 和 Cooper 等的原始解释, 而且还可能为离散型 DEA 模型的建立找到出路. ② 该理论打通了 DEA 方法与其他众多传统评价理论之间的联系, 如原有的模糊综合评判方法只能评价结果的好坏, 而不能说明无效的原因, 该结果的提出为这一问题的解决找到了出路. ③ 由于传统 DEA 方法产生的基础是经济系统的公理体系, 所以并不一定适合非经济领域的问题. 该项研究为 DEA 方法在非经济领域中的应用找到了根据.

　　同时, 作者开展的另一项研究是广义 DEA 方法的研究. 如果将效率评价问题比较的对象分为 "群体内部单元" 和 "群体外部单元" 两类, 那么传统 DEA 方法能够评价的也只是第一类中的一部分问题, 即它只能给出相对于 "优秀" 单元的信息, 而广义 DEA 方法却可以依据任何单元集进行评价. 从 1998 年起, 随着对基于偏好理论的 DEA 有效性研究的深入, 作者逐渐发现传统 DEA 方法存在着许多局限性. 例如, ①在高考中, 一般考生更关心的是自己是否超过了录取线, 而不是和优秀考生的差距. ②在由计划经济向市场经济转型时, 决策者不是看哪个企业更有效, 而是要寻找按市场经济配置的改革样板进行学习. ③和每个单元进行比较不仅浪费时间和资源, 而且有些比较可能是没有意义的. 为了解决这些问题, 作者在最近 10 年间将精力主要集中在广义 DEA 方法的研究, 陆续提出了基于 C^2R 模型、BC^2 模型的广义 DEA 模型 (2002 年)、基于 C^2WH 模型的广义 DEA 模型 (2006 年)、基于 C^2W 模型的广义 DEA 模型 (2009 年)、基于 C^2WY 模型的广义 DEA 模型 (2011 年)、基于面板数据的广义 DEA 模型 (2010 年)、基于模糊综合评判的广义 DEA 模型 (2001 年)、多属性决策单元评价的广义 DEA 模型 (2011 年) 等, 用了大约 10 年的时间初步建立了广义 DEA 方法的理论和方法体系.

　　作者在哈尔滨工程大学博士后流动站期间 (1999~2001 年), 在戴仰山教授和任慧龙教授的鼓励和帮助下, 开始风险评估方面的研究, 完成了博士后出站报告 "综合评价与安全评估中若干模型与方法研究", 初步探讨了广义 DEA 方法在风险评估领域中的应用问题.

　　2001 年博士后出站后, 作者应内蒙古大学的邀请, 积极投身到祖国西部的建设中, 有幸成为第一位到内蒙古大学从事经济管理学研究工作的博士后出站人员. 2001~2010 年, 作者指导的博士研究生和硕士研究生先后有 28 人陆续加入到 DEA 研究队伍中. 10 年间, 内蒙古大学 DEA 研究团队基本形成, DEA 的研究经历了从无到有的过程. 同时, 还有不少教师开始关注 DEA 方法研究, 陆续加入到 DEA 研究队伍中, 进一步增强了内蒙古大学 DEA 研究团队的实力. 这段时间, 还对联合型、竞争型与重组型组合效率评价、DEA 软件系统开发、综合 DEA 模型、基于工程效率的 DEA 有效性含义、经济系统有效性评价、DEA 方法在生物物理领域中的应用等问题进行了研究. 在内蒙古大学工作的 10 年间, 整个 DEA 团队不仅给作者带来了学术研究与合作的快乐, 同时也培养了深厚的友谊. 特别是当大家热心于 DEA 的研究, 并不断取得新进展时, 作者的欣慰和快乐是无法言表的.

　　从 1996 年开始 DEA 的研究至今, 已经有 16 个年头, 对 DEA 的认识也逐步得到了深入, 进而发现 DEA 方法本身还存在巨大的发展空间. 这主要表现在以下几个方面:

　　(1) 传统 DEA 产生的理论基础主要依赖于生产函数理论, 目标在于构建一种与传统参数方法并重的非参数经济分析方法. 因此, 传统 DEA 方法参考的对象必

然是 "优秀单元" (即生产前沿面). 而现实中决策者希望获得的还可能是和一般单元 (如录取线)、较差单元 (如可容忍的底线)、特殊的单元 (如标准等) 比较的信息, 而 DEA 方法无法解决这些问题.

(2) 由于 DEA 方法应用的前提是评价对象必须满足经济学的凸性、无效性、最小性等公理体系, 而许多实际问题并不一定满足经济学性质, 因此, DEA 方法本身需要一个更具广泛性的理论支持.

(3) 由于 DEA 生产可能集是由同类决策单元构成的, 这也导致了 DEA 方法只能评价同类单元, 无法评价非同类决策单元. 因此, 对非同类决策单元的评价是一项重要而又具有挑战性的工作.

本书以解决上述问题为基础, 旨在给出一种更具广泛含义的 DEA 方法 —— 广义 DEA 方法, 并系统阐述广义 DEA 方法的理论和方法新体系, 希望通过与广大学者的共同努力促成 DEA 方法在自然科学与社会科学更广泛的领域上发挥作用. 本书主要取材于作者博士后出站报告 "综合评价与安全评估中若干模型与方法研究" (哈尔滨工程大学, 2001 年), 以及作者在 2001~2010 年的主要工作, 其中第 15 章与包斯琴高娃老师合作完成.

为了帮助读者更好地阅读本书, 在内容安排上, 尽量保持了内容的简洁性、完整性和易读性, 几乎所有的定理都尽量采用最简单、最直接的方式进行证明. 同时, 尽量保持每个章节的独立性和完整性, 以便读者在阅读时能够更加清晰和便利.

本书是作者近 10 年主要研究工作的总结, 其中第 1 章综述了数据包络分析方法 30 年的主要研究进展, 让读者首先对 DEA 方法有一个宏观总体的认识. 第 2 章从构成 DEA 生产可能集的参照系出发, 重新审视 DEA 理论、模型和方法, 为广义 DEA 方法的提出做理论上的准备. 第 3 章以 C^2R 模型、BC^2 模型为基础, 系统阐述了广义 DEA 方法的构造思想、基本模型和有关性质. 第 4 章和第 5 章分别给出了带有偏好锥的广义 DEA 模型和具有无穷多个决策单元的广义 DEA 模型. 第 6 章在有关模型的基础上给出了综合的广义 DEA 模型. 第 7 章从偏序集理论出发, 给出了只有输出的广义 DEA 模型. 第 8 章给出了评价多属性决策单元的广义 DEA 模型. 第 9 章研究了一种基于模糊综合评判方法的广义 DEA 模型. 第 10 章应用广义 DEA 方法给出了三类组合有效性问题的评价方法. 第 11 章应用广义 DEA 方法给出了几种用于系统风险评估的方法. 第 12 章和第 13 章给出了基于面板数据的 DEA 方法及其在经济系统分析中的应用. 第 14 章探讨了广义 DEA 方法在多指标生物信息综合分析中的应用.

本书的整体结构体系如下:

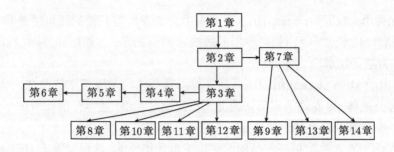

作者在研究过程中得到了许多前辈和朋友的大力支持, 美国著名管理运筹学家 Cooper 教授、中国人民大学魏权龄教授给予作者许多指导和帮助, 在此表示深深的感谢! 同时, 也要深深感谢一直关心和支持作者的同学、同事和朋友们, 你们的支持和帮助是作者前进的动力. 最后, 作者还要特别感谢父母和家人几十年来默默的支持和无私的帮助.

本书的出版得到了中国科学院科学出版基金、国家自然科学基金 (70961005, 70501012) 的资助, 在此表示深深的感谢!

作　者

2010 年 12 月于内蒙古大学

目 录

第 1 章　数据包络分析方法的研究进展

首先, 对近年来 DEA 方法的主要成果进行了系统的分析和归纳, 阐述了它的若干重要问题的主要研究进展. 其次, 在 DEA 应用方面, 针对实际问题复杂多样、范围极其广泛以及 DEA 模型本身种类较多等特点, 给出了应用 DEA 方法的具体工作步骤, 并明确了每个步骤上应该完成的任务. 最后, 提出 DEA 方法研究中值得关注的几个问题. 本章内容主要取材于文献 [1].

数据包络分析 (data envelopment analysis, DEA) 是美国著名运筹学家 Charnes 等提出的一种效率评价方法[2]. 它把单输入、单输出的工程效率概念推广到多输入、多输出同类决策单元 (decision making unit, DMU) 的有效性评价中, 极大地丰富了微观经济中的生产函数理论及其应用技术, 同时, 在避免主观因素、简化算法、减少误差等方面有着不可低估的优越性. DEA 方法一出现, 就以其独有的特点和优势受到了人们的关注, 无论在理论研究还是在实际应用方面都得到了迅速发展, 并取得了多方面的成果[1,3], 现已成为管理科学、系统工程和决策分析、评价技术等领域中一种常用且重要的分析工具和研究手段[4]. 目前, 国内外可以检索到的有关 DEA 的学位论文有数百篇, 学术论文近万篇, 特别是最近几年, DEA 的研究呈现迅速上升的趋势.

从图 1.1 和表 1.1[5] 可见, 自 1978 年以来, DEA 方法的研究保持了持续快速增长的趋势, 许多重要的成果都发表在国际著名杂志上, 在经济管理学领域具有重要的地位和影响.

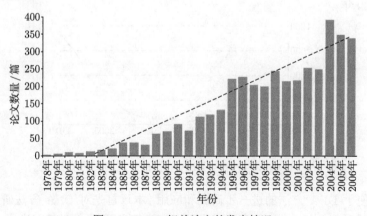

图 1.1　DEA 相关论文的发表情况

表 1.1   发表 DEA 论文数量最多的 20 种著名期刊

期　刊	论文数量/篇	占论文总量的比例/%
European Journal of Operational Research	373	23.0
Journal of Productivity Analysis	242	14.9
Journal of the Operational Research Society	164	10.1
Applied Economics	86	5.3
Annals of Operations Research	83	5.1
Management Science	83	5.1
OMEGA—International Journal of Management Science	73	4.5
Applied Mathematics and Computation	63	3.9
Socio-Economic Planning Sciences	63	3.9
International Journal of Production Economics	58	3.6
Computer and Operations Research	48	3.0
International Journal of Systems Science	41	2.5
Journal of Econometrics	37	2.3
Applied Economics Letters	35	2.2
Journal of Banking and Finance	35	2.2
Health care Management Science	29	1.8
Journal of Medical Systems	29	1.8
Journal of the Operations Research Society of Japan	28	1.7
System Engineering Theory and Practice	26	1.6
Review of Economics and Statistics	25	1.5
合　计	1621	100.00

DEA 方法的研究与应用在中国的发展十分迅速. 应用中国期刊全文数据库 (http://www.cnki. net) 检索发现, 1986~2010 年可以检索到和 DEA 有关的中文论文近 5000 篇. 从图 1.2 可以看出, 从第一篇 DEA 论文的发表到 2009 年已经有 24 年, 如果以 8 年为一个阶段, 那么 DEA 方法在中国基本上经历了如下三个阶段: ① 起步阶段 (1986~1993 年); ② 发展阶段 (1994~2001 年); ③ 繁荣阶段 (2002~2009 年).

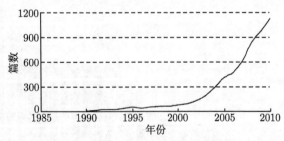

图 1.2   1986~2010 年与 DEA 有关的中文论文的发表情况

为了便于 DEA 方法的进一步研究和应用, 本章首先对 DEA 方法研究的主要成果进行了系统分析和归纳, 阐述了它的若干重要问题的主要研究进展. 然后, 在

DEA 应用方面, 由于实际问题复杂多样、范围极其广泛, DEA 模型本身又种类较多, 为了能够建立合理的指标体系、选择恰当的模型并作出客观的分析, 必须首先有一套正确的工作步骤, 这样才能最大限度地发挥 DEA 方法的优势, 并提供更加合理的信息. 以下在已有工作[6] 的基础上, 从系统工程[7] 的工作方法出发, 对这一问题进行了进一步分析. 最后, 由于 DEA 方法的快速发展带来了 DEA 研究的许多新趋势. 目前, DEA 的应用研究十分活跃, 而如何实现 DEA 方法的理论突破成为DEA 研究的关键. 作者在总结近年来 DEA 研究的基础上, 提出了 DEA 理论研究中值得关注的几个重要方向.

1.1 DEA 方法的研究进展

自 1978 年以来, DEA 方法发展极其迅速, 在理论和应用上均获得了多方面的进展. 这主要表现在以下三个方面.

1.1.1 DEA 模型的进展

1978 年, Charnes 等以单输入、单输出的工程效率概念为基础提出了第一个DEA 模型——C^2R 模型. C^2R 模型从公理化的模式出发, 刻画了生产的规模与技术有效性. 这个模型的产生不仅扩大了人们对生产理论的认识, 而且也为评价多目标问题提供了有效途径, 使得研究生产函数理论的主要技术手段由参数方法发展成为参数与非参数方法并重. 在此基础上, 又派生出一系列新的 DEA 模型, 主要有以下 7 种类型.

1. 适应不同规模收益的 DEA 模型

对具有不同规模收益条件下的 DEA 模型的研究是 DEA 研究的一项重要内容. C^2R 模型是一个刻画生产的规模与技术有效的 DEA 模型. 1984 年, Banker 和Charnes 等针对生产可能集中的锥性假设不成立, 给出了另一个评价生产技术相对有效的 DEA 模型——BC^2 模型[8,9]. 同时, Färe 和 Grosskopf 也给出了满足规模收益非递增的 DEA 模型 ——FG 模型[10]. 1990 年, Seiford 和 Thrall 给出了满足规模收益非递减的 DEA 模型 ——ST 模型[11]. 上述模型是非常经典的 DEA 模型, 它们对经济学中的规模收益评价问题构成了一个完整的体系.

2. 对权重的改进

最初的 DEA 模型对权重没有任何限制, 它实际上是选取了对被估单元最有利的权重, 这样得出的结果可能不符合客观实际, 因而对权重加以研究是人们一直关注的问题. 1989 年, Charnes 等给出了一个含有偏好的 DEA 模型——C^2WH 模型[12], 这一模型通过调整锥比率的方式能够反映决策者的偏好, 从而使决策更能反映人的意愿. C^2WH 模型本身并不直观和具体, 因此, 针对不同的情况又有许多特殊形式的模型被讨论. 例如, 文献 [13] 针对权重间具有强序关系或弱序关系的情况, 给出了权重弱排序和权重严排序的 DEA 模型; 文献 [14] 根据船型设计的具体特点, 给出了用于船型设计方案有效性评价的模型.

3. 对输入输出方面的改进

最初的 DEA 模型中对所有的输入输出指标没有任何限制, 但在实际问题中, 它们有时是不可控的. Banker 等于 1986 年提出并研究了能处理既含有可控输入 (出) 又含有不可控输入 (出) 的 DEA 模型[15]. 1995 年, 刘永清等又给出了要素在有限范围内变化的 DEA 模型[16]. 1995 年, 何静针对评价单元只有输入或输出的情况进行了研究, 给出了评价只有输出 (入) 指标的模型并讨论了其相关性质[17]. 另外, 还有人研究过使用类别变量的 DEA 模型[18]、以序数词作为输入输出变量的 DEA 模型[19] 等.

4. 对决策单元的改进

原始的 DEA 模型是针对决策单元有限的情况进行讨论的, 为了解决具有无限多个决策单元的评价问题, 1986 年, Charnes 等利用半无限规划理论将 C^2R 模型推广到具有无限多个决策单元的情况, 给出了 C^2W 模型[20]. 实际上, C^2WY 模型[21] 和 Banach 空间中的 DEA 模型[22] 也是可处理具有无限多个决策单元的 DEA 模型.

5. 综合 DEA 模型的研究

由于适合于不同需要的 DEA 模型已提出多种, 一些新的模型还在不断涌现, 那么, 对每一模型的基本性质、求解方法等都分别进行讨论, 常常会出现一些重复的工作, 并且也给编程和使用带来不便. 1989 年, Charnes 等给出了一个综合的 DEA 模型——C^2WY 模型, 这一模型除包含了两个最基本的 DEA 模型外, 还包含 C^2W 模型和 C^2WH 模型. 而后, 李树根等于 1996 年给出了 Banach 空间中的 DEA 模型, 证明了有限空间中的上述模型都是 Banach 空间中 DEA 模型的特例. 这些模型的提出对研究 DEA 模型的一般性质具有重要意义, 但 C^2WY 模型不能直接进行编程计算. 因此, 文献 [23] 给出了一个综合的 DEA 模型 (ZHDEA), 并探讨了其求解方法. 这一模型不仅包含了多种常用的 DEA 模型, 而且还可以直接编程计算[24], 通过确定一些参数就可以获得一些常用的模型, 给使用带来了方便.

6. DEA 模型应用空间的推广

某些系统用欧氏空间去表示和处理有时会遇到困难. 因此, 文献 [22] 引入了 Banach 空间的 DEA 模型. 文献 [25] 提出了基于模糊集理论的 DEA 模型. 而后, 文献 [26]~[29] 又从偏序集的角度刻画了 DEA 有效单元的本质特征, 并推广了 DEA 有效性的概念, 给出了 SEA 方法. 这一模型不仅是应用偏序集理论对欧氏空间难以处理问题评价的一种尝试, 同时也为偏序集理论在决策分析中的应用找到一个有效途径.

7. 基于样本单元评价的 DEA 模型

如果将评价的参照集分成 "决策单元集" 和 "非决策单元集" 两类, 那么传统的 DEA 方法只能给出相对于决策单元集的信息, 而无法依据任何非决策单元集进行评价, 这使得 DEA 方法在众多评价问题中的应用受到限制. 针对传统 DEA 方法无法依据指定参考集提供评价信息的弱点, 文献 [30]~[33] 探讨了依据样本评价决策单元有效性的 DEA 模型. 从该方法出发, 可以在择优排序[34]、风险评估[35]、评价组合效率[36] 等许多方面给出更为有效的分析方法. 例如, 应用该方法不仅可以将传统的 F-N 曲线分析方法推广到 n 维空间, 而且可以通过构造各种风险数据包络面来划分风险区域、预测风险大小以及给出风险状况综合排序等.

此外, 还有发展 DEA 模型[37]、动态 DEA 模型[38] 以及考虑随机因素的 DEA 模型[39] 等. 总之, 自 1978 年以来, 多种派生和专用的 DEA 模型相继诞生, 它们随着 DEA 方法的不断发展, 显示出越来越重要的地位, 并成为系统分析的有力工具之一.

1.1.2　DEA 相关理论的进展

DEA 理论的发展使人们对 DEA 方法的认识上升到一个新的高度. DEA 理论的进展主要表现为以下几个方面.

1. 对 DEA 有效性的研究

DEA 有效是 DEA 理论中最重要、最基本的概念. 由于它在 DEA 理论中的重要地位, 对 DEA 有效性问题的研究成果很多. 首先是对 DEA 有效性的含义以及 DEA 有效单元的结构与特征的认识. 例如, 1991 年, 李树根等对 C^2R 模型和 C^2W 模型下的 DEA 有效决策单元集合的结构进行了探讨, 给出了一些理论上的结果[40]. 而后, 文献 [41] 又把总体有效分解为规模有效、饱和有效和纯技术有效三类, 并分析了各种有效的含义. 1994 年, 冯俊文讨论了 C^2R 模型和 C^2GS^2 模型的 DEA 有效性问题[42], 给出了 DEA 有效及弱有效的一个充要条件, 并讨论了一些相关性质. 另外, 文献 [29] 还从偏序集的角度刻画了 DEA 有效的本质特征, 证明了 DEA 有效单元的本质就是某一个偏序集的极大元.

DEA 有效性与指标及决策单元个数之间的关系密切. 文献 [43] 对指标特性与 DEA 有效性的关系进行了探讨, 分析了评价指标增加或指标中存在线性关系时决策单元 DEA 有效性变化的规律. 文献 [44], [45] 给出了决策单元如何只改变输出使其变为有效的计算方法. 魏权龄等分析了决策单元的变更对 DEA 有效性的影响[46].

1989 年, 魏权龄等针对综合 DEA 模型给出了 DEA 有效决策单元集合的几个恒等式[47], 从而使决策单元进行分组评价成为可能, 进而为大规模决策单元的评价问题找到了简化的方法. 1993 年, 吴文江等给出了寻找 DEA 有效单元的一种新方法[48]. 针对以往对有效单元的分析较少的情况, 赵勇等[49] 还对有效单元进行了进一步探讨. 这些工作不仅为应用 DEA 方法进行评价提供了理论依据, 同时也增强了 DEA 方法评价的能力.

2. 数据变换不变性的研究

关于数据变换不变性的研究是 DEA 理论中一个十分重要的课题, 它与决策单元的灵敏度分析、发展的 DEA 模型及改变输入输出使决策单元有效等问题有十分紧密的关系, 因而对这一问题的讨论具有十分重要的意义. 文献 [50] 指出当观测点较少时, 对生产函数作线性逼近显得比较粗糙. 为此, 对数据作了一些调整转换, 通过这种转换可将对实际前沿生产函数的局部线性逼近改为 Cobb-Douglas 生产函数的局部逼近, 从而使得生产前沿面的逼近更能反映生产实际. 文献 [51] 探讨了文献 [50] 变换的理论依据, 得到了数据在正严格保序变换下保持 DEA 有效性不变. 在此基础上, 文献 [52] 对数据变换下 DEA 有效性问题进行了探讨, 给出了一些基于偏序集理论的变换性质. 这些结论将有助于 DEA 方法的进一步应用和拓展.

3. 灵敏度分析

DEA 方法的灵敏度分析一直是 DEA 理论中一个重要的研究课题, 尽管目前线性规划的灵敏度分析已经接近成熟, 但通常的线性规划的灵敏度分析不能直接应用于 DEA 方法的灵敏度分析中. 因此, 1985 年, Charnes 等从构造一个特殊的逆矩阵的角度出发, 研究了有效决策单元单个产出量变化时的灵敏度分析[53]. 而后, Charnes 等又利用基础解系矩阵对加性 DEA 模型的灵敏度分析问题进行了探讨[54]. 1994 年, 朱乔等还分析了 C^2R 模型的稳定性问题[55]. 在这些工作的基础上, 1997 年, 何静等给出了有关决策单元为 DEA 有效 (C^2R 或 C^2GS^2) 的充要条件的两个定理, 并用它分析了 DEA 的灵敏度问题[56]. 另外, 杨印生等还研究了带有参数的 C^2R 模型的灵敏度问题[57].

4. DEA 方法与其他方法的比较研究

DEA 方法与其他评价方法的比较研究是一项十分引人注目的工作. 1993 年, 王应明等指出了 DEA 方法、层次分析法、模糊综合评价方法等用于评价工业经济效益的不足[58], 在这些评价方法的基础上给出了一种新的基于权重的评价方法. 1998 年, 王宗军对主要的综合评价方法进行了分析和比较研究[59], 分析了 DEA 方法的弱点在于应用范围仅限于一类多输入、多输出对象系统的评价, 对有效决策单元所能给出的信息太少, 同时还指出尝试将各种方法综合运用是综合评价的一个研究趋势.

5. DEA 有效的偏好性质

原有的 DEA 理论是以工程效率和生产函数理论为基础发展起来的, 文献 [26]~[28] 的研究发现应用偏序集理论可以刻画 DEA 有效单元的本质特征, 对 DEA 有效给出不同于 Charnes 等的原始解释, 而且还可以深入到 DEA 理论研究的许多方面 (如研究指标性质、讨论模型关系、分析数据变换等). 文献 [29] 的研究表明, 从偏序集理论出发研究 DEA 方法与以往的研究基础和研究手段不同, 因而具有鲜明的特色和独特的优势, 并为 DEA 方法的进一步拓展提供了新的理论基础. 例如, 用偏序集理论去解释 DEA 有效性, 就不再需要输入输出指标间必须具有 "投入" 和 "产出" 关系, 同时指标数据的运算空间也由实数空间扩展到只需满足偏序关系的任何空间. 这些理论初步奠定了基于偏好关系的 DEA 方法的理论基础.

另外, 其他方面的成果还有很多, 限于篇幅, 不再一一列举.

1.1.3　DEA 方法的应用进展

DEA 方法是评价多输入、多输出同类部门 (或单位) 间相对有效性的一种重要方法. 它的第一个成功应用的案例是对为弱智儿童开设的公立学校项目的评价, 在评价过程中选取了如 "父母的照顾" 等一些不可公度的指标, 同时也选取了如 "自尊" 等一些无形的指标[4]. DEA 方法不仅能对此问题进行评价, 而且评价结果能够反映大规模社会实验的结果. DEA 方法在实践中的成功应用越来越引起人们的重视, 使其在许多领域得到了发展, 特别是近年来 DEA 方法的应用呈现迅速增长的趋势, 逐渐成为经济管理学的热点领域.

为了初步概括 DEA 方法在中国的应用状况, 以下应用中国期刊全文数据库围绕经济管理学中与 DEA 相关的 14 个重要关键词进行了 "主题" 检索, 得到的结果如图 1.3 所示.

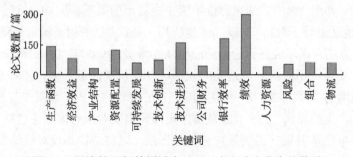

图 1.3　经济管理相关领域中 DEA 中文论文发表的数量

从图 1.3 可以看出, DEA 方法的应用十分广泛, 涉及经济管理学科的众多研究领域. 目前, DEA 方法的研究主要集中在经济系统评价与分析、人力资源管理、技术创新与技术进步、金融分析、财务管理、银行管理、物流与供应链管理等许多领域. 下面将对几个主要应用领域进行概述和分析.

1. DEA 方法在刻画生产函数方面的应用

DEA 方法的产生具有深刻的经济背景, 这决定了它在经济分析领域中的重要价值. 作为评价经济系统相对效率的方法, 它与生产函数具有紧密的联系. 1988 年, 魏权龄等介绍了运用 DEA 模型建立生产函数的方法[60], 进而证明了在单一输出的情况下, DEA 有效曲面就是生产函数曲面[61]. 此外, DEA 方法在阶段 C-D 前沿生产函数和外沿生产函数的估计方面也有应用[62,63]. 1998 年, 郭京福等讨论了 DEA 方法与生产函数之间的内在关联[64], 将生产前沿参数方法与非参数方法进行了比较研究.

2. DEA 方法在经济效率评价中的应用

DEA 方法的另一个较活跃的应用领域是对效率和效益方面的研究. 用 DEA 方法研究企业经济效益是一个非常有意义的课题. 1990 年, 魏权龄等应用 DEA 方法对中国纺织工业系统内的 177 个大中型棉纺织企业的经济效益进行了评价. 在此基础上, 文献 [65], [66] 都对 DEA 方法进行了改进, 并应用改进的模型对工业企业经济效益问题进行了探讨. 2003 年, 文献 [67] 应用 DEA 方法评估了经济合作与开发组织的 11 个城市制造业 20 年间的生产效率, 从技术有效性的角度分析了各地区制造业的生命力.

3. DEA 方法在区域经济研究中的应用

区域经济发展在整个国民经济发展过程中有着举足轻重的作用. DEA 方法是评价经济发展有效性的一种重要方法, 1986 年, Macmillan 将 DEA 方法用于区域经济研究[68], 并用 DEA 方法来评价中国主要省市的效率, 以 DEA 评价结果为基础, 对无效地区进行了分析. 文献 [69] 也应用 DEA 方法探讨了城市经济发展状况. 随后, DEA 方法在区域经济评价中的应用陆续增多. 1995 年, Bannistter 等用 DEA 方法测量了墨西哥不同区域制造业的效率[70], 发现了区域效率、区域工业集中度和生产规模间的关系. 文献 [71] 应用 DEA 方法成功地分析了泰国宏观经济的走势和金融危机产生的原因. 文献 [72] 从偏序集理论出发对原有的理论进行了拓展, 给出了用于区域经济发展评价的纵向分析图形法. 这些结论不仅对经济发展状况给出了合理评价, 而且还能分析经济有效性的变化规律、预测经济发展的趋势.

4. DEA 方法在资源配置中的应用

合理的资源配置可以大大地提高生产效率和效益. 因此, 寻找最佳的资源配置, 并根据生产状况不断调整生产结构一直是管理者努力的方向. 例如, 文献 [73], [74] 曾利用 DEA 方法分析了生产单元的最小成本及最大收益, 以及投入产出的最佳组合效率问题. 文献 [75] 建立了具有锥结构的资源分配模型, 并用非参数 DEA 方法进行经济分析, 得到了更为丰富的经济和管理信息. 文献 [76] 在资源配置分析中提出了价格非有效、绝对冗余、相对冗余等概念. 文献 [77], [78] 从综合 DEA 模型出发对 DEA 有效与规模收益进行了比较系统的研究.

5. DEA 方法在技术进步与可持续发展中的应用

技术进步与生产函数之间关系密切, 而 DEA 方法在刻画生产函数中的重要作用使得它在评估技术进步方面更具优势. 1991 年, 魏权龄等通过由 DEA 模型确定生产前沿面的途径, 给出了一种测算技术进步水平和技术进步速度的模型[79]. 而后, 文献 [80] 对评估技术进步的几种方法作了分析和归纳, 并借助 DEA 理论探讨了技术进步与规模报酬的关系. 在可持续发展研究方面, 文献 [81] 探讨了 DEA 方法在城市可持续发展中的应用, 得出了许多有意义的结论.

6. DEA 方法在绩效评估中的应用

绩效评估是管理学中的重要内容, 由于 DEA 方法不必事先确定评价指标的权重, 因而评价结果更具客观性. DEA 在该领域中的应用十分广泛, 如 1999 年, 崔南方等探讨了 DEA 在评估业务流程绩效、选择流程重构方案和连续改进业务流程中的应用[82]; 文献 [83] 运用复合 DEA 方法提出了测度和评价企业知识管理绩效的方法; 文献 [84] 应用 DEA 方法对高校科研绩效进行了实证研究.

7. DEA 方法在物流与供应链管理中的应用

物流产业作为国民经济的一个重要组成部分, 它的发展水平正在成为衡量一个国家综合国力、经济运行质量与企业竞争力的重要指标. DEA 方法在物流与供应链研究领域中的应用十分广泛, 主要集中在物流企业绩效评价、物流服务提供商的选择和评判、物流中心选址、物流配送效率、企业自营物流等许多方面. 国外学者应用 DEA 方法评价物流系统的研究较早, 也比较深入[85~87]. 目前, 国内有关 DEA 方法在物流与供应链管理中的应用正日趋增多[88], 它的影响也在不断扩大和加深.

8. DEA 方法在银行评价中的应用

DEA 方法在商业银行评价方面的应用很多, 可以检索到有关 DEA 方法在商业银行应用的中文论文就超过了 100 篇, 获得了许多研究进展. 例如, 文献 [89] 曾结合中国内地商业银行投入和产出的特点, 建立了综合考虑银行营利能力与风险控

制能力的投入产出指标体系和中国商业银行综合效率的评价模型. 文献 [90] 应用
DEA 方法对中国商业银行的技术效率进行了实证研究, 并将技术效率分解为纯技
术效率、规模效率、投入要素可处置度等. DEA 方法在银行方面的应用主要分布
在银行的效率评价[91~93]、收入结构与收入效率的关系研究[94]、商业银行的技术效
率与技术进步[90]、绩效评价[95]、商业银行的综合竞争力排名[96] 等许多方面.

9. DEA 方法在组合有效性评价中的应用

竞争与联合问题广泛存在于经济和社会发展的各个层面, 对它的研究一直是管
理学和经济学研究的重点之一. 对于企业而言, 如何正确估计群体效率状况, 如何有
效判断复杂条件下的竞争环境, 如何通过有效联合来达到提升自身实力、抑制竞争
对手的目的, 这些问题都将成为企业关注的热点. 另一方面, 激烈的竞争也有可能
导致一系列负面影响, 如价格战、恶意竞争等情况的发生. 对于市场的监控者而言,
掌握复杂环境下的企业群落整体态势也是实现有效调控的基本前提. 文献 [97]~[99]
通过把评价对象与评价参考集分离, 建立了一套用于评价联合、竞争、重组有效性
的非参数评估理论, 这套理论对中国目前正在实施的国有企业改革、区域经济投资
分析、企业战略重组、产业集群发展等许多重大问题都具有应用价值.

10. DEA 方法在风险评估领域中的应用

系统的安全性与风险性是近代可靠性工程中研究的重要课题[100]. 某些系统常
常置于多种风险之下, 这些风险可能涉及生命、健康、环境和财产等诸多方面, 产生
的原因和内部关系也十分复杂. 文献 [101]~[103] 以 DEA 方法为基础, 不仅提出了
N 维风险空间中的一些新概念, 同时, 还建立了一种基于样本评价系统风险的非参
数方法. 该方法不仅能对决策单元的风险状况进行排序和评价, 而且还能根据被评
价单元在最大风险曲面和最小风险曲面上的投影, 预测风险指标增长的可能趋势、
发现风险指标降低的可行方向, 进而根据每种风险指标代表的具体情况采取相应的
对策. 这些工作不仅推广了传统的定量综合安全评估理论, 同时也扩大了 DEA 方
法的应用范围. 另外, 文献 [102] 还探讨了有关方法在舰船结构全寿命综合评估和
结构设计中的应用.

总之, DEA 方法应用广泛, 成功的案例很多, 随着经济和社会的发展, DEA 方
法也必将被不断地完善, 在经济建设中发挥更大的作用.

1.2   DEA 方法的工作步骤

在应用 DEA 方法进行评价时, 为获得一个比较可靠的结果需要在下面几个步
骤上多次反复, 有时可能还要结合其他定性或定量方法. 这个过程可以用图 1.4 简

单地表示出来.

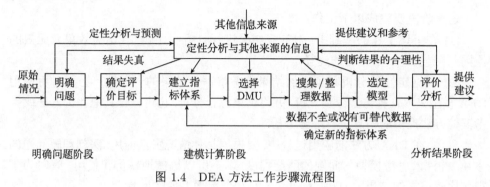

图 1.4 DEA 方法工作步骤流程图

1.2.1 明确问题阶段

为使 DEA 方法所提供的信息更具准确性和科学性, 这一阶段需要完成以下工作:

(1) 需要明确评价的目标, 并围绕评价的目标对评价的对象进行分析, 包括辨识主目标和子目标以及影响这些目标的因素, 并建立一个层次结构.

(2) 确定各种因素的性质, 如把因素分为可变的或不变的、可控的或不可控的以及主要的或次要的等.

(3) 考虑因素间可能的定性与定量关系.

(4) 由于有些决策单元是开放性的, 因此, 有时还要辨明决策单元的边界, 对决策单元的结构、层次进行分析.

(5) 对结果进行定性的分析和预测.

1.2.2 建模计算阶段

这一阶段要完成的工作如下:

(1) 建立评价指标体系. 根据第一阶段的分析结果, 确定能全面反映评价目标的指标体系, 并且把指标间的一些定性关系反映到权重的约束中. 同时, 还可以考虑输入输出指标体系的多样性, 将每种情况下的分析结果进行比较研究, 然后获得比较合理的管理信息.

(2) 选择 DMU. 选择 DMU 本质上就是确定参考集. 因此, DMU 的选取应满足以下几个基本特征, 即具有相同的目标、任务、外部环境和输入输出指标. 决策单元的选取要具有一定的代表性.

(3) 收集和整理的数据具有可获得性.

(4) 根据有效性分析的目的和实际问题的背景选择适当的 DEA 模型进行计算.

1.2.3 分析结果阶段

这一阶段要完成以下工作:

(1) 在上述工作的基础上, 对计算结果进行分析和比较, 找出无效单元无效的原因, 并提供进一步改进的途径.

(2) 根据定性的分析和预测的结果来考察评价结果的合理性. 必要时可应用 DEA 模型采取几种方案分别评价, 并将结果综合分析, 也可结合其他评价方法或参考其他方法提供的信息进行综合分析.

总之, 在 DEA 方法的应用过程中, 要根据具体情况灵活应用, 深刻理解问题的本质, 并深入思考模型与问题的匹配程度, 切不可以机械地模仿和使用. 有时为了得到比较可靠的结果, 可能还需要在上面几个步骤上多次反复.

1.3　DEA 方法研究中值得关注的几个方向

DEA 方法是评价一类具有多输入、多输出单元效率的有效方法, 近 30 年来得到了较大的发展, 在社会发展中发挥了应有的作用. 目前, DEA 的应用研究十分活跃, 而如何实现 DEA 方法的理论突破成为 DEA 研究的关键. 作者认为 DEA 方法在以下几个方面值得关注和探索.

1. DEA 方法在数据挖掘和知识发现领域中的应用

尽管许多学者已经注意到 DEA 方法在数据挖掘领域中的重要应用前景, 但从目前掌握的资料来看, 以往直接应用 DEA 方法探讨数据挖掘方法的论文还很少见, 近几年, 一些学者开始了有益尝试, 已经取得了较好的进展. DEA 方法作为一种重要的数据分析和知识发现的新方法, 在包括数据挖掘和知识发现在内的众多数据分析领域将会产生重要影响.

2. 考虑决策单元内部结构和外部关系的 DEA 模型研究

将决策单元内部结构和外部关系纳入 DEA 模型的构造是 DEA 研究的又一重要方向. 原有的 DEA 模型并不考虑决策单元的内部结构和外部关系, 但对于许多现实问题要求对决策单元内部的 "黑箱" 进行分析. 例如, 目前提出的二阶段 DEA 模型[104]、具有多个子系统的 DEA 模型[105] 以及网络 DEA 模型等都是针对该类问题开展的研究.

3. DEA 方法与偏序集理论

DEA 有效单元与偏序集的关系密切, 原有的 DEA 理论是以工程效率概念和生产函数理论为基础发展起来的, 但应用偏序集理论不仅可以刻画 DEA 有效单元的本质特征, 对 DEA 有效给出不同于 Charnes 等的原始解释, 而且赋予 DEA 有效性以更加广泛的含义. 从偏序集的角度研究 DEA 方法不仅能丰富 DEA 方法的理论, 而且有助于 DEA 方法的推广.

4. 基于样本单元评价的 DEA 模型

如果将评价的参照集分成 "决策单元集" 和 "非决策单元集" 两类, 那么传统的 DEA 方法只能给出相对于决策单元集的信息, 而无法依据任何非决策单元集进行评价, 这使得 DEA 方法在众多评价问题中的应用受到限制. 因此, 探讨基于样本单元评价的 DEA 模型是十分必要的.

5. DEA 方法与复杂系统研究

复杂系统评价方法的研究对经济和社会的发展意义重大, 但这同时也是一项十分艰巨的工作. 在应用 DEA 方法评价复杂系统时, 该方法既有独特的优势, 同时也存在着不足. 因此, 在这一方面进行更深入的研究, 不仅能够补充和完善现有的复杂系统评价方法, 而且有可能开辟 DEA 方法研究的新方向. 例如, 系统内部结构比较复杂、变量具有不同属性分类的 DEA 模型的研究等.

总之, DEA 方法是评价一类具有多输入多输出单元有效性的一种十分有效的方法. 30 多年来, 尽管 DEA 方法得到了较大的发展, 但 DEA 方法的研究仍然方兴未艾, 随着研究的进一步深入, 它必将在经济管理问题的评价中发挥更大的作用.

参 考 文 献

[1] 马占新. 数据包络分析方法的研究进展 [J]. 系统工程与电子技术, 2002, 24(3):42–46

[2] Charnes A, Cooper W W, Rhodes E. Measuring the efficiency of decision making units[J]. European Journal of Operational Research, 1978, 2(6):429–444

[3] Cooper W W, Seiford L M, Thanassoulis E, et al. DEA and its uses in different countries[J]. European Journal of Operational Research, 2004, 154(2):337–344

[4] 魏权龄. 评价相对有效性的 DEA 方法 [M]. 北京: 中国人民大学出版社, 1988

[5] Emrouznejad A, Parker B, Tavares G. Evaluation of research in efficiency and productivity: A survey and analysis of the first 30 years of scholarly literature in DEA[J]. Journal of Socio-Economics Planning Science, 2008, 42(3):151–157

[6] 魏权龄, 卢刚. DEA 方法与模型的应用 —— 数据包络分析 (三) [J]. 系统工程理论与实践, 1989, 3(5):67–75

[7] 王众托. 系统工程引论 [M]. 北京: 电子工业出版社, 1991

[8] Banker R D, Charnes A, Cooper W W. Some models for estimating technical and scale inefficiencies in data envelopment analysis[J]. Management Science, 1984, 30(9):

1078–1092

[9]　Charnes A, Cooper W W, Golany B, et al. Foundations of data envelopment analysis for pareto-koopmans efficient empirical production functions[J]. Journal of Econometrics,1985, 30(1):91–107

[10]　Färe R, Grosskopf S. A nonparametric cost approach to scale efficiency[J]. Scandinavian Journal of Economics, 1985, 87(4):594–604

[11]　Seiford L M, Thrall R M. Recent development in DEA: The mathematical programming approach to frontier analysis[J]. Journal of Econometrics, 1990, 46(1, 2):7–38

[12]　Charnes A, Cooper W W, Wei Q L, et al. Cone ratio data envelopment analysis and multi-objective programming[J]. International Journal of Systems Science, 1989, 20(7):1099–1118

[13]　张景义. 一类偏好结构下的 DEA 分析方法和模型 [D]. 大连: 大连理工大学硕士学位论文, 1997

[14]　刘寅东, 李树范, 唐焕文等. 船型技术经济综合评价的 DEA 方法 [J]. 大连理工大学学报, 1995, 35(6):873–878

[15]　Banker R D, Morey R C. Efficiency analysis for exogenously fixed inputs and outputs[J]. Operations Research, 1986, 34(4):513–520

[16]　刘永清, 李光金. 要素在有限范围变化的 DEA 模型 [J]. 系统工程学报, 1995, 10(4):87–94

[17]　何静. 只有输出 (入) 的数据包络分析及应用 [J]. 系统工程学报, 1995, 10(2): 49–55

[18]　Banker R D, Morey R. The use of categorical variables in data envelopment analysis[J]. Management Science, 1986, 32(12):1613–1626

[19]　Cook W D, Kress M, Seiford L. On the use of ordinal data in data envelopment analysis[J]. Journal of the Operational Research Society, 1993, 44(2):133–140

[20]　Charnes A, Cooper W W, Wei Q L. A semi-infinite multi-criteria programming approach to data envelopment analysis with infinitely many decision making units[R]. The University of Texas at Austin, Center for Cybernetic Studies Report, CCS 551, September, 1986

[21]　Charnes A, Cooper W W, Wei Q L, et al. Compositive data envelopment analysis and multi-objective programming[R]. The University of Texas at Austin, Center for Cybernetic Studies Report, CCS 633, June 1989

[22]　李树根, 杨印生, 郝海. Banach 空间的 DEA 模型 [C]. 东北运筹编委会, 东北工业与应用数学编委会. 东北运筹与应用数学. 大连: 大连理工大学出版社, 1996

[23]　马占新, 唐焕文. 一个综合的 DEA 模型及其相关性质 [J]. 系统工程学报, 1999, 14(4):311–316

[24] 马占新. 综合数据包络分析模型及其软件系统设计 [J]. 系统工程与电子技术, 2004, 26(12):1917–1922

[25] 杨印生, 张德俊, 李树根. 基于 Fuzzy 集理论的数据包络分析模型 [C]. 见: 王彩华, 欧进萍, 宋连天等. 第三届全国模糊分析设计学术会议论文集. 北京: 中国建筑工业出版社, 1993

[26] 马占新, 唐焕文. DEA 有效单元的特征及 SEA 方法 [J]. 大连理工大学学报, 1999, 39(4): 577–582

[27] 马占新, 唐焕文, 戴仰山. 偏序集理论在数据包络分析中的应用研究 [J]. 系统工程学报, 2002, 17(1):19–25

[28] 马占新. 偏序集理论在 DEA 相关理论中的应用研究. 系统工程学报 [J], 2002, 17(3): 193–198

[29] 马占新. 基于偏序集理论的数据包络分析方法研究 [J]. 系统工程理论与实践, 2003, 23(4):11–17

[30] 马占新. 一种基于样本前沿面的综合评价方法 [J]. 内蒙古大学学报, 2002, 33(6): 606–610

[31] 马占新, 吕喜明. 带有偏好锥的样本数据包络分析方法研究 [J]. 系统工程与电子技术, 2007, 29(8):1275–1282

[32] 马占新, 马生昀. 基于 C^2W 模型的广义数据包络分析方法研究 [J]. 系统工程与电子技术, 2009, 31(2): 366–372

[33] 马占新, 马生昀. 基于 C^2WY 模型的广义数据包络分析方法研究 [J]. 系统工程学报, 2011, 26(2): 251–261

[34] 马占新. 样本数据包络面的研究与应用 [J]. 系统工程理论与实践, 2003, 23(12): 32–37

[35] 马占新, 任慧龙, 戴仰山. DEA 方法在多风险事件综合评价中的应用研究 [J]. 系统工程与电子技术, 2001, 23(8):7–11

[36] 马占新, 张海娟. 用于组合有效性综合评价的非参数方法研究 [J]. 系统工程与电子技术, 2006, 28(5): 699–703,787

[37] 周泽昆, 陈珽. 评价管理效率的一种新方法 [J]. 系统工程, 1986, 4(4):42–49

[38] Sengupta J K. A dynamic efficiency model using data envelopment analysis[J]. International Journal of Systems Science, 1996, 27(3):277–284

[39] Sengupta J K. Data envelopment analysis for efficiency measurement in the stochastic case[J]. Computers and Operations Research, 1987, 14(2):117–129

[40] 李树根, 杨印生. DEA 有效决策单元集合的结构 [J]. 吉林工业大学学报, 1991, 21(3):1–4

[41] 朱乔, 盛昭瀚, 吴广谋. DEA 模型中的有效性问题 [J]. 东南大学学报, 1994, 24(2):78–82

[42] 冯俊文. C^2R 和 C^2GS^2 的 DEA 有效性问题 [J]. 系统工程与电子技术, 1994, 16(7):42–51

[43] 吴广谋, 盛昭瀚. 指标特性与 DEA 有效性的关系 [J]. 东南大学学报, 1992, 21(5):124–127

[44] 吴文江. 只改变输出使决策单元变为 DEA 有效 [J]. 系统工程, 1995, 13(2):17–20

[45]　吴文江. DEA 中只改变输出使决策单元变为有效的方法 [J]. 山东建材学院学报, 1996, (1):56–59

[46]　魏权龄, 李宏余. 决策单元的变更对 DEA 有效性的影响 [J]. 北京航空航天大学学报, 1991, 17 (1):85–97

[47]　魏权龄, 卢刚, 岳明. 关于综合 DEA 模型中的 DEA 有效决策单元集合的几个恒等式 [J]. 系统科学与数学, 1989, 9(3):282–288

[48]　吴文江, 袁仪方. 有关寻找 DEA 有效的决策单元的方法 [J]. 系统工程学报, 1993, 8(1): 80–88

[49]　赵勇, 岳超源, 陈珽. 数据包络分析中有效单元的进一步分析 [J]. 系统工程学报, 1995, 10(4):95–100

[50]　岳明. 用 DEA 方法确定生产函数 [J]. 数学的实践与认识, 1990, 20(4):38–46

[51]　李纪选, 唐焕文, 李克秋. 用 DEA 方法确定生产函数的一点注记及决策单元 DEA 有效的条件 [J]. 应用基础与工程科学学报, 1996, 4(3):241–247

[52]　马占新, 唐焕文. 关于 DEA 有效性在数据变换下的不变性 [J]. 系统工程学报, 1999, 14(2):40–45

[53]　Charnes A, Cooper W W, Lewin A Y, et al. Sensitivity and stability analysis in DEA[J]. Annals of Operations Research, 1985, 2(2):139–156

[54]　Charnes A, Neralic L. Sensitivity analysis of the additive model in DEA[J]. European Journal of Operational Research, 1990, 48(7):332–341

[55]　朱乔, 陈遥. 数据包络分析的灵敏度研究及其应用 [J]. 系统工程学报, 1994, 9(6):46–54

[56]　何静, 吴文江. 有关 DEA 有效性 (C^2R 或 C^2GS^2) 的定理及其在灵敏度分析中的应用 [J]. 系统工程理论与实践, 1997, 17(8):14–19

[57]　杨印生, 王全文, 李树根. 带有参数的 C^2R 模型的灵敏度分析 [J]. 系统工程与电子技术, 1997, 19(12):59–62

[58]　王应明, 傅国伟. 一种用于工业经济效益综合评价的模型与方法 [J]. 系统工程与电子技术, 1993, 15(3):18–21

[59]　王宗军. 综合评价的方法、问题及其研究趋势 [J]. 管理科学学报, 1998, 1(1):74–79

[60]　魏权龄, 胡显佑, 肖志杰. DEA 方法与前沿生产函数 [J]. 经济数学, 1988, 6(5):1–13

[61]　魏权龄, 肖志杰. 生产函数与综合 DEA 模型 C^2WY[J]. 系统科学与数学, 1991, 11 (1): 43–51

[62]　穆东. 阶段 C-D 前沿生产函数的 DEA 估计 [J]. 系统工程, 1995, 13(5):48–51

[63]　穆东. 外沿生产函数的 DEA 估计新方法 [J]. 山东矿业学院学报, 1995, 14(2):163–166

[64]　郭京福, 杨德礼. 生产前沿参数方法与非参数方法的比较研究 [J]. 系统工程理论与实践, 1998, 18(11):31–35

[65]　曲雯毓, 唐焕文, 李克秋. 工业经济效益综合评价的 DEA 方法 [J]. 系统工程与电子技术, 1998, 20(10):33–35

[66]　冯英俊, 李成红. 全国各省市工业企业的相对效益及技术进步增长速度的测算方法及结果 [J]. 哈尔滨工业大学学报, 1992, 24(4):1–12

[67] Shestalova V. Sequential malmquist Indices of productivity growth: an application to OECD industrial activities[J]. Journal of Productivity Analysis, 2003, 19(2):211–226

[68] Macmillan W D. The estimation and applications of multi-regional economic planning models using data environment analysis[C]. Papers of the Regional Science Association, 1986, 60:44–57

[69] Charnes A, Cooper W W, Li S L. Using data envelopment analysis to evaluate efficiency in the economic performance of Chinese cities[J]. Socio-Economic Planning Science, 1989, 23(6):325–344

[70] Bannistter G, Stolp C. Regional concentration and efficiency in Mexican manufacturing[J]. European Journal of Operation Research, 1995, 80(3):672–690

[71] 周子康, 吴长凤, 董昭等. 泰国宏观经济运行状态的综合评价 [J]. 系统工程理论与实践, 2000, 20(5):58–61

[72] 马占新, 唐焕文. 宏观经济发展状况综合评价的 DEA 方法 [J]. 系统工程, 2002, 20(2):30–34

[73] 吴文江. 收益最大 (成本最小) 问题与弱 DEA 有效性 (C^2R)[J]. 系统工程理论方法应用, 2002, 11(1):77–81

[74] 朱乔, 陈遥. 评价输入输出最佳组合的非参数方法 [J]. 系统工程理论与实践, 1994, 14(1):69–73

[75] 魏权龄, 韩松. 资源配置的非参数 DEA 模型 [J]. 系统工程理论与实践, 2002, 22(7):59–64

[76] 莫剑芳, 叶世绮. 基于 DEA 的资源配置状况分析 [J]. 运筹与管理, 2002, 11(1): 42–45

[77] Yu G, Wei Q L, Brockett P. A generalized data envelopment analysis model: A unification and extension of existing methods for efficiency of decision making units[J]. Annals of Operations Research, 1996, 66:47–89

[78] Wei Q L, Yu G, Lu S J. The necessary and sufficient conditions for returns to scale properties in generalized data envelopment analysis model[J]. Science in China, 2002, 45(5): 503–517

[79] 魏权龄, Sun D B, 肖志杰. DEA 方法与技术进步评估 [J]. 系统工程学报, 1991, 6(2): 1–11

[80] 杨仕辉. 技术进步评价比较研究 [J]. 系统工程理论与实践, 1993, 13(1):59–63

[81] 曾珍香, 顾培亮, 张闽. DEA 方法在可持续发展中的应用 [J]. 系统工程理论与实践, 2000, 20(8):114–118

[82] 崔南方, 陈荣秋, 李永平. 业务流程绩效综合评估的 DEA 方法 [J]. 华中理工大学学报, 1999, 27(4):92–94

[83] 王军霞, 官建成. 复合 DEA 方法在测度企业知识管理绩效中的应用 [J]. 科学学研究, 2002, 20(1):84–88

[84] 侯启娉. 基于 DEA 的研究型高校科研绩效评价应用研究 [J]. 研究与发展管理, 2005, 17(1):118–124

[85]　Clarke R L, Gourdin K N. Measuring the efficiency of the logistics process[J]. Journal of Business Logistics, 1991, 12(2):17–33

[86]　Tongzon J L. Efficiency measurement of selected Australian and other international ports using data envelopment analysis[J]. Transport Research, Part A, 2001, 35(2): 113–128

[87]　Liang L, Yang F, Cook W D, et al. DEA models for supply chain efficiency evaluation[J]. Annals of Operations Research, 2006, 145(1):35–49

[88]　姚大强, 马占新. 数据包络分析方法在物流评价中的研究进展 [J]. 中国储运, 2007, (8):119, 120

[89]　迟国泰, 杨德, 吴珊珊. 基于 DEA 方法的中国商业银行综合效率的研究 [J]. 中国管理科学, 2006, 14(5): 52–61

[90]　王付彪, 阚超, 沈谦等. 我国商业银行技术效率与技术进步实证研究 (1998~2004) [J]. 金融研究, 2006, (8): 122–132

[91]　杨德, 迟国泰, 孙秀峰. 中国商业银行效率研究 [J]. 系统工程理论方法应用, 2005, 14(3): 252–258

[92]　罗登跃. 基于 DEA 的商业银行效率实证研究 [J]. 管理科学, 2005, 18(2):40–45

[93]　李冠, 何明祥. 基于 DEA 的商业银行效率评价研究 [J]. 数学的实践与认识, 2005, 35(5):50–58

[94]　迟国泰, 孙秀峰, 郑杏果. 中国商业银行收入结构与收入效率关系研究 [J]. 系统工程学报, 2006, 21(6): 574–582, 605

[95]　陈敬学. 商业银行分支行绩效评价的一种新方法: 数据包络法 [J]. 金融经济, 2006, (22): 79–80

[96]　安景文, 周茂非. 从效率角度验证我国商业银行的综合竞争力排名 [J]. 经济与管理研究, 2006, (2): 54–56, 96

[97]　Ma Z X, Zhang H J, Cui X H. Study on the combination efficiency of industrial enterprises[C]. Proceedings of International Conference on Management of Technology, Australia: Aussino Academic Publishing House, 2007: 225–230

[98]　马占新. 竞争环境与组合效率综合评价的非参数方法研究 [J]. 控制与决策, 2008, 23 (4):420–424, 430

[99]　Ma Z X, Xing J. A non-parametric method for evaluating reorganization efficiency of an enterprise group[C]. 2009 International Conference on Engineering Management and Service Sciences, IEEE, 2009

[100]　亨利 E J. 可靠性工程与风险分析 [M]. 吕应中译. 北京: 原子能出版社, 1988

[101]　马占新, 任慧龙. 一种基于样本的综合评价方法及其在 FSA 中的应用研究 [J]. 系统工程理论与实践, 2003, 23(2): 95–101

[102]　马占新, 任慧龙. 船舶综合安全评估中的评价方法研究 [J]. 系统工程与电子技术, 2002, 24(10):66–69

[103] 马占新, 唐焕文. 降低风险措施有效性综合评价的一种非参数方法 [J]. 运筹学学报, 2005, 9(3):89–96

[104] Kao C, Hwang S N. Efficiency decomposition in two-stage data envelopment analysis: an application to non-life insurance companies in Taiwan[J]. European Journal of Operational Research, 2008, 185(1): 418–429

[105] Yang Y S, Ma B J, Koike M. Efficiency-measuring DEA model for production system with k independent subsystems [J]. Journal of the Operational Research Society of Japan, 2000, 43(3): 343–354

第 2 章 基于有效样本视角下的基本 DEA 模型

传统 DEA 理论认为, DEA 模型给出的效率值是被评价决策单元相对于所有决策单元的效率值. 而实际上, 这个效率值是被评价决策单元相对于"优秀"决策单元的效率值. 本章从构成生产可能集的观测点集出发, 证明了 DEA 生产可能集的构造、DEA 效率值的测算以及决策单元投影的获得都是由 DEA 有效单元决定的, 进而证明了传统 DEA 方法选取的评价参考系实际上是所有 DEA 有效单元. 这些内容为广义 DEA 方法的提出给出了理论铺垫. 本章的基础知识 (见 2.1 节、2.2 节) 取材于文献 [1]~[4], 主要结论 (见 2.3 节) 取材于文献 [5].

数据包络分析是著名运筹学家 Charnes 等提出的一种重要的效率评价方法[1,2]. 它以其独有的特点和优势受到人们的关注, 在理论研究和实际应用方面都取得了许多进展[6,7], 但一直以来, DEA 方法还未走出随机化的困境, DEA 有效也只是一种相对效率. 同时, 由于 DEA 有效前沿面的形成高度依赖决策单元, 因此决策者无法根据目标自主选择评价的标准. 为了使 DEA 方法摆脱这些不足, 有必要对 DEA 方法进行重新的审视. 因此, 本章从构成生产可能集的观测点集出发, 证明了 DEA 生产可能集的构造、DEA 效率值的测算以及决策单元投影的获得都是由 DEA 有效单元决定的, 进而证明了传统 DEA 方法选取的评价参考系实际上是所有 DEA 有效单元. 这些内容为广义 DEA 方法的提出给出了理论铺垫.

2.1 基本 DEA 模型 ——C^2R 模型

2.1.1 基于工程效率概念的 DEA 模型

第一个重要的 DEA 模型是 C^2R 模型[1], 它将工程效率的概念推广到多输入、多输出系统的相对效率评价中, 为决策单元之间的相对效率评价提出了一个可行的方法和有效的工具. 下面首先对 DEA 基础模型和概念进行简要介绍 (详细内容参见文献 [1]~[4]).

一个经济系统或一个生产过程可以看成是一个单元在一定的可能范围内, 通过投入一定数量生产要素并产生一定数量的产品的活动, 虽然这种活动的具体内容各不相同, 但其目的都是尽可能地使这一活动取得最大的效益.

假设有 n 个决策单元, 每个决策单元都有 m 种类型的 "输入"(表示该决策单元对 "资源" 的耗费) 以及 s 种类型的 "输出"(它们是决策单元在消耗了 "资源" 之后表明 "成效" 的一些指标), 各决策单元的输入和输出数据可由表 2.1 给出.

表 2.1   决策单元的输入输出数据

决策单元	1	2	$\cdots$	j	$\cdots$	n
v_1 1 →	x_{11}	x_{12}	$\cdots$	x_{1j}	$\cdots$	x_{1n}
v_2 2 →	x_{21}	x_{22}	$\cdots$	x_{2j}	$\cdots$	x_{2n}
$\vdots$ $\vdots$	$\vdots$	$\vdots$		$\vdots$		$\vdots$
v_m m →	x_{m1}	x_{m2}	$\cdots$	x_{mj}	$\cdots$	x_{mn}

y_{11}	y_{12}	$\cdots$	y_{1j}	$\cdots$	y_{1n}	→ 1 u_1
y_{21}	y_{22}	$\cdots$	y_{2j}	$\cdots$	y_{2n}	→ 2 u_2
$\vdots$	$\vdots$		$\vdots$		$\vdots$	$\vdots$ $\vdots$
y_{s1}	y_{s2}	$\cdots$	y_{sj}	$\cdots$	y_{sn}	→ s u_s

表 2.1 中,
x_{ij} 为第 j 个决策单元对第 i 种输入的投入量, $x_{ij} > 0$;
y_{rj} 为第 j 个决策单元对第 r 种输出的产出量, $y_{rj} > 0$;
v_i 为对第 i 种输入的一种度量 (或称权);
u_r 为对第 r 种输出的一种度量 (或称权),
其中, $i = 1, 2, \cdots, m, r = 1, 2, \cdots, s, j = 1, 2, \cdots, n$. 为方便起见, 记

$$\boldsymbol{x}_j = (x_{1j}, x_{2j}, \cdots, x_{mj})^{\mathrm{T}}, \quad j = 1, 2, \cdots, n,$$

$$\boldsymbol{y}_j = (y_{1j}, y_{2j}, \cdots, y_{sj})^{\mathrm{T}}, \quad j = 1, 2, \cdots, n,$$

$$\boldsymbol{v} = (v_1, v_2, \cdots, v_m)^{\mathrm{T}},$$

$$\boldsymbol{u} = (u_1, u_2, \cdots, u_s)^{\mathrm{T}}.$$

对于权系数 $\boldsymbol{v} \in E^m$ 和 $\boldsymbol{u} \in E^s$(即 $\boldsymbol{v}$ 为 m 维实数向量, $\boldsymbol{u}$ 为 s 维实数向量), 决策单元 j 的效率评价指数为

$$h_j = \frac{\sum\limits_{r=1}^{s} u_r y_{rj}}{\sum\limits_{i=1}^{m} v_i x_{ij}}.$$

总可以适当地选取权系数 v 和 u, 使其满足

$$h_j \leqq 1, \quad j = 1, 2, \cdots, n.$$

当对第 $j_0 (1 \leqq j_0 \leqq n)$ 个决策单元的效率进行评价时, 以权系数 v 和 u 为变量, 以第 j_0 个决策单元的效率指数为目标, 以所有决策单元的效率指数

$$h_j \leqq 1, \quad j = 1, 2, \cdots, n$$

为约束, 构成如下的 $\mathrm{C^2R}$ 模型:

$$(\bar{\mathrm{P}}_{\mathrm{C^2R}}) \begin{cases} \max \dfrac{\boldsymbol{u}^{\mathrm{T}} \boldsymbol{y}_{j_0}}{\boldsymbol{v}^{\mathrm{T}} \boldsymbol{x}_{j_0}} = V_{\overline{\mathrm{P}}}, \\[2mm] \text{s.t.} \quad \dfrac{\boldsymbol{u}^{\mathrm{T}} \boldsymbol{y}_j}{\boldsymbol{v}^{\mathrm{T}} \boldsymbol{x}_j} \leqq 1, \quad j = 1, 2, \cdots, n, \\[2mm] \boldsymbol{v} \geqslant \mathbf{0}, \boldsymbol{u} \geqslant \mathbf{0}. \end{cases}$$

这里 "$\leqq$" 表示每个分量都小于或等于, "$\leqslant$" 表示每个分量都小于或等于且至少有一个分量不等于, "$<$" 表示每个分量都小于并且不等于.

下面用一个例子说明 DEA 有效性的定义是有其工程技术方面背景的.

例 2.1 考虑由煤燃烧产生一定热量的某种燃烧装置. 燃烧装置的效率用燃烧比 E_r 来刻画,

$$E_r = \frac{y_r}{y_R},$$

其中 y_R 为燃烧给定数量为 $x (x > 0)$ 的煤所能产生的最大热量 (所产生热量的理想值), y_r 为燃烧装置燃烧相同数量为 $x (x > 0)$ 的煤所能产生的热量 (产生热量的实测值).

显然有 $0 \leqq E_r \leqq 1$.

当利用 $\mathrm{C^2R}$ 模型研究设计的燃烧装置时, 可以得出效率指数的含义就是燃烧比 E_r.

实际上, 例 2.1 对应的 $(\bar{\mathrm{P}}_{\mathrm{C^2R}})$ 模型如下:

$$(\bar{\mathrm{P}}_{\mathrm{C^2R}}) \begin{cases} \max \dfrac{u y_r}{v x} = V_{\overline{\mathrm{P}}}, \\[2mm] \text{s.t.} \quad \dfrac{u y_R}{v x} \leqq 1, \\[2mm] \dfrac{u y_r}{v x} \leqq 1, \\[2mm] u > 0, v > 0. \end{cases}$$

假设 v^*, u^* 是分式规划 $(\bar{P}_{C^2R})$ 的一个最优解, 由 $y_r \leqq y_R$ 以及

$$\frac{u^* y_R}{v^* x} \leq 1$$

可得到

$$\frac{u^*}{v^*} \leq \frac{x}{y_R} \leq \frac{x}{y_r}.$$

可以证明 $(\bar{P}_{C^2R})$ 的最优解 v^*, u^* 满足

$$\frac{u^*}{v^*} = \frac{x}{y_R},$$

因而 $(\bar{P}_{C^2R})$ 的最优值 (效率指数) 为

$$V_{\bar{P}} = \frac{u^* y_r}{v^* x} = \frac{x}{y_R} \times \frac{y_r}{x} = \frac{y_r}{y_R} = E_r.$$

这就是说, 对于燃烧装置的最优效率评价指数 $V_{\bar{P}}$ 就是燃烧比 E_r. 可见, C²R 模型将科学工程效率的概念推广到了多输入、多输出系统情况.

2.1.2 基于生产函数理论的 DEA 模型

1. DEA 有效性的定义

DEA 有效性的定义及决策单元的投影是 DEA 中的两个最重要的概念, 通过 DEA 有效性的度量可以描述决策单元的生产效率, 通过决策单元在 DEA 有效生产前沿面上的投影可以分析决策单元无效的原因.

最初的 C²R 模型是一个分式规划, 使用 Charnes-Cooper 变换, 可以把它化为一个等价的线性规划问题. 为此, 令

$$t = \frac{1}{\boldsymbol{v}^{\mathrm{T}} \boldsymbol{x}_{j_0}}, \quad \boldsymbol{\omega} = t\boldsymbol{v}, \quad \boldsymbol{\mu} = t\boldsymbol{u},$$

则有

$$\boldsymbol{\mu}^{\mathrm{T}} \boldsymbol{y}_{j_0} = \frac{\boldsymbol{u}^{\mathrm{T}} \boldsymbol{y}_{j_0}}{\boldsymbol{v}^{\mathrm{T}} \boldsymbol{x}_{j_0}},$$

$$\frac{\boldsymbol{\mu}^{\mathrm{T}} \boldsymbol{y}_j}{\boldsymbol{\omega}^{\mathrm{T}} \boldsymbol{x}_j} = \frac{\boldsymbol{u}^{\mathrm{T}} \boldsymbol{y}_j}{\boldsymbol{v}^{\mathrm{T}} \boldsymbol{x}_j} \leqq 1, \quad j = 1, 2, \cdots, n,$$

$$\boldsymbol{\omega}^{\mathrm{T}} \boldsymbol{x}_{j_0} = 1,$$

$$\boldsymbol{\omega} \geqslant \boldsymbol{0}, \quad \boldsymbol{\mu} \geqslant \boldsymbol{0}.$$

因此, 可以获得以下线性规划:

$$(P_{C^2R}) \begin{cases} \max \ \boldsymbol{\mu}^{\mathrm{T}} \boldsymbol{y}_{j_0} = V_P, \\ \text{s.t.} \ \ \boldsymbol{\omega}^{\mathrm{T}} \boldsymbol{x}_j - \boldsymbol{\mu}^{\mathrm{T}} \boldsymbol{y}_j \geqq 0, \quad j = 1, 2, \cdots, n, \\ \boldsymbol{\omega}^{\mathrm{T}} \boldsymbol{x}_{j_0} = 1, \\ \boldsymbol{\omega} \geqq \boldsymbol{0}, \ \boldsymbol{\mu} \geqq \boldsymbol{0}. \end{cases}$$

分式规划 $(\bar{\mathrm{P}}_{\mathrm{C^2R}})$ 与线性规划 $(\mathrm{P}_{\mathrm{C^2R}})$ 是等价的, 这可由以下定理得出:

定理 2.1　分式规划 $(\bar{\mathrm{P}}_{\mathrm{C^2R}})$ 与线性规划 $(\mathrm{P}_{\mathrm{C^2R}})$ 在下述意义下等价:

(1) 若 $\boldsymbol{v}^0, \boldsymbol{u}^0$ 为 $(\bar{\mathrm{P}}_{\mathrm{C^2R}})$ 的最优解, 则

$$\boldsymbol{\omega}^0 = t^0 \boldsymbol{v}^0, \quad \boldsymbol{\mu}^0 = t^0 \boldsymbol{u}^0$$

为 $(\mathrm{P}_{\mathrm{C^2R}})$ 的最优解, 并且最优值相等, 其中

$$t^0 = \frac{1}{\boldsymbol{v}^{0\mathrm{T}} \boldsymbol{x}_{j_0}};$$

(2) 若 $\boldsymbol{\omega}^0, \boldsymbol{\mu}^0$ 为 $(\mathrm{P}_{\mathrm{C^2R}})$ 的最优解, 则 $\boldsymbol{\omega}^0, \boldsymbol{\mu}^0$ 也为 $(\bar{\mathrm{P}}_{\mathrm{C^2R}})$ 的最优解, 并且最优值相等.

证明　(1) 设 $\boldsymbol{v}^0, \boldsymbol{u}^0$ 为 $(\bar{\mathrm{P}}_{\mathrm{C^2R}})$ 的最优解. 对于 $(\mathrm{P}_{\mathrm{C^2R}})$ 的满足 $\boldsymbol{\omega} \geqslant \boldsymbol{0}, \boldsymbol{\mu} \geqslant \boldsymbol{0}$ 的可行解, 不难看出, 它也是 $(\bar{\mathrm{P}}_{\mathrm{C^2R}})$ 的可行解, 故 (由 $\boldsymbol{\omega}^{\mathrm{T}} \boldsymbol{x}_{j_0} = 1$)

$$\frac{\boldsymbol{u}^{0\mathrm{T}} \boldsymbol{y}_{j_0}}{\boldsymbol{v}^{0\mathrm{T}} \boldsymbol{x}_{j_0}} \geqslant \frac{\boldsymbol{\mu}^{\mathrm{T}} \boldsymbol{y}_{j_0}}{\boldsymbol{\omega}^{\mathrm{T}} \boldsymbol{x}_{j_0}} = \boldsymbol{\mu}^{\mathrm{T}} \boldsymbol{y}_{j_0}.$$

又由于

$$\frac{\boldsymbol{u}^{0\mathrm{T}} \boldsymbol{y}_{j_0}}{\boldsymbol{v}^{0\mathrm{T}} \boldsymbol{x}_{j_0}} = \boldsymbol{\mu}^{0\mathrm{T}} \boldsymbol{y}_{j_0}$$

以及

$$\boldsymbol{\omega}^0 = t^0 \boldsymbol{v}^0 = \frac{\boldsymbol{v}^0}{\boldsymbol{v}^{0\mathrm{T}} \boldsymbol{x}_{j_0}},$$

$$\boldsymbol{\mu}^0 = t^0 \boldsymbol{u}^0 = \frac{\boldsymbol{u}^0}{\boldsymbol{v}^{0\mathrm{T}} \boldsymbol{x}_{j_0}}$$

为 $(\mathrm{P}_{\mathrm{C^2R}})$ 的可行解, 因此, $\boldsymbol{\omega}^0, \boldsymbol{\mu}^0$ 为 $(\mathrm{P}_{\mathrm{C^2R}})$ 的最优解, 并且两问题的最优值

$$V_{\bar{\mathrm{P}}} = \frac{\boldsymbol{u}^{0\mathrm{T}} \boldsymbol{y}_{j_0}}{\boldsymbol{v}^{0\mathrm{T}} \boldsymbol{x}_{j_0}} = \boldsymbol{\mu}^{0\mathrm{T}} \boldsymbol{y}_{j_0} = V_{\mathrm{P}}.$$

(2) 设 $\boldsymbol{\omega}^0, \boldsymbol{\mu}^0$ 为 $(\mathrm{P}_{\mathrm{C^2R}})$ 的最优解, 于是可知 $\boldsymbol{\omega}^0 \geqslant \boldsymbol{0}, \boldsymbol{\mu}^0 \geqslant \boldsymbol{0}$, 并且是 $(\bar{\mathrm{P}}_{\mathrm{C^2R}})$ 的可行解. 此外, 对于 $(\bar{\mathrm{P}}_{\mathrm{C^2R}})$ 的任意可行解 $\boldsymbol{v}, \boldsymbol{u}$, 不难看出

$$\boldsymbol{\omega} = t\boldsymbol{v}, \quad \boldsymbol{\mu} = t\boldsymbol{u}$$

也为 $(\mathrm{P}_{\mathrm{C^2R}})$ 的可行解, 其中

$$t = \frac{1}{\boldsymbol{v}^{\mathrm{T}} \boldsymbol{x}_{j_0}},$$

于是有

$$\boldsymbol{\mu}^{0\mathrm{T}} \boldsymbol{y}_{j_0} \geqslant \boldsymbol{\mu}^{\mathrm{T}} \boldsymbol{y}_{j_0} = \frac{\boldsymbol{u}^{\mathrm{T}} \boldsymbol{y}_{j_0}}{\boldsymbol{v}^{\mathrm{T}} \boldsymbol{x}_{j_0}}.$$

由于 $\boldsymbol{\omega}^{0\mathrm{T}}\boldsymbol{x}_{j_0} = 1$, 故

$$\frac{\boldsymbol{\mu}^{0\mathrm{T}}\boldsymbol{y}_{j_0}}{\boldsymbol{\omega}^{0\mathrm{T}}\boldsymbol{x}_{j_0}} = \boldsymbol{\mu}^{0\mathrm{T}}\boldsymbol{y}_{j_0},$$

因此, 对于 $(\bar{\mathrm{P}}_{\mathrm{C}^2\mathrm{R}})$ 的任意可行解 $\boldsymbol{v}, \boldsymbol{u}$ 均有

$$\frac{\boldsymbol{\mu}^{0\mathrm{T}}\boldsymbol{y}_{j_0}}{\boldsymbol{\omega}^{0\mathrm{T}}\boldsymbol{x}_{j_0}} \geqq \frac{\boldsymbol{u}^{\mathrm{T}}\boldsymbol{y}_{j_0}}{\boldsymbol{v}^{\mathrm{T}}\boldsymbol{x}_{j_0}},$$

于是知 $\boldsymbol{\omega}^0, \boldsymbol{\mu}^0$ 也为 $(\bar{\mathrm{P}}_{\mathrm{C}^2\mathrm{R}})$ 的最优解, 并且两问题的最优值

$$V_{\overline{\mathrm{P}}} = \frac{\boldsymbol{\mu}^{0\mathrm{T}}\boldsymbol{y}_{j_0}}{\boldsymbol{\omega}^{0\mathrm{T}}\boldsymbol{x}_{j_0}} = \boldsymbol{\mu}^{0\mathrm{T}}\boldsymbol{y}_{j_0} = V_{\mathrm{P}}.$$

证毕.

定义 2.1 若线性规划 $(\mathrm{P}_{\mathrm{C}^2\mathrm{R}})$ 的最优解 $\boldsymbol{\omega}^0, \boldsymbol{\mu}^0$ 满足

$$V_{\mathrm{P}} = \boldsymbol{\mu}^{0\mathrm{T}}\boldsymbol{y}_{j_0} = 1,$$

则称决策单元 j_0 为弱 DEA 有效 (C^{2}R).

定义 2.2 若线性规划 $(\mathrm{P}_{\mathrm{C}^2\mathrm{R}})$ 的最优解中存在 $\boldsymbol{\omega}^0 > 0, \boldsymbol{\mu}^0 > \boldsymbol{0}$ 满足

$$V_{\mathrm{P}} = \boldsymbol{\mu}^{0\mathrm{T}}\boldsymbol{y}_{j_0} = 1,$$

则称决策单元 j_0 为 DEA 有效 (C^{2}R).

例 2.2 表 2.2 给出了三个决策单元的输入/输出数据, 试用 C^{2}R 模型判断决策单元 1 的有效性.

表 2.2 决策单元的输入和输出数据

决策单元	1	2	3
输　入	2	4	5
输　出	2	1	3.5

实际上, 决策单元 1 对应的线性规划 $(\mathrm{P}_{\mathrm{C}^2\mathrm{R}})$ 为

$$(\mathrm{P}_1) \begin{cases} \max\ 2\mu_1 = V_{\mathrm{P}}, \\ \mathrm{s.t.}\ \ 2\omega_1 - 2\mu_1 \geqq 0, \\ \qquad 4\omega_1 - \mu_1 \geqq 0, \\ \qquad 5\omega_1 - 3.5\mu_1 \geqq 0, \\ \qquad 2\omega_1 = 1, \\ \qquad \omega_1 \geqq 0, \mu_1 \geqq 0. \end{cases}$$

线性规划 (P_1) 的一个最优解是 $\omega_1^0 = \dfrac{1}{2}, \mu_1^0 = \dfrac{1}{2}$, 最优目标函数值是 1. 因此, 由定义 2.2 知, 决策单元 1 为 DEA 有效 (C^{2}R).

2. DEA 有效性的判定与决策单元的投影

线性规划 (P_{C^2R}) 的对偶规划为

$$(D_{C^2R}) \begin{cases} \min \ \theta = V_D, \\ \text{s.t.} \ \sum_{j=1}^{n} \boldsymbol{x}_j \lambda_j \leqq \theta \boldsymbol{x}_{j_0}, \\ \qquad \sum_{j=1}^{n} \boldsymbol{y}_j \lambda_j \geqq \boldsymbol{y}_{j_0}, \\ \qquad \lambda_j \geqq 0, \quad j = 1, 2, \cdots, n. \end{cases}$$

对线性规划 (D_{C^2R}) 分别引入松弛变量 $\boldsymbol{s}^-$ 和剩余变量 $\boldsymbol{s}^+$, 可得以下线性规划问题 $(\bar{D}_{C^2R})$:

$$(\bar{D}_{C^2R}) \begin{cases} \min \ \theta = V_{\bar{D}}, \\ \text{s.t.} \ \sum_{j=1}^{n} \boldsymbol{x}_j \lambda_j + \boldsymbol{s}^- = \theta \boldsymbol{x}_{j_0}, \\ \qquad \sum_{j=1}^{n} \boldsymbol{y}_j \lambda_j - \boldsymbol{s}^+ = \boldsymbol{y}_{j_0}, \\ \qquad \lambda_j \geqq 0, \quad j = 1, 2, \cdots, n, \\ \qquad \boldsymbol{s}^- \geqq \boldsymbol{0}, \ \boldsymbol{s}^+ \geqq \boldsymbol{0}. \end{cases}$$

根据线性规划的对偶理论容易证明以下结论成立:

定理 2.2　(1) 若 $(\bar{D}_{C^2R})$ 的最优值等于 1, 则决策单元 j_0 为弱 DEA 有效 (C^2R); 反之也成立;

(2) 若 $(\bar{D}_{C^2R})$ 的最优值等于 1, 并且它的每个最优解

$$\boldsymbol{\lambda}^0 = (\lambda_1^0, \cdots, \lambda_n^0)^{\mathrm{T}}, \quad \boldsymbol{s}^{-0}, \quad \boldsymbol{s}^{+0}, \quad \theta^0$$

都有

$$\boldsymbol{s}^{-0} = \boldsymbol{0}, \quad \boldsymbol{s}^{+0} = \boldsymbol{0},$$

则决策单元 j_0 为 DEA 有效 (C^2R); 反之也成立.

根据 DEA 方法的基本原理, 一般使用以下模型来判断决策单元的 DEA 有效性:

$$(D_\varepsilon) \begin{cases} \min \ \theta - \varepsilon \left(\hat{\boldsymbol{e}}^{\mathrm{T}} \boldsymbol{s}^- + \boldsymbol{e}^{\mathrm{T}} \boldsymbol{s}^+ \right) = V_{D_\varepsilon}, \\ \text{s.t.} \ \sum_{j=1}^{n} \boldsymbol{x}_j \lambda_j + \boldsymbol{s}^- = \theta \boldsymbol{x}_{j_0}, \\ \qquad \sum_{j=1}^{n} \boldsymbol{y}_j \lambda_j - \boldsymbol{s}^+ = \boldsymbol{y}_{j_0}, \\ \qquad \lambda_j \geqq 0, \quad j = 1, 2, \cdots, n, \\ \qquad \boldsymbol{s}^- \geqq \boldsymbol{0}, \boldsymbol{s}^+ \geqq \boldsymbol{0}, \end{cases}$$

其中

$$\hat{e}^{\mathrm{T}} = (1, 1, \cdots, 1) \in E^m,$$
$$e^{\mathrm{T}} = (1, 1, \cdots, 1) \in E^s.$$

定理 2.3 设 ε 为非阿基米德无穷小, 并且线性规划 (D_ε) 的最优解为 $\boldsymbol{\lambda}^0, \boldsymbol{s}^{-0}$, $\boldsymbol{s}^{+0}, \theta^0$, 则有

(1) 若 $\theta^0 = 1$, 则决策单元 j_0 为弱 DEA 有效 (C²R);

(2) 若 $\theta^0 = 1$, 并且 $\boldsymbol{s}^{-0} = \boldsymbol{0}, \boldsymbol{s}^{+0} = \boldsymbol{0}$, 则决策单元 j_0 为 DEA 有效 (C²R).

定义 2.3 设 $\boldsymbol{\lambda}^0, \boldsymbol{s}^{-0}, \boldsymbol{s}^{+0}, \theta^0$ 是线性规划问题 (D_ε) 的最优解, 令

$$\hat{\boldsymbol{x}}_{j_0} = \theta^0 \boldsymbol{x}_{j_0} - \boldsymbol{s}^{-0},$$
$$\hat{\boldsymbol{y}}_{j_0} = \boldsymbol{y}_{j_0} + \boldsymbol{s}^{+0},$$

称 $(\hat{\boldsymbol{x}}_{j_0}, \hat{\boldsymbol{y}}_{j_0})$ 为决策单元 j_0 对应的 $(\boldsymbol{x}_{j_0}, \boldsymbol{y}_{j_0})$ 在 DEA 相对有效面上的 "投影".

定理 2.4 设

$$\hat{\boldsymbol{x}}_{j_0} = \theta^0 \boldsymbol{x}_{j_0} - \boldsymbol{s}^{-0},$$
$$\hat{\boldsymbol{y}}_{j_0} = \boldsymbol{y}_{j_0} + \boldsymbol{s}^{+0},$$

其中 $\boldsymbol{\lambda}^0, \boldsymbol{s}^{-0}, \boldsymbol{s}^{+0}, \theta^0$ 为决策单元 j_0 对应的线性规划问题 (D_ε) 的最优解, 则 $(\hat{\boldsymbol{x}}_{j_0}, \hat{\boldsymbol{y}}_{j_0})$ 相对于原来的 n 个决策单元来说是 DEA 有效的.

投影 $(\hat{\boldsymbol{x}}_{j_0}, \hat{\boldsymbol{y}}_{j_0})$ 构成了一个新的决策单元, 由定理 2.4 可知, 它是 DEA 有效的. 一般地, 记

$$\Delta \boldsymbol{x}_{j_0} = \boldsymbol{x}_{j_0} - \hat{\boldsymbol{x}}_{j_0} = (1 - \theta^0)\boldsymbol{x}_{j_0} + \boldsymbol{s}^{-0} \geqq \boldsymbol{0}, \quad \Delta \boldsymbol{y}_{j_0} = \hat{\boldsymbol{y}}_{j_0} - \boldsymbol{y}_{j_0} = \boldsymbol{s}^{+0} \geqq \boldsymbol{0},$$

分别称为输入剩余和输出亏空, 即 $\Delta \boldsymbol{x}_{j_0}, \Delta \boldsymbol{y}_{j_0}$ 分别表示当决策单元 j_0 要想转变为 DEA 有效时的输入与输出变化的估计量.

3. DEA 有效性的含义

DEA 方法和生产函数理论之间具有密切联系, 以下从生产函数理论出发来分析 DEA 有效性的含义.

考虑投入量为 $\boldsymbol{x} = (x_1, x_2, \cdots, x_m)^{\mathrm{T}}$, 产出量为 $\boldsymbol{y} = (y_1, y_2, \cdots, y_s)^{\mathrm{T}}$ 的某种 "生产" 活动.

设 n 个决策单元所对应的输入输出向量分别为

$$\boldsymbol{x}_j = (x_{1j}, x_{2j}, \cdots, x_{mj})^{\mathrm{T}}, \quad j = 1, 2, \cdots, n,$$
$$\boldsymbol{y}_j = (y_{1j}, y_{2j}, \cdots, y_{sj})^{\mathrm{T}}, \quad j = 1, 2, \cdots, n.$$

以下希望根据所观察到的生产活动 $(\boldsymbol{x}_j, \boldsymbol{y}_j)(j = 1, 2, \cdots, n)$ 去描述生产可能集, 特别是根据这些观察数据去确定哪些生产活动是相对有效的.

生产可能集的公理体系

定义 2.4　称 $T = \{(\boldsymbol{x}, \boldsymbol{y})|$ 产出向量 $\boldsymbol{y}$ 可以由投入向量 $\boldsymbol{x}$ 生产出来$\}$为所有可能的生产活动构成的生产可能集.

假设生产可能集 T 的构成满足下面 5 条公理:

(1) **平凡性公理**:

$$(\boldsymbol{x}_j, \boldsymbol{y}_j) \in T, \quad j = 1, 2, \cdots, n.$$

平凡性公理表明, 对于投入 $\boldsymbol{x}_j$, 产出 $\boldsymbol{y}_j$ 的基本活动 $(\boldsymbol{x}_j, \boldsymbol{y}_j)$, 理所当然是生产可能集中的一种投入产出关系.

(2) **凸性公理**: 对任意的 $(\boldsymbol{x}, \boldsymbol{y}) \in T$ 和 $(\bar{\boldsymbol{x}}, \bar{\boldsymbol{y}}) \in T$, 以及任意的 $\lambda \in [0, 1]$ 均有

$$\lambda(\boldsymbol{x}, \boldsymbol{y}) + (1 - \lambda)(\bar{\boldsymbol{x}}, \bar{\boldsymbol{y}})$$
$$= (\lambda\boldsymbol{x} + (1 - \lambda)\bar{\boldsymbol{x}}, \lambda\boldsymbol{y} + (1 - \lambda)\bar{\boldsymbol{y}}) \in T,$$

即如果分别以 $\boldsymbol{x}$ 和 $\bar{\boldsymbol{x}}$ 的 λ 及 $1 - \lambda$ 比例之和输入, 则可以产生分别以 $\boldsymbol{y}$ 和 $\bar{\boldsymbol{y}}$ 的相同比例之和的输出.

(3) **锥性公理**(经济学界称为可加性公理): 对任意 $(\boldsymbol{x}, \boldsymbol{y}) \in T$ 及数 $k \geqq 0$ 均有

$$k(\boldsymbol{x}, \boldsymbol{y}) = (k\boldsymbol{x}, k\boldsymbol{y}) \in T.$$

这就是说, 若以投入量 $\boldsymbol{x}$ 的 k 倍进行输入, 那么输出量也以原来产出 $\boldsymbol{y}$ 的 k 倍产出是可能的.

(4) **无效性公理**(经济学中也称为自由处置性公理):

(i) 对任意的 $(\boldsymbol{x}, \boldsymbol{y}) \in T$ 且 $\hat{\boldsymbol{x}} \geqq \boldsymbol{x}$ 均有 $(\hat{\boldsymbol{x}}, \boldsymbol{y}) \in T$;

(ii) 对任意的 $(\boldsymbol{x}, \boldsymbol{y}) \in T$ 且 $\hat{\boldsymbol{y}} \leqq \boldsymbol{y}$ 均有 $(\boldsymbol{x}, \hat{\boldsymbol{y}}) \in T$.

这表明在原来生产活动基础上增加投入或减少产出进行生产总是可能的.

(5) **最小性公理**: 生产可能集 T 是满足公理 $(1) \sim (4)$ 的所有集合的交集.

可以看出, 满足上述 5 个条件的集合 T 是唯一确定的.

$$T = \left\{(\boldsymbol{x}, \boldsymbol{y}) \left| \sum_{j=1}^{n} \boldsymbol{x}_j\lambda_j \leqq \boldsymbol{x}, \sum_{j=1}^{n} \boldsymbol{y}_j\lambda_j \geqq \boldsymbol{y}, \lambda_j \geqq 0, j = 1, 2, \cdots, n \right.\right\}.$$

对于只有一个输入和一个输出的情况, 用下面的例子来说明.

例 2.3　表 2.3 给出了 4 个决策单元的输入数据和输出数据.

表 2.3　决策单元的输入数据和输出数据

决策单元	1	2	3	4
输入数据	1	2	3	4
输出数据	3	1	4	2

决策单元对应的数据 $(\boldsymbol{x}_j, \boldsymbol{y}_j)$ 在图中用黑点标出, 上述 4 个决策单元确定的生产可能集 T 即为图 2.1 中的阴影部分.

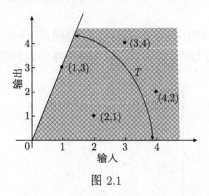

图 2.1

仍以单输入及单输出的情况来说明 DEA 有效性的经济含义.

首先, 生产函数 $Y = y(x)$ 表示在生产处于最好的理想状态, 当投入量为 x 时所能获得的最大输出. 因此, 从生产函数的角度来看, 生产函数图像上的点 (x 表示输入, Y 表示输出) 所对应的决策单元处于技术有效的状态.

一般来说, 生产函数 $Y = y(x)$ 的图像由图 2.2 所示. 生产函数的边际 $Y' = y'(x) > 0$, 即生产函数是增函数.

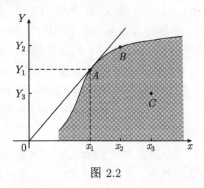

图 2.2

当 $x \in (0, x_1)$ 时, 由 $Y'' = y''(x) > 0$(即 $Y = y(x)$ 为凸函数), 表示当投入值小于 x_1 时, 厂商有投资的积极性 (因为边际函数 $Y' = y'(x)$ 为增函数), 此时称规模收益递增; 当 $x \in (x_1, +\infty)$ 时, 由 $Y'' = y''(x) < 0$(即 $Y = y(x)$ 为凹函数), 表示投入再增加时, 收益 (产出) 增加的效率已不高了, 即厂商已没有再继续增加投资的积极性 (因为边际函数 $Y' = y'(x)$ 为减函数), 此时称规模收益递减.

从图 2.2 可见, 生产函数图像上的 A 点对应的决策单元 (x_1, Y_1), 从生产理论的角度来看, 除了是技术有效外, 还是规模有效的. 这是因为少于投入量 x_1 以及大于投入量 x_1 的生产规模都不是最好的. B 点对应的决策单元 (x_2, Y_2) 是技术有效的, 因为它位于生产函数的曲线上, 但它却不是规模有效的. 点 C 所对应的决策单元 (x_3, Y_3) 既不是技术有效, 也不是规模有效的, 因为它不位于生产函数曲线上, 而且投入规模 x_3 过大.

现在来研究一下在 $\mathrm{C^2R}$ 模型中 DEA 有效性的经济含义.

检验决策单元 j_0 的 DEA 有效性, 即考虑线性规划问题

$$(\mathrm{D_{C^2R}}) \begin{cases} \min \ \theta = V_{\mathrm{D}}, \\[2mm] \mathrm{s.t.} \ \displaystyle\sum_{j=1}^{n} \boldsymbol{x}_j \lambda_j \leqq \theta \boldsymbol{x}_{j_0}, \\[2mm] \displaystyle\sum_{j=1}^{n} \boldsymbol{y}_j \lambda_j \geqq \boldsymbol{y}_{j_0}, \\[2mm] \lambda_j \geqq 0, \quad j = 1, 2, \cdots, n. \end{cases}$$

由于 $(\boldsymbol{x}_{j_0}, \boldsymbol{y}_{j_0}) \in T$, 即 $(\boldsymbol{x}_{j_0}, \boldsymbol{y}_{j_0})$ 满足

$$\sum_{j=1}^{n} \boldsymbol{x}_j \lambda_j \leqq \boldsymbol{x}_{j_0}, \quad \sum_{j=1}^{n} \boldsymbol{y}_j \lambda_j \geqq \boldsymbol{y}_{j_0},$$

其中 $\lambda_j \geqq 0 (j = 1, 2, \cdots, n)$. 可以看出, 线性规划 $(\mathrm{D_{C^2R}})$ 是表示在生产可能集 T 内, 当产出 $\boldsymbol{y}_{j_0}$ 保持不变时, 尽量将投入量 $\boldsymbol{x}_{j_0}$ 按同一比例 θ 减少. 如果投入量 $\boldsymbol{x}_{j_0}$ 不能按同一比例 θ 减少, 即线性规划 $(\mathrm{D_{C^2R}})$ 的最优值 $V_{\mathrm{D}} = \theta^0 = 1$, 在单输入与单输出的情况下, 决策单元 j_0 既为技术有效也为规模有效, 如在图 2.2 中 A 点所对应的决策单元 1; 如果投入量 $\boldsymbol{x}_0$ 能按同一比例 θ 减少, 即线性规划 $(\mathrm{D_{C^2R}})$ 的最优值 $V_{\mathrm{D}} = \theta^0 < 1$, 决策单元 j_0 不为技术有效或不为规模有效.

用下面的例子进一步说明.

例 2.4　表 2.4 给出了三个决策单元的输入数据和输出数据. 相应的决策单元对应的点 A, B, C 在图 2.3 中表示, 其中点 A 和 C 在生产函数曲线上, 点 B 在生产函数曲线的下方. 由三个决策单元所确定的生产可能集 T 也已在图中标出.

表 2.4　决策单元的输入数据和输出数据

决策单元	1	2	3
输入数据	2	4	5
输出数据	2	1	3.5

由图 2.3 可见, 决策单元 1(对应于点 A) 是技术有效和规模有效的.

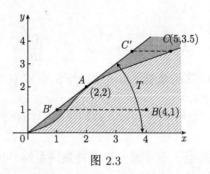

图 2.3

从 DEA 有效来看, 决策单元 1 所对应的带有非阿基米德无穷小的 C²R 模型为

$$
(D_\varepsilon) \begin{cases}
\min\ \theta - \varepsilon(s_1^- + s_1^+), \\
\text{s.t.}\quad 2\lambda_1 + 4\lambda_2 + 5\lambda_3 + s_1^- = 2\theta, \\
\quad\quad 2\lambda_1 + \lambda_2 + 3.5\lambda_3 - s_1^+ = 2, \\
\quad\quad \lambda_1, \lambda_2, \lambda_3, s_1^-, s_1^+ \geqq 0.
\end{cases}
$$

线性规划 (D_ε) 的最优解为

$$
\lambda^0 = (1,0,0)^{\mathrm{T}}, \quad s_1^{-0} = 0, \quad s_1^{+0} = 0, \quad \theta^0 = 1.
$$

根据定理 2.3, 决策单元 1 为 DEA 有效 (C²R).

由图 2.3 可见, 决策单元 2(对应于点 B) 不为技术有效, 因为点 B 不在生产函数曲线上; 也不为规模有效, 这是因为它的投入规模太大.

从 DEA 有效来看, 决策单元 2 所对应的线性规划 $(D_{\mathrm{C^2R}})$ 为

$$
(D_{\mathrm{C^2R}}) \begin{cases}
\min \theta = V_{\mathrm{D}}, \\
\text{s.t.}\quad 2\lambda_1 + 4\lambda_2 + 5\lambda_3 \leqq 4\theta, \\
\quad\quad 2\lambda_1 + \lambda_2 + 3.5\lambda_3 \geqq 1, \\
\quad\quad \lambda_1 \geqq 0, \lambda_2 \geqq 0, \lambda_3 \geqq 0.
\end{cases}
$$

它的最优解为

$$
\lambda^0 = \left(\frac{1}{2}, 0, 0\right)^{\mathrm{T}}, \quad \theta^0 = \frac{1}{4}.
$$

由于最优值 $V_{\mathrm{D}} = \theta^0 < 1$, 故决策单元 2 不为 DEA 有效 (C²R).

最后考察决策单元 3. 因为相应的点 C 在生产函数曲线上, 故为技术有效, 但是由于它的投资规模过大, 所以不为规模有效. 它所对应的线性规划 $(D_{\mathrm{C^2R}})$ 为

$$
(D_{\mathrm{C^2R}}) \begin{cases}
\min \theta = V_{\mathrm{D}}, \\
\text{s.t.}\quad 2\lambda_1 + 4\lambda_2 + 5\lambda_3 \leqq 5\theta, \\
\quad\quad 2\lambda_1 + \lambda_2 + 3.5\lambda_3 \geqq 3.5, \\
\quad\quad \lambda_1 \geqq 0, \lambda_2 \geqq 0, \lambda_3 \geqq 0,
\end{cases}
$$

最优解为

$$\boldsymbol{\lambda}^0 = \left(\frac{7}{4}, 0, 0\right)^{\mathrm{T}}, \quad \theta^0 = \frac{7}{10}.$$

由于最优值 $V_{\mathrm{D}} = \theta^0 < 1$, 故决策单元 3 不为 DEA 有效 ($\mathrm{C^2R}$).

2.2　评价技术有效性的 $\mathrm{BC^2}$ 模型

1984 年, Banker 等提出了不考虑生产可能集满足锥性的 DEA 模型, 一般简记为 $\mathrm{BC^2}$ 模型. 从生产理论来看, 第一个 DEA 模型 ——$\mathrm{C^2R}$ 模型对应的生产可能集满足平凡性、凸性、锥性、无效性和最小性假设, 但在某些情况下, 把生产可能集用凸锥来描述可能缺乏准确性. 因此, 当在 $\mathrm{C^2R}$ 模型中去掉锥性假设后就得到了另一个重要的 DEA 模型 ——$\mathrm{BC^2}$ 模型, 应用该模型就可以评价部门间的相对技术有效性. 由于本节许多概念和结果与 $\mathrm{C^2R}$ 模型有极大的相似之处, 所以在此只进行简要介绍.

假设 n 个决策单元对应的输入数据和输出数据分别为

$$\boldsymbol{x}_j = (x_{1j}, x_{2j}, \cdots, x_{mj})^{\mathrm{T}}, \quad j = 1, 2, \cdots, n,$$

$$\boldsymbol{y}_j = (y_{1j}, y_{2j}, \cdots, y_{sj})^{\mathrm{T}}, \quad j = 1, 2, \cdots, n,$$

其中, $\boldsymbol{x}_j \in E^m, \boldsymbol{y}_j \in E^s, \boldsymbol{x}_j > \boldsymbol{0}, \boldsymbol{y}_j > \boldsymbol{0}(j = 1, 2, \cdots, n)$, 则 $\mathrm{BC^2}$ 模型为

$$(\mathrm{P_{BC^2}}) \begin{cases} \max \left(\boldsymbol{\mu}^{\mathrm{T}} \boldsymbol{y}_{j_0} + \mu_0\right) = V_{\mathrm{P}}, \\ \mathrm{s.t.} \quad \boldsymbol{\omega}^{\mathrm{T}} \boldsymbol{x}_j - \boldsymbol{\mu}^{\mathrm{T}} \boldsymbol{y}_j - \mu_0 \geqq 0, \quad j = 1, 2, \cdots, n, \\ \quad\quad \boldsymbol{\omega}^{\mathrm{T}} \boldsymbol{x}_{j_0} = 1, \\ \quad\quad \boldsymbol{\omega} \geqq \boldsymbol{0}, \boldsymbol{\mu} \geqq \boldsymbol{0}. \end{cases}$$

$(\mathrm{P_{BC^2}})$ 的对偶规划为

$$(\mathrm{D_{BC^2}}) \begin{cases} \min \theta = V_{\mathrm{D}}, \\ \mathrm{s.t.} \quad \sum_{j=1}^{n} \boldsymbol{x}_j \lambda_j + \boldsymbol{s}^- = \theta \boldsymbol{x}_{j_0}, \\ \quad\quad \sum_{j=1}^{n} \boldsymbol{y}_j \lambda_j - \boldsymbol{s}^+ = \boldsymbol{y}_{j_0}, \\ \quad\quad \sum_{j=1}^{n} \lambda_j = 1, \\ \quad\quad \boldsymbol{s}^- \geqq \boldsymbol{0}, \boldsymbol{s}^+ \geqq \boldsymbol{0}, \lambda_j \geqq 0, j = 1, 2, \cdots, n. \end{cases}$$

定义 2.5　若线性规划 $(\mathrm{P_{BC^2}})$ 存在最优解 $\boldsymbol{\omega}^0, \boldsymbol{\mu}^0, \mu_0^0$ 满足

$$V_{\mathrm{P}} = \boldsymbol{\mu}^{0\mathrm{T}} \boldsymbol{y}_{j_0} + \mu_0^0 = 1,$$

则称决策单元 j_0 为弱 DEA 有效 ($\mathrm{BC^2}$). 若进而满足

$$\boldsymbol{\omega}^0 > \mathbf{0}, \quad \boldsymbol{\mu}^0 > \mathbf{0},$$

则称决策单元 j_0 为 DEA 有效 ($\mathrm{BC^2}$).

由线性规划的对偶理论可知以下结论成立:

定理 2.5 如果线性规划问题 ($\mathrm{D_{BC^2}}$) 的任意最优解

$$\boldsymbol{\lambda}^0, \quad \boldsymbol{s}^{-0}, \quad \boldsymbol{s}^{+0}, \quad \theta^0$$

都有

(1) $\theta^0 = 1$, 则决策单元 j_0 为弱 DEA 有效 ($\mathrm{BC^2}$);

(2) $\theta^0 = 1$, 并且 $\boldsymbol{s}^{-0} = \mathbf{0}, \boldsymbol{s}^{+0} = \mathbf{0}$, 则决策单元 j_0 为 DEA 有效 ($\mathrm{BC^2}$).

当引进非阿基米德无穷小量 ε 后, 可以得到下面的线性规划问题:

$$(\bar{\mathrm{P}}_\varepsilon) \begin{cases} \max\left(\boldsymbol{\mu}^{\mathrm{T}}\boldsymbol{y}_{j_0} + \mu_0\right) = V_{\mathrm{P}_\varepsilon}, \\ \text{s.t.} \quad \boldsymbol{\omega}^{\mathrm{T}}\boldsymbol{x}_j - \boldsymbol{\mu}^{\mathrm{T}}\boldsymbol{y}_j - \mu_0 \geqq 0, \quad j = 1, 2, \cdots, n, \\ \boldsymbol{\omega}^{\mathrm{T}}\boldsymbol{x}_{j_0} = 1, \\ \boldsymbol{\omega} \geqq \varepsilon\hat{\boldsymbol{e}}, \\ \boldsymbol{\mu} \geqq \varepsilon\boldsymbol{e}. \end{cases}$$

$(\bar{\mathrm{P}}_\varepsilon)$ 的对偶规划 $(\bar{\mathrm{D}}_\varepsilon)$ 如下:

$$(\bar{\mathrm{D}}_\varepsilon) \begin{cases} \min \theta - \varepsilon\left(\hat{\boldsymbol{e}}^{\mathrm{T}}\boldsymbol{s}^- + \boldsymbol{e}^{\mathrm{T}}\boldsymbol{s}^+\right), \\ \text{s.t.} \quad \sum_{j=1}^{n} \boldsymbol{x}_j\lambda_j + \boldsymbol{s}^- = \theta\boldsymbol{x}_{j_0}, \\ \sum_{j=1}^{n} \boldsymbol{y}_j\lambda_j - \boldsymbol{s}^+ = \boldsymbol{y}_{j_0}, \\ \sum_{j=1}^{n} \lambda_j = 1, \\ \boldsymbol{s}^- \geqq \mathbf{0}, \boldsymbol{s}^+ \geqq \mathbf{0}, \lambda_j \geqq 0, j = 1, 2, \cdots, n, \end{cases}$$

其中

$$\hat{\boldsymbol{e}}^{\mathrm{T}} = (1, 1, \cdots, 1) \in E^m, \quad \boldsymbol{e}^{\mathrm{T}} = (1, 1, \cdots, 1) \in E^s.$$

类似于定理 2.3, 可以得到如下的定理:

定理 2.6 设 ε 为非阿基米德无穷小量, 并且线性规划问题 $(\bar{\mathrm{D}}_\varepsilon)$ 的最优解为

$$\boldsymbol{\lambda}^0, \quad \boldsymbol{s}^{-0}, \quad \boldsymbol{s}^{+0}, \quad \theta^0,$$

则有

(1) 若 $\theta^0 = 1$, 则决策单元 j_0 为弱 DEA 有效 (BC^2);

(2) 若 $\theta^0 = 1$, 并且 $s^{-0} = 0, s^{+0} = 0$, 则决策单元 j_0 为 DEA 有效 (BC^2).

应用定理 2.6 就可以判断决策单元的 DEA 有效性 (BC^2), 为了便于说明问题, 下面给出一个算例.

例 2.5　　考虑具有一个输入和一个输出的问题, 它们由表 2.5 给出.

表 2.5　　决策单元的输入输出数据

决策单元	1	2	3
输　　入	1	3	4
输　　出	2	3	1

考察决策单元 1, 相应的带有非阿基米德无穷小量的线性规划问题为

$$
(\bar{\mathrm{D}}_\varepsilon)
\begin{cases}
\min \theta - \varepsilon \left(s_1^- + s_1^+ \right), \\
\text{s.t.} \quad \lambda_1 + 3\lambda_2 + 4\lambda_3 + s_1^- = \theta, \\
\quad 2\lambda_1 + 3\lambda_2 + \lambda_3 - s_1^+ = 2, \\
\quad \lambda_1 + \lambda_2 + \lambda_3 = 1, \\
\quad \lambda_1 \geqq 0, \lambda_2 \geqq 0, \lambda_3 \geqq 0, s_1^- \geqq 0, s_1^+ \geqq 0.
\end{cases}
$$

利用单纯形法求解, 得到最优解为

$$
\boldsymbol{\lambda}^0 = (1,0,0)^{\mathrm{T}}, \quad s_1^{-0} = 0, \quad s_1^{+0} = 0, \quad \theta^0 = 1.
$$

于是决策单元 1 为 DEA 有效 (BC^2).

考察决策单元 2, 相应的线性规划问题为

$$
(\bar{\mathrm{D}}_\varepsilon)
\begin{cases}
\min \theta - \varepsilon \left(s_1^- + s_1^+ \right), \\
\text{s.t.} \quad \lambda_1 + 3\lambda_2 + 4\lambda_3 + s_1^- = 3\theta, \\
\quad 2\lambda_1 + 3\lambda_2 + \lambda_3 - s_1^+ = 3, \\
\quad \lambda_1 + \lambda_2 + \lambda_3 = 1, \\
\quad \lambda_1 \geqq 0, \lambda_2 \geqq 0, \lambda_3 \geqq 0, s_1^- \geqq 0, s_1^+ \geqq 0.
\end{cases}
$$

它的最优解为

$$
\boldsymbol{\lambda}^0 = (0,1,0)^{\mathrm{T}}, \quad s_1^{-0} = 0, \quad s_1^{+0} = 0, \quad \theta^0 = 1.
$$

因此, 决策单元 2 为 DEA 有效 (BC^2).

最后考察决策单元 3, 相应的线性规划问题为

$$(\bar{D}_\varepsilon) \begin{cases} \min \theta - \varepsilon \left(s_1^- + s_1^+ \right), \\ \text{s.t.} \quad \lambda_1 + 3\lambda_2 + 4\lambda_3 + s_1^- = 4\theta, \\ \quad\quad 2\lambda_1 + 3\lambda_2 + \lambda_3 - s_1^+ = 1, \\ \quad\quad \lambda_1 + \lambda_2 + \lambda_3 = 1, \\ \quad\quad \lambda_1 \geqq 0, \lambda_2 \geqq 0, \lambda_3 \geqq 0, s_1^- \geqq 0, s_1^+ \geqq 0. \end{cases}$$

用单纯形方法求解, 得到最优解为

$$\boldsymbol{\lambda}^0 = (1, 0, 0)^{\mathrm{T}}, \quad s_1^{-0} = 0, \quad s_1^{+0} = 0, \quad \theta^0 = \frac{1}{4}.$$

因此, 决策单元 3 不为 DEA 有效 (BC^2).

事实上, DEA 有效 (BC^2) 也具有深刻的经济背景.

假设生产可能集 T 满足如下公理: "平凡性"、"凸性"、"无效性" 和 "最小性"(见定义 2.4), 于是可知

$$T = \left\{ (\boldsymbol{x}, \boldsymbol{y}) \left| \sum_{j=1}^{n} \boldsymbol{x}_j \lambda_j \leqq \boldsymbol{x}, \sum_{j=1}^{n} \boldsymbol{y}_j \lambda_j \geqq \boldsymbol{y}, \sum_{j=1}^{n} \lambda_j = 1, \lambda_j \geqq 0, j = 1, 2, \cdots, n \right. \right\},$$

其中 T 为凸多面体.

为了说明 DEA 有效 (BC^2) 的经济含义, 仍以例 2.5 为例, 生产可能集 T 由图 2.4 给出.

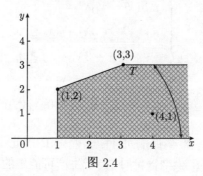

图 2.4

对于 BC^2 模型来说, 对应的线性规划为

$$(D_{BC^2}) \begin{cases} \min \; \theta = V_{\mathrm{D}}, \\ \text{s.t.} \; \displaystyle\sum_{j=1}^{n} \boldsymbol{x}_j \lambda_j \leqq \theta \boldsymbol{x}_{j_0}, \\ \quad\quad \displaystyle\sum_{j=1}^{n} \boldsymbol{y}_j \lambda_j \geqq \boldsymbol{y}_{j_0}, \\ \quad\quad \displaystyle\sum_{j=1}^{n} \lambda_j = 1, \\ \quad\quad \lambda_j \geqq 0, \quad j = 1, 2, \cdots, n. \end{cases}$$

由于 $(\boldsymbol{x}_{j_0}, \boldsymbol{y}_{j_0}) \in T$, 故满足

$$\sum_{j=1}^n \boldsymbol{x}_j \lambda_j \leqq \boldsymbol{x}_{j_0},$$
$$\sum_{j=1}^n \boldsymbol{y}_j \lambda_j \geqq \boldsymbol{y}_{j_0},$$

其中

$$\sum_{j=1}^n \lambda_j = 1, \quad \lambda_j \geqq 0, j = 1, 2, \cdots, n.$$

线性规划 $(\mathrm{D_{BC^2}})$ 的经济解释如下: 在生产可能集 T 内, 当产出 $\boldsymbol{y}_{j_0}$ 保持不变时, 尽量将投入量 $\boldsymbol{x}_{j_0}$ 按同一比例 $\theta(0 < \theta \leqq 1)$ 减少. 如果投入量 $\boldsymbol{x}_{j_0}$ 不能按同一比例 θ 减少, 即线性规划问题 $(\mathrm{D_{BC^2}})$ 的最优值 $V_\mathrm{D} = \theta^0 = 1$, 则在单输入和单输出的情况下, 当 $\boldsymbol{y}_{j_0}$ 不能继续改进时, 决策单元 j_0 是技术有效的. 在这里, 之所以与 $\mathrm{C^2R}$ 模型的情况不同 (在 $\mathrm{C^2R}$ 模型中, 若 $V_\mathrm{D} = \theta^0 = 1$, 则决策单元 j_0 既是技术有效, 也是规模有效), 是因为生产可能集 T 的构成不满足锥性公理假设. 在图 2.4 中的点 $(3,3)$ 位于生产可能集 T 的有效生产前沿面上, 当产出量 $y_{j_0} = 3$ 保持不变时, 将投入量 $x_{j_0} = 3$ 尽量减少已经不可能了, 即线性规划问题

$$(\mathrm{D_{BC^2}})\begin{cases} \min \ \theta = V_\mathrm{D}, \\ \mathrm{s.t.} \ \ \lambda_1 + 3\lambda_2 + 4\lambda_3 \leqq 3\theta, \\ \qquad 2\lambda_1 + 3\lambda_2 + \lambda_3 \geqq 3, \\ \qquad \lambda_1 + \lambda_2 + \lambda_3 = 1, \\ \qquad \lambda_1 \geqq 0, \lambda_2 \geqq 0, \lambda_3 \geqq 0 \end{cases}$$

的最优解 $\boldsymbol{\lambda}^0 = (0,1,0)^\mathrm{T}, \theta^0 = 1$, 满足 $V_\mathrm{D} = \theta^0 = 1$, 因此, 决策单元 2 为 DEA 有效 $(\mathrm{BC^2})$. 但是, 当用 $\mathrm{C^2R}$ 模型评价时, 由于生产可能集的构成需要满足锥性公理假设, 所以 DEA 有效性会发生变化. 此时集合 T 由图 2.5 给出.

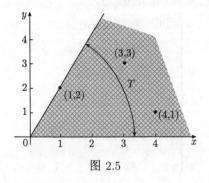

图 2.5

利用模型 C²R 评价决策单元 2(对应 $x_{j_0} = 3, y_{j_0} = 3$), 相应的线性规划问题为

$$(\mathrm{D_{C^2R}}) \begin{cases} \min \theta = V_{\mathrm{D}}, \\ \text{s.t.} \quad \lambda_1 + 3\lambda_2 + 4\lambda_3 \leqq 3\theta, \\ \qquad 2\lambda_1 + 3\lambda_2 + \lambda_3 \geqq 3, \\ \qquad \lambda_1 \geqq 0, \lambda_2 \geqq 0, \lambda_3 \geqq 0. \end{cases}$$

它的最优解为

$$\boldsymbol{\lambda}^0 = \left(\frac{3}{2}, 0, 0\right)^{\mathrm{T}}, \quad \theta^0 = \frac{1}{2},$$

因为

$$V_{\mathrm{D}} = \theta^0 = \frac{1}{2} < 1,$$

所以决策单元 2 不为 DEA 有效 (C²R).

对于 BC² 模型也可以定义决策单元在 DEA 相对有效面上的 "投影". 令

$$\hat{\boldsymbol{x}}_{j_0} = \theta^0 \boldsymbol{x}_{j_0} - \boldsymbol{s}^{-0} = \sum_{j=1}^{n} \boldsymbol{x}_j \lambda_j^0,$$

$$\hat{\boldsymbol{y}}_{j_0} = \boldsymbol{y}_{j_0} + \boldsymbol{s}^{+0} = \sum_{j=1}^{n} \boldsymbol{y}_j \lambda_j^0,$$

其中 $\boldsymbol{\lambda}^0, \boldsymbol{s}^{-0}, \boldsymbol{s}^{+0}, \theta^0$ 为线性规划问题

$$(\bar{\mathrm{D}}_\varepsilon) \begin{cases} \min \theta - \varepsilon(\hat{\boldsymbol{e}}^{\mathrm{T}} \boldsymbol{s}^- + \boldsymbol{e}^{\mathrm{T}} \boldsymbol{s}^+) = V_{\bar{\mathrm{D}}_\varepsilon}, \\ \text{s.t.} \quad \sum_{j=1}^{n} \boldsymbol{x}_j \lambda_j + \boldsymbol{s}^- = \theta \boldsymbol{x}_{j_0}, \\ \qquad \sum_{j=1}^{n} \boldsymbol{y}_j \lambda_j - \boldsymbol{s}^+ = \boldsymbol{y}_{j_0}, \\ \qquad \sum_{j=1}^{n} \lambda_j = 1, \\ \qquad \boldsymbol{s}^- \geqq \boldsymbol{0}, \boldsymbol{s}^+ \geqq \boldsymbol{0}, \lambda_j \geqq 0, j = 1, 2, \cdots, n \end{cases}$$

的最优解, 称 $(\hat{\boldsymbol{x}}_{j_0}, \hat{\boldsymbol{y}}_{j_0})$ 为决策单元 j_0 在 DEA 相对有效面上的 "投影", 于是有如下定理:

定理 2.7 设

$$\hat{\boldsymbol{x}}_{j_0} = \theta^0 \boldsymbol{x}_{j_0} - \boldsymbol{s}^{-0} = \sum_{j=1}^{n} \boldsymbol{x}_j \lambda_j^0,$$

$$\hat{\boldsymbol{y}}_{j_0} = \boldsymbol{y}_{j_0} + \boldsymbol{s}^{+0} = \sum_{j=1}^{n} \boldsymbol{y}_j \lambda_j^0,$$

其中 $\boldsymbol{\lambda}^0, \boldsymbol{s}^{-0}, \boldsymbol{s}^{+0}, \theta^0$ 为决策单元 j_0 对应的线性规划问题 $(\bar{\mathrm{D}}_\varepsilon)$ 的最优解, 则 $(\hat{\boldsymbol{x}}_0, \hat{\boldsymbol{y}}_0)$ 相对于原来的 n 个决策单元来说是 DEA 有效的 (BC^2).

2.3　基于有效样本视角下的 DEA 有效性分析

传统 DEA 理论认为, DEA 方法提供的效率值是一种相对效率, 即被评价决策单元相对于所有决策单元的效率. 同时, 在传统 DEA 方法中用于评价的参照系 (构造生产可能集的观测点) 是所有决策单元, 但事实上, DEA 方法提供的相对效率值是相对于所有 DEA 有效决策单元的效率, 用于评价的参照系也只是 DEA 有效决策单元集.

假设有 n 个决策单元, 它们所对应的输入输出向量分别为

$$\boldsymbol{x}_j = (x_{1j}, x_{2j}, \cdots, x_{mj})^{\mathrm{T}}, \quad j = 1, 2, \cdots, n,$$

$$\boldsymbol{y}_j = (y_{1j}, y_{2j}, \cdots, y_{sj})^{\mathrm{T}}, \quad j = 1, 2, \cdots, n,$$

则 $\mathrm{C}^2\mathrm{R}$ 模型和 BC^2 模型可以统一表示如下:

$$(\mathrm{P})\begin{cases} \max \ \boldsymbol{\mu}^{\mathrm{T}}\boldsymbol{y}_0 + \delta\mu_0 = V_{\mathrm{P}}, \\ \mathrm{s.t.} \ \boldsymbol{\omega}^{\mathrm{T}}\boldsymbol{x}_j - \boldsymbol{\mu}^{\mathrm{T}}\boldsymbol{y}_j - \delta\mu_0 \geqq 0, \quad j = 1, 2, \cdots, n, \\ \quad \boldsymbol{\omega}^{\mathrm{T}}\boldsymbol{x}_0 = 1, \\ \quad \boldsymbol{\omega} \geqq \boldsymbol{0}, \boldsymbol{\mu} \geqq \boldsymbol{0}. \end{cases}$$

当 $\delta = 0$ 时, 模型 (P) 为 $\mathrm{C}^2\mathrm{R}$ 模型; 当 $\delta = 1$ 时, 模型 (P) 为 BC^2 模型.

由模型 (P) 的对偶模型可以进一步得到以下模型:

$$(\mathrm{D})\begin{cases} \min \ \theta = V_{\mathrm{D}}, \\ \mathrm{s.t.} \ \displaystyle\sum_{j=1}^{n} \boldsymbol{x}_j\lambda_j + \boldsymbol{s}^- = \theta\boldsymbol{x}_{j_0}, \\ \quad \displaystyle\sum_{j=1}^{n} \boldsymbol{y}_j\lambda_j - \boldsymbol{s}^+ = \boldsymbol{y}_{j_0}, \\ \quad \delta\displaystyle\sum_{j=1}^{n}\lambda_j = \delta, \\ \quad \boldsymbol{s}^- \geqq \boldsymbol{0}, \boldsymbol{s}^+ \geqq \boldsymbol{0}, \lambda_j \geqq 0, j = 1, 2, \cdots, n. \end{cases}$$

在传统 DEA 方法中, 构成生产可能集的观测点集 (这里称为样本单元集 Sam) 为决策单元集, 即

$$\mathrm{Sam} = \{(\boldsymbol{x}_j, \boldsymbol{y}_j) | j = 1, 2, \cdots, n\}.$$

它所确定的生产可能集为

$$T = \left\{ (\boldsymbol{x}, \boldsymbol{y}) \left| \boldsymbol{x} \geqq \sum_{j=1}^{n} \boldsymbol{x}_j \lambda_j, \boldsymbol{y} \leqq \sum_{j=1}^{n} \boldsymbol{y}_j \lambda_j, \delta \sum_{j=1}^{n} \lambda_j = \delta, \boldsymbol{\lambda} = (\lambda_1, \lambda_2, \cdots, \lambda_n) \geqq \boldsymbol{0} \right. \right\}.$$

当 $\delta = 0$ 时, T 为 C^2R 模型对应的生产可能集; 当 $\delta = 1$ 时, T 为 BC^2 模型对应的生产可能集.

令 Eset 为所有 DEA 有效决策单元的下标集,

$$\text{Sam}_1 = \{(\boldsymbol{x}_j, \boldsymbol{y}_j) | j \in \text{Eset}\},$$

则以 Sam_1 中的点为观测点确定的生产可能集为

$$T_E = \left\{ (\boldsymbol{x}, \boldsymbol{y}) \left| \boldsymbol{x} \geqq \sum_{j \in \text{Eset}} \boldsymbol{x}_j \lambda_j, \boldsymbol{y} \leqq \sum_{j \in \text{Eset}} \boldsymbol{y}_j \lambda_j, \delta \sum_{j \in \text{Eset}} \lambda_j = \delta, \lambda_j \geqq 0, j \in \text{Eset} \right. \right\},$$

于是有以下结论:

定理 2.8 生产可能集 $T = T_E$.

证明 对任意的

$$(\boldsymbol{x}, \boldsymbol{y}) \in T_E,$$

必存在 $\tilde{\lambda}_j \geqq 0 (j \in \text{Eset})$, 使得

$$\boldsymbol{x} \geqq \sum_{j \in \text{Eset}} \boldsymbol{x}_j \tilde{\lambda}_j, \quad \boldsymbol{y} \leqq \sum_{j \in \text{Eset}} \boldsymbol{y}_j \tilde{\lambda}_j.$$

令

$$\tilde{\lambda}_j = 0, \quad j \in \{1, 2, \cdots, n\} \backslash \text{Eset},$$

则有

$$\boldsymbol{x} \geqq \sum_{j=1}^{n} \boldsymbol{x}_j \tilde{\lambda}_j, \quad \boldsymbol{y} \leqq \sum_{j=1}^{n} \boldsymbol{y}_j \tilde{\lambda}_j, \quad \delta \sum_{j=1}^{n} \tilde{\lambda}_j = \delta,$$

即 $(\boldsymbol{x}, \boldsymbol{y}) \in T$. 因此有

$$T_E \subseteq T.$$

反之, 若 $(\boldsymbol{x}, \boldsymbol{y}) \in T$, 则存在

$$\bar{\boldsymbol{\lambda}} = (\bar{\lambda}_1, \bar{\lambda}_2, \cdots, \bar{\lambda}_n) \geqq \boldsymbol{0},$$

使得

$$\boldsymbol{x} \geqq \sum_{j=1}^{n} \boldsymbol{x}_j \bar{\lambda}_j, \quad \boldsymbol{y} \leqq \sum_{j=1}^{n} \boldsymbol{y}_j \bar{\lambda}_j,$$

假设存在一个 $j_1 \notin \mathrm{Eset}$, 满足 $\bar{\lambda}_{j_1} \neq 0$. 为方便起见, 不妨设 $j_1 = n$.

由于 $n \notin \mathrm{Eset}$, 故 $(\boldsymbol{x}_n, \boldsymbol{y}_n)$ 不是 DEA 有效单元, 因此, 根据定理 2.2 与定理 2.5, 存在 $\boldsymbol{\lambda}^*, \boldsymbol{s}^{-*}, \boldsymbol{s}^{+*}, \theta^*$ 为 $(\boldsymbol{x}_n, \boldsymbol{y}_n)$ 对应的线性规划 (D) 的最优解, 满足

$$\theta^* \neq 1$$

或

$$\theta^* = 1, \quad (\boldsymbol{s}^{-*}, \boldsymbol{s}^{+*}) \neq \boldsymbol{0}.$$

由于

$$(\lambda_1, \lambda_2, \cdots, \lambda_{n-1}, \lambda_n) = (0, \cdots, 0, 1), \quad \boldsymbol{s}^- = \boldsymbol{0}, \quad \boldsymbol{s}^+ = \boldsymbol{0}, \quad \theta = 1$$

为线性规划 (D) 的可行解, 因此,

$$\theta^* \leqq 1.$$

由此可知, 必存在

$$(\bar{\boldsymbol{s}}^-, \bar{\boldsymbol{s}}^+) \neq \boldsymbol{0},$$

使得

$$\sum_{j=1}^{n} \boldsymbol{x}_j \lambda_j^* + \bar{\boldsymbol{s}}^- = \boldsymbol{x}_n, \quad \sum_{j=1}^{n} \boldsymbol{y}_j \lambda_j^* - \bar{\boldsymbol{s}}^+ = \boldsymbol{y}_n.$$

下证 $\lambda_n^* < 1$.

如果 $\lambda_n^* > 1$, 则有

$$1 - \lambda_n^* < 0.$$

又因为

$$\boldsymbol{x}_n > \boldsymbol{0},$$

故有

$$\sum_{j=1}^{n-1} \boldsymbol{x}_j \lambda_j^* + \bar{\boldsymbol{s}}^- = (1 - \lambda_n^*)\boldsymbol{x}_n < \boldsymbol{0},$$

这与

$$\sum_{j=1}^{n-1} \boldsymbol{x}_j \lambda_j^* + \bar{\boldsymbol{s}}^- \geqq \boldsymbol{0}$$

矛盾!

如果 $\lambda_n^* = 1$, 由于

$$\sum_{j=1}^{n-1} \boldsymbol{x}_j \lambda_j^* + \bar{\boldsymbol{s}}^- = \boldsymbol{0}, \quad \sum_{j=1}^{n-1} \boldsymbol{y}_j \lambda_j^* = \bar{\boldsymbol{s}}^+,$$

则有

$$\lambda_j^* = 0, \quad j = 1, 2, \cdots, n-1, \quad \bar{s}^- = \mathbf{0}, \quad \bar{s}^+ = \mathbf{0},$$

这与

$$(\bar{s}^-, \bar{s}^+) \neq \mathbf{0}$$

矛盾!

因此有

$$\lambda_n^* < 1,$$

故

$$\sum_{j=1}^{n-1} \boldsymbol{x}_j \lambda_j^* / (1 - \lambda_n^*) \leqq \boldsymbol{x}_n, \quad \sum_{j=1}^{n-1} \boldsymbol{y}_j \lambda_j^* / (1 - \lambda_n^*) \geqq \boldsymbol{y}_n,$$

于是有

$$\boldsymbol{x} \geqq \sum_{j=1}^{n} \boldsymbol{x}_j \bar{\lambda}_j = \boldsymbol{x}_n \bar{\lambda}_n + \sum_{j=1}^{n-1} \boldsymbol{x}_j \bar{\lambda}_j \geqq \sum_{j=1}^{n-1} \boldsymbol{x}_j \left(\bar{\lambda}_j + \frac{\lambda_j^* \bar{\lambda}_n}{1 - \lambda_n^*} \right),$$

$$\boldsymbol{y} \leqq \sum_{j=1}^{n} \boldsymbol{y}_j \bar{\lambda}_j = \boldsymbol{y}_n \bar{\lambda}_n + \sum_{j=1}^{n-1} \boldsymbol{y}_j \bar{\lambda}_j \leqq \sum_{j=1}^{n-1} \boldsymbol{y}_j \left(\bar{\lambda}_j + \frac{\lambda_j^* \bar{\lambda}_n}{1 - \lambda_n^*} \right).$$

又因为

$$\delta \left(\sum_{j=1}^{n-1} \left(\bar{\lambda}_j + \frac{\lambda_j^* \bar{\lambda}_n}{1 - \lambda_n^*} \right) \right) = \delta \left(\sum_{j=1}^{n-1} \bar{\lambda}_j + \sum_{j=1}^{n-1} \frac{\lambda_j^* \bar{\lambda}_n}{1 - \lambda_n^*} \right)$$

$$= \delta \left(\sum_{j=1}^{n-1} \bar{\lambda}_j + \frac{\bar{\lambda}_n}{1 - \lambda_n^*} \sum_{j=1}^{n-1} \lambda_j^* \right) = \delta \sum_{j=1}^{n} \bar{\lambda}_j = \delta,$$

由此可知

$$T \subseteq \left\{ (\boldsymbol{x}, \boldsymbol{y}) \middle| \boldsymbol{x} \geqq \sum_{j=1}^{n-1} \boldsymbol{x}_j \lambda_j, \boldsymbol{y} \leqq \sum_{j=1}^{n-1} \boldsymbol{y}_j \lambda_j, \delta \sum_{j=1}^{n-1} \lambda_j = \delta, \boldsymbol{\lambda} = (\lambda_1, \lambda_2, \cdots, \lambda_{n-1}) \geqq \mathbf{0} \right\},$$

如此重复即得

$$T \subseteq \left\{ (\boldsymbol{x}, \boldsymbol{y}) \middle| \boldsymbol{x} \geqq \sum_{j \in \text{Eset}} \boldsymbol{x}_j \lambda_j, \boldsymbol{y} \leqq \sum_{j \in \text{Eset}} \boldsymbol{y}_j \lambda_j, \delta \sum_{j \in \text{Eset}} \lambda_j = \delta, \lambda_j \geqq 0, j \in \text{Eset} \right\}.$$

证毕.

定理 2.8 表明, DEA 生产可能集是由 DEA 有效决策单元决定的, 它选择的 "参照点" 实际上是决策单元中的 "优秀单元". 因此, 传统 DEA 方法给出的信息是相对于有效决策单元的信息.

对于线性规划

$$
(\text{L})\begin{cases}
\min\ \theta = V_{\mathrm{D}_1}, \\
\text{s.t.}\ \sum\limits_{j \in \mathrm{Eset}} \boldsymbol{x}_j \lambda_j + \boldsymbol{s}^- = \theta \boldsymbol{x}_{j_0}, \\
\quad\ \ \sum\limits_{j \in \mathrm{Eset}} \boldsymbol{y}_j \lambda_j - \boldsymbol{s}^+ = \boldsymbol{y}_{j_0}, \\
\quad\ \ \delta \sum\limits_{j \in \mathrm{Eset}} \lambda_j = \delta, \\
\quad\ \ \boldsymbol{s}^- \geqq \boldsymbol{0}, \boldsymbol{s}^+ \geqq \boldsymbol{0}, \lambda_j \geqq 0, j \in \mathrm{Eset}
\end{cases}
$$

有以下结论:

定理 2.9　线性规划 (D) 和线性规划 (L) 的最优值相等.

证明　由于将 (L) 的可行解加上

$$\lambda_j = 0, \quad j \notin \mathrm{Eset}$$

后就可以全部转化成 (D) 的可行解, 因此,

$$V_{\mathrm{D}_1} \geqq V_{\mathrm{D}}.$$

因此, 以下只需证明

$$V_{\mathrm{D}_1} \leqq V_{\mathrm{D}}.$$

若 $\lambda_j^0 (j = 1, 2, \cdots, n)$, $\boldsymbol{s}^{-0}, \boldsymbol{s}^{+0}, \theta^0$ 为线性规划 (D) 的最优解, 则有

$$\sum_{j=1}^n \boldsymbol{x}_j \lambda_j^0 = \theta^0 \boldsymbol{x}_{j_0} - \boldsymbol{s}^{-0}, \quad \sum_{j=1}^n \boldsymbol{y}_j \lambda_j^0 = \boldsymbol{y}_{j_0} + \boldsymbol{s}^{+0}.$$

由于

$$\left(\sum_{j=1}^n \boldsymbol{x}_j \lambda_j^0, \sum_{j=1}^n \boldsymbol{y}_j \lambda_j^0 \right) \in T, \quad T = T_E,$$

因此,

$$(\theta^0 \boldsymbol{x}_{j_0} - \boldsymbol{s}^{-0}, \boldsymbol{y}_{j_0} + \boldsymbol{s}^{+0}) \in T_E,$$

即存在

$$\bar{\lambda}_j \geqq 0, \quad j \in \mathrm{Eset},$$

使得

$$\theta^0 \boldsymbol{x}_{j_0} - \boldsymbol{s}^{-0} \geqq \sum_{j \in \text{Eset}} \boldsymbol{x}_j \bar{\lambda}_j, \quad \boldsymbol{y}_{j_0} + \boldsymbol{s}^{+0} \leqq \sum_{j \in \text{Eset}} \boldsymbol{y}_j \bar{\lambda}_j, \quad \delta \sum_{j \in \text{Eset}} \bar{\lambda}_j = \delta.$$

因此, 存在

$$(\bar{\boldsymbol{s}}^{-0}, \bar{\boldsymbol{s}}^{+0}) \geqq \boldsymbol{0},$$

满足

$$\sum_{j \in \text{Eset}} \boldsymbol{x}_j \bar{\lambda}_j + \bar{\boldsymbol{s}}^{-0} = \theta^0 \boldsymbol{x}_{j_0} \quad \sum_{j \in \text{Eset}} \boldsymbol{y}_j \bar{\lambda}_j - \bar{\boldsymbol{s}}^{+0} = \boldsymbol{y}_{j_0},$$

所以

$$\bar{\lambda}_j, j \in \text{Eset}, \quad \bar{\boldsymbol{s}}^{-0}, \quad \bar{\boldsymbol{s}}^{+0}, \quad \theta^0$$

为线性规划 (L) 的可行解, 故得

$$V_{\text{D}_1} \leqq V_{\text{D}}.$$

证毕.

通过定理 2.9 可以看出, 传统 DEA 方法给出的效率值实际上是相对于有效决策单元的效率值, 和 DEA 无效决策单元无关.

$$(\text{D}_\varepsilon) \begin{cases} \min \ \theta - \varepsilon(\hat{\boldsymbol{e}}^{\text{T}} \boldsymbol{s}^- + \boldsymbol{e}^{\text{T}} \boldsymbol{s}^+) = V_{\text{D}_\varepsilon}, \\ \text{s.t.} \ \sum_{j=1}^{n} \boldsymbol{x}_j \lambda_j + \boldsymbol{s}^- = \theta \boldsymbol{x}_{j_0}, \\ \sum_{j=1}^{n} \boldsymbol{y}_j \lambda_j - \boldsymbol{s}^+ = \boldsymbol{y}_{j_0}, \\ \delta \sum_{j=1}^{n} \lambda_j = \delta, \\ \boldsymbol{s}^- \geqq \boldsymbol{0}, \boldsymbol{s}^+ \geqq \boldsymbol{0}, \lambda_j \geqq 0, j = 1, 2, \cdots, n. \end{cases}$$

定理 2.10 若 $\boldsymbol{\lambda}^0, \boldsymbol{s}^{-0}, \boldsymbol{s}^{+0}, \theta^0$ 为线性规划 (D_ε) 的最优解, Eset 为 DEA 有效决策单元的标号集合, 则对任何 $j \notin \text{Eset}$, 必有 $\lambda_j^0 = 0$.

证明 若 $\boldsymbol{\lambda}^0, \boldsymbol{s}^{-0}, \boldsymbol{s}^{+0}, \theta^0$ 为线性规划 (D_ε) 的最优解, 则必有

$$\sum_{j=1}^{n} \boldsymbol{x}_j \lambda_j^0 + \boldsymbol{s}^{-0} = \theta^0 \boldsymbol{x}_{j_0}, \quad \sum_{j=1}^{n} \boldsymbol{y}_j \lambda_j^0 - \boldsymbol{s}^{+0} = \boldsymbol{y}_{j_0}.$$

假设存在一个 $j_1 \notin \text{Eset}$, 使得 $\lambda_{j_1}^0 \neq 0$. 由于 $j_1 \notin \text{Eset}$, 故 $(\boldsymbol{x}_{j_1}, \boldsymbol{y}_{j_1})$ 不是 DEA 有效单元. 因此, 根据定理 2.3 和定理 2.5, 存在 $\boldsymbol{\lambda}^*, \boldsymbol{s}^{-*}, \boldsymbol{s}^{+*}, \theta^*$ 为 $(\boldsymbol{x}_{j_1}, \boldsymbol{y}_{j_1})$ 对应的线性规划 (D) 的最优解, 满足

$$\theta^* \neq 1$$

或

$$\theta^* = 1, \quad (\boldsymbol{s}^{-*}, \boldsymbol{s}^{+*}) \neq \boldsymbol{0}.$$

若 $\theta^* \neq 1$, 由于

$$(\lambda_1, \cdots, \lambda_{j_0-1}, \lambda_{j_0}, \lambda_{j_0+1}, \cdots, \lambda_n) = (0, \cdots, 0, 1, 0, \cdots, 0), \quad \boldsymbol{s}^- = \boldsymbol{0}, \quad \boldsymbol{s}^+ = \boldsymbol{0}, \quad \theta = 1$$

为线性规划 (D) 的可行解, 因此, $\theta^* < 1$.

由此可知, 必存在 $(\bar{\boldsymbol{s}}^-, \bar{\boldsymbol{s}}^+) \neq \boldsymbol{0}$, 使得

$$\sum_{j=1}^n \boldsymbol{x}_j \lambda_j^* + \bar{\boldsymbol{s}}^- = \boldsymbol{x}_{j_1}, \quad \sum_{j=1}^n \boldsymbol{y}_j \lambda_j^* - \bar{\boldsymbol{s}}^+ = \boldsymbol{y}_{j_1}.$$

因此有

$$\sum_{j=1}^n \boldsymbol{x}_j \lambda_j^0 + \boldsymbol{s}^{-0} = \sum_{\substack{j=1 \\ j \neq j_1}}^n \boldsymbol{x}_j \lambda_j^0 + \left(\sum_{j=1}^n \boldsymbol{x}_j \lambda_j^* + \bar{\boldsymbol{s}}^- \right) \lambda_{j_1}^0 + \boldsymbol{s}^{-0}$$

$$= \boldsymbol{x}_{j_1} \lambda_{j_1}^* \lambda_{j_1}^0 + \sum_{\substack{j=1 \\ j \neq j_1}}^n \boldsymbol{x}_j (\lambda_j^0 + \lambda_j^* \lambda_{j_1}^0) + (\lambda_{j_1}^0 \bar{\boldsymbol{s}}^- + \boldsymbol{s}^{-0}) = \theta^0 \boldsymbol{x}_{j_0},$$

$$\sum_{j=1}^n \boldsymbol{y}_j \lambda_j^0 - \boldsymbol{s}^{+0} = \sum_{\substack{j=1 \\ j \neq j_1}}^n \boldsymbol{y}_j \lambda_j^0 + \left(\sum_{j=1}^n \boldsymbol{y}_j \lambda_j^* - \bar{\boldsymbol{s}}^+ \right) \lambda_{j_1}^0 - \boldsymbol{s}^{+0}$$

$$= \boldsymbol{y}_{j_1} \lambda_{j_1}^* \lambda_{j_1}^0 + \sum_{\substack{j=1 \\ j \neq j_1}}^n \boldsymbol{y}_j (\lambda_j^0 + \lambda_j^* \lambda_{j_1}^0) - (\lambda_{j_1}^0 \bar{\boldsymbol{s}}^+ + \boldsymbol{s}^{+0}) = \boldsymbol{y}_{j_0}.$$

$$\delta \left(\lambda_{j_1}^* \lambda_{j_1}^0 + \sum_{\substack{j=1 \\ j \neq j_1}}^n (\lambda_j^0 + \lambda_j^* \lambda_{j_1}^0) \right) = \delta \left(\sum_{\substack{j=1 \\ j \neq j_1}}^n \lambda_j^0 + \left(\sum_{j=1}^n \lambda_j^* \right) \lambda_{j_1}^0 \right) = \delta \sum_{j=1}^n \lambda_j^0 = \delta.$$

由上式可知, 线性规划 (D_ε) 存在一个可行解, 它对应的目标函数值小于 $\theta^0 - \varepsilon(\hat{\boldsymbol{e}}^{\mathrm{T}} \boldsymbol{s}^{-0} + \boldsymbol{e}^{\mathrm{T}} \boldsymbol{s}^{+0})$, 矛盾! 证毕.

由定理 2.10 可知, 决策单元 j_0 的投影 $(\hat{\boldsymbol{x}}_{j_0}, \hat{\boldsymbol{y}}_{j_0})$ 等于

$$\hat{\boldsymbol{x}}_{j_0} = \theta^0 \boldsymbol{x}_{j_0} - \boldsymbol{s}^{-0} = \sum_{j=1}^n \boldsymbol{x}_j \lambda_j^0 = \sum_{j \in \mathrm{Eset}} \boldsymbol{x}_j \lambda_j^0,$$

$$\hat{\boldsymbol{y}}_{j_0} = \boldsymbol{y}_{j_0} + \boldsymbol{s}^{+0} = \sum_{j=1}^n \boldsymbol{y}_j \lambda_j^0 = \sum_{j \in \mathrm{Eset}} \boldsymbol{y}_j \lambda_j^0.$$

因此有

$$\Delta \boldsymbol{x}_{j_0} = \boldsymbol{x}_{j_0} - \sum_{j \in \mathrm{Eset}} \boldsymbol{x}_j \lambda_j^0, \quad \Delta \boldsymbol{y}_{j_0} = \sum_{j \in \mathrm{Eset}} \boldsymbol{y}_j \lambda_j^0 - \boldsymbol{y}_{j_0}.$$

这表明决策单元 j_0 的投影实际上是某些有效决策单元的线性组合, 即决策单元通过投影获得的改进信息, 实际上是和 DEA 有效单元比较的信息, 而与 DEA 无效单元无关.

通过上述几个定理, 不仅能够进一步看清 DEA 方法的本质, 同时, 也为拓展 DEA 方法作出理论铺垫, 即传统 DEA 方法是以有效单元为样板进行评价的, 给出的效率值和投影实际上是以有效水平为参照给出的. 明确这些问题对广义 DEA 方法的提出非常重要.

参 考 文 献

[1] Charnes A, Cooper W W, Rhodes E. Measuring the efficiency of decision making units [J]. European Journal of Operational Research, 1978, 2(6): 429–444

[2] Banker R D, Charnes A, Cooper W W. Some models for estimating technical and scale inefficiencies in data envelopment analysis [J]. Management Science, 1984, 30(9): 1078–1092

[3] 魏权龄. 评价相对有效的 DEA 方法 [M]. 北京: 中国人民大学出版社, 1988

[4] 马占新. 数据包络分析模型与方法 [M]. 北京: 科学出版社, 2010

[5] 马占新, 木仁. 基于有效样本视角下的 DEA 方法 [J]. 内蒙古大学学报, 2011, 42(3): 241–246

[6] Cooper W W, Seiford L M, Thanassoulis E, et al. DEA and its uses in different countries [J]. European Journal of Operational Research, 2004, 154(2): 337–344

[7] Emrouznejad A, Parker B, Tavares G. Evaluation of research in efficiency and productivity: A survey and analysis of the first 30 years of scholarly literature in DEA [J]. Journal of Socio-Economics Planning Science, 2008, 42(3):151–157

第3章 基本的广义 DEA 模型

由于传统 DEA 方法的 "评价参照系" 是有效决策单元, 即传统 DEA 方法只能获得和有效决策单元比较的信息, 而实际上人们需要比较的对象不仅仅限于 "优秀单元", 还可能是 "一般单元"(如录取线)、"较差单元"(如可容忍的底线) 或者某种特殊单元 (如选定的样板、标准或某些特定对象), 而传统 DEA 方法无法评价这些问题. 为此, 本章给出了一种适用于上述所有情况的广义 DEA 方法, 并探讨了它的相关性质. 主要包括: ① 提出了基本的广义 DEA 模型和广义 DEA 有效性概念; ② 分析了广义 DEA 有效性含义, 给出了广义 DEA 有效性的判断方法; ③ 给出了决策单元在样本前沿面上的投影、基于样本前沿面的排序算法以及如何应用样本前沿面为有效决策单元提供改进的信息. 本章内容主要取材于文献 [1], [2].

3.1 广义 DEA 方法提出的背景

3.1.1 问题提出的背景

DEA 模型的经济解释主要依托经济学的生产函数理论, 它用有效生产前沿面来模拟经验生产函数. 因此, 它给出的效率值反映的是被评价单元相对于优秀单元的信息. 但在现实中, 许多问题的评价参考集并不仅限于此. 例如,

(1) 在高考中, 一般考生更关心的是自己是否超过了录取线, 而不是和优秀考生的差距.

(2) 在由计划经济向市场经济转型时, 决策者不是看哪个企业更有效, 而是要寻找按市场经济配置的改革样板进行学习.

(3) 和每个单元进行比较不仅浪费时间和资源, 而且有些比较可能是没有意义的. 例如, 在高考中, 一个考生可能会将比较的对象确定为录取线、某些特定区域考生或自己熟悉的考生等, 而不可能和全国每个具体考生都进行比较.

由此可见, 传统 DEA 方法的 "参照系" 是 "有效的决策单元", 而实际上人们需要比较的对象不仅限于优秀单元, 还可能是一般单元 (如录取线)、较差单元 (如可容忍的底线), 也可能是决策者指定的单元 (如榜样、标准或决策者感兴趣的对象). 为了解决这些问题, 本章尝试给出一种更具广泛含义的 DEA 方法. 该方法不仅具有传统 DEA 方法的全部性质, 而且还能依据任意参考集进行评价. 因此, 该方法可以看成是传统 DEA 方法的推广, 为区别称之为广义 DEA 方法. 以下主要从评

价的参考集出发来阐述广义 DEA 方法与传统 DEA 方法的关系.

3.1.2 广义 DEA 方法与传统 DEA 方法的关系

如果将被评价对象的集合 (即决策单元集) 设为 A, 样本单元集 (即构成生产可能集的观测点集) 设为 B, 则图 3.1 和图 3.2 描述了传统 DEA 方法和广义 DEA 方法中样本单元集与决策单元集之间的关系.

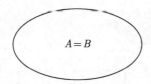

图 3.1 传统 DEA 方法中决策单元集与样本单元集的关系

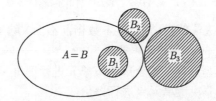

图 3.2 广义 DEA 方法中决策单元集与样本单元集的关系

在传统 DEA 模型 (如 C^2R 模型[3]、BC^2 模型[4]、FG 模型[5]、ST 模型[6]) 中样本单元集 B 就是决策单元集 A. 这不仅使 DEA 方法陷入随机化的困境, 同时也使 DEA 方法的应用受到很大的限制.

广义 DEA 方法 (Sam-Eva$_d$ 模型[1,2]、PSam-C^2WH 模型[7]、Sam-C^2W 模型[8]、Sam-C^2WY 模型[9]) 中样本单元集 B 与决策单元集 A 之间的关系可能有多种情况.

传统 DEA 方法中样本单元集 B 与决策单元集 A 必须相同, 但广义 DEA 方法中如果决策单元集为 A, 则样本单元集可以是 B, B_1, B_2, B_3.

图 3.3 从评价参照系的角度粗略地说明了广义 DEA 方法与传统 DEA 方法处理问题的不同视角, 其中传统 DEA 方法中评价的 "参照系" 只能是 "有效决策单元", 而广义 DEA 方法还可以是一般单元 (如录取线)、较差单元 (如可容忍的底线) 或某些指定的单元 (如榜样、标准或决策者感兴趣的对象).

广义 DEA 方法以样本单元为 "参照物", 以决策单元为研究对象来构造模型, 它不仅具有传统 DEA 模型[3~6] 的几乎全部性质和特征, 而且还有许多独特的优点, 这主要表现在以下几个方面:

(1) DEA 方法依据 "有效生产前沿面" 提供决策信息, 广义 DEA 方法依据 "样

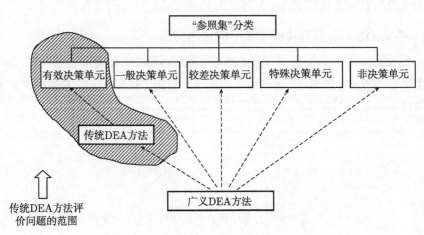

图 3.3　广义 DEA 方法可评价问题的范围

本数据前沿面” 来提供决策信息, 而 “样本数据前沿面” 除了包含 “有效生产前沿面” 之外, 还有更加广泛的含义和应用背景.

(2) 传统的 DEA 模型只能依据全部决策单元进行评价, 而广义 DEA 方法能依据任何决策单元子集和非决策单元集进行评价.

(3) 广义 DEA 方法拓展了原有的 DEA 理论, 可以证明 C²R 模型[3]、BC² 模型[4] 等都是广义 DEA 模型的特例.

(4) 现有的 DEA 模型对有效单元能给出的信息较少[10], 而广义 DEA 模型可以对有效单元给出进一步的改进信息.

(5) 从该方法出发, 可以在择优排序[2]、风险评估[11,12]、评价组合效率[13~15] 等许多方面给出更为有效的分析方法.

例如, 应用该方法不仅可以将传统的 F-N 曲线分析方法推广到 n 维空间, 而且可以通过构造各种风险数据包络面来划分风险区域、预测风险大小以及给出风险状况综合排序等.

3.2　基本的广义 DEA 模型

3.2.1　满足规模收益不变的广义 DEA 模型

假设共有 n 个待评价的决策单元和 $\bar{n}$ 个样本单元或标准 (以下统称样本单元), 它们的特征可由 m 种输入和 s 种输出指标表示,

$\boldsymbol{x}_p = (x_{1p}, x_{2p}, \cdots, x_{mp})^{\mathrm{T}}$ 表示第 p 个决策单元的输入指标值,

$\boldsymbol{y}_p = (y_{1p}, y_{2p}, \cdots, y_{sp})^{\mathrm{T}}$ 表示第 p 个决策单元的输出指标值,

$\bar{\boldsymbol{x}}_j = (\bar{x}_{1j}, \bar{x}_{2j}, \cdots, \bar{x}_{mj})^{\mathrm{T}}$ 表示第 j 个样本单元的输入指标值,

$\bar{\boldsymbol{y}}_j = (\bar{y}_{1j}, \bar{y}_{2j}, \cdots, \bar{y}_{sj})^{\mathrm{T}}$ 表示第 j 个样本单元的输出指标值, 并且它们均为正数, 则对决策单元 p 有以下模型:

$$(\text{G-C}^2\text{R}) \begin{cases} \max \ \boldsymbol{\mu}^{\mathrm{T}} \boldsymbol{y}_p = V(d), \\ \text{s.t.} \ \ \boldsymbol{\omega}^{\mathrm{T}} \bar{\boldsymbol{x}}_j - \boldsymbol{\mu}^{\mathrm{T}} d \bar{\boldsymbol{y}}_j \geqq 0, \quad j = 1, \cdots, \bar{n}, \\ \quad \ \ \boldsymbol{\omega}^{\mathrm{T}} \boldsymbol{x}_p = 1, \\ \quad \ \ \boldsymbol{\omega} \geqq \boldsymbol{0}, \boldsymbol{\mu} \geqq \boldsymbol{0}, \end{cases}$$

其中 $\boldsymbol{\omega} = (\omega_1, \omega_2, \cdots, \omega_m)^{\mathrm{T}}$ 表示输入指标的权重, $\boldsymbol{\mu} = (\mu_1, \mu_2, \cdots, \mu_s)^{\mathrm{T}}$ 表示输出指标的权重, d 为一个正数, 称为移动因子.

模型 $(\text{G-C}^2\text{R})$ 的对偶模型可以表示如下:

$$(\text{DG-C}^2\text{R}) \begin{cases} \min \ \theta = D(d), \\ \text{s.t.} \ \ \displaystyle\sum_{j=1}^{\bar{n}} \bar{\boldsymbol{x}}_j \lambda_j \leqq \theta \boldsymbol{x}_p, \\ \quad \ \ \displaystyle\sum_{j=1}^{\bar{n}} d \bar{\boldsymbol{y}}_j \lambda_j \geqq \boldsymbol{y}_p, \\ \quad \ \ \lambda_j \geqq 0, \quad j = 1, 2, \cdots, \bar{n}. \end{cases}$$

可以证明 $(\text{G-C}^2\text{R})$ 存在最优解.

定义 3.1 (1) 若规划 $(\text{G-C}^2\text{R})$ 的最优值 $V(d) \geqq 1$, 则称决策单元 p 相对样本数据前沿面的 d 倍移动为弱有效的, 简称为 G-DEA(d)(generalized data envelopment analysis) 弱有效 $(\text{G-C}^2\text{R})$;

(2) 若规划 $(\text{G-C}^2\text{R})$ 的最优解中有下列情况之一:

① 存在 $\boldsymbol{\omega}^0 > \boldsymbol{0}, \boldsymbol{\mu}^0 > \boldsymbol{0}$ 使得 $V(d) = 1$;

② $V(d) > 1$,

则称决策单元 p 相对样本数据前沿面的 d 倍移动为有效的, 简称为 G-DEA(d) 有效 $(\text{G-C}^2\text{R})$.

特别地, 当 $d = 1$ 时, 记 G-DEA(1) 弱有效为 G-DEA 弱有效, 记 G-DEA(1) 有效为 G-DEA 有效.

例 3.1 表 3.1 给出了三个决策单元和三个样本单元的输入、输出数据, 试判断决策单元 1~3 的 DEA 有效性 (C^2R) 及 G-DEA 有效性 $(\text{G-C}^2\text{R})$.

表 3.1 决策单元与样本单元的输入、输出数据

单元序号	决策单元			样本单元		
	1	2	3	1	2	3
输 入	2	2	6	2	4	5
输 出	2	3	4	2	1	3.5

(1) 首先, 应用传统的 C^2R 模型进行计算, 结果如下:

对于决策单元 1, 应用传统的 C^2R 模型评价, 则有以下模型:

$$(P_1) \begin{cases} \max & 2\mu_1 = V_{P_1}, \\ \text{s.t.} & 2\omega_1 - 2\mu_1 \geqq 0, \\ & 2\omega_1 - 3\mu_1 \geqq 0, \\ & 6\omega_1 - 4\mu_1 \geqq 0, \\ & 2\omega_1 = 1, \\ & \omega_1 \geqq 0, \mu_1 \geqq 0. \end{cases}$$

线性规划 (P_1) 的最优解是 $\omega_1^0 = \dfrac{1}{2}, \mu_1^0 = \dfrac{1}{3}$, 最优目标函数值是 $\dfrac{2}{3}$. 因此, 由定义 2.2, 决策单元 1 为 DEA 无效 (C^2R).

对于决策单元 2, 应用传统的 C^2R 模型评价, 则有以下模型:

$$(P_2) \begin{cases} \max & 3\mu_1 = V_{P_2}, \\ \text{s.t.} & 2\omega_1 - 2\mu_1 \geqq 0, \\ & 2\omega_1 - 3\mu_1 \geqq 0, \\ & 6\omega_1 - 4\mu_1 \geqq 0, \\ & 2\omega_1 = 1, \\ & \omega_1 \geqq 0, \mu_1 \geqq 0. \end{cases}$$

线性规划 (P_2) 的最优解是 $\omega_1^0 = \dfrac{1}{2}, \mu_1^0 = \dfrac{1}{3}$, 最优目标函数值是 1. 因此, 由定义 2.2, 决策单元 2 为 DEA 有效 (C^2R).

对于决策单元 3, 应用传统的 C^2R 模型评价, 则有以下模型:

$$(P_3) \begin{cases} \max & 4\mu_1 = V_{P_3}, \\ \text{s.t.} & 2\omega_1 - 2\mu_1 \geqq 0, \\ & 2\omega_1 - 3\mu_1 \geqq 0, \\ & 6\omega_1 - 4\mu_1 \geqq 0, \\ & 6\omega_1 = 1, \\ & \omega_1 \geqq 0, \mu_1 \geqq 0. \end{cases}$$

线性规划 (P_3) 的最优解是 $\omega_1^0 = \dfrac{1}{6}, \mu_1^0 = \dfrac{1}{9}$, 最优目标函数值是 $\dfrac{4}{9}$. 因此, 由定义 2.2, 决策单元 3 为 DEA 无效 (C^2R).

(2) 应用本章给出的广义 DEA 模型进行计算, 结果如下:

对于决策单元 1, 取 $d = 1$, 应用 (G-C²R) 模型评价, 则有以下模型:

$$(G_1) \begin{cases} \max & 2\mu_1 = V_{G_1}, \\ \text{s.t.} & 2\omega_1 - 2\mu_1 \geqq 0, \\ & 4\omega_1 - \mu_1 \geqq 0, \\ & 5\omega_1 - 3.5\mu_1 \geqq 0, \\ & 2\omega_1 = 1, \\ & \omega_1 \geqq 0, \mu_1 \geqq 0. \end{cases}$$

线性规划 (G_1) 的最优解是 $\omega_1^0 = \dfrac{1}{2}, \mu_1^0 = \dfrac{1}{2}$, 最优目标函数值是 1. 因此, 由定义 3.1, 决策单元 1 为 G-DEA 有效 (G-C²R).

对于决策单元 2, 取 $d = 1$, 应用 (G-C²R) 模型评价, 则有以下模型:

$$(G_2) \begin{cases} \max & 3\mu_1 = V_{G_2}, \\ \text{s.t.} & 2\omega_1 - 2\mu_1 \geqq 0, \\ & 4\omega_1 - \mu_1 \geqq 0, \\ & 5\omega_1 - 3.5\mu_1 \geqq 0, \\ & 2\omega_1 = 1, \\ & \omega_1 \geqq 0, \mu_1 \geqq 0. \end{cases}$$

线性规划 (G_2) 的最优解是 $\omega_1^0 = \dfrac{1}{2}, \mu_1^0 = \dfrac{1}{2}$, 最优目标函数值是 $\dfrac{3}{2}$. 因此, 由定义 3.1, 决策单元 2 为 G-DEA 有效 (G-C²R).

对于决策单元 3, 取 $d = 1$, 应用 (G-C²R) 模型评价, 则有以下模型:

$$(G_3) \begin{cases} \max & 4\mu_1 = V_{G_3}, \\ \text{s.t.} & 2\omega_1 - 2\mu_1 \geqq 0, \\ & 4\omega_1 - \mu_1 \geqq 0, \\ & 5\omega_1 - 3.5\mu_1 \geqq 0, \\ & 6\omega_1 = 1, \\ & \omega_1 \geqq 0, \mu_1 \geqq 0. \end{cases}$$

线性规划 (G_3) 的最优解是 $\omega_1^0 = \dfrac{1}{6}, \mu_1^0 = \dfrac{1}{6}$, 最优目标函数值是 $\dfrac{2}{3}$. 因此, 由定义 3.1, 决策单元 3 为 G-DEA 无效 (G-C²R).

3.2.2 满足规模收益可变的广义 DEA 模型

当系统满足规模收益可变时, 对决策单元 p 有以下模型:

$$(\text{G-BC}^2) \begin{cases} \max \ (\boldsymbol{\mu}^{\mathrm{T}} \boldsymbol{y}_p + \mu_0) = V(d), \\ \text{s.t.} \quad \boldsymbol{\omega}^{\mathrm{T}} \bar{\boldsymbol{x}}_j - \boldsymbol{\mu}^{\mathrm{T}} d\bar{\boldsymbol{y}}_j - \mu_0 \geqq 0, \quad j = 1, \cdots, \bar{n}, \\ \boldsymbol{\omega}^{\mathrm{T}} \boldsymbol{x}_p = 1, \\ \boldsymbol{\omega} \geqq \boldsymbol{0}, \boldsymbol{\mu} \geqq \boldsymbol{0}. \end{cases}$$

(G-BC^2) 模型的对偶模型可以表示如下:

$$(\text{DG-BC}^2) \begin{cases} \min \ \theta = D(d), \\ \text{s.t.} \ \ \sum_{j=1}^{\bar{n}} \bar{\boldsymbol{x}}_j \lambda_j \leqq \theta \boldsymbol{x}_p, \\ \sum_{j=1}^{\bar{n}} d\bar{\boldsymbol{y}}_j \lambda_j \geqq \boldsymbol{y}_p, \\ \sum_{j=1}^{\bar{n}} \lambda_j = 1, \\ \lambda_j \geqq 0, \quad j = 1, 2, \cdots, \bar{n}. \end{cases}$$

可以证明 (G-BC^2) 或者存在最优解, 或者有无界解.

定义 3.2 (1) 若规划 (G-BC^2) 的最优值 $V(d) \geq 1$ 或者 (G-BC^2) 有无界解, 则称决策单元 p 相对样本数据前沿面的 d 移动为弱有效的, 简称 G-DEA(d) 弱有效 (G-BC^2);

(2) 若规划 (G-BC^2) 的最优解中有下列情况之一:

① 存在 $\boldsymbol{\omega}^0 > \boldsymbol{0}$, $\boldsymbol{\mu}^0 > \boldsymbol{0}$ 使得 $V(d) = 1$;

② $V(d) > 1$, 或者 (G-BC^2) 有无界解,

则称决策单元 p 相对样本数据前沿面的 d 移动为有效的, 简称 G-DEA(d) 有效 (G-BC^2).

同样地, 当 $d = 1$ 时, 记 G-DEA(1) 弱有效为 G-DEA 弱有效, 记 G-DEA(1) 有效为 G-DEA 有效.

3.2.3 一个综合的广义 DEA 模型

实际上, (G-C^{2}R) 模型和 (G-BC^2) 模型可以统一地表示如下:

$$(\text{G-RB}) \begin{cases} \max \ (\boldsymbol{\mu}^{\mathrm{T}} \boldsymbol{y}_p + \delta\mu_0) = V(d), \\ \text{s.t.} \quad \boldsymbol{\omega}^{\mathrm{T}} \bar{\boldsymbol{x}}_j - \boldsymbol{\mu}^{\mathrm{T}} d\bar{\boldsymbol{y}}_j - \delta\mu_0 \geqq 0, \quad j = 1, \cdots, \bar{n}, \\ \boldsymbol{\omega}^{\mathrm{T}} \boldsymbol{x}_p = 1, \\ \boldsymbol{\omega} \geqq \boldsymbol{0}, \boldsymbol{\mu} \geqq \boldsymbol{0}. \end{cases}$$

当 $\delta = 0$ 时, (G-RB) 模型为 (G-C^{2}R) 模型; 当 $\delta = 1$ 时, (G-RB) 模型为 (G-BC^2) 模型.

由 (G-RB) 可以进一步得到 (G-DEA) 模型,

$$(\text{G-DEA}) \begin{cases} \max \ (\boldsymbol{\mu}^{\mathrm{T}} \boldsymbol{y}_p + \delta\mu_0) = V(d), \\ \text{s.t.} \quad \boldsymbol{\omega}^{\mathrm{T}} \boldsymbol{x}_p - \boldsymbol{\mu}^{\mathrm{T}} \boldsymbol{y}_p - \delta\mu_0 \geqq 0, \\ \qquad \boldsymbol{\omega}^{\mathrm{T}} \bar{\boldsymbol{x}}_j - \boldsymbol{\mu}^{\mathrm{T}} d\bar{\boldsymbol{y}}_j - \delta\mu_0 \geqq 0, \quad j = 1, \cdots, \bar{n}, \\ \qquad \boldsymbol{\omega}^{\mathrm{T}} \boldsymbol{x}_p = 1, \\ \qquad \boldsymbol{\omega} \geqq \mathbf{0}, \boldsymbol{\mu} \geqq \mathbf{0}. \end{cases}$$

对于规划 (G-DEA) 有以下结论成立:

定理 3.1 (1) 决策单元 p 为 G-DEA(d) 无效 (G-C^{2}R, G-BC^2), 则规划 (G-DEA) 与规划 (G-RB) 的最优值相等;

(2) 决策单元 p 为 G-DEA(d) 弱有效 (G-C^{2}R, G-BC^2) 当且仅当规划 (G-DEA) 的最优值 $V(d)=1$;

(3) 决策单元 p 为 G-DEA(d) 有效 (G-C^{2}R, G-BC^2) 当且仅当规划 (G-DEA) 的最优解中有

$$\boldsymbol{\omega}^0 > \mathbf{0}, \quad \boldsymbol{\mu}^0 > \mathbf{0}$$

且

$$V(d) = 1.$$

证明 (1) 若决策单元 p 为 G-DEA(d) 无效 (G-C^{2}R, G-BC^2), 由于规划 (G-RB) 及其对偶规划存在可行解, 因此, 规划 (G-RB) 必存在最优解 $\boldsymbol{\omega}^0, \boldsymbol{\mu}^0, \mu_0^0$, 使得规划 (G-RB) 的最优值小于 1, 故

$$\boldsymbol{\omega}^{0\mathrm{T}} \boldsymbol{x}_p - \boldsymbol{\mu}^{0\mathrm{T}} \boldsymbol{y}_p - \delta\mu_0^0 \geqq 0,$$

因此, 规划 (G-RB) 的最优解都是规划 (G-DEA) 的可行解.

反之, 若 $\tilde{\boldsymbol{\omega}}, \tilde{\boldsymbol{\mu}}, \tilde{\mu}_0$ 是规划 (G-DEA) 的最优解, 则必有

$$\tilde{\boldsymbol{\omega}}^{\mathrm{T}} \bar{\boldsymbol{x}}_j - \tilde{\boldsymbol{\mu}}^{\mathrm{T}} d\bar{\boldsymbol{y}}_j - \delta\tilde{\mu}_0 \geqq 0, \quad j = 1, \cdots, \bar{n},$$
$$\tilde{\boldsymbol{\omega}}^{\mathrm{T}} \boldsymbol{x}_p = 1,$$
$$\tilde{\boldsymbol{\omega}} \geqq \mathbf{0}, \quad \tilde{\boldsymbol{\mu}} \geqq \mathbf{0}.$$

因此, 规划 (G-DEA) 的最优解都是规划 (G-RB) 的可行解, 从而它们的最优值相等.

(2) 若规划 (G-DEA) 存在最优解 $\boldsymbol{\omega}^0, \boldsymbol{\mu}^0, \mu_0^0$, 使得最优值为 1, 则必有

$$\boldsymbol{\omega}^{0\mathrm{T}} \bar{\boldsymbol{x}}_j - \boldsymbol{\mu}^{0\mathrm{T}} d\bar{\boldsymbol{y}}_j - \delta\mu_0^0 \geqq 0, \quad j = 1, \cdots, \bar{n},$$
$$\boldsymbol{\omega}^{0\mathrm{T}} \boldsymbol{x}_p = 1,$$
$$\boldsymbol{\mu}^{0\mathrm{T}} \boldsymbol{y}_p + \delta\mu_0^0 = 1.$$

因此, $\boldsymbol{\omega}^0, \boldsymbol{\mu}^0, \mu_0^0$ 为 (G-RB) 的可行解, 从而 (G-RB) 的最优解必大于等于 1 或无界. 由定义 3.1 和定义 3.2 可知, 决策单元 p 为 G-DEA(d) 弱有效.

反之, 若决策单元 p 为 G-DEA(d) 弱有效, 则 (G-RB) 的最优解大于等于 1 或无界. 因此, 线性规划 (G-RB) 必存在可行解 $\tilde{\boldsymbol{\omega}}, \tilde{\boldsymbol{\mu}}, \tilde{\mu}_0$, 使得

$$\tilde{\boldsymbol{\omega}}^{\mathrm{T}}\bar{\boldsymbol{x}}_j - \tilde{\boldsymbol{\mu}}^{\mathrm{T}}d\bar{\boldsymbol{y}}_j - \delta\tilde{\mu}_0 \geqq 0, \quad j=1,\cdots,\bar{n},$$
$$\tilde{\boldsymbol{\mu}}^{\mathrm{T}}\boldsymbol{y}_p + \delta\tilde{\mu}_0 \geqq 1,$$
$$\tilde{\boldsymbol{\omega}}^{\mathrm{T}}\boldsymbol{x}_p = 1,$$
$$\tilde{\boldsymbol{\omega}} \geqq \boldsymbol{0}, \quad \tilde{\boldsymbol{\mu}} \geqq \boldsymbol{0}.$$

令

$$\bar{\boldsymbol{\omega}} = \tilde{\boldsymbol{\omega}}, \quad \bar{\boldsymbol{\mu}} = \frac{\tilde{\boldsymbol{\mu}}}{\tilde{\boldsymbol{\mu}}^{\mathrm{T}}\boldsymbol{y}_p + \delta\tilde{\mu}_0}, \quad \bar{\mu}_0 = \frac{\tilde{\mu}_0}{\tilde{\boldsymbol{\mu}}^{\mathrm{T}}\boldsymbol{y}_p + \delta\tilde{\mu}_0},$$

则有

$$\bar{\boldsymbol{\omega}}^{\mathrm{T}}\bar{\boldsymbol{x}}_j - \bar{\boldsymbol{\mu}}^{\mathrm{T}}d\bar{\boldsymbol{y}}_j - \delta\bar{\mu}_0 \geqq 0, \quad j=1,\cdots,\bar{n},$$
$$\bar{\boldsymbol{\mu}}^{\mathrm{T}}\boldsymbol{y}_p + \delta\bar{\mu}_0 = 1,$$
$$\bar{\boldsymbol{\omega}}^{\mathrm{T}}\boldsymbol{x}_p = 1,$$
$$\bar{\boldsymbol{\omega}} \geqq \boldsymbol{0}, \quad \bar{\boldsymbol{\mu}} \geqq \boldsymbol{0}.$$

显然,

$$\bar{\boldsymbol{\omega}}^{\mathrm{T}}\boldsymbol{x}_p - \bar{\boldsymbol{\mu}}^{\mathrm{T}}\boldsymbol{y}_p - \delta\bar{\mu}_0 = 0,$$

因此, $\bar{\boldsymbol{\omega}} \geqq \boldsymbol{0}, \bar{\boldsymbol{\mu}} \geqq \boldsymbol{0}, \bar{\mu}_0$ 是线性规划 (G-DEA) 的可行解.

另外, 对于线性规划 (G-DEA) 的任意可行解 $\boldsymbol{\omega} \geqq \boldsymbol{0}, \boldsymbol{\mu} \geqq \boldsymbol{0}, \mu_0$ 都有

$$V(d) = \boldsymbol{\mu}^{\mathrm{T}}\boldsymbol{y}_p + \delta\mu_0 \leqq \boldsymbol{\omega}^{\mathrm{T}}\boldsymbol{x}_p = 1.$$

因此, $\bar{\boldsymbol{\omega}} \geqq \boldsymbol{0}, \bar{\boldsymbol{\mu}} \geqq \boldsymbol{0}, \bar{\mu}_0$ 是线性规划 (G-DEA) 的最优解, 并且其最优值为 1.

(3) 若规划 (G-DEA) 存在最优解

$$\boldsymbol{\omega}^0 > \boldsymbol{0}, \quad \boldsymbol{\mu}^0 > \boldsymbol{0}, \quad \mu_0^0,$$

使得最优值为 1, 则必有

$$\boldsymbol{\omega}^{0\mathrm{T}}\bar{\boldsymbol{x}}_j - \boldsymbol{\mu}^{0\mathrm{T}}d\bar{\boldsymbol{y}}_j - \delta\mu_0^0 \geqq 0, \quad j=1,\cdots,\bar{n},$$
$$\boldsymbol{\omega}^{0\mathrm{T}}\boldsymbol{x}_p = 1,$$
$$\boldsymbol{\mu}^{0\mathrm{T}}\boldsymbol{y}_p + \delta\mu_0^0 = 1.$$

同样地, 由定义 3.1 与定义 3.2 可知, 决策单元 p 为 G-DEA(d) 有效.

反之, 若决策单元 p 为 G-DEA(d) 有效, 则同理可知存在以下两种情况:

① 线性规划 (G-RB) 的最优值等于 1, 并且存在最优解 $\bar{\boldsymbol{\omega}}, \bar{\boldsymbol{\mu}}, \bar{\mu}_0$ 满足 $\bar{\boldsymbol{\omega}} > \boldsymbol{0}, \bar{\boldsymbol{\mu}} > \boldsymbol{0}$, 则 $\bar{\boldsymbol{\omega}}, \bar{\boldsymbol{\mu}}, \bar{\mu}_0$ 为线性规划 (G-DEA) 的最优解, 并且线性规划 (G-DEA) 的最优值为 1.

② 线性规划 (G-RB) 的最优值大于 1 或无界, 则必存在线性规划 (G-RB) 的可行解 $\boldsymbol{\omega}, \boldsymbol{\mu}, \mu_0$ 使得

$$\boldsymbol{\omega}^{\mathrm{T}}\bar{\boldsymbol{x}}_j - \boldsymbol{\mu}^{\mathrm{T}}d\bar{\boldsymbol{y}}_j - \delta\mu_0 \geqq 0, j=1,\cdots,\bar{n},$$
$$\boldsymbol{\mu}^{\mathrm{T}}\boldsymbol{y}_p + \delta\mu_0 > 1,$$
$$\boldsymbol{\omega}^{\mathrm{T}}\boldsymbol{x}_p = 1,$$

令
$$\bar{\boldsymbol{\omega}} = \boldsymbol{\omega}, \quad \bar{\boldsymbol{\mu}} = \frac{\boldsymbol{\mu}}{\boldsymbol{\mu}^{\mathrm{T}} \boldsymbol{y}_p + \delta \mu_0}, \quad \bar{\mu}_0 = \frac{\mu_0}{\boldsymbol{\mu}^{\mathrm{T}} \boldsymbol{y}_p + \delta \mu_0},$$

则有
$$\bar{\boldsymbol{\omega}}^{\mathrm{T}} \bar{\boldsymbol{x}}_j - \bar{\boldsymbol{\mu}}^{\mathrm{T}} d \bar{\boldsymbol{y}}_j - \delta \bar{\mu}_0 = \left(1 - \frac{1}{\boldsymbol{\mu}^{\mathrm{T}} \boldsymbol{y}_p + \delta \mu_0} \right) \boldsymbol{\omega}^{\mathrm{T}} \bar{\boldsymbol{x}}_j$$
$$+ \frac{1}{\boldsymbol{\mu}^{\mathrm{T}} \boldsymbol{y}_p + \delta \mu_0} (\boldsymbol{\omega}^{\mathrm{T}} \bar{\boldsymbol{x}}_j - \boldsymbol{\mu}^{\mathrm{T}} d \bar{\boldsymbol{y}}_j - \delta \mu_0).$$

由于
$$\left(1 - \frac{1}{\boldsymbol{\mu}^{\mathrm{T}} \boldsymbol{y}_p + \delta \mu_0} \right) \boldsymbol{\omega}^{\mathrm{T}} \bar{\boldsymbol{x}}_j > 0,$$
$$\frac{1}{\boldsymbol{\mu}^{\mathrm{T}} \boldsymbol{y}_p + \delta \mu_0} (\boldsymbol{\omega}^{\mathrm{T}} \bar{\boldsymbol{x}}_j - \boldsymbol{\mu}^{\mathrm{T}} d \bar{\boldsymbol{y}}_j - \delta \mu_0) \geqq 0,$$

所以
$$\bar{\boldsymbol{\omega}}^{\mathrm{T}} \bar{\boldsymbol{x}}_j - \bar{\boldsymbol{\mu}}^{\mathrm{T}} d \bar{\boldsymbol{y}}_j - \delta \bar{\mu}_0 > 0, \quad j = 1, \cdots, \bar{n}.$$

显然,
$$\bar{\boldsymbol{\mu}}^{\mathrm{T}} \boldsymbol{y}_p + \delta \bar{\mu}_0 = 1, \quad \bar{\boldsymbol{\omega}}^{\mathrm{T}} \boldsymbol{x}_p = 1.$$

若 $\bar{\boldsymbol{\omega}} > 0, \bar{\boldsymbol{\mu}} > 0$, 则 $\bar{\boldsymbol{\omega}}, \bar{\boldsymbol{\mu}}, \bar{\mu}_0$ 为线性规划 (G-DEA) 的最优解, 并且其最优值为 1. 否则, 令

$$a = \min_{1 \leqq j \leqq \bar{n}} (\bar{\boldsymbol{\omega}}^{\mathrm{T}} \bar{\boldsymbol{x}}_j - \bar{\boldsymbol{\mu}}^{\mathrm{T}} d \bar{\boldsymbol{y}}_j - \delta \bar{\mu}_0), \quad b = s \times \max_{\substack{1 \leqq r \leqq s \\ 1 \leqq j \leqq \bar{n}}} \bar{y}_{rj},$$

则必存在 $\alpha_1 > 0$ 使得
$$a \geqq d \times \alpha_1 \times b.$$

令
$$c = ((\alpha_1, \cdots, \alpha_1) + \bar{\boldsymbol{\mu}}^{\mathrm{T}}) \boldsymbol{y}_p + \delta \bar{\mu}_0, \quad \alpha_2 = \frac{c - 1}{\displaystyle\sum_{i=1}^{m} x_{ip}},$$

显然
$$c > 1, \quad \alpha_2 > 0, \quad ((\alpha_2, \cdots, \alpha_2) + \bar{\boldsymbol{\omega}}^{\mathrm{T}}) \boldsymbol{x}_p = c.$$

令
$$\tilde{\boldsymbol{\omega}}^{\mathrm{T}} = \frac{1}{c} ((\alpha_2, \cdots, \alpha_2) + \bar{\boldsymbol{\omega}}^{\mathrm{T}}),$$
$$\tilde{\boldsymbol{\mu}}^{\mathrm{T}} = \frac{1}{c} ((\alpha_1, \cdots, \alpha_1) + \bar{\boldsymbol{\mu}}^{\mathrm{T}}),$$
$$\tilde{\mu}_0 = \frac{1}{c} \bar{\mu}_0,$$

则有
$$\tilde{\boldsymbol{\mu}}^{\mathrm{T}} \boldsymbol{y}_p + \delta \tilde{\mu}_0 = 1,$$
$$\tilde{\boldsymbol{\omega}}^{\mathrm{T}} \boldsymbol{x}_p = 1,$$

$$
\begin{aligned}
\tilde{\boldsymbol{\omega}}^{\mathrm{T}}\bar{\boldsymbol{x}}_j - \tilde{\boldsymbol{\mu}}^{\mathrm{T}} d\bar{\boldsymbol{y}}_j - \delta\tilde{\mu}_0 &= \frac{1}{c}((\alpha_2,\cdots,\alpha_2)+\bar{\boldsymbol{\omega}}^{\mathrm{T}})\bar{\boldsymbol{x}}_j - \frac{1}{c}((\alpha_1,\cdots,\alpha_1)+\bar{\boldsymbol{\mu}}^{\mathrm{T}})d\bar{\boldsymbol{y}}_j - \frac{1}{c}\delta\bar{\mu}_0 \\
&= \frac{1}{c}(\bar{\boldsymbol{\omega}}^{\mathrm{T}}\bar{\boldsymbol{x}}_j - \bar{\boldsymbol{\mu}}^{\mathrm{T}} d\bar{\boldsymbol{y}}_j - \delta\bar{\mu}_0) + \left(\frac{\alpha_2}{c}\sum_{i=1}^{m}\bar{x}_{ij} - \frac{d\alpha_1}{c}\sum_{r=1}^{s}\bar{y}_{rj}\right) \\
&\geqq \frac{a}{c} - \frac{d\alpha_1}{c}\sum_{r=1}^{s}\bar{y}_{rj} \geqq \frac{a-d\alpha_1 b}{c} \geqq 0,
\end{aligned}
$$

因此, 可知 $\tilde{\boldsymbol{\omega}} > 0, \tilde{\boldsymbol{\mu}} > 0, \tilde{\mu}_0$ 为线性规划 (G-DEA) 的最优解, 并且其最优值为 1. 证毕.

定理 3.2　决策单元的 G-DEA(d) 有效性与评价指标的量纲选取无关.

证明　由于不同的量纲间存在一个倍数变化, 设存在

$$
a_i > 0, b_r > 0, \quad i = 1,\cdots,m, r = 1,\cdots,s.
$$

若量纲变化使

$$
x_{ip}, \quad y_{rp}, \quad \bar{x}_{ij}, \quad \bar{y}_{rj}
$$

分别变为

$$
a_i x_{ip}, \quad b_r y_{rp}, \quad a_i \bar{x}_{ij}, \quad b_r \bar{y}_{rj},
$$

则容易证明以下两个结论:

(1) 若量纲变化前, 规划 (G-DEA) 存在最优解

$$
\boldsymbol{\omega}^0 > 0, \quad \boldsymbol{\mu}^0 > 0, \quad \mu_0^0,
$$

使得它的最优值为 1, 则

$$
(\omega_1^0/a_1,\cdots,\omega_m^0/a_m) > 0, \quad (\mu_1^0/b_1,\cdots,\mu_s^0/b_s) > 0, \quad \mu_0^0
$$

就是量纲变化后规划 (G-DEA) 的一个最优解, 并且量纲变化后规划 (G-DEA) 的最优值也为 1.

(2) 反之, 若量纲变化后, (G-DEA) 存在最优解

$$
\boldsymbol{\omega}^0 > 0, \quad \boldsymbol{\mu}^0 > 0, \quad \mu_0^0,
$$

使得规划 (G-DEA) 的最优值为 1, 则

$$
(a_1\omega_1^0,\cdots,a_m\omega_m^0) > 0, \quad (b_1\mu_1^0,\cdots,b_s\mu_s^0) > 0, \quad \mu_0^0
$$

就是量纲变化前 (G-DEA) 的一个最优解, 并且对应量纲变化前的规划 (G-DEA) 的最优值也为 1. 因此, 易得结论成立. 证毕.

3.3　广义 DEA 有效性含义

假设共有 n 个待评价决策单元和 $\bar{n}$ 个样本单元, 它们的特征可由 m 种输入和 s 种输出指标表示, 并且输入、输出指标值与 3.2.1 小节相同. 由样本单元的指标值 $(\bar{\boldsymbol{x}}_1,\bar{\boldsymbol{y}}_1),\cdots,(\bar{\boldsymbol{x}}_{\bar{n}},\bar{\boldsymbol{y}}_{\bar{n}})$ 确定的样本可能集和样本前沿面如下:

首先, 在满足生产可能集公理系统[16] 的条件下, 样本单元确定的可能集 $T(1)$ 可以表示如下:

$$T(1) = \left\{ (\boldsymbol{x}, \boldsymbol{y}) \,\middle|\, \boldsymbol{x} \geqq \sum_{j=1}^{\bar{n}} \bar{\boldsymbol{x}}_j \lambda_j \,,\, \boldsymbol{y} \leqq \sum_{j=1}^{\bar{n}} \bar{\boldsymbol{y}}_j \lambda_j, \delta \sum_{j=1}^{\bar{n}} \lambda_j = \delta, \boldsymbol{\lambda} = (\lambda_1, \cdots, \lambda_{\bar{n}}) \geqq \boldsymbol{0} \right\}.$$

$T(1)$ 中的每组值都代表了样本单元的一种可能的输入输出状态, 如果输入指标反映的是单元对 "资源" 的消耗, 输出指标反映的是单元消耗了 "资源" 后的 "成效", 那么由传统的 DEA 有效生产前沿面的构造方法[16] 可知, 样本可能集 $T(1)$ 确定的有效前沿面如下:

设 $\hat{\boldsymbol{\omega}}, \hat{\boldsymbol{\mu}}, \hat{\mu}_0$ 满足

$$\hat{\boldsymbol{\omega}} > \boldsymbol{0}, \quad \hat{\boldsymbol{\mu}} > \boldsymbol{0}$$

以及超平面

$$L = \{(\boldsymbol{x}, \boldsymbol{y}) | \hat{\boldsymbol{\omega}}^{\mathrm{T}} \boldsymbol{x} - \hat{\boldsymbol{\mu}}^{\mathrm{T}} \boldsymbol{y} - \delta \hat{\mu}_0 = 0\}$$

满足

$$T(1) \subset \{(\boldsymbol{x}, \boldsymbol{y}) | \hat{\boldsymbol{\omega}}^{\mathrm{T}} \boldsymbol{x} - \hat{\boldsymbol{\mu}}^{\mathrm{T}} \boldsymbol{y} - \delta \hat{\mu}_0 \geqq 0\},$$

$$L \cap T(1) \neq \varnothing,$$

则 L 为样本可能集 $T(1)$ 的有效面, $L \cap T(1)$ 为样本可能集 $T(1)$ 的样本前沿面.

基于样本单元评价的广义 DEA 模型以样本数据包络面为参考集合进行评价, 如果被评价单元的投入产出指标值不比样本前沿面上的点更差, 则这一单元即为 G-DEA 有效单元; 否则, 表明被评价单元的输入输出指标值和样本单元的 "最好" 水平相比, 还没有达到 Pareto 有效状态, 其中的差距可通过被评价单元的指标值在样本单元构成的前沿面上的投影得到.

当决策单元集为 $\{D, E, G\}$, 样本单元集为 $\{a, b, c\}$, $\delta = 1$ 时, 样本可能集如图 3.4 中阴影部分所示, 样本前沿面为线段 ab, 其中决策单元 G, E 为 G-DEA 有效, D 为 G-DEA 无效.

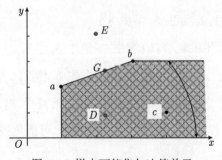

图 3.4 样本可能集与决策单元

当决策单元的效率值为 1 时, 表示被评价单元的效率与优秀样本单元相当; 当决策单元的效率值小于 1 时, 表示被评价单元的效率劣于优秀样本单元; 当决策单元的效率值大于 1 时, 表示被评价单元的效率优于样本单元, 并且效率值越大, 表明被评价单元的效率越高. 下面给出一个具体的例子来说明 G-DEA 有效性的含义.

例 3.2 假设某班级有 9 名学生, 学校准备在一次期末实验考试中, 测试学生的实验效率. 学校根据实际情况, 规定学生完成实验的效率评价标准为以下 4 种:

(1) 优秀: 完成实验耗时不超过 40min;

(2) 良好: 完成实验耗时 41~60min;

(3) 一般: 完成实验耗时 61~80min;

(4) 较差: 完成实验耗时超过 80min.

为了便于说明问题, 假设学生的考试成绩均为 60 分. 有关考试成绩和完成考试时间如表 3.2 所示.

表 3.2　某班级学生的实验时间和测试成绩

学号	一般			良好			优秀		
	1	2	3	4	5	6	7	8	9
知识查阅时间 x_1	20	40	60	15	30	45	10	20	30
实验实施时间 x_2	60	40	20	45	30	15	30	20	10
实验成绩 y	60	60	60	60	60	60	60	60	60

以下分别用优秀效率、良好效率、一般效率标准来分析学生 2, 学生 5 和学生 8 的 G-DEA 有效值.

根据问题的要求在 (G-BC^2) 模型中分别取

决策单元集 ={学生 2, 学生 5, 学生 8 },

样本单元集 1(优秀生的集合)={学生 7, 学生 8, 学生 9},

样本单元集 2(良好生的集合)={学生 4, 学生 5, 学生 6},

样本单元集 3(一般生的集合)={学生 1, 学生 2, 学生 3},

则当取 $y= 60$ 不变时, 样本单元集 1~3 构成的样本可能集投影到输入指标空间的图形如图 3.5 所示.

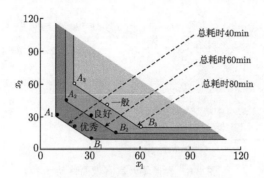

图 3.5 决策单元及评价参照集

应用线性规划 (G-BC²) 可以算得各决策单元的效率值如表 3.3 所示.

表 3.3 被评价学生的效率值

比较的对象	优秀的标准	良好的标准	一般的标准
学生 2	0.500	0.750	1.0000
学生 5	0.667	1.000	1.3333
学生 8	1.000	1.500	2.0000

从上面的样本单元集合可以看到, 选择的参考集 (样本单元集合) 不同, 则各决策单元的评价结果不同:

(1) 当选择的参考集合为优秀学生集时, 学生 2, 学生 5 的效率值小于 1, 表明这两个学生的效率劣于优秀学生; 学生 8 的效率值等于 1, 表明学生 8 和优秀学生同样优秀.

(2) 当选择的参考集合为良好学生集时, 学生 2 的效率值小于 1, 表明学生 2 的效率劣于良好学生; 学生 5 的效率值等于 1, 表明学生 5 的效率与良好的学生相当; 学生 8 的效率值大于 1, 表明学生 8 的效率优于良好的学生.

(3) 当选择的参考集合为一般学生集时, 学生 2 的效率值等于 1, 表明学生 2 和一般学生的效率相当; 学生 5, 学生 8 的效率值大于 1, 表明这两个学生的效率优于一般学生.

从例 3.2 可以看出, 广义 DEA 方法可以通过自主选择参考集合来提供决策者希望获得的信息, 而且广义 DEA 方法可以依据不同的参考集进行评价, 而传统 DEA 方法仅仅依靠 DEA 有效生产前沿面评价.

当移动因子 d 取不同值时, 样本前沿面就产生相应移动, 这样可以进一步预测在整体技术水平提高或降低的情况下决策单元的有效性变化. 例如, 在图 3.6 中对学习的绩效空间可以分为优、良、中、差等.

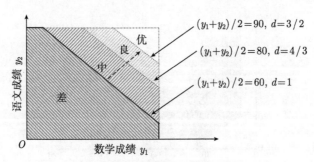

图 3.6　参照集及其有效面移动

同时, 应用样本前沿面的移动也可以将决策空间分成不同性质的区域. 例如, 在图 3.7 中将风险区域分成高风险区域、中等风险区域、低风险区域等.

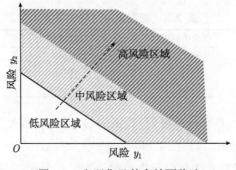

图 3.7　参照集及其有效面移动

在实际应用中, d 的取值要根据实际情况而定, 如在生产有效性分析中, 要根据时间、地点、技术进步等因素的不同来估计 d 的可能取值.

3.4　广义 DEA 有效性的判定方法

(G-DEA) 模型的对偶模型可以表示如下:

$$(\text{DG-DEA}) \begin{cases} \min \ \theta = D(d), \\ \text{s.t.} \ \ \boldsymbol{x}_p(\theta - \lambda_0) - \sum_{j=1}^{\bar{n}} \bar{\boldsymbol{x}}_j \lambda_j \geqq \boldsymbol{0}, \\ \quad\quad \boldsymbol{y}_p(\lambda_0 - 1) + \sum_{j=1}^{\bar{n}} d\bar{\boldsymbol{y}}_j \lambda_j \geqq \boldsymbol{0}, \\ \quad\quad \delta \sum_{j=0}^{\bar{n}} \lambda_j = \delta, \\ \quad\quad \lambda_j \geqq 0, \quad j = 0, 1, \cdots, \bar{n}. \end{cases}$$

由定理 3.1 和线性规划的对偶理论以及 "紧松定理"[16] 可知, 以下结论成立:

定理 3.3   (1) 决策单元 p 为 G-DEA(d) 弱有效当且仅当 (DG-DEA) 的最优值 $D(d)=1$;

(2) 决策单元 p 为 G-DEA(d) 有效当且仅当 (DG-DEA) 的最优值 $D(d)=1$, 并且对它的每个最优解 $\boldsymbol{\lambda}^0 = (\lambda_0^0, \lambda_1^0, \cdots, \lambda_{\bar{n}}^0)^{\mathrm{T}}, \theta^0$ 都有

$$\boldsymbol{x}_p(\theta^0 - \lambda_0^0) - \sum_{j=1}^{\bar{n}} \bar{\boldsymbol{x}}_j \lambda_j^0 = \boldsymbol{0},$$

$$\boldsymbol{y}_p(\lambda_0^0 - 1) + \sum_{j=1}^{\bar{n}} d\bar{\boldsymbol{y}}_j \lambda_j^0 = \boldsymbol{0}.$$

由于应用定理 3.3 判断决策单元的广义 DEA 有效性并不容易, 那么如何判断决策单元的广义 DEA 有效性呢?

类似于传统 DEA 方法的求解方式, 可以通过含有非阿基米德无穷小的线性规划模型求解.

$$(\mathrm{M}_\varepsilon)\begin{cases} \min\ \theta - \varepsilon(\hat{\boldsymbol{e}}^{\mathrm{T}}\boldsymbol{s}^- + \boldsymbol{e}^{\mathrm{T}}\boldsymbol{s}^+), \\ \text{s.t.}\ \sum_{j=1}^{\bar{n}} \bar{\boldsymbol{x}}_j \lambda_j + \boldsymbol{s}^- = \boldsymbol{x}_p(\theta - \lambda_0), \\ \quad\ \sum_{j=1}^{\bar{n}} d\bar{\boldsymbol{y}}_j \lambda_j - \boldsymbol{s}^+ = \boldsymbol{y}_p(1 - \lambda_0), \\ \quad\ \delta\sum_{j=0}^{\bar{n}} \lambda_j = \delta, \\ \quad\ \lambda_j \geqq 0, \quad j = 0, 1, 2, \cdots, \bar{n}, \\ \quad\ \boldsymbol{s}^- \geqq \boldsymbol{0},\ \boldsymbol{s}^+ \geqq \boldsymbol{0}. \end{cases}$$

定理 3.4   设 $\boldsymbol{\lambda}^0, \boldsymbol{s}^{-0}, \boldsymbol{s}^{+0}, \theta^0$ 是线性规划问题 (M_ε) 的最优解, 若 $\theta^0 = 1$, 则决策单元 p 为 G-DEA(d) 弱有效. 若 $\theta^0 = 1$, 并且

$$\boldsymbol{s}^{-0} = \boldsymbol{0}, \quad \boldsymbol{s}^{+0} = \boldsymbol{0},$$

则决策单元 p 为 G-DEA(d) 有效.

例 3.3   表 3.4 给出了 3 个决策单元和 4 个样本单元的输入/输出数据, 当系统满足规模收益不变时, 试判断 3 个决策单元的 G-DEA 有效性.

表 3.4   决策单元与样本单元的输入/输出数据

单元序号	决策单元			样本单元			
	1	2	3	1	2	3	4
输　入	2	4	5	3	1	3	2
输　出	2	1	4	1	1	2	1

考察决策单元 1 所对应的线性规划 (M_ε), 取 $\varepsilon = 10^{-6}$,

$$(M_\varepsilon) \begin{cases} \min \ \theta - \varepsilon(s_1^- + s_1^+), \\ \text{s.t.} \ \ 2\lambda_0 + 3\lambda_1 + \lambda_2 + 3\lambda_3 + 2\lambda_4 + s_1^- = 2\theta, \\ \quad\quad 2\lambda_0 + \lambda_1 + \lambda_2 + 2\lambda_3 + \lambda_4 - s_1^+ = 2, \\ \quad\quad \lambda_0 \geqq 0, \lambda_1 \geqq 0, \lambda_2 \geqq 0, \lambda_3 \geqq 0, \lambda_4 \geqq 0, s_1^- \geqq 0, s_1^+ \geqq 0. \end{cases}$$

线性规划 (M_ε) 的最优解为

$$\boldsymbol{\lambda}^0 = (1, 0, 0, 0, 0), \quad s_1^{-0} = 0, \quad s_1^{+0} = 0, \quad \theta^0 = 1.$$

因此, 决策单元 1 为 G-DEA 有效 (G-C^{2}R).

对于决策单元 2 所对应的线性规划 (M_ε) 如下:

$$(M_\varepsilon) \begin{cases} \min \ \theta - \varepsilon(s_1^- + s_1^+), \\ \text{s.t.} \ \ 4\lambda_0 + 3\lambda_1 + \lambda_2 + 3\lambda_3 + 2\lambda_4 + s_1^- = 4\theta, \\ \quad\quad \lambda_0 + \lambda_1 + \lambda_2 + 2\lambda_3 + \lambda_4 - s_1^+ = 1, \\ \quad\quad \lambda_0 \geqq 0, \lambda_1 \geqq 0, \lambda_2 \geqq 0, \lambda_3 \geqq 0, \lambda_4 \geqq 0, s_1^- \geqq 0, s_1^+ \geqq 0. \end{cases}$$

线性规划 (M_ε) 的最优解为

$$\boldsymbol{\lambda}^0 = (0, 0, 1, 0, 0), \quad s_1^{-0} = 0, \quad s_1^{+0} = 0, \quad \theta^0 = 0.25.$$

因此, 决策单元 2 为 G-DEA 无效 (G-C^{2}R).

对于决策单元 3 所对应的线性规划 (M_ε) 如下:

$$(M_\varepsilon) \begin{cases} \min \ \theta - \varepsilon(s_1^- + s_1^+), \\ \text{s.t.} \ \ 5\lambda_0 + 3\lambda_1 + \lambda_2 + 3\lambda_3 + 2\lambda_4 + s_1^- = 5\theta, \\ \quad\quad 4\lambda_0 + \lambda_1 + \lambda_2 + 2\lambda_3 + \lambda_4 - s_1^+ = 4, \\ \quad\quad \lambda_0 \geqq 0, \lambda_1 \geqq 0, \lambda_2 \geqq 0, \lambda_3 \geqq 0, \lambda_4 \geqq 0, s_1^- \geqq 0, s_1^+ \geqq 0. \end{cases}$$

线性规划 (M_ε) 的最优解为

$$\boldsymbol{\lambda}^0 = (0, 0, 4, 0, 0), \quad s_1^{-0} = 0, \quad s_1^{+0} = 0, \quad \theta^0 = 0.8.$$

因此, 决策单元 3 为 G-DEA 无效 (G-C^{2}R).

定义 3.3　设 $\boldsymbol{\lambda}^0, \boldsymbol{s}^{-0}, \boldsymbol{s}^{+0}, \theta^0$ 是线性规划问题 (M_ε) 的最优解, 令

$$\hat{\boldsymbol{x}}_p = \theta^0 \boldsymbol{x}_p - \boldsymbol{s}^{-0}, \quad \hat{\boldsymbol{y}}_p = \boldsymbol{y}_p + \boldsymbol{s}^{+0},$$

称 $(\hat{\boldsymbol{x}}_p, \hat{\boldsymbol{y}}_p)$ 为决策单元 p 对应的 $(\boldsymbol{x}_p, \boldsymbol{y}_p)$ 在样本有效前沿面上的 "投影".

类似于传统 DEA 方法中的结论, 可以证明以下结论成立:

定理 3.5 决策单元 $(\hat{x}_p, \hat{y}_p)$ 相对于样本点 $(\bar{x}_j, \bar{y}_j)(j=1, \cdots, \bar{n})$ 为 G-DEA(d) 有效.

对于广义 DEA 方法同样有以下目标规划模型和结论:

$$(\text{MG})\begin{cases} \min \ (\hat{e}^{\mathrm{T}} s^- + e^{\mathrm{T}} s^+), \\ \text{s.t.} \ \sum_{j=1}^{\bar{n}} \bar{x}_j \lambda_j + s^- = x_p(1 \quad \lambda_0), \\ \sum_{j=1}^{\bar{n}} d\bar{y}_j \lambda_j - s^+ = y_p(1 - \lambda_0), \\ \delta \sum_{j=0}^{\bar{n}} \lambda_j = \delta, \\ \lambda_j \geqq 0, \quad j = 0, 1, 2, \cdots, \bar{n}, \\ s^- \geqq 0, \quad s^+ \geqq 0. \end{cases}$$

定理 3.6 决策单元 p 为 G-DEA(d) 有效当且仅当线性规划问题 (MG) 的最优值等于 0.

3.5 广义 DEA 有效与相应的 Pareto 有效之间的关系

对于多目标规划问题

$$(\text{G-VP})\begin{cases} V - \max(-x_1, \cdots, -x_m, y_1, \cdots, y_s), \\ \text{s.t.}(x, y) \in T, \end{cases}$$

其中

$$T = \left\{ (x, y) \left| x \geqq x_p \lambda_0 + \sum_{j=1}^{\bar{n}} \bar{x}_j \lambda_j, \ y \leqq y_p \lambda_0 + \sum_{j=1}^{\bar{n}} d\bar{y}_j \lambda_j, \right. \right.$$
$$\left. \delta \sum_{j=0}^{\bar{n}} \lambda_j = \delta, \lambda = (\lambda_0, \cdots, \lambda_{\bar{n}}) \geqq 0 \right\},$$

有以下结论:

定理 3.7 决策单元 p 为 G-DEA(d) 有效当且仅当 (x_p, y_p) 为 (G-VP) 的 Pareto 有效解.

证明 若决策单元 p 不是 G-DEA(d) 有效的, 则由定理 3.3 知, 必有以下两种情况之一成立:

(1) (DG-DEA) 的最优值小于 1;

(2) (DG-DEA) 最优值为 1, 但存在它的一个最优解

$$\boldsymbol{\lambda}^0 = (\lambda_0^0, \lambda_1^0, \cdots, \lambda_{\bar{n}}^0), \quad \theta^0,$$

使得

$$\boldsymbol{x}_p(1 - \lambda_0^0) - \sum_{j=1}^{\bar{n}} \bar{\boldsymbol{x}}_j \lambda_j^0 \geqslant \boldsymbol{0}$$

或

$$\boldsymbol{y}_p(\lambda_0^0 - 1) + \sum_{j=1}^{\bar{n}} d\bar{\boldsymbol{y}}_j \lambda_j^0 \geqslant \boldsymbol{0}.$$

对于情况 (1), 由于

$$\boldsymbol{x}_p > \boldsymbol{0},$$

故

$$\boldsymbol{x}_p(1 - \theta^0) > \boldsymbol{0},$$

所以

$$\boldsymbol{x}_p(1 - \lambda_0^0) - \sum_{j=1}^{\bar{n}} \bar{\boldsymbol{x}}_j \lambda_j^0 \geqslant \boldsymbol{0},$$

因此, 以下只需讨论情况 (2) 即可.

若

$$\boldsymbol{x}_p(1 - \lambda_0^0) - \sum_{j=1}^{\bar{n}} \bar{\boldsymbol{x}}_j \lambda_j^0 \geqslant \boldsymbol{0}$$

或

$$\boldsymbol{y}_p(\lambda_0^0 - 1) + \sum_{j=1}^{\bar{n}} d\bar{\boldsymbol{y}}_j \lambda_j^0 \geqslant \boldsymbol{0},$$

则可得

$$(-\boldsymbol{x}_p, \boldsymbol{y}_p) \leqslant \left(-\boldsymbol{x}_p \lambda_0^0 - \sum_{j=1}^{\bar{n}} \bar{\boldsymbol{x}}_j \lambda_j^0, \boldsymbol{y}_p \lambda_0^0 + \sum_{j=1}^{\bar{n}} d\bar{\boldsymbol{y}}_j \lambda_j^0 \right).$$

由于

$$\left(\boldsymbol{x}_p \lambda_0^0 + \sum_{j=1}^{\bar{n}} \bar{\boldsymbol{x}}_j \lambda_j^0, \boldsymbol{y}_p \lambda_0^0 + \sum_{j=1}^{\bar{n}} d\bar{\boldsymbol{y}}_j \lambda_j^0 \right) \in T,$$

故 $(\boldsymbol{x}_p, \boldsymbol{y}_p)$ 不是规划 (G-VP) 的 Pareto 有效解.

反之, 若 $(\boldsymbol{x}_p, \boldsymbol{y}_p)$ 不是规划 (G-VP) 的 Pareto 有效解, 则存在 $(\boldsymbol{x}, \boldsymbol{y}) \in T$, 使得

$$(-\boldsymbol{x}_p, \boldsymbol{y}_p) \leqq (-\boldsymbol{x}, \boldsymbol{y}).$$

又因为 $(\boldsymbol{x}, \boldsymbol{y}) \in T$, 故存在

$$\tilde{\boldsymbol{\lambda}} = (\tilde{\lambda}_0, \cdots, \tilde{\lambda}_{\bar{n}})^{\mathrm{T}} \geqq \mathbf{0},$$

使得

$$\boldsymbol{x} \geqq \boldsymbol{x}_p \tilde{\lambda}_0 + \sum_{j-1}^{\bar{n}} \bar{\boldsymbol{x}}_j \tilde{\lambda}_j,$$

$$\boldsymbol{y} \leqq \boldsymbol{y}_p \tilde{\lambda}_0 + \sum_{j=1}^{\bar{n}} d \bar{\boldsymbol{y}}_j \tilde{\lambda}_j, \quad \delta \sum_{j=0}^{\bar{n}} \tilde{\lambda}_j = \delta.$$

由此可知

$$\boldsymbol{x}_p (1 - \tilde{\lambda}_0) - \sum_{j=1}^{\bar{n}} \bar{\boldsymbol{x}}_j \tilde{\lambda}_j \geqq \mathbf{0},$$

$$\boldsymbol{y}_p (\tilde{\lambda}_0 - 1) + \sum_{j=1}^{\bar{n}} d \bar{\boldsymbol{y}}_j \tilde{\lambda}_j \geqq \mathbf{0},$$

并且其中至少有一个不等式严格成立.

易验证 $\tilde{\boldsymbol{\lambda}} = (\tilde{\lambda}_0, \cdots, \tilde{\lambda}_{\bar{n}})$, $\theta^0 = 1$ 是 (DG-DEA) 的可行解. 由定理 3.3 知, 决策单元 p 不是 G-DEA(d) 有效的. 证毕.

多目标规划问题 (SVP) 为

$$(\text{SVP}) \begin{cases} V - \max(-x_1, \cdots, -x_m, y_1, \cdots, y_s), \\ \text{s.t. } (\boldsymbol{x}, \boldsymbol{y}) \in T(d), \end{cases}$$

其中

$$T(d) = \left\{ (\boldsymbol{x}, \boldsymbol{y}) \,\middle|\, \boldsymbol{x} \geqq \sum_{j=1}^{\bar{n}} \bar{\boldsymbol{x}}_j \lambda_j, \boldsymbol{y} \leqq \sum_{j=1}^{\bar{n}} d \bar{\boldsymbol{y}}_j \lambda_j \,, \delta \sum_{j=1}^{\bar{n}} \lambda_j = \delta, \boldsymbol{\lambda} = (\lambda_1, \cdots, \lambda_{\bar{n}}) \geqq \mathbf{0} \right\},$$

则有以下结论成立:

定理 3.8 决策单元 p 为 G-DEA(d) 无效当且仅当 $(\boldsymbol{x}_p, \boldsymbol{y}_p) \in T(d)$ 且 $(\boldsymbol{x}_p, \boldsymbol{y}_p)$ 不是 (SVP) 的 Pareto 有效解.

证明 若决策单元 p 为 G-DEA(d) 无效, 则由定理 3.7 知, $(\boldsymbol{x}_p, \boldsymbol{y}_p)$ 不是 (G-VP) 的 Pareto 有效解. 因此, 存在 $(\boldsymbol{x}, \boldsymbol{y}) \in T$, 使得

$$(-\boldsymbol{x}_p, \boldsymbol{y}_p) \leqq (-\boldsymbol{x}, \boldsymbol{y}).$$

又由于 $(\boldsymbol{x}, \boldsymbol{y}) \in T$, 故存在

$$\bar{\boldsymbol{\lambda}} = (\bar{\lambda}_0, \bar{\lambda}_1, \cdots, \bar{\lambda}_{\bar{n}}) \geqq \mathbf{0},$$

使得 (3.1) 成立, 并且其中至少有一个不等式是严格成立的,

$$
\begin{cases}
\boldsymbol{x}_p \geqq \boldsymbol{x}_p \bar{\lambda}_0 + \sum_{j=1}^{\bar{n}} \bar{\boldsymbol{x}}_j \bar{\lambda}_j, \\
\boldsymbol{y}_p \leqq \boldsymbol{y}_p \bar{\lambda}_0 + \sum_{j=1}^{\bar{n}} d\bar{\boldsymbol{y}}_j \bar{\lambda}_j, \\
\delta \sum_{j=0}^{\bar{n}} \bar{\lambda}_j = \delta.
\end{cases} \tag{3.1}
$$

下证 $\bar{\lambda}_0 < 1$. 假设 $\bar{\lambda}_0 > 1$, 由 (3.1) 可知

$$
-\sum_{j=1}^{\bar{n}} \bar{\boldsymbol{x}}_j \bar{\lambda}_j \geqq \boldsymbol{x}_p(\bar{\lambda}_0 - 1) > \boldsymbol{0},
$$

这是不可能的. 又假设 $\bar{\lambda}_0 = 1$, 则由 $\bar{\boldsymbol{x}}_j > 0$ 以及 (3.1) 可知

$$
(\bar{\lambda}_1, \cdots, \bar{\lambda}_{\bar{n}}) = \boldsymbol{0},
$$

这与 (3.1) 中至少有一个不等式是严格成立的矛盾. 因此,

$$
\bar{\lambda}_0 < 1.
$$

令

$$
\tilde{\lambda}_j = \frac{\bar{\lambda}_j}{1 - \bar{\lambda}_0},
$$

则由 (3.1) 可得

$$
\boldsymbol{x}_p \geqq \sum_{j=1}^{\bar{n}} \bar{\boldsymbol{x}}_j \tilde{\lambda}_j,
$$

$$
\boldsymbol{y}_p \leqq \sum_{j=1}^{\bar{n}} d\bar{\boldsymbol{y}}_j \tilde{\lambda}_j,
$$

$$
\delta \sum_{j=1}^{\bar{n}} \tilde{\lambda}_j = \delta,
$$

并且其中至少有一个不等式严格成立. 由此易知, $(\boldsymbol{x}_p, \boldsymbol{y}_p)$ 不是规划 (SVP) 的 Pareto 有效解.

反之, 若决策单元 p 不是规划 (SVP) 的 Pareto 有效解, 则存在 $(\boldsymbol{x}, \boldsymbol{y}) \in T(d)$, 使得

$$
(-\boldsymbol{x}_p, \boldsymbol{y}_p) \leqslant (-\boldsymbol{x}, \boldsymbol{y}).
$$

又由于

$$(\boldsymbol{x}, \boldsymbol{y}) \in T(d),$$

故存在

$$\tilde{\boldsymbol{\lambda}} = (\tilde{\lambda}_1, \tilde{\lambda}_2, \cdots, \tilde{\lambda}_{\bar{n}})^{\mathrm{T}} \geqq \boldsymbol{0},$$

使得

$$\boldsymbol{x}_p \geqq \sum_{j=1}^{\bar{n}} \bar{\boldsymbol{x}}_j \tilde{\lambda}_j,$$

$$\boldsymbol{y}_p \leqq \sum_{j=1}^{\bar{n}} d\bar{\boldsymbol{y}}_j \tilde{\lambda}_j,$$

$$\delta \sum_{j=1}^{\bar{n}} \tilde{\lambda}_j = \delta.$$

令 $\tilde{\lambda}_0 = 0$, 则

$$\left(\sum_{j=1}^{\bar{n}} \bar{\boldsymbol{x}}_j \tilde{\lambda}_j, \sum_{j=1}^{\bar{n}} d\bar{\boldsymbol{y}}_j \tilde{\lambda}_j \right) = \left(\boldsymbol{x}_p \tilde{\lambda}_0 + \sum_{j=1}^{\bar{n}} \bar{\boldsymbol{x}}_j \tilde{\lambda}_j, \boldsymbol{y}_p \tilde{\lambda}_0 + \sum_{j=1}^{\bar{n}} d\bar{\boldsymbol{y}}_j \tilde{\lambda}_j \right) \in T,$$

故得 $(\boldsymbol{x}_p, \boldsymbol{y}_p)$ 不是规划 (G-VP) 的 Pareto 有效解. 由定理 3.7 知, 决策单元 p 为 G-DEA(d) 无效. 证毕.

显然, 定理 3.8 的逆否命题就是如下的定理:

定理 3.9 决策单元 p 为 G-DEA(d) 有效当且仅当 $(\boldsymbol{x}_p, \boldsymbol{y}_p)$ 是 (SVP) 的 Pareto 有效解或 $(\boldsymbol{x}_p, \boldsymbol{y}_p) \notin T(d)$.

3.6 样本可能集的相关性质

样本可能集是由 "有效" 的样本单元生成的, 并且随着移动因子的变化, 样本可能集的结构是 "稳定的". 这可以通过以下定理得到证明.

记样本单元集和决策单元集分别为 Sam 和 Dec.

当 $d=1$ 时, 设样本单元中的 G-DEA 有效单元集为 ESam, 决策单元中的 G-DEA 有效单元集为 EDec, 则以下定理 3.10 表明, 样本可能集和样本数据包络面可完全由 ESam 中的单元决定:

定理 3.10 假设 ESam $= \{(\bar{\boldsymbol{x}}_{j_i}, \bar{\boldsymbol{y}}_{j_i}) | i = 1, \cdots, n_1\}$, 则有

$$T(1) = \left\{ (\boldsymbol{x}, \boldsymbol{y}) \,\middle|\, \boldsymbol{x} \geqq \sum_{j=1}^{\bar{n}} \bar{\boldsymbol{x}}_j \lambda_j, \ \boldsymbol{y} \leqq \sum_{j=1}^{\bar{n}} \bar{\boldsymbol{y}}_j \lambda_j, \ \delta \sum_{j=1}^{\bar{n}} \lambda_j = \delta, \boldsymbol{\lambda} = (\lambda_1, \cdots, \lambda_{\bar{n}}) \geqq \boldsymbol{0} \right\}$$

$$= \left\{ (\boldsymbol{x}, \boldsymbol{y}) \left| \boldsymbol{x} \geqq \sum_{i=1}^{n_1} \bar{\boldsymbol{x}}_{j_i} \tilde{\lambda}_i, \boldsymbol{y} \leqq \sum_{i=1}^{n_1} \bar{\boldsymbol{y}}_{j_i} \tilde{\lambda}_i, \ \delta \sum_{i=1}^{n_1} \tilde{\lambda}_i = \delta, \tilde{\boldsymbol{\lambda}} = (\tilde{\lambda}_1, \cdots, \tilde{\lambda}_{n_1}) \geqq \boldsymbol{0} \right. \right\}.$$

证明　如果 Sam 中存在某个样本单元不为 G-DEA 有效, 则为方便起见, 不妨设 $(\bar{\boldsymbol{x}}_{\bar{n}}, \bar{\boldsymbol{y}}_{\bar{n}})$ 是 G-DEA 无效单元. 由定理 3.8 可知, 存在

$$\bar{\boldsymbol{\lambda}} \geqq \boldsymbol{0}, \quad \delta \sum_{j=1}^{\bar{n}} \bar{\lambda}_j = \delta,$$

使得

$$\bar{\boldsymbol{x}}_{\bar{n}} \geqq \sum_{j=1}^{\bar{n}} \bar{\boldsymbol{x}}_j \bar{\lambda}_j,$$

$$\bar{\boldsymbol{y}}_{\bar{n}} \leqq \sum_{j=1}^{\bar{n}} \bar{\boldsymbol{y}}_j \bar{\lambda}_j,$$

并且至少存在一个不等式严格成立.

类似定理 3.8 的证明可知

$$\bar{\lambda}_{\bar{n}} < 1,$$

故

$$(-\bar{\boldsymbol{x}}_{\bar{n}}, \bar{\boldsymbol{y}}_{\bar{n}}) \leqq \left(-\sum_{j=1}^{\bar{n}-1} \bar{\boldsymbol{x}}_j \bar{\lambda}_j / (1 - \bar{\lambda}_{\bar{n}}), \sum_{j=1}^{\bar{n}-1} \bar{\boldsymbol{y}}_j \bar{\lambda}_j / (1 - \bar{\lambda}_{\bar{n}}) \right).$$

设

$$W = \left\{ (\boldsymbol{x}, \boldsymbol{y}) \left| \boldsymbol{x} \geqq \sum_{j=1}^{\bar{n}-1} \bar{\boldsymbol{x}}_j \lambda_j, \ \boldsymbol{y} \leqq \sum_{j=1}^{\bar{n}-1} \bar{\boldsymbol{y}}_j \lambda_j, \delta \sum_{j=1}^{\bar{n}-1} \lambda_j = \delta, \boldsymbol{\lambda} = (\lambda_1, \cdots, \lambda_{\bar{n}-1}) \geqq \boldsymbol{0} \right. \right\},$$

则对任何

$$(\boldsymbol{x}, \boldsymbol{y}) \in T(1),$$

必存在 $\boldsymbol{\lambda} \geqq \boldsymbol{0}$, 使得

$$\delta \sum_{j=1}^{\bar{n}} \lambda_j = \delta,$$

$$(-\boldsymbol{x}, \boldsymbol{y}) \leqq \left(-\sum_{j=1}^{\bar{n}} \bar{\boldsymbol{x}}_j \lambda_j, \sum_{j=1}^{\bar{n}} \bar{\boldsymbol{y}}_j \lambda_j \right)$$

$$\leqq \left(-\sum_{j=1}^{\bar{n}-1} \bar{\boldsymbol{x}}_j \left(\lambda_j + \frac{\bar{\lambda}_j \lambda_{\bar{n}}}{1 - \bar{\lambda}_{\bar{n}}} \right), \sum_{j=1}^{\bar{n}-1} \bar{\boldsymbol{y}}_j \left(\lambda_j + \frac{\bar{\lambda}_j \lambda_{\bar{n}}}{1 - \bar{\lambda}_{\bar{n}}} \right) \right).$$

又因为

$$\delta \sum_{j=1}^{\bar{n}-1} \left(\lambda_j + \frac{\bar{\lambda}_j \lambda_{\bar{n}}}{1 - \bar{\lambda}_{\bar{n}}} \right) = \delta,$$

故

$$(\boldsymbol{x}, \boldsymbol{y}) \in W.$$

因此,

$$T(1) \subseteq W.$$

如此重复即得

$$T(1) \subseteq \left\{ (\boldsymbol{x}, \boldsymbol{y}) \,\middle|\, \boldsymbol{x} \geq \sum_{i=1}^{n_1} \bar{\boldsymbol{x}}_{j_i} \tilde{\lambda}_i, \boldsymbol{y} \leq \sum_{i=1}^{n_1} \bar{\boldsymbol{y}}_{j_i} \tilde{\lambda}_i, \ \delta \sum_{i=1}^{n_1} \tilde{\lambda}_i = \delta, \tilde{\boldsymbol{\lambda}} = (\tilde{\lambda}_1, \cdots, \tilde{\lambda}_{n_1}) \geq \boldsymbol{0} \right\}.$$

反之, 显然成立. 证毕.

定义 3.4[17] 若 $f: P \to Q$ 是一个双射, 并且对任何 $a, b \in P$ 满足

$$a \underset{\sim}{\propto}_1 b \text{ 当且仅当 } f(a) \underset{\sim}{\propto}_2 f(b),$$

则称 f 为两个偏序集 $(P, \underset{\sim}{\propto}_1)$ 和 $(Q, \underset{\sim}{\propto}_2)$ 之间的一个同构映射.

定义 $T(1)$ 和 $T(d)$ 上的偏序关系 $\underset{\sim}{\propto}$ 为

$$(\boldsymbol{x}, \boldsymbol{y}) \underset{\sim}{\propto} (\bar{\boldsymbol{x}}, \bar{\boldsymbol{y}}) \text{ 当且仅当 } (-\boldsymbol{x}, \boldsymbol{y}) \leqq (-\bar{\boldsymbol{x}}, \bar{\boldsymbol{y}}),$$

其中 $\leqq$ 即为通常的大小关系, 则有以下结论:

定理 3.11 $T(1)$ 和 $T(d)$ 之间存在同构映射.

证明 定义映射 $f: T(1) \to T(d)$ 为

$$f((\boldsymbol{x}, \boldsymbol{y})) = (\boldsymbol{x}, d\boldsymbol{y}).$$

若

$$(\boldsymbol{x}, \boldsymbol{y}) \in T(1),$$

则可知存在 $\boldsymbol{\lambda} \geq 0$, 使得

$$\boldsymbol{x} \geq \sum_{j=1}^{\bar{n}} \bar{\boldsymbol{x}}_j \lambda_j,$$

$$\boldsymbol{y} \leq \sum_{j=1}^{\bar{n}} \bar{\boldsymbol{y}}_j \lambda_j,$$

$$\delta \sum_{j=1}^{\bar{n}} \lambda_j = \delta.$$

由于 $d > 0$, 故可得

$$dy \leqq \sum_{j=1}^{\bar{n}} d\bar{y}_j \lambda_j.$$

根据 $T(d)$ 的定义可知

$$(\boldsymbol{x}, d\boldsymbol{y}) \in T(d).$$

因此,

$$f((\boldsymbol{x}, \boldsymbol{y})) \in T(d).$$

反之, 若

$$(\boldsymbol{x}, \boldsymbol{y}) \in T(d),$$

则显然

$$f^{-1}((\boldsymbol{x}, \boldsymbol{y})) = (\boldsymbol{x}, \boldsymbol{y}/d) \in T(1).$$

容易验证, $\forall (\boldsymbol{x}, \boldsymbol{y}), (\bar{\boldsymbol{x}}, \bar{\boldsymbol{y}}) \in T(1)$,

$$(\boldsymbol{x}, \boldsymbol{y}) \underline{\propto} (\bar{\boldsymbol{x}}, \bar{\boldsymbol{y}})$$

当且仅当

$$f(\boldsymbol{x}, \boldsymbol{y}) \underline{\propto} f(\bar{\boldsymbol{x}}, \bar{\boldsymbol{y}}).$$

由此可知, f 是 $T(1)$ 和 $T(d)$ 之间的一个同构映射. 证毕.

设 Z^{D} 表示集合 Z 中所有相对于 Z 中单元为 DEA 有效 ($\mathrm{C^2R}$ 或 $\mathrm{BC^2}$) 的单元集合.

定理 3.12　(1) 设 $d > 0$,

$$\mathrm{Sam}(d) = \{(\bar{\boldsymbol{x}}_j, d\bar{\boldsymbol{y}}_j) | j = 1, 2, \cdots, \bar{n}\},$$

则必有

$$\mathrm{Sam}(d)^{\mathrm{D}} = \{(\bar{\boldsymbol{x}}_j, d\bar{\boldsymbol{y}}_j) | (\bar{\boldsymbol{x}}_j, \bar{\boldsymbol{y}}_j) \in \mathrm{Sam}^{\mathrm{D}}\};$$

(2) 若 $\mathrm{Dec} = \{(\boldsymbol{x}_j, \boldsymbol{y}_j) | j = 1, 2, \cdots, n\}$, $\mathrm{Sub} \subseteq \mathrm{Dec}$, 并且对任何 $(\boldsymbol{x}_j, \boldsymbol{y}_j) \in \mathrm{Sub}$ 都有

$$(\boldsymbol{x}_j, \boldsymbol{y}_j) \notin (\mathrm{Sub} \cup \mathrm{Sam}(d))^{\mathrm{D}},$$

则必有

$$(\mathrm{Sub} \cup \mathrm{Sam}(d))^{\mathrm{D}} = (\mathrm{Sub} \cup \mathrm{Sam}(d)^{\mathrm{D}})^{\mathrm{D}} = \mathrm{Sam}(d)^{\mathrm{D}}.$$

证明　(1) 由于定理 3.11 中的映射 f 是 $T(1)$ 和 $T(d)$ 之间的同构映射, 并且

$$f((\bar{\boldsymbol{x}}_j, \bar{\boldsymbol{y}}_j)) = (\bar{\boldsymbol{x}}_j, d\bar{\boldsymbol{y}}_j),$$

因此, 由文献 [18] 的定理 2 可知

$$(\bar{\boldsymbol{x}}_j, \bar{\boldsymbol{y}}_j) \in \mathrm{Sam}^{\mathrm{D}} \ \text{当且仅当} \ (\bar{\boldsymbol{x}}_j, d\bar{\boldsymbol{y}}_j) \in \mathrm{Sam}(d)^{\mathrm{D}},$$

故得

$$\mathrm{Sam}(d)^{\mathrm{D}} = \{(\bar{\boldsymbol{x}}_j, d\bar{\boldsymbol{y}}_j) | (\bar{\boldsymbol{x}}_j, \bar{\boldsymbol{y}}_j) \in \mathrm{Sam}^{\mathrm{D}}\}.$$

(2) 对任何 $(\tilde{\boldsymbol{x}}_{j_0}, \tilde{\boldsymbol{y}}_{j_0}) \in (\mathrm{Sub} \cup \mathrm{Sam}(d))^{\mathrm{D}}$ 都存在

$$\boldsymbol{\omega}^0 > \boldsymbol{0}, \quad \boldsymbol{\mu}^0 > \boldsymbol{0}, \quad \mu_0^0,$$

满足

$$\begin{cases} \boldsymbol{\omega}^{0\mathrm{T}}\tilde{\boldsymbol{x}}_j - \boldsymbol{\mu}^{0\mathrm{T}}\tilde{\boldsymbol{y}}_j - \delta\mu_0^0 \geqq 0, \quad (\tilde{\boldsymbol{x}}_j, \tilde{\boldsymbol{y}}_j) \in \mathrm{Sub} \cup \mathrm{Sam}(d), \\ \boldsymbol{\omega}^{0\mathrm{T}}\tilde{\boldsymbol{x}}_{j_0} = 1, \\ \boldsymbol{\omega}^0 \geqq \boldsymbol{0}, \boldsymbol{\mu}^0 \geqq \boldsymbol{0}, \end{cases} \tag{3.2}$$

并且使得

$$\boldsymbol{\mu}^{0\mathrm{T}}\tilde{\boldsymbol{y}}_{j_0} + \delta\mu_0^0 = 1.$$

又因为对任何 $(\boldsymbol{x}_j, \boldsymbol{y}_j) \in \mathrm{Sub}$ 都有

$$(\boldsymbol{x}_j, \boldsymbol{y}_j) \notin (\mathrm{Sub} \cup \mathrm{Sam}(d))^{\mathrm{D}},$$

因此,

$$(\mathrm{Sub} \cup \mathrm{Sam}(d))^{\mathrm{D}} \subseteq (\mathrm{Sub} \cup \mathrm{Sam}(d)^{\mathrm{D}})^{\mathrm{D}} \subseteq \mathrm{Sam}(d)^{\mathrm{D}}.$$

下证

$$\mathrm{Sam}(d)^{\mathrm{D}} \subseteq (\mathrm{Sub} \cup \mathrm{Sam}(d))^{\mathrm{D}}.$$

对任何

$$(\bar{\boldsymbol{x}}_p, d\bar{\boldsymbol{y}}_p) \in \mathrm{Sam}(d)^{\mathrm{D}},$$

存在

$$\boldsymbol{\omega} > \boldsymbol{0}, \quad \boldsymbol{\mu} > \boldsymbol{0}, \quad \mu_0,$$

满足

$$\boldsymbol{\omega}^{\mathrm{T}}\bar{\boldsymbol{x}}_p = 1,$$

$$\boldsymbol{\mu}^{\mathrm{T}}d\bar{\boldsymbol{y}}_p + \delta\mu_0 = 1,$$

并且对任何 $(\bar{\boldsymbol{x}}_j, d\bar{\boldsymbol{y}}_j) \in \mathrm{Sam}(d)$ 有

$$\boldsymbol{\omega}^{\mathrm{T}}\bar{\boldsymbol{x}}_j - \boldsymbol{\mu}^{\mathrm{T}}d\bar{\boldsymbol{y}}_j - \delta\mu_0 \geqq 0.$$

因此, 以下只需证对任何 $(\boldsymbol{x}_j, \boldsymbol{y}_j) \in \mathrm{Sub}$ 都有

$$\boldsymbol{\omega}^{\mathrm{T}} \boldsymbol{x}_j - \boldsymbol{\mu}^{\mathrm{T}} \boldsymbol{y}_j - \delta \mu_0 \geqq 0.$$

(反证法) 假设存在某个

$$(\boldsymbol{x}_{j_0}, \boldsymbol{y}_{j_0}) \in \mathrm{Sub}$$

有

$$\boldsymbol{\omega}^{\mathrm{T}} \boldsymbol{x}_{j_0} - \boldsymbol{\mu}^{\mathrm{T}} \boldsymbol{y}_{j_0} - \delta \mu_0 < 0,$$

则取

$$h = \max\{|\boldsymbol{\omega}^{\mathrm{T}} \boldsymbol{x}_j - \boldsymbol{\mu}^{\mathrm{T}} \boldsymbol{y}_j - \delta \mu_0|/x_{1j}|$$
$$\boldsymbol{\omega}^{\mathrm{T}} \boldsymbol{x}_j - \boldsymbol{\mu}^{\mathrm{T}} \boldsymbol{y}_j - \delta \mu_0 < 0, (\boldsymbol{x}_j, \boldsymbol{y}_j) \in \mathrm{Sub}\},$$

令

$$\bar{\boldsymbol{\omega}} = (\omega_1 + h, \omega_2, \cdots, \omega_m)^{\mathrm{T}}.$$

由 h 的定义知, 必存在

$$(\boldsymbol{x}_{j_1}, \boldsymbol{y}_{j_1}) \in \mathrm{Sub},$$

使得

$$\bar{\boldsymbol{\omega}}^{\mathrm{T}} \boldsymbol{x}_{j_1} - \boldsymbol{\mu}^{\mathrm{T}} \boldsymbol{y}_{j_1} - \delta \mu_0 = 0,$$

并且对任何

$$(\boldsymbol{x}_j, \boldsymbol{y}_j) \in \mathrm{Sub}$$

有

$$\bar{\boldsymbol{\omega}}^{\mathrm{T}} \boldsymbol{x}_j - \boldsymbol{\mu}^{\mathrm{T}} \boldsymbol{y}_j - \delta \mu_0 = \boldsymbol{\omega}^{\mathrm{T}} \boldsymbol{x}_j - \boldsymbol{\mu}^{\mathrm{T}} \boldsymbol{y}_j - \delta \mu_0 + h x_{1j} \geqq 0.$$

对任何

$$(\bar{\boldsymbol{x}}_j, d\bar{\boldsymbol{y}}_j) \in \mathrm{Sam}(d),$$

显然有

$$\bar{\boldsymbol{\omega}}^{\mathrm{T}} \bar{\boldsymbol{x}}_j - \boldsymbol{\mu}^{\mathrm{T}} d\bar{\boldsymbol{y}}_j - \delta \mu_0 \geqq \boldsymbol{\omega}^{\mathrm{T}} \bar{\boldsymbol{x}}_j - \boldsymbol{\mu}^{\mathrm{T}} d\bar{\boldsymbol{y}}_j - \delta \mu_0 \geqq 0.$$

因此,

$$(\boldsymbol{x}_{j_1}, \boldsymbol{y}_{j_1}) \in (\mathrm{Sub} \cup \mathrm{Sam}(d))^{\mathrm{D}}.$$

矛盾! 证毕.

由定理 3.12(1) 可知, 样本前沿面移动后构成的参考集是由原有样本单元中的 DEA 有效 ($\mathrm{C^2R}$ 或 $\mathrm{BC^2}$) 单元决定的.

由定理 3.10 和定理 3.12(2) 可知, 任意决策单元子集 Sub, 如果它的任何决策单元都相对 Sub∪Sam(d) 中的单元为 DEA 无效 ($\mathrm{C^2R}$ 或 $\mathrm{BC^2}$), 则 Sub∪Sam(d) 确定的 DEA 生产可能集合就是样本前沿面 d 移动后构成的参考集.

3.7 基于广义数据包络面的排序方法

根据定理 3.11 可知, 通过引入移动因子 d 得到的参考集 $T(d)$ 与样本单元构成的参考集 $T(1)$ 之间存在同构映射. 因此, 可以把 $T(d)$ 视为 $T(1)$ 按照某种规则的收缩和扩张. 随着 d 的取值不同, 得到的包络曲面族可将空间划分成一系列具有不同特征的空间区域, 这对决策单元的进一步分析和研究具有十分重要的意义. 根据上述有关结论, 可给出如下样本数据包络面整体移动的排序方法和步骤:

第 1 步 令 $d=1$, 应用模型 (G-DEA) 对所有决策单元 $(\boldsymbol{x}_j, \boldsymbol{y}_j)(j = 1, 2, \cdots, n)$ 进行评价, 记 G-DEA(1) 有效单元的集合为 EDec, G-DEA(1) 无效单元的集合为 InEDec, 选定 d 的移动步长为 $d_0 > 0$, 令 $k = 1$.

第 2 步 若 EDec$\neq \varnothing$, 则令 $\text{InEDec}_0 = \varnothing$, 执行第 3 步; 否则, 令 $\text{EDec}_0 = \varnothing$, 执行第 5 步.

第 3 步 令 $d = 1 + kd_0$, 对集合 $\text{EDec} \setminus \bigcup\limits_{i=0}^{k-1} \text{InEDec}_i$ 中的决策单元应用模型 (G-DEA) 进行评价, 记 G-DEA$(1 + kd_0)$ 无效的决策单元集合为 InEDec_k.

第 4 步 若 $\text{EDec} \setminus \bigcup\limits_{i=1}^{k} \text{InEDec}_i \neq \varnothing$, 则令 $k = k+1$, 执行第 3 步; 否则, 令 $K_1 = k$, $k=1$, $\text{EDec}_0 = \varnothing$, 执行第 5 步.

第 5 步 若 $\text{InEDec} \setminus \bigcup\limits_{i=0}^{k-1} \text{EDec}_i = \varnothing$, 则令 $K_2 = k - 1$, 停止; 否则, 执行第 6 步.

第 6 步 若 $1 - kd_0 > 0$, 则令 $d = 1 - kd_0$, 对集合 $\text{InEDec} \setminus \bigcup\limits_{i=0}^{k-1} \text{EDec}_i$ 中的决策单元应用模型 (G-DEA) 进行评价, 记 G-DEA$(1 - kd_0)$ 有效的决策单元集合为 EDec_k; 否则, 令 $K_2 = k$, $\text{EDec}_k = \text{InEDec} \setminus \bigcup\limits_{i=0}^{k-1} \text{EDec}_i$, 停止.

第 7 步 令 $k = k+1$, 执行第 5 步.

该算法首先根据样本数据包络面把决策单元分成 G-DEA (1) 无效和 G-DEA(1) 有效两大类, 然后通过样本数据包络面的移动, 将整个参考空间分划成不同的区域. 根据这些区域的不同特征就能够给出两类决策单元的进一步关系.

如果决策者希望输入指标越小越好, 输出指标越大越好, 则根据上述方法可给出决策单元的排序如下:

$$\text{EDec}_{K_2} < \cdots < \text{EDec}_2 < \text{EDec}_1 < \text{InEDec}_1 < \text{InEDec}_2 < \cdots < \text{InEDec}_{K_1}.$$

通过样本数据包络面的移动, 不仅可以对决策单元进行排序, 而且还可以给出有效单元在技术进步下如何保持其有效性的一些决策信息.

另外, 针对输入指标越小越好、输出指标也越小越好的情况, 可以类似讨论相应的广义 DEA 模型和排序方法. 例如, 为了降低风险需要采取一定措施, 并投入一定 "资源", 输出指标反映的是在投入 "资源" 后决策单元的风险情况. 通过移动样本数据包络面, 可将空间划分成多个具有不同性质的区域, 如低风险区、可接受风险区和不可接受风险区等, 此处不再赘述.

3.8　应用广义 DEA 方法分析 DEA 有效决策单元

文献 [10] 指出, 现有的 DEA 模型对有效单元能给出的信息较少, 而如何指导这一类单元进一步保持其相对有效地位, 则是实际工作中所面临的重要问题. 与以往的方法不同, 广义 DEA 方法不仅可以对 DEA 有效决策单元给出进一步的管理信息, 而且对应用 DEA 方法进行排序方面也具有一定的优势.

若取样本单元集合 Sam 即为决策单元集合 Dec, 则可以得到如下扩展的 DEA 模型 (DEA_d):

$$(\mathrm{DEA}_d)\begin{cases} \max\ (\boldsymbol{\mu}^{\mathrm{T}}\boldsymbol{y}_{j_0} + \delta\mu_0) = V(d), \\ \mathrm{s.t.}\ \ \boldsymbol{\omega}^{\mathrm{T}}\boldsymbol{x}_{j_0} - \boldsymbol{\mu}^{\mathrm{T}}\boldsymbol{y}_{j_0} - \delta\mu_0 \geqq 0, \\ \qquad \boldsymbol{\omega}^{\mathrm{T}}\boldsymbol{x}_j - \boldsymbol{\mu}^{\mathrm{T}}d\boldsymbol{y}_j - \delta\mu_0 \geqq 0, j = 1, \cdots, n, \\ \qquad \boldsymbol{\omega}^{\mathrm{T}}\boldsymbol{x}_{j_0} = 1, \\ \qquad \boldsymbol{\omega} \geqq \mathbf{0}, \boldsymbol{\mu} \geqq \mathbf{0}, \end{cases}$$

$$(\mathrm{DDEA}_d)\begin{cases} \min\ \theta - \varepsilon(\hat{\boldsymbol{e}}^{\mathrm{T}}\boldsymbol{s}^- + \boldsymbol{e}^{\mathrm{T}}\boldsymbol{s}^+), \\ \mathrm{s.t.}\ \ \boldsymbol{x}_{j_0}(\lambda_0 - \theta) + \sum_{j=1}^{n}\boldsymbol{x}_j\lambda_j + \boldsymbol{s}^- = \mathbf{0}, \\ \qquad \boldsymbol{y}_{j_0}(\lambda_0 - 1) + \sum_{j=1}^{n}d\boldsymbol{y}_j\lambda_j - \boldsymbol{s}^+ = \mathbf{0}, \\ \qquad \delta\sum_{j=0}^{n}\lambda_j = \delta, \\ \qquad \boldsymbol{s}^-, \boldsymbol{s}^+ \geqq \mathbf{0}, \lambda_j \geqq 0, j = 0, 1, \cdots, n. \end{cases}$$

由于 (DEA_d) 模型是 (G-DEA) 模型的一种特殊形式, 因此, (G-DEA) 模型的有关结论也适合于 (DEA_d) 模型.

当取 $d=1$ 时, (DEA_d) 模型就是 $(\mathrm{C}^2\mathrm{R})$ 和 (BC^2) 模型的一般形式. 因此, (DEA_d) 模型是对 DEA 模型的推广.

对于决策单元 $(\boldsymbol{x}_{j_0}, \boldsymbol{y}_{j_0})$, 若 $d > 1$, 则必有

$$\boldsymbol{y}_{j_0} < d\boldsymbol{y}_{j_0}.$$

根据定理 3.8 有以下结论:

定理 3.13 若决策单元 $(\boldsymbol{x}_{j_0}, \boldsymbol{y}_{j_0})$ 相对于决策单元 $(\boldsymbol{x}_j, \boldsymbol{y}_j)(j = 1, \cdots, n)$ 为 DEA 有效 (C^2R, BC^2), 则必存在 $d > 1$, 使得 $(\boldsymbol{x}_{j_0}, \boldsymbol{y}_{j_0})$ 相对于 $(\boldsymbol{x}_j, d\boldsymbol{y}_j)(j = 1, \cdots, n)$ 为 DEA 无效 (C^2R, BC^2).

若令

$$T_{\text{DEA}} = \left\{ (\boldsymbol{x}, \boldsymbol{y}) \,\middle|\, \boldsymbol{x} \geqq \sum_{j=1}^{n} \boldsymbol{x}_j \lambda_j, \boldsymbol{y} \leqq \sum_{j=1}^{n} d\boldsymbol{y}_j \lambda_j, \delta \sum_{j=1}^{n} \lambda_j = \delta, (\lambda_1, \cdots, \lambda_n) \geqq \boldsymbol{0} \right\},$$

则有以下结论:

定理 3.14 若 $(\boldsymbol{x}_{j_0}, \boldsymbol{y}_{j_0})$ 相对于 $(\boldsymbol{x}_j, d\boldsymbol{y}_j)(j = 1, \cdots, n)$ 为 DEA 无效 (C^2R, BC^2), $\theta^0, \boldsymbol{s}^{-0}, \boldsymbol{s}^{+0}, \boldsymbol{\lambda}^0$ 是 (DDEA_d) 的最优解, 则

$$\left(\theta^0 \boldsymbol{x}_{j_0} - \boldsymbol{s}^{-0}, \boldsymbol{y}_{j_0} + \boldsymbol{s}^{+0} \right) \in T_{\text{DEA}},$$

并且它相对于 $(\boldsymbol{x}_j, d\boldsymbol{y}_j)(j = 1, \cdots, n)$ 为 DEA 有效.

证明 假设 $(\theta^0 \boldsymbol{x}_{j_0} - \boldsymbol{s}^{-0}, \boldsymbol{y}_{j_0} + \boldsymbol{s}^{+0})$ 相对于决策单元 $(\boldsymbol{x}_j, d\boldsymbol{y}_j)(j = 1, 2, \cdots, n)$ 为 DEA 无效, 由定理 3.8 可知, 必存在

$$\lambda_1 \geqq 0, \quad \cdots, \quad \lambda_n \geqq 0,$$

使得

$$\theta^0 \boldsymbol{x}_{j_0} - \boldsymbol{s}^{-0} \geqq \sum_{j=1}^{n} \boldsymbol{x}_j \lambda_j, \quad \boldsymbol{y}_{j_0} + \boldsymbol{s}^{+0} \leqq \sum_{j=1}^{n} d\boldsymbol{y}_j \lambda_j,$$

$$\delta \sum_{j=1}^{n} \lambda_j = \delta,$$

并且至少有一个不等式严格成立. 令

$$\boldsymbol{s}^{-*} = \theta^0 \boldsymbol{x}_{j_0} - \sum_{j=1}^{n} \boldsymbol{x}_j \lambda_j, \quad \boldsymbol{s}^{+*} = \sum_{j=1}^{n} d\boldsymbol{y}_j \lambda_j - \boldsymbol{y}_{j_0},$$

显然,

$$\theta^0, \quad \boldsymbol{s}^{-*}, \quad \boldsymbol{s}^{+*}, \quad \boldsymbol{\lambda} = (0, \lambda_1, \cdots, \lambda_n)$$

是 (DDEA_d) 的一个可行解并且

$$\hat{e}^{\text{T}} \boldsymbol{s}^{-*} + \boldsymbol{e}^{\text{T}} \boldsymbol{s}^{+*} > \hat{e}^{\text{T}} \boldsymbol{s}^{-0} + \boldsymbol{e}^{\text{T}} \boldsymbol{s}^{+0},$$

这与 $\theta^0, \boldsymbol{s}^{-0}, \boldsymbol{s}^{+0}, \boldsymbol{\lambda}^0$ 是 (DDEA_d) 的最优解矛盾.

另外, 因为 $\theta^0, s^{-0}, s^{+0}, \lambda^0$ 是 (DDEA_d) 的最优解, 故

$$\theta^0 \boldsymbol{x}_{j_0} - \boldsymbol{s}^{-0} = \boldsymbol{x}_{j_0} \lambda_0^0 + \sum_{j=1}^{n} \boldsymbol{x}_j \lambda_j^0,$$

$$\boldsymbol{y}_{j_0} + \boldsymbol{s}^{+0} = \boldsymbol{y}_{j_0} \lambda_0^0 + \sum_{j=1}^{n} d\boldsymbol{y}_j \lambda_j^0,$$

$$\delta \sum_{j=0}^{n} \lambda_j = \delta.$$

又因为 $(\boldsymbol{x}_{j_0}, \boldsymbol{y}_{j_0})$ 相对于 $(\boldsymbol{x}_j, d\boldsymbol{y}_j)(j = 1, 2, \cdots, n)$ 为 DEA 无效, 故由定理 3.8 知, 存在 $\tilde{\lambda}_1 \geqq 0, \cdots, \tilde{\lambda}_n \geqq 0$, 使得

$$\boldsymbol{x}_{j_0} \geqq \sum_{j=1}^{n} \boldsymbol{x}_j \tilde{\lambda}_j, \quad \boldsymbol{y}_{j_0} \leqq \sum_{j=1}^{n} d\boldsymbol{y}_j \tilde{\lambda}_j,$$

$$\delta \sum_{j=1}^{n} \tilde{\lambda}_j = \delta.$$

由此可知

$$\theta^0 \boldsymbol{x}_{j_0} - \boldsymbol{s}^{-0} \geqq \sum_{j=1}^{n} \boldsymbol{x}_j (\lambda_j^0 + \tilde{\lambda}_j \lambda_0^0),$$

$$\boldsymbol{y}_{j_0} + \boldsymbol{s}^{+0} \leqq \sum_{j=1}^{n} d\boldsymbol{y}_j (\lambda_j^0 + \tilde{\lambda}_j \lambda_0^0),$$

$$\delta \sum_{j=1}^{n} (\lambda_j^0 + \tilde{\lambda}_j \lambda_0^0) = \delta.$$

因此,

$$(\theta^0 \boldsymbol{x}_{j_0} - \boldsymbol{s}^{-0}, \boldsymbol{y}_{j_0} + \boldsymbol{s}^{+0}) \in T_{\mathrm{DEA}}.$$

证毕.

定理 3.13 和定理 3.14 的结论表明, 应用 (DEA_d) 模型可以给出某个 DEA 有效决策单元在未来技术进步后应如何继续保持自身地位的管理信息.

同时, 应用上述方法还可以改进传统 DEA 方法的排序能力.

例如, 文献 [19] 中给出的排序方法如下: 首先, 应用 DEA 模型将决策单元分成 DEA 有效单元和无效单元两类. 然后, 去掉 DEA 有效单元, 再考虑无效单元之间的相对有效性. 如此重复, 即可将决策单元分成若干类.

由于 DEA 有效决策单元与相应的多目标规划 Pareto 有效解对应, 当评价指标越多, 决策单元越少时, 出现有效决策单元的机会就越大, 甚至可能全部单元都

有效. 而应用本节 DEA 有效前沿面移动的排序方法却能给出更为精确的次序. 实际操作中, 仅需取决策单元集作为样本单元集即可得到相应算法, 这里不再叙述.

3.9 广义 DEA 方法在企业效率分析中的应用

以下首先举例说明如何应用样本 DEA 方法获得决策单元和某些指定对象比较的信息. 然后举例说明如何应用样木 DEA 方法进行排序.

例 3.4 假设甲、乙两个企业同处一个地区, 在经营中, 它们都希望和该地区经营模式已经转型成功的 8 家同类企业进行比较, 希望以此为本企业的未来转型提供参考信息.

以下收集了这 8 家转型企业的有关数据资料, 为简单起见, 仅选取了其中三个指标, 各指标数据如表 3.5 所示.

表 3.5 某 8 家样本企业的部分指标数据

企业序号	资产总额/亿元	职工人数/人	总产值/亿元
1	51.14	46421	36.71
2	58.05	59976	36.51
3	70.32	46954	31.52
4	66.40	19100	21.80
5	20.21	24598	19.87
6	34.32	32188	19.75
7	29.50	19050	18.74
8	18.34	22897	18.05

假设各企业的生产满足规模可变, 甲、乙两个企业相应的指标数据如表 3.6 所示.

表 3.6 甲企业和乙企业的部分指标数据

企业序号	资产总额/亿元	职工人数/人	总产值/亿元
甲	69.77	35953	30.24
乙	32.64	37437	27.52

(1) 企业未来转型的参考信息. 在 (G-DEA) 模型中取 $\delta = 1$, $d = 1$, 通过计算可知, 乙企业的生产满足 G-DEA 有效, 而甲企业则为 G-DEA 无效, 其中甲企业的计算结果为

$$\theta = 0.96141, \quad s_1^- = 9.3154, \quad s_2^- = 0.0000, \quad s_1^+ = 0.0000.$$

这表明甲企业无效的原因是生产资料的整体产出不足, 即以目前的资产投入情况应该获得更大的产值. 因此, 作为甲企业的决策者应仔细研究其他企业的经营策略和

资源配置情况, 使自身企业的整体效益得到进一步提高.

(2) 以往的 DEA 模型对有效单元能给出的信息较少, 应用 (G-DEA) 模型, 通过移动样本前沿面还可以给出有效单元改进的信息. 在 (G-DEA) 模型中取 $\delta = 1$, $d = 1.1$, 则乙企业的计算结果为

$$\theta = 0.90887, \quad s_1^- = 0.0000, \quad s_2^- = 2756, \quad s_1^+ = 0.0000.$$

这表明乙企业在生产力整体水平进一步提高的情况下, 将出现人力资本产出不足的现象. 因此, 企业为了提高生产效益未来应该注重优化岗位结构, 加强员工培训, 使生产资料和人力资本得到合理配置, 以进一步达到有效提高生产效益的目的.

上述方法可以把多种数据信息综合集成, 不仅能为无效单元提供进一步改进的信息, 而且也能为有效单元提出发展的方向, 尤其对于一些关系复杂的系统, 该方法具有十分突出的优点. 当然, 该方法提供的信息还是宏观上的分析结果和预测性的建议, 在实际应用中还需要进一步论证和更为详细地分析.

例 3.5 假设决策者准备对 6 家企业进行排序, 为便于说明, 这里仅选取了投资总额和利润总额两个决策指标 (表 3.7).

表 3.7 某 6 家企业部分指标数据

企业序号	1	2	3	4	5	6
投资总额/亿元	64	55.1	43	45.6	31	43.4
利润总额/亿元	48.8	39.7	31.8	27.7	13	21.7

假设该类企业的生产满足规模可变, 在 (G-DEA) 模型中取 $\delta = 1$, $d=1$, d 的变化步长为 0.2, 选取样本单元集为决策单元集, 则应用文献 [19] 中的方法进行排序时得到的结果为

企业 1, 企业 3, 企业 5 > 企业 2, 企业 4, 企业 6.

应用基于样本数据包络面的排序方法可得到各企业的排序结果为

企业 1, 企业 3, 企业 5 > 企业 2 > 企业 4 > 企业 6.

由此可见, 本章方法对企业 2, 企业 4, 企业 6 可以给出进一步排序.

参 考 文 献

[1] 马占新. 一种基于样本前沿面的综合评价方法 [J]. 内蒙古大学学报, 2002, 33(6): 606–610

[2] 马占新. 样本数据包络面的研究与应用 [J]. 系统工程理论与实践, 2003, 23(12): 32–37

[3] Charnes A, Cooper W W, Rhodes E. Measuring the efficiency of decision making units [J]. European Journal of Operational Research, 1978, 2(6): 429–444

[4] Banker R D, Charnes A, Cooper W W. Some models for estimating technical and scale inefficiencies in data envelopment analysis [J]. Management Science, 1984, 30(9): 1078–1092

[5] Färe R, Grosskopf S. A nonparametric cost approach to scale efficiency[J]. Scandinavian Journal of Economics, 1985, 87(4):594–604

[6] Seiford L M, Thrall R M. Recent development in DEA: The mathematical programming approach to frontier analysis[J]. Journal of Econometrics, 1990, 46(1-2):7–38

[7] 马占新, 吕喜明. 带有偏好锥的样本数据包络分析方法研究 [J]. 系统工程与电子技术, 2007, 29(8): 1275–1282

[8] 马占新, 马生昀. 基于 C^2W 模型的样本数据包络分析方法研究 [J]. 系统工程与电子技术, 2009, 31(2): 366–372

[9] 马占新, 马生昀. 基于 C^2WY 模型的广义数据包络分析方法研究. 系统工程学报, 2011, 26(2):

[10] 赵勇, 岳超源, 陈珽. 数据包络分析中有效单元的进一步分析 [J]. 系统工程学报, 1995, (4): 95–100

[11] 马占新, 戴仰山, 任慧龙. DEA 方法在多风险事件综合评价中的应用研究 [J]. 系统工程与电子技术, 2001, 23(8): 7–11

[12] 马占新, 任慧龙. 一种基于样本的综合评价方法及其在 FSA 中的应用研究 [J]. 系统工程理论与实践, 2003, 23(2): 95–101

[13] 马占新, 张海娟. 一种用于组合有效性综合评价的非参数方法研究 [J]. 系统工程与电子技术, 2006, 28(5): 699–703, 787

[14] 马占新. 竞争环境与组合效率综合评价的非参数方法研究 [J]. 控制与决策, 2008, 23(4):420–424, 430

[15] Ma Z X, Zhang H J, Cui X H. Study on the combination efficiency of industrial enterprises[C]. In: Zhang S D, Guo S F, Zhang Henry Proceedings of International Conference on management of Technology. Australia: Aussino Academic Publishing House, 2007: 225–230

[16] 魏权龄. 数据包络分析 [M]. 北京: 科学出版社, 2004: 259–261

[17] Gratzer G. General lattice theory[M]. New York: Academic Press, 1978

[18] 马占新, 唐焕文. 关于 DEA 有效性在数据变换下的不变性 [J]. 系统工程学报, 1999, 14(2):40–45

[19] 刘寅东. 船舶设计决策支持方法与应用研究 [D]. 大连: 大连理工大学博士学位论文, 1998:30–32

第 4 章　带有偏好锥的广义 DEA 模型

针对传统数据包络分析方法无法依据确定参考面提供评价信息的弱点, 给出了带有偏好锥的广义 DEA 模型 (PSam-C²WH) 和相应的 SCDEA 有效性及弱有效性概念, 分析了 (PSam-C²WH) 模型的性质以及它与传统 DEA 模型之间的关系, 探讨了 (PSam-C²WH) 模型刻画的 SCDEA 有效性及弱有效性与相应的多目标规划非支配解之间的关系. 进而, 分析了决策单元在样本可能集中的分布特征、投影性质和模型含义等问题. 最后, 给出了一种利用层次分析法 (AHP) 构造偏好锥的方法, 并提出了一个基于 AHP 的特殊广义 DEA 模型. 本章内容主要取材于文献 [1], [2].

数据包络分析自 1978 年由 Charnes 等[3] 提出以来, 已在许多领域得到成功应用和快速发展[4]. 传统 DEA 方法是以决策单元的输入输出数据为观测点, 采用变化权重的方法对决策单元进行评价, 其提供的信息是以所有决策单元自身为参照而给出的. 但现实中的众多问题, 如国际标准认证、企业改革试点、考试录取、体育达标等, 它们的 "参照物" 并不一定是决策单元的全部, 甚至可能是另外指定的单元或给定的标准, 而且决策者对各评价指标的偏好程度可能是不同的. 因此, 以下从 C²WH 模型[5] 的基本思想出发, 给出了带有偏好锥的广义 DEA 方法. 带有偏好锥的广义 DEA 方法以样本单元为 "参照物", 以决策单元为研究对象, 以决策者对各评价指标的偏好为约束来构造模型, 它不仅包含了传统 DEA 模型的特征, 而且还有许多独特的优点. 这主要表现在以下几个方面:

(1) 带有偏好锥的广义 DEA 方法拓展了原有的 DEA 理论. 可以证明 C²R 模型、BC² 模型、C²WH 模型都是 (PSam-C²WH) 模型的特例. 同时, 样本数据包络面比 DEA 有效前沿面具有更加广泛的含义和应用背景.

(2) DEA 方法只能给出相对于 "有效前沿面" 的信息, 而带有偏好锥的样本 DEA 方法能给出相对于 "有效前沿面" 在内的任何指定 "参考面" 的综合信息.

(3) 现有的 DEA 模型对有效单元能给出的信息较少, 而 (PSam-C²WH) 模型可以对 DEA 有效单元给出进一步的信息.

(4) 从该方法出发, 可以在择优排序[6,7]、风险评估[8]、评价组合有效性[9] 等许多方面给出更为有效的分析方法. 例如, 应用该方法不仅可以将传统的 F-N 曲线分析方法推广到 n 维空间, 而且可以通过构造各种风险数据包络面来划分风险区域、预测风险大小以及给出风险状况综合排序等.

4.1 带有偏好锥的广义 DEA 模型

假设共有 n 个待评价的决策单元和 $\bar{n}$ 个样本单元或决策者可接受标准 (以下统称样本单元), 它们的特征可由 m 种输入和 s 种输出指标表示, 第 p 个决策单元的输入指标值为

$$\boldsymbol{x}_p = (x_{1p}, x_{2p}, \cdots, x_{mp})^{\mathrm{T}},$$

输出指标值为

$$\boldsymbol{y}_p = (y_{1p}, y_{2p}, \cdots, y_{sp})^{\mathrm{T}},$$

第 j 个样本单元的输入指标值为

$$\bar{\boldsymbol{x}}_j = (\bar{x}_{1j}, \bar{x}_{2j}, \cdots, \bar{x}_{mj})^{\mathrm{T}},$$

输出指标值为

$$\bar{\boldsymbol{y}}_j = (\bar{y}_{1j}, \bar{y}_{2j}, \cdots, \bar{y}_{sj})^{\mathrm{T}},$$

并且

$$\boldsymbol{x}_p, \bar{\boldsymbol{x}}_j \in \mathrm{int}(-V^*),$$

$$\boldsymbol{y}_p, \bar{\boldsymbol{y}}_j \in \mathrm{int}(-U^*),$$

其中

$$V \subseteq E_+^m, \quad U \subseteq E_+^s, \quad K \subseteq E^{\bar{n}}$$

均为闭凸锥, 并且

$$\mathrm{int}V \neq \varnothing, \quad \mathrm{int}U \neq \varnothing.$$

有关符号含义详见文献 [10].

另外, 对 $j = 1, 2, \cdots, \bar{n}$ 有

$$\boldsymbol{\delta}_j = (0, \cdots, 0, \underset{j}{1}, 0, \cdots, 0)^{\mathrm{T}} \in -K^*,$$

其中

$$K^* = \left\{ \boldsymbol{k} \mid \hat{\boldsymbol{k}}^{\mathrm{T}} \boldsymbol{k} \leqq 0, \text{ 对于任意的 } \hat{\boldsymbol{k}} \in K \right\}$$

为 K 的极锥.

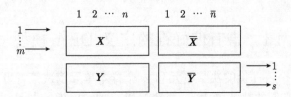

令

$$X = (\boldsymbol{x}_1, \boldsymbol{x}_2, \cdots, \boldsymbol{x}_n)$$

为 $m \times n$ 矩阵,

$$Y = (\boldsymbol{y}_1, \boldsymbol{y}_2, \cdots, \boldsymbol{y}_n)$$

为 $s \times n$ 矩阵,

$$\bar{X} = (\bar{\boldsymbol{x}}_1, \bar{\boldsymbol{x}}_2, \cdots, \bar{\boldsymbol{x}}_{\bar{n}})$$

为 $m \times \bar{n}$ 矩阵,

$$\bar{Y} = (\bar{\boldsymbol{y}}_1, \bar{\boldsymbol{y}}_2, \cdots, \bar{\boldsymbol{y}}_{\bar{n}})$$

为 $s \times \bar{n}$ 矩阵, d 为一个大于 0 的数, 称之为移动因子.

下面采用样本单元为 "参照物", 以决策单元 p 的效率指数为评价对象构造评价模型如下:

$$(\text{Sam-C}^2\text{WH}) \begin{cases} \max & \dfrac{\boldsymbol{u}^{\mathrm{T}}\boldsymbol{y}_p}{\boldsymbol{v}^{\mathrm{T}}\boldsymbol{x}_p} = V_{\text{sc}}, \\ \text{s.t.} & \boldsymbol{v}^{\mathrm{T}}\bar{X} - d\boldsymbol{u}^{\mathrm{T}}\bar{Y} \in K, \\ & \boldsymbol{v}^{\mathrm{T}}\boldsymbol{x}_p - \boldsymbol{u}^{\mathrm{T}}\boldsymbol{y}_p \geqq 0, \\ & \boldsymbol{v} \in V \backslash \{\boldsymbol{0}\}, \boldsymbol{u} \in U \backslash \{\boldsymbol{0}\}. \end{cases}$$

定义 4.1　若规划 (Sam-C^{2}WH) 的最优解中有 $\boldsymbol{v}^0, \boldsymbol{u}^0$ 满足 $V_{\text{sc}} = 1$, 则称决策单元 p 相对样本前沿面的 d 移动为弱 SCDEA 有效, 简称弱 SCDEA 有效; 反之, 称为弱 SCDEA 无效.

定义 4.2　若规划 (Sam-C^{2}WH) 的最优解中有 $\boldsymbol{v}^0, \boldsymbol{u}^0$ 满足 $V_{\text{sc}} = 1$ 且

$$\boldsymbol{v}^0 \in \text{int}V, \quad \boldsymbol{u}^0 \in \text{int}U,$$

则称决策单元 p 相对样本前沿面的 d 移动为 SCDEA 有效, 简称 SCDEA 有效; 反之, 称为 SCDEA 无效.

对于规划问题 (PSam-C^{2}WH),

$$(\text{PSam-C}^2\text{WH}) \begin{cases} \max \quad \boldsymbol{\mu}^{\mathrm{T}} \boldsymbol{y}_p = V_{\mathrm{Psc}}, \\ \text{s.t.} \quad \boldsymbol{\omega}^{\mathrm{T}} \bar{\boldsymbol{X}} - d\boldsymbol{\mu}^{\mathrm{T}} \bar{\boldsymbol{Y}} \in K, \\ \qquad \boldsymbol{\omega}^{\mathrm{T}} \boldsymbol{x}_p - \boldsymbol{\mu}^{\mathrm{T}} \boldsymbol{y}_p \geqq 0, \\ \qquad \boldsymbol{\omega}^{\mathrm{T}} \boldsymbol{x}_p = 1, \\ \qquad \boldsymbol{\omega} \in V, \ \boldsymbol{\mu} \in U, \end{cases}$$

有以下结论:

定理 4.1 (1) 决策单元 p 为弱 SCDEA 有效当且仅当规划 (PSam-C^{2}WH) 的最优值 $V_{\mathrm{Psc}} = 1$;

(2) 决策单元 p 为 SCDEA 有效当且仅当规划 (PSam-C^{2}WH) 的最优解中有 $\bar{\boldsymbol{\omega}}, \bar{\boldsymbol{\mu}}$ 满足

$$V_{\mathrm{Psc}} = \bar{\boldsymbol{\mu}}^{\mathrm{T}} \boldsymbol{y}_p = 1$$

且

$$\bar{\boldsymbol{\omega}} \in \mathrm{int} V, \quad \bar{\boldsymbol{\mu}} \in \mathrm{int} U.$$

证明 (1) 若决策单元 p 为弱 SCDEA 有效, 则 (Sam-C^{2}WH) 的最优解中有

$$\boldsymbol{v}^0 \in V \backslash \{\boldsymbol{0}\}, \quad \boldsymbol{u}^0 \in U \backslash \{\boldsymbol{0}\},$$

满足

$$\frac{\boldsymbol{u}^{0\mathrm{T}} \boldsymbol{y}_p}{\boldsymbol{v}^{0\mathrm{T}} \boldsymbol{x}_p} = 1.$$

由于

$$\boldsymbol{x}_p \in \mathrm{int}(-V^*),$$

故

$$\boldsymbol{v}^{0\mathrm{T}} \boldsymbol{x}_p > 0.$$

令

$$t = \frac{1}{\boldsymbol{v}^{0\mathrm{T}} \boldsymbol{x}_p}, \quad \bar{\boldsymbol{\omega}} = t\boldsymbol{v}^0, \quad \bar{\boldsymbol{\mu}} = t\boldsymbol{u}^0,$$

显然,

$$\bar{\boldsymbol{\omega}}^{\mathrm{T}} \boldsymbol{x}_p = 1, \quad V_{\mathrm{Psc}} = \bar{\boldsymbol{\mu}}^{\mathrm{T}} \boldsymbol{y}_p = 1.$$

下证 $\bar{\boldsymbol{\omega}}, \bar{\boldsymbol{\mu}}$ 是规划 (PSam-C^{2}WH) 的最优解.

由于

$$V \subseteq E_+^m, \quad U \subseteq E_+^s$$

均为闭凸锥, 故

$$\bar{\boldsymbol{\omega}} \in V, \quad \bar{\boldsymbol{\mu}} \in U.$$

由于

$$\bar{\boldsymbol{\omega}}^{\mathrm{T}} \bar{\boldsymbol{X}} - d\bar{\boldsymbol{\mu}}^{\mathrm{T}} \bar{\boldsymbol{Y}} = t(\boldsymbol{v}^{0\mathrm{T}} \bar{\boldsymbol{X}} - d\boldsymbol{u}^{0\mathrm{T}} \bar{\boldsymbol{Y}}), \quad K \subseteq E^{\bar{n}}$$

为闭凸锥, 并且

$$\boldsymbol{v}^{0\mathrm{T}} \bar{\boldsymbol{X}} - d\boldsymbol{u}^{0\mathrm{T}} \bar{\boldsymbol{Y}} \in K,$$

因此,

$$\bar{\boldsymbol{\omega}}^{\mathrm{T}} \bar{\boldsymbol{X}} - d\bar{\boldsymbol{\mu}}^{\mathrm{T}} \bar{\boldsymbol{Y}} \in K.$$

另外, 由于

$$\boldsymbol{v}^{0\mathrm{T}} \boldsymbol{x}_p - \boldsymbol{u}^{0\mathrm{T}} \boldsymbol{y}_p \geqq 0, \quad \bar{\boldsymbol{\omega}}^{\mathrm{T}} \boldsymbol{x}_p - \bar{\boldsymbol{\mu}}^{\mathrm{T}} \boldsymbol{y}_p = t(\boldsymbol{v}^{0\mathrm{T}} \boldsymbol{x}_p - \boldsymbol{u}^{0\mathrm{T}} \boldsymbol{y}_p),$$

于是可知

$$\bar{\boldsymbol{\omega}}^{\mathrm{T}} \boldsymbol{x}_p - \bar{\boldsymbol{\mu}}^{\mathrm{T}} \boldsymbol{y}_p \geqq 0,$$

因此, $\bar{\boldsymbol{\omega}}, \bar{\boldsymbol{\mu}}$ 是 (PSam-C^{2}WH) 的可行解. 对 (PSam-C^{2}WH) 的任何可行解 $\boldsymbol{\omega}, \boldsymbol{\mu}$ 均有

$$\boldsymbol{\mu}^{\mathrm{T}} \boldsymbol{y}_p \leqq \boldsymbol{\omega}^{\mathrm{T}} \boldsymbol{x}_p = 1.$$

由以上可知, (PSam-C^{2}WH) 的最优值等于 1.

若规划 (PSam-C^{2}WH) 的最优值为 1, 则 (PSam-C^{2}WH) 存在最优解

$$\bar{\boldsymbol{\omega}} \in V, \quad \bar{\boldsymbol{\mu}} \in U,$$

满足

$$\bar{\boldsymbol{\omega}}^{\mathrm{T}} \bar{\boldsymbol{X}} - d\bar{\boldsymbol{\mu}}^{\mathrm{T}} \bar{\boldsymbol{Y}} \in K, \quad \bar{\boldsymbol{\omega}}^{\mathrm{T}} \boldsymbol{x}_p - \bar{\boldsymbol{\mu}}^{\mathrm{T}} \boldsymbol{y}_p \geqq 0,$$

并且

$$\bar{\boldsymbol{\omega}}^{\mathrm{T}} \boldsymbol{x}_p = 1, \quad V_{\mathrm{Psc}} = \bar{\boldsymbol{\mu}}^{\mathrm{T}} \boldsymbol{y}_p = 1.$$

显然,

$$\bar{\boldsymbol{\omega}} \in V \backslash \{\boldsymbol{0}\}, \quad \bar{\boldsymbol{\mu}} \in U \backslash \{\boldsymbol{0}\}, \quad V_{\mathrm{sc}} = \frac{\bar{\boldsymbol{\mu}}^{\mathrm{T}} \boldsymbol{y}_p}{\bar{\boldsymbol{\omega}}^{\mathrm{T}} \boldsymbol{x}_p} = 1,$$

故 $\bar{\boldsymbol{\omega}}, \bar{\boldsymbol{\mu}}$ 也是 (Sam-C^{2}WH) 的可行解. 对 (Sam-C^{2}WH) 的任何可行解 $\boldsymbol{v}, \boldsymbol{u}$ 均有

$$\frac{\boldsymbol{u}^{\mathrm{T}} \boldsymbol{y}_p}{\boldsymbol{v}^{\mathrm{T}} \boldsymbol{x}_p} \leqq 1,$$

故 (Sam-C^{2}WH) 的最优值等于 1.

(2) 若

$$t > 0, \quad \boldsymbol{v}^0 \in \text{int}\, V,$$

则存在 $\boldsymbol{v}^0$ 的一个 δ 邻域

$$N_\delta(\boldsymbol{v}^0) = \{\boldsymbol{x} | l(\boldsymbol{v}^0, \boldsymbol{x}) < \delta\},$$

使得[11]

$$N_\delta(\boldsymbol{v}^0) \subseteq V.$$

令

$$\bar{\boldsymbol{\omega}} = t\boldsymbol{v}^0, \quad N_{t\delta}(t\boldsymbol{v}^0) = \{\boldsymbol{x} | l(t\boldsymbol{v}^0, \boldsymbol{x}) < t\delta\}.$$

下面证明

$$N_{t\delta}(t\boldsymbol{v}^0) \subseteq V.$$

对于任意

$$\boldsymbol{x} \in N_{t\delta}(t\boldsymbol{v}^0)$$

有

$$l(t\boldsymbol{v}^0, \boldsymbol{x}) = \left[\sum_{i=1}^m (tv_i^0 - x_i)^2 \right]^{\frac{1}{2}} < t\delta.$$

由此可知

$$\left[\sum_{i=1}^m \left(v_i^0 - \frac{1}{t} x_i \right)^2 \right]^{\frac{1}{2}} < \delta,$$

故有

$$\frac{1}{t}\boldsymbol{x} \in N_\delta(\boldsymbol{v}^0) \subseteq V.$$

由于 $V \subseteq E_+^m$ 为闭凸锥, 因此, $\boldsymbol{x} \in V$.

由此可得

$$N_{t\delta}(t\boldsymbol{v}^0) \subseteq V,$$

所以

$$\bar{\boldsymbol{\omega}} = t\boldsymbol{v}^0 \in \text{int} V.$$

对于

$$\boldsymbol{u}^0 \in \text{int} U, \quad \bar{\boldsymbol{\mu}} = t\boldsymbol{u}^0,$$

同理可证 $\bar{\boldsymbol{\mu}} \in \text{int} U$.

由 (1) 的证明及以上证明可知, 结论 (2) 成立. 证毕.

定理 4.2　设 $U \subseteq E_+^s$ 为闭凸锥, 并且

$$\text{int}U \neq \varnothing, \quad \bar{\boldsymbol{y}}_j \in \text{int}(-U^*), j = 1, 2, \cdots, \bar{n},$$

移动因子 $d > 0$, 则有

$$d\bar{\boldsymbol{y}}_j \in \text{int}(-U^*).$$

证明　因为

$$\bar{\boldsymbol{y}}_j \in \text{int}(-U^*),$$

故存在 $\bar{\boldsymbol{y}}_j$ 的一个 δ 邻域 $N_\delta(\bar{\boldsymbol{y}}_j)$, 使得[11]

$$N_\delta(\bar{\boldsymbol{y}}_j) \subseteq -U^*.$$

令

$$N_{d\delta}(d\bar{\boldsymbol{y}}_j) = \{\boldsymbol{y} | l(d\bar{\boldsymbol{y}}_j, \boldsymbol{y}) < d\delta\},$$

对于任意

$$\boldsymbol{y} \in N_{d\delta}(d\bar{\boldsymbol{y}}_j)$$

有

$$l(d\bar{\boldsymbol{y}}_j, \boldsymbol{y}) = \left[\sum_{i=1}^s (d\bar{y}_{ij} - y_i)^2\right]^{\frac{1}{2}} < d\delta,$$

由此可知

$$\left[\sum_{i=1}^s \left(\bar{y}_{ij} - \frac{1}{d}y_i\right)^2\right]^{\frac{1}{2}} < \delta,$$

故有

$$\frac{1}{d}\boldsymbol{y} \in N_\delta(\bar{\boldsymbol{y}}_j) \subseteq -U^*.$$

因为

$$-U^* = \left\{\boldsymbol{u} | \hat{\boldsymbol{u}}^{\mathrm{T}}\boldsymbol{u} \geqq 0, \forall \hat{\boldsymbol{u}} \in U\right\},$$

所以 $\forall \hat{\boldsymbol{u}} \in U$,

$$\hat{\boldsymbol{u}}^{\mathrm{T}}\frac{1}{d}\boldsymbol{y} \geqq 0.$$

由于 $d > 0$, 因此, $\hat{\boldsymbol{u}}^{\mathrm{T}}\boldsymbol{y} \geqq 0$, 所以 $\boldsymbol{y} \in -U^*$. 由此可得

$$N_{d\delta}(d\bar{\boldsymbol{y}}_j) \subseteq -U^*.$$

因此,

$$d\bar{\boldsymbol{y}}_j \in \text{int}(-U^*).$$

证毕.

定理 4.3 设 $K \subseteq E^{\bar{n}}$ 为闭凸锥且有

$$\boldsymbol{\delta}_j = (0, \cdots, 0, \underset{j}{1}, 0, \cdots, 0)^{\mathrm{T}} \in -K^*, \quad j = 1, 2, \cdots, \bar{n},$$

E_+^1 为非负实数集,

$$\bar{K} = E_+^1 \times K,$$

则 $\bar{K}$ 也为闭凸锥, 并且

$$\bar{\boldsymbol{\delta}}_j = (0, \cdots, 0, \underset{j}{1}, 0, \cdots, 0)^{\mathrm{T}} \in -\bar{K}^*, \quad j = 0, 1, \cdots, \bar{n}.$$

证明 首先证明 $\bar{K}$ 为闭凸锥. $\forall \boldsymbol{x}, \boldsymbol{y} \in \bar{K}$, $a, b \geqq 0$, 由于[12]

$$\bar{K} = E_+^1 \times K = \{(x_0, x_1, \cdots, x_{\bar{n}})^{\mathrm{T}} | x_0 \in E_+^1, (x_1, x_2, \cdots, x_{\bar{n}})^{\mathrm{T}} \in K\},$$

$$a\boldsymbol{x} + b\boldsymbol{y} = a(x_0, x_1, \cdots, x_{\bar{n}})^{\mathrm{T}} + b(y_0, y_1, \cdots, y_{\bar{n}})^{\mathrm{T}}$$
$$= (ax_0 + by_0, a(x_1, x_2, \cdots, x_{\bar{n}}) + b(y_1, y_2, \cdots, y_{\bar{n}}))^{\mathrm{T}},$$

由于 $K \subseteq E^{\bar{n}}$ 为凸锥, E_+^1 为实数集, 因此,

$$ax_0 + by_0 \in E_+^1, \quad a(x_1, \cdots, x_{\bar{n}})^{\mathrm{T}} + b(y_1, \cdots, y_{\bar{n}})^{\mathrm{T}} \in K,$$

故

$$a\boldsymbol{x} + b\boldsymbol{y} \in \bar{K},$$

所以 $\bar{K}$ 也为凸锥.

若证 $\bar{K}$ 为闭集, 则只需证 $\bar{K}$ 的任意聚点

$$\boldsymbol{k}^0 = (k_0^0, k_1^0, \cdots, k_{\bar{n}}^0)^{\mathrm{T}} \in \bar{K}$$

即可[11].

设 $\boldsymbol{k}^0$ 为 $\bar{K}$ 的任意聚点, 则必有 $\bar{K}$ 中互异点列 $\{\boldsymbol{k}^n\}$, 使得

$$\lim_{n \to \infty} \boldsymbol{k}^n = \boldsymbol{k}^0.$$

以下记

$$\boldsymbol{k}^n = (k_0^n, k_1^n, \cdots, k_{\bar{n}}^n)^{\mathrm{T}},$$

显然,

$$\lim_{n \to \infty} k_0^n = k_0^0.$$

由于 $k_0^n \geqq 0$, 故 $k_0^0 \in E_+^1$.

令

$$\bar{k}^n = (k_1^n, \cdots, k_{\bar{n}}^n)^{\mathrm{T}},$$

则 $\{\bar{k}^n\}$ 只有以下两种情况:

(1) 仅有有限个点不同;

(2) 有无限个点不同.

对于情况 (1), 若 $\{\bar{k}^n\}$ 只有有限个点不同, 则必存在 N, 当 $n > N$ 时,

$$\bar{k}^n = \bar{k}^{n+1} = \cdots = \bar{k}^0.$$

由于

$$\bar{k}^0 = \bar{k}^n, \quad \bar{k}^n \in K,$$

故 $k^0 \in \bar{K}$.

对于情况 (2), 若 $\{\bar{k}^n\}$ 有无限个点不同, 则对于任意的 N, 必存在

$$\bar{k}^{n_N} \in \{\bar{k}^n\},$$

对任何 $g < N$, 满足

$$n_N > n_g, \quad \bar{k}^{n_N} \neq \bar{k}^{n_g};$$

否则, 与 $\{\bar{k}^n\}$ 有无限个点不同矛盾. 因此, 存在 K 中互异点列 $\{\bar{k}^{n_N}\}$, 满足

$$\lim_{N \to \infty} \bar{k}^{n_N} = \bar{k}^0.$$

因此, $\bar{k}^0$ 为 K 的聚点[11]. 又因为 K 为闭集, 故得 $\bar{k}^0 \in K$, 所以 $k^0 \in \bar{K}$.

由 (1) 和 (2) 可知, $\bar{K}$ 为闭集. 下证

$$\bar{\delta}_j = (0, \cdots, 0, \underset{j}{1}, 0, \cdots, 0)^{\mathrm{T}} \in -\bar{K}^*, \quad j = 0, 1, \cdots, \bar{n}.$$

对任意

$$\hat{k} = (\hat{k}_0, \hat{k}_1, \cdots, \hat{k}_{\bar{n}})^{\mathrm{T}} \in \bar{K}, \quad \hat{k}^{\mathrm{T}} \bar{\delta}_0 = \hat{k}_0 \in E_+^1,$$

因此, $\bar{\delta}_0 \in -\bar{K}^*$.

当 $j = 1, 2, \cdots, \bar{n}$ 时, $\bar{\delta}_{0j} = 0$. 因此,

$$\hat{k}^{\mathrm{T}} \bar{\delta}_j = (\hat{k}_1, \cdots, \hat{k}_{\bar{n}}) \delta_j.$$

由于 $\hat{k} \in \bar{K}$, 于是可知

$$(\hat{k}_1, \cdots, \hat{k}_{\bar{n}})^{\mathrm{T}} \in K.$$

由于
$$\boldsymbol{\delta}_j = (0, \cdots, 0, \underset{j}{1}, 0, \cdots, 0)^{\mathrm{T}} \in -K^*,$$

故
$$(\hat{k}_1, \cdots, \hat{k}_{\bar{n}})\boldsymbol{\delta}_j \geqq 0.$$

由 $-\bar{K}^*$ 的定义可知, 当 $j = 1, 2, \cdots, \bar{n}$ 时,

$$\bar{\boldsymbol{\delta}}_j \in -\bar{K}^*.$$

证毕.

定理 4.4 若 $K \subseteq E^{\bar{n}}$ 为闭凸锥, E_+^1 为非负实数集,

$$\bar{K} = E_+^1 \times K,$$

则有

$$-\bar{K}^* = E_+^1 \times (-K^*).$$

证明 对任意

$$\boldsymbol{k} \in E_+^1 \times (-K^*), \quad \hat{\boldsymbol{k}} \in \bar{K},$$

由于

$$(\hat{k}_1, \cdots, \hat{k}_{\bar{n}})^{\mathrm{T}} \in K, \quad (k_1, k_2, \cdots, k_{\bar{n}})^{\mathrm{T}} \in -K^*, \quad \hat{k}_0, k_0 \in E_+^1,$$

因此,

$$\sum_{i=1}^{\bar{n}} \hat{k}_i k_i \geqq 0, \quad \hat{k}_0 k_0 \geqq 0,$$

故得

$$\hat{\boldsymbol{k}}^{\mathrm{T}} \boldsymbol{k} = \sum_{i=0}^{\bar{n}} \hat{k}_i k_i \geqq 0,$$

所以 $\boldsymbol{k} \in -\bar{K}^*$

若 $\boldsymbol{y} \in -\bar{K}^*$, 则对任意 $\hat{\boldsymbol{k}} \in \bar{K}$, 必有

$$\hat{\boldsymbol{k}}^{\mathrm{T}} \boldsymbol{y} \geqq 0.$$

由于 $K \subseteq E^{\bar{n}}$ 为闭凸锥, 因此, $\boldsymbol{0} \in K$. 由 $\bar{K}$ 的定义可知

$$\tilde{\boldsymbol{k}} = (1, 0, 0, \cdots, 0)^{\mathrm{T}} \in \bar{K},$$

所以

$$\tilde{\boldsymbol{k}}^{\mathrm{T}} \boldsymbol{y} = y_0 \geqq 0.$$

另外, 对任何

$$\bar{\boldsymbol{k}} = (\bar{k}_1, \bar{k}_2, \cdots, \bar{k}_{\bar{n}})^{\mathrm{T}} \in K,$$

显然,

$$\bar{\bar{\boldsymbol{k}}} = (0, \bar{k}_1, \bar{k}_2, \cdots, \bar{k}_{\bar{n}})^{\mathrm{T}} \in \bar{K},$$

因此,

$$\bar{\bar{\boldsymbol{k}}}^{\mathrm{T}} \boldsymbol{y} = \bar{\boldsymbol{k}}^{\mathrm{T}} (y_1, \cdots, y_{\bar{n}})^{\mathrm{T}} \geqq 0,$$

所以

$$(y_1, \cdots, y_{\bar{n}})^{\mathrm{T}} \in -K^*,$$

这样就有

$$\boldsymbol{y} \in E_+^1 \times (-K^*).$$

从上述证明可知

$$-\bar{K}^* = E_+^1 \times (-K^*).$$

证毕.

根据锥的对偶理论[10] 知, 规划 (PSam-C²WH) 的对偶规划为

$$(\text{DSam-C}^2\text{WH}) \begin{cases} \min & \theta = V_{\text{DSam-C}^2\text{WH}}, \\ \text{s.t.} & \bar{\boldsymbol{X}}\boldsymbol{\lambda} + (\lambda_0 - \theta)\boldsymbol{x}_p \in V^*, \\ & -d\bar{\boldsymbol{Y}}\boldsymbol{\lambda} + (1 - \lambda_0)\boldsymbol{y}_p \in U^*, \\ & \lambda_0 \geqq 0, \boldsymbol{\lambda} \in -K^*. \end{cases}$$

由此构造的生产可能集为

$$T = \left\{ (\boldsymbol{x}, \boldsymbol{y}) \,|\, (\boldsymbol{x}, \boldsymbol{y}) \in (\bar{\boldsymbol{X}}\boldsymbol{\lambda}, d\bar{\boldsymbol{Y}}\boldsymbol{\lambda}) + \lambda_0(\boldsymbol{x}_p, \boldsymbol{y}_p) + (-V^*, U^*), \lambda_0 \geqq 0, \boldsymbol{\lambda} \in -K^* \right\},$$

其中

$$V^* = \left\{ \boldsymbol{v} \,|\, \hat{\boldsymbol{v}}^{\mathrm{T}} \boldsymbol{v} \leqq 0, \forall \hat{\boldsymbol{v}} \in V \right\},$$

$$U^* = \left\{ \boldsymbol{u} \,|\, \hat{\boldsymbol{u}}^{\mathrm{T}} \boldsymbol{u} \leqq 0, \forall \hat{\boldsymbol{u}} \in U \right\},$$

$$K^* = \left\{ \boldsymbol{k} \,|\, \hat{\boldsymbol{k}}^{\mathrm{T}} \boldsymbol{k} \leqq 0, \forall \hat{\boldsymbol{k}} \in K \right\}$$

分别为集合 V, U, K 的极锥.

4.2 带有偏好锥广义 DEA 模型的几种特殊形式

(1) 令 $K=E_+^{\bar{n}}$, 则 (PSam-C^{2}WH) 模型即为含有偏好锥的基于样本评价的 DEA 模型:

$$(\text{Sam-P}_1)\begin{cases} \max & \boldsymbol{\mu}^{\mathrm{T}}\boldsymbol{y}_p = V_{\text{Sam-P}_1}, \\ \text{s.t.} & \boldsymbol{\omega}^{\mathrm{T}}\bar{\boldsymbol{X}} - d\boldsymbol{\mu}^{\mathrm{T}}\bar{\boldsymbol{Y}} \geqq \boldsymbol{0}, \\ & \boldsymbol{\omega}^{\mathrm{T}}\boldsymbol{x}_p - \boldsymbol{\mu}^{\mathrm{T}}\boldsymbol{y}_p \geqq 0, \\ & \boldsymbol{\omega}^{\mathrm{T}}\boldsymbol{x}_p = 1, \\ & \boldsymbol{\omega} \in V, \boldsymbol{\mu} \in U, \end{cases}$$

$$(\text{Sam-D}_1)\begin{cases} \min & \theta = V_{\text{Sam-D}_1}, \\ \text{s.t.} & \bar{\boldsymbol{X}}\boldsymbol{\lambda} + (\lambda_0 - \theta)\boldsymbol{x}_p \in V^*, \\ & -d\bar{\boldsymbol{Y}}\boldsymbol{\lambda} + (1 - \lambda_0)\boldsymbol{y}_p \in U^*, \\ & \lambda_0 \geqq 0, \boldsymbol{\lambda} \geqq \boldsymbol{0}. \end{cases}$$

这一模型是将基于样本评价的 DEA 模型[7] 中关于输入和输出权重约束

$$\boldsymbol{\omega} \geqq \boldsymbol{0}, \quad \boldsymbol{\mu} \geqq \boldsymbol{0}$$

分别用

$$\boldsymbol{\omega} \in V \text{ 和 } \boldsymbol{\mu} \in U$$

代替获得的, 相应的生产可能集为

$$T_{\text{Sam-1}} = \left\{ (\boldsymbol{x}, \boldsymbol{y}) \,|\, (\boldsymbol{x}, \boldsymbol{y}) \in (\bar{\boldsymbol{X}}\boldsymbol{\lambda}, d\bar{\boldsymbol{Y}}\boldsymbol{\lambda}) + \lambda_0(\boldsymbol{x}_p, \boldsymbol{y}_p) + (-V^*, U^*), \lambda_0 \geqq 0, \boldsymbol{\lambda} \geqq \boldsymbol{0} \right\}.$$

(2) 令

$$V = E_+^m, \quad U = E_+^s,$$

则 (PSam-C^{2}WH) 模型即为含有 "偏袒锥" 的基于样本评价的 DEA 模型:

$$(\text{Sam-P}_2)\begin{cases} \max & \boldsymbol{\mu}^{\mathrm{T}}\boldsymbol{y}_p = V_{\text{Sam-P}_2}, \\ \text{s.t.} & \boldsymbol{\omega}^{\mathrm{T}}\bar{\boldsymbol{X}} - d\boldsymbol{\mu}^{\mathrm{T}}\bar{\boldsymbol{Y}} \in K, \\ & \boldsymbol{\omega}^{\mathrm{T}}\boldsymbol{x}_p - \boldsymbol{\mu}^{\mathrm{T}}\boldsymbol{y}_p \geqq 0, \\ & \boldsymbol{\omega}^{\mathrm{T}}\boldsymbol{x}_p = 1, \\ & \boldsymbol{\omega} \geqq \boldsymbol{0}, \boldsymbol{\mu} \geqq \boldsymbol{0}, \end{cases}$$

$$(\text{Sam-D}_2)\begin{cases} \min & \theta = V_{\text{Sam-D}_2}, \\ \text{s.t.} & \bar{\boldsymbol{X}}\boldsymbol{\lambda} + (\lambda_0 - \theta)\boldsymbol{x}_p \leqq \boldsymbol{0}, \\ & -d\bar{\boldsymbol{Y}}\boldsymbol{\lambda} + (1-\lambda_0)\boldsymbol{y}_p \leqq \boldsymbol{0}, \\ & \lambda_0 \geqq 0, \boldsymbol{\lambda} \in -K^*. \end{cases}$$

它是将基于样本评价的 DEA 模型[7] 引入了 "偏袒锥" 而得到的, 其相应的生产可能集为

$$T_{\text{Sam-2}} = \left\{ (\boldsymbol{x},\boldsymbol{y}) \,|\, (-\boldsymbol{x},\boldsymbol{y}) \leqq (-\bar{\boldsymbol{X}}\boldsymbol{\lambda}, d\bar{\boldsymbol{Y}}\boldsymbol{\lambda}) + \lambda_0(-\boldsymbol{x}_p, \boldsymbol{y}_p), \lambda_0 \geqq 0, \boldsymbol{\lambda} \in -K^* \right\}.$$

(3) 令

$$V = E_+^m, \quad U = E_+^s, \quad K = E_+^{\bar{n}},$$

则 (PSam-C^{2}WH) 模型即为基于样本评价的 DEA 模型[7]:

$$(\text{Sam-P}_3)\begin{cases} \max & \boldsymbol{\mu}^{\text{T}}\boldsymbol{y}_p = V_{\text{Sam-P}_3}, \\ \text{s.t.} & \boldsymbol{\omega}^{\text{T}}\bar{\boldsymbol{X}} - d\boldsymbol{\mu}^{\text{T}}\bar{\boldsymbol{Y}} \geqq \boldsymbol{0}, \\ & \boldsymbol{\omega}^{\text{T}}\boldsymbol{x}_p - \boldsymbol{\mu}^{\text{T}}\boldsymbol{y}_p \geqq \boldsymbol{0}, \\ & \boldsymbol{\omega}^{\text{T}}\boldsymbol{x}_p = 1, \\ & \boldsymbol{\omega} \geqq \boldsymbol{0}, \boldsymbol{\mu} \geqq \boldsymbol{0}. \end{cases}$$

$$(\text{Sam-D}_3)\begin{cases} \min & \theta = V_{\text{Sam-D}_3}, \\ \text{s.t.} & \bar{\boldsymbol{X}}\boldsymbol{\lambda} + (\lambda_0 - \theta)\boldsymbol{x}_p \leqq \boldsymbol{0}, \\ & -d\bar{\boldsymbol{Y}}\boldsymbol{\lambda} + (1-\lambda_0)\boldsymbol{y}_p \leqq \boldsymbol{0}, \\ & \lambda_0 \geqq 0, \boldsymbol{\lambda} \geqq \boldsymbol{0}. \end{cases}$$

其相应的生产可能集为

$$T_{\text{Sam-3}} = \left\{ (\boldsymbol{x},\boldsymbol{y}) \,|\, (-\boldsymbol{x},\boldsymbol{y}) \leqq (-\bar{\boldsymbol{X}}\boldsymbol{\lambda}, d\bar{\boldsymbol{Y}}\boldsymbol{\lambda}) + \lambda_0(-\boldsymbol{x}_p, \boldsymbol{y}_p), \lambda_0 \geqq 0, \boldsymbol{\lambda} \geqq \boldsymbol{0} \right\}.$$

4.3　SCDEA 有效性与相应多目标规划非支配解之间的关系

下面讨论在 (PSam-C^{2}WH) 模型下, 决策单元的 SCDEA 有效性与对应的多目标规划之间的关系. 考虑多目标问题

$$(\text{VP})\begin{cases} V-\min(f_1(\boldsymbol{x},\boldsymbol{y}), f_2(\boldsymbol{x},\boldsymbol{y}), \cdots, f_{m+s}(\boldsymbol{x},\boldsymbol{y})), \\ \text{s.t.}\quad (\boldsymbol{x},\boldsymbol{y}) \in T, \end{cases}$$

其中

$$f_k(\boldsymbol{x}, \boldsymbol{y}) = \begin{cases} x_k, & 1 \leqq k \leqq m, \\ -y_{k-m}, & m+1 \leqq k \leqq m+s, \end{cases}$$

$$\boldsymbol{F}(\boldsymbol{x}, \boldsymbol{y}) = (f_1(\boldsymbol{x}, \boldsymbol{y}), f_2(\boldsymbol{x}, \boldsymbol{y}), \cdots, f_{m+s}(\boldsymbol{x}, \boldsymbol{y})).$$

定义 4.3 如果不存在 $(\boldsymbol{x}, \boldsymbol{y}) \in T$, 使得

$$\boldsymbol{F}(\boldsymbol{x}, \boldsymbol{y}) \in \boldsymbol{F}(\boldsymbol{x}_p, \boldsymbol{y}_p) + (V^*, U^*), \quad \boldsymbol{F}(\boldsymbol{x}, \boldsymbol{y}) \neq \boldsymbol{F}(\boldsymbol{x}_p, \boldsymbol{y}_p),$$

则称 $(\boldsymbol{x}_p, \boldsymbol{y}_p)$ 为多目标规划 (VP) 关于 $V^* \times U^*$ 的非支配解.

定义 4.4 如果不存在 $(\boldsymbol{x}, \boldsymbol{y}) \in T$, 使得

$$\boldsymbol{F}(\boldsymbol{x}, \boldsymbol{y}) \in \boldsymbol{F}(\boldsymbol{x}_p, \boldsymbol{y}_p) + (\text{int}V^*, \text{int}U^*),$$

则称 $(\boldsymbol{x}_p, \boldsymbol{y}_p)$ 为多目标规划 (VP) 关于 $(\text{int}V^*) \times (\text{int}U^*)$ 的非支配解.

尽管基于样本评价的广义 DEA 方法与传统 DEA 方法之间有着本质差别, 但 (PSam-C^{2}WH) 模型与 C^{2}WH 模型[5] 在形式上却存在着一定联系, 借助这种关系就可以直接获得 (PSam-C^{2}WH) 模型的一些重要性质. 在 (PSam-C^{2}WH) 模型中, 令

$$\bar{\bar{\boldsymbol{X}}} = (\bar{\bar{\boldsymbol{x}}}_0, \bar{\bar{\boldsymbol{x}}}_1, \bar{\bar{\boldsymbol{x}}}_2, \cdots, \bar{\bar{\boldsymbol{x}}}_{\bar{n}}) = (\boldsymbol{x}_p, \bar{\boldsymbol{x}}_1, \bar{\boldsymbol{x}}_2, \cdots, \bar{\boldsymbol{x}}_{\bar{n}}),$$

$$\bar{\bar{\boldsymbol{Y}}} = (\bar{\bar{\boldsymbol{y}}}_0, \bar{\bar{\boldsymbol{y}}}_1, \bar{\bar{\boldsymbol{y}}}_2, \cdots, \bar{\bar{\boldsymbol{y}}}_{\bar{n}}) = (\boldsymbol{y}_p, d\bar{\boldsymbol{y}}_1, d\bar{\boldsymbol{y}}_2, \cdots, d\bar{\boldsymbol{y}}_{\bar{n}}),$$

则可以将它表示成以下形式:

$$(\text{IPSam-C}^2\text{WH}) \begin{cases} \max & \boldsymbol{\mu}^\text{T} \boldsymbol{y}_p = V_{\text{IPSam-C}^2\text{WH}}, \\ \text{s.t.} & \boldsymbol{\omega}^\text{T} \bar{\bar{\boldsymbol{X}}} - \boldsymbol{\mu}^\text{T} \bar{\bar{\boldsymbol{Y}}} \in \bar{K}, \\ & \boldsymbol{\omega}^\text{T} \boldsymbol{x}_p = 1, \\ & \boldsymbol{\omega} \in V, \ \boldsymbol{\mu} \in U. \end{cases}$$

生产可能集可以表示为

$$\bar{T} = \left\{ (\boldsymbol{x}, \boldsymbol{y}) \,|\, (\boldsymbol{x}, \boldsymbol{y}) \in (\bar{\bar{\boldsymbol{X}}}\boldsymbol{\lambda}, \bar{\bar{\boldsymbol{Y}}}\boldsymbol{\lambda}) + (-V^*, U^*), \boldsymbol{\lambda} \in -\bar{K}^* \right\}.$$

根据模型的假设条件以及定理 4.2 和定理 4.3 的结论可知, 模型 (IPSam-C^{2}WH) 完全满足 C^{2}WH 模型的假设条件. 因此, 借助于 C^{2}WH 模型的相关性质就可以很容易得到以下结论:

定理 4.5 设规划 (PSam-C^{2}WH) 的一组最优解为 $\boldsymbol{\omega}^0, \boldsymbol{\mu}^0$ 且

$$\boldsymbol{\mu}^{0\text{T}} \boldsymbol{y}_p = 1,$$

则对任意的 $(\boldsymbol{x},\boldsymbol{y})\in T$ 有

$$\boldsymbol{\omega}^{0\mathrm{T}}\boldsymbol{x}-\boldsymbol{\mu}^{0\mathrm{T}}\boldsymbol{y}\geqq\boldsymbol{\omega}^{0\mathrm{T}}\boldsymbol{x}_p-\boldsymbol{\mu}^{0\mathrm{T}}\boldsymbol{y}_p,\quad \boldsymbol{\omega}^{0\mathrm{T}}\boldsymbol{x}_p-\boldsymbol{\mu}^{0\mathrm{T}}\boldsymbol{y}_p=0.$$

定理 4.6　若决策单元 p 为 SCDEA 有效的, 则 $(\boldsymbol{x}_p,\boldsymbol{y}_p)$ 为多目标规划 (VP) 的相对于锥 $V^*\times U^*$ 的非支配解.

定理 4.7　若 $(\boldsymbol{x}_p,\boldsymbol{y}_p)$ 为多目标规划 (VP) 的相对于锥 $V^*\times U^*$ 的非支配解, 并且 $\bar{D}(\boldsymbol{\lambda}^0,\lambda_0^0,\boldsymbol{s}^{-0},\boldsymbol{s}^{+0})$ 为闭集, 则决策单元 p 为 SCDEA 有效.

这里 $(\boldsymbol{\lambda}^0,\lambda_0^0,\boldsymbol{s}^{-0},\boldsymbol{s}^{+0})$ 为 $(\bar{\mathrm{D}})$ 的一组最优解,

$$\boldsymbol{\tau}\in\mathrm{int}V,\quad \hat{\boldsymbol{\tau}}\in\mathrm{int}U.$$

$$\bar{D}(\boldsymbol{\lambda}^0,\lambda_0^0,\boldsymbol{s}^{-0},\boldsymbol{s}^{+0})=\left\{\left.\begin{bmatrix}\bar{\boldsymbol{X}}^{\mathrm{T}}\boldsymbol{\omega}-d\bar{\boldsymbol{Y}}^{\mathrm{T}}\boldsymbol{\mu}+\boldsymbol{v}_1\\ \boldsymbol{\omega}^{\mathrm{T}}\boldsymbol{x}_p-\boldsymbol{\mu}^{\mathrm{T}}\boldsymbol{y}_p+v_2\\ \boldsymbol{\omega}+\boldsymbol{v}_3\\ \boldsymbol{\mu}+\boldsymbol{v}_4\end{bmatrix}\right|\begin{array}{l}\boldsymbol{v}_1^{\mathrm{T}}\boldsymbol{\lambda}^0+v_2\lambda_0^0=0,\\ \boldsymbol{v}_3^{\mathrm{T}}\boldsymbol{s}^{-0}=0,\\ \boldsymbol{v}_4^{\mathrm{T}}\boldsymbol{s}^{+0}=0,\\ \boldsymbol{v}_1\in K,v_2\geqq0,\boldsymbol{v}_3\in V,\boldsymbol{v}_4\in U\end{array}\right\},$$

$$(\bar{\mathrm{D}})\begin{cases}\max & (\boldsymbol{\tau}^{\mathrm{T}}\boldsymbol{s}^-+\hat{\boldsymbol{\tau}}^{\mathrm{T}}\boldsymbol{s}^+)=V_{\bar{\mathrm{D}}},\\ \mathrm{s.t.} & \bar{\boldsymbol{X}}\boldsymbol{\lambda}+(\lambda_0-1)\boldsymbol{x}_p+\boldsymbol{s}^-=\boldsymbol{0},\\ & (1-\lambda_0)\boldsymbol{y}_p-d\bar{\boldsymbol{Y}}\boldsymbol{\lambda}+\boldsymbol{s}^+=\boldsymbol{0},\\ & \lambda_0\geqq0,\boldsymbol{\lambda}\in-K^*,\ \boldsymbol{s}^-\in-V^*,\boldsymbol{s}^+\in-U^*.\end{cases}$$

定理 4.8　若决策单元 p 为弱 SCDEA 有效, 则 $(\boldsymbol{x}_p,\boldsymbol{y}_p)$ 为多目标规划 (VP) 的相对于锥 $(\mathrm{int}V^*)\times(\mathrm{int}U^*)$ 的非支配解.

定理 4.9　若 $(\boldsymbol{x}_p,\boldsymbol{y}_p)$ 为多目标规划 (VP) 的相对于锥 $(\mathrm{int}V^*)\times(\mathrm{int}U^*)$ 的非支配解, 并且 $\hat{D}(\boldsymbol{\lambda}^0,\lambda_0^0,\boldsymbol{s}^{-0},\boldsymbol{s}^{+0},z^0)$ 为闭集, 则决策单元 p 为弱 SCDEA 有效.

这里 $(\boldsymbol{\lambda}^0,\lambda_0^0,\boldsymbol{s}^{-0},\boldsymbol{s}^{+0},z^0)$ 为 $(\hat{\mathrm{D}})$ 的一组最优解, $(\hat{\mathrm{P}})$ 为 $(\hat{\mathrm{D}})$ 的对偶规划.

$$\hat{D}(\lambda_0,\lambda_0^0,\boldsymbol{s}^{-0},\boldsymbol{s}^{+0},z^0)=\left\{\left.\begin{bmatrix}\bar{\boldsymbol{X}}^{\mathrm{T}}\boldsymbol{\omega}-d\bar{\boldsymbol{Y}}^{\mathrm{T}}\boldsymbol{\mu}+\boldsymbol{v}_1\\ \boldsymbol{\omega}^{\mathrm{T}}\boldsymbol{x}_p-\boldsymbol{\mu}^{\mathrm{T}}\boldsymbol{y}_p+v_2\\ \boldsymbol{\omega}-\boldsymbol{v}+\boldsymbol{v}_3\\ \boldsymbol{\mu}-\boldsymbol{u}+\boldsymbol{v}_4\\ \boldsymbol{\tau}^{\mathrm{T}}\boldsymbol{v}+\hat{\boldsymbol{\tau}}^{\mathrm{T}}\boldsymbol{u}\end{bmatrix}\right|\begin{array}{l}\boldsymbol{v}\in-V,\boldsymbol{u}\in-U,\\ \boldsymbol{v}_1\in K,v_2\geqq0,\boldsymbol{v}_3\in V,\boldsymbol{v}_4\in U,\\ \boldsymbol{v}^{\mathrm{T}}(z^0\boldsymbol{\tau}-\boldsymbol{s}^{-0})=0,\\ \boldsymbol{u}^{\mathrm{T}}(z^0\hat{\boldsymbol{\tau}}-\boldsymbol{s}^{+0})=0,\\ \boldsymbol{v}_1^{\mathrm{T}}\boldsymbol{\lambda}^0+v_2\lambda_0^0=0,\boldsymbol{v}_3^{\mathrm{T}}\boldsymbol{s}^{-0}=0,\boldsymbol{v}_4^{\mathrm{T}}\boldsymbol{s}^{+0}=0\end{array}\right\}$$

$$(\hat{\mathrm{D}})\begin{cases} \max & z = V_{\hat{\mathrm{D}}}, \\ \text{s.t.} & \bar{\boldsymbol{X}}\boldsymbol{\lambda} + (\lambda_0 - 1)\boldsymbol{x}_p + \boldsymbol{s}^- = \mathbf{0}, \\ & (1 - \lambda_0)\boldsymbol{y}_p - d\bar{\boldsymbol{Y}}\boldsymbol{\lambda} + \boldsymbol{s}^+ = \mathbf{0}, \\ & z\boldsymbol{\tau} - \boldsymbol{s}^- \in V^*, \\ & z\hat{\boldsymbol{\tau}} - \boldsymbol{s}^+ \in U^*, \\ & \lambda_0 \geqq 0, \boldsymbol{\lambda} \in -K^*, \ \boldsymbol{s}^- \in -V^*, \boldsymbol{s}^+ \in -U^*, \end{cases}$$

$$(\hat{\mathrm{P}})\begin{cases} \min & (\boldsymbol{\omega}^{\mathrm{T}}\boldsymbol{x}_p - \boldsymbol{\mu}^{\mathrm{T}}\boldsymbol{y}_p) = V_{\hat{\mathrm{P}}}, \\ \text{s.t.} & \boldsymbol{\omega}^{\mathrm{T}}\bar{\boldsymbol{X}} - d\boldsymbol{\mu}^{\mathrm{T}}\bar{\boldsymbol{Y}} \in K, \\ & \boldsymbol{\omega}^{\mathrm{T}}\boldsymbol{x}_p - \boldsymbol{\mu}^{\mathrm{T}}\boldsymbol{y}_p \geqq 0, \\ & \boldsymbol{\omega} - \boldsymbol{v} \in V, \\ & \boldsymbol{\mu} - \boldsymbol{u} \in U, \\ & \boldsymbol{\tau}^{\mathrm{T}}\boldsymbol{v} + \hat{\boldsymbol{\tau}}^{\mathrm{T}}\boldsymbol{u} = 1, \\ & \boldsymbol{v} \in V, \boldsymbol{u} \in U, \end{cases}$$

其中

$$\boldsymbol{\tau} \in \mathrm{int}V, \quad \hat{\boldsymbol{\tau}} \in \mathrm{int}U.$$

4.4 SCDEA 有效性含义以及决策单元投影

以下进一步给出样本可能集的定义, 分析 (PSam-C²WH) 模型给出的 SCDEA 有效性含义, 探讨决策单元在样本前沿面的投影问题.

定义

$$T_{\mathrm{ps}} = \left\{ (\boldsymbol{x}, \boldsymbol{y}) \,|\, (\boldsymbol{x}, \boldsymbol{y}) \in (\bar{\boldsymbol{X}}\boldsymbol{\lambda}, d\bar{\boldsymbol{Y}}\boldsymbol{\lambda}) + (-V^*, U^*), \boldsymbol{\lambda} \in -K^* \right\}$$

为样本可能集.

以下通过分析样本可能集 T_{ps} 与 T 的关系, 可以进一步揭示 SCDEA 有效性的含义.

定理 4.10 (1) 对于样本可能集 T_{ps} 与集合 T 存在以下关系:

$$T_{\mathrm{ps}} \subseteq T;$$

(2) 若决策单元 p 不是 SCDEA 有效的, 并且 $\bar{D}(\boldsymbol{\lambda}^0, \lambda_0^0, \boldsymbol{s}^{-0}, \boldsymbol{s}^{+0})$ 为闭集, 则 $T_{\mathrm{ps}} = T$;

(3) 若决策单元 p 不是 SCDEA 弱有效的, 并且 $\hat{D}(\boldsymbol{\lambda}^0, \lambda_0^0, \boldsymbol{s}^{-0}, \boldsymbol{s}^{+0}, z^0)$ 为闭集, 则 $T_{\mathrm{ps}} = T$.

证明　(1) 对于任意的 $(\boldsymbol{x}, \boldsymbol{y}) \in T_{\mathrm{ps}}$, 必存在 $\boldsymbol{\lambda} \in -K^*$, 使得

$$(\boldsymbol{x}, \boldsymbol{y}) \in (\bar{\boldsymbol{X}}\boldsymbol{\lambda}, d\bar{\boldsymbol{Y}}\boldsymbol{\lambda}) + (-V^*, U^*).$$

由于 $0 \in E_+^1$, 令 $\lambda_0 = 0$, 则有

$$(\boldsymbol{x}, \boldsymbol{y}) \in (\bar{\boldsymbol{X}}\boldsymbol{\lambda}, d\bar{\boldsymbol{Y}}\boldsymbol{\lambda}) + \lambda_0(\boldsymbol{x}_p, \boldsymbol{y}_p) + (-V^*, U^*),$$

因此, $(\boldsymbol{x}, \boldsymbol{y}) \in T$, 所以

$$T_{\mathrm{ps}} \subseteq T.$$

(2) 首先证明以下结论: 若

$$c > 0, \quad \boldsymbol{s} \in -S^*, \quad S \subseteq E_+$$

为闭凸锥, 则

$$cs \in -S^*. \tag{4.1}$$

若

$$c > 0, \quad \boldsymbol{s} \in -S^* = \left\{ \boldsymbol{s} \mid \hat{\boldsymbol{s}}^{\mathrm{T}}\boldsymbol{s} \geqq 0, \forall \hat{\boldsymbol{s}} \in S \right\},$$

则对任意的 $\hat{\boldsymbol{s}} \in S$ 有

$$\hat{\boldsymbol{s}}^{\mathrm{T}}(c\boldsymbol{s}) = c(\hat{\boldsymbol{s}}^{\mathrm{T}}\boldsymbol{s}) \geqq 0,$$

由此可知

$$cs \in -S^*.$$

若决策单元 p 不是 SCDEA 有效的, 并且 $\bar{D}(\boldsymbol{\lambda}^0, \lambda_0^0, \boldsymbol{s}^{-0}, \boldsymbol{s}^{+0})$ 为闭集, 则由定理 4.7 可知, $(\boldsymbol{x}_p, \boldsymbol{y}_p)$ 不是多目标规划 (VP) 的相对于锥 $V^* \times U^*$ 的非支配解. 由非支配解的定义知, 存在 $(\boldsymbol{x}, \boldsymbol{y}) \in T$, 使得

$$(\boldsymbol{x}, \boldsymbol{y}) \neq (\boldsymbol{x}_p, \boldsymbol{y}_p), \quad (\boldsymbol{x}, \boldsymbol{y}) \in (\boldsymbol{x}_p, \boldsymbol{y}_p) + (V^*, -U^*).$$

由于 $(\boldsymbol{x}, \boldsymbol{y}) \in T$, 因此, 必存在

$$\boldsymbol{\lambda} \in -K^*, \quad \lambda_0 \geqq 0,$$

使得

$$(\boldsymbol{x}, \boldsymbol{y}) \in (\bar{\boldsymbol{X}}\boldsymbol{\lambda}, d\bar{\boldsymbol{Y}}\boldsymbol{\lambda}) + \lambda_0(\boldsymbol{x}_p, \boldsymbol{y}_p) + (-V^*, U^*),$$

故存在
$$s_1^-, s_2^- \in -V^*, \quad s_1^+, s_2^+ \in -U^*,$$
使得
$$(\boldsymbol{x}, \boldsymbol{y}) = (\boldsymbol{x}_p, \boldsymbol{y}_p) + (-s_1^-, s_1^+),$$
$$(\boldsymbol{x}, \boldsymbol{y}) = (\bar{\boldsymbol{X}}\boldsymbol{\lambda}, d\bar{\boldsymbol{Y}}\boldsymbol{\lambda}) + \lambda_0(\boldsymbol{x}_p, \boldsymbol{y}_p) + (s_2^-, -s_2^+).$$

因此,
$$(1 - \lambda_0)(\boldsymbol{x}_p, \boldsymbol{y}_p) = (\bar{\boldsymbol{X}}\boldsymbol{\lambda}, d\bar{\boldsymbol{Y}}\boldsymbol{\lambda}) + ((s_1^- + s_2^-), -(s_1^+ + s_2^+)).$$

由文献 [10] 中的结论可知, 若
$$\bar{\boldsymbol{s}} \in -S^* \setminus \{\boldsymbol{0}\}, \quad \tilde{\boldsymbol{s}} \in -S^*, \quad S \subset E_+$$

为闭凸锥, 并且
$$\mathrm{int} S \neq \varnothing,$$

则
$$\bar{\boldsymbol{s}} + \tilde{\boldsymbol{s}} \in -S^* \setminus \{\boldsymbol{0}\}.$$

由此可得
$$((s_1^- + s_2^-), (s_1^+ + s_2^+)) \neq \boldsymbol{0}, \quad (s_1^- + s_2^-) \in -V^*, \quad (s_1^+ + s_2^+) \in -U^*.$$

因此, (D̄) 的最优值大于 0.

由假设可知, 规划 (D̄) 存在最优解, 设 (D̄) 的最优解为
$$\lambda_0^0 \geqq 0, \quad \boldsymbol{\lambda}^0 \in -K^*, \quad \boldsymbol{s}^{-0} \in -V^*, \quad \boldsymbol{s}^{+0} \in -U^*.$$

由于 (D̄) 的最优值大于 0, 因此,
$$(\boldsymbol{s}^{-0}, \boldsymbol{s}^{+0}) \neq 0,$$

并且
$$\bar{\boldsymbol{X}}\boldsymbol{\lambda}^0 + (\lambda_0^0 - 1)\boldsymbol{x}_p + \boldsymbol{s}^{-0} = \boldsymbol{0}, \quad (1 - \lambda_0^0)\boldsymbol{y}_p - d\bar{\boldsymbol{Y}}\boldsymbol{\lambda}^0 + \boldsymbol{s}^{+0} = \boldsymbol{0}. \tag{4.2}$$

下证 $\lambda_0^0 < 1$.

假设 $\lambda_0^0 \geqq 1$, 则必存在 $0 < \alpha < 1$, 使得
$$0 < 1 - \alpha < 1.$$

显然,
$$\frac{1}{1 - \alpha} > 1.$$

将等式组 (4.2) 的两边同时乘以 $\dfrac{1}{1-\alpha}$, 则可得以下等式:

$$\bar{X}\frac{\boldsymbol{\lambda}^0}{1-\alpha} - \left(1 - \frac{\lambda_0^0 - \alpha}{1-\alpha}\right)\boldsymbol{x}_p + \frac{\boldsymbol{s}^{-0}}{1-\alpha} = \boldsymbol{0},$$

$$\left(1 - \frac{\lambda_0^0 - \alpha}{1-\alpha}\right)\boldsymbol{y}_p - d\bar{Y}\frac{\boldsymbol{\lambda}^0}{1-\alpha} + \frac{\boldsymbol{s}^{+0}}{1-\alpha} = \boldsymbol{0}.$$

令

$$\tilde{\boldsymbol{\lambda}} = \frac{\boldsymbol{\lambda}^0}{1-\alpha}, \quad \tilde{\lambda}_0 = \frac{\lambda_0^0 - \alpha}{1-\alpha}, \quad \tilde{\boldsymbol{s}}^- = \frac{\boldsymbol{s}^{-0}}{1-\alpha}, \quad \tilde{\boldsymbol{s}}^+ = \frac{\boldsymbol{s}^{+0}}{1-\alpha},$$

由结论 (4.1) 和

$$\frac{1}{1-\alpha} > 1$$

可知

$$\tilde{\lambda}_0 \geqq 0, \tilde{\boldsymbol{\lambda}} \in -K^*, \quad \tilde{\boldsymbol{s}}^- \in -V^*, \quad \tilde{\boldsymbol{s}}^+ \in -U^*$$

也是规划 $(\bar{D})$ 的可行解, 并且

$$\boldsymbol{\tau}^{\mathrm{T}}\tilde{\boldsymbol{s}}^- + \hat{\boldsymbol{\tau}}^{\mathrm{T}}\tilde{\boldsymbol{s}}^+ = \left(\frac{1}{1-\alpha}\right)(\boldsymbol{\tau}^{\mathrm{T}}\boldsymbol{s}^{-0} + \hat{\boldsymbol{\tau}}^{\mathrm{T}}\boldsymbol{s}^{+0}) > \boldsymbol{\tau}^{\mathrm{T}}\boldsymbol{s}^{-0} + \hat{\boldsymbol{\tau}}^{\mathrm{T}}\boldsymbol{s}^{+0},$$

这与 $\lambda_0^0, \boldsymbol{\lambda}^0, \boldsymbol{s}^{-0}, \boldsymbol{s}^{+0}$ 为 $(\bar{D})$ 的最优解矛盾! 因此, 假设不成立.

由于 $\lambda_0^0 < 1$, 故由 (4.2) 可知

$$\boldsymbol{x}_p = \bar{X}\left(\frac{1}{1-\lambda_0^0}\boldsymbol{\lambda}^0\right) + \frac{1}{1-\lambda_0^0}\boldsymbol{s}^{-0},$$

$$\boldsymbol{y}_p = d\bar{Y}\left(\frac{1}{1-\lambda_0^0}\boldsymbol{\lambda}^0\right) - \frac{1}{1-\lambda_0^0}\boldsymbol{s}^{+0}.$$

由结论 (4.1) 和

$$\frac{1}{1-\lambda_0^0} > 0$$

可知

$$\frac{1}{1-\lambda_0^0}\boldsymbol{\lambda}^0 \in -K^*, \quad \frac{1}{1-\lambda_0^0}\boldsymbol{s}^{-0} \in -V^*, \quad \frac{1}{1-\lambda_0^0}\boldsymbol{s}^{+0} \in -U^*,$$

故得

$$(\boldsymbol{x}_p, \boldsymbol{y}_p) \in T_{\mathrm{ps}}.$$

下证 $T \subseteq T_{\mathrm{ps}}$.

若 $(\boldsymbol{x}, \boldsymbol{y}) \in T$, 则必存在

$$\boldsymbol{\lambda} \in -K^*, \quad \lambda_0 \geqq 0,$$

使得

$$(\boldsymbol{x}, \boldsymbol{y}) \in (\bar{\boldsymbol{X}}\boldsymbol{\lambda}, d\bar{\boldsymbol{Y}}\boldsymbol{\lambda}) + \lambda_0(\boldsymbol{x}_p, \boldsymbol{y}_p) + (-V^*, U^*).$$

由于

$$(\boldsymbol{x}_p, \boldsymbol{y}_p) \in T_{\mathrm{ps}},$$

故存在 $\bar{\boldsymbol{\lambda}} \in -K^*$, 使得

$$(\boldsymbol{x}_p, \boldsymbol{y}_p) \in (\bar{\boldsymbol{X}}\bar{\boldsymbol{\lambda}}, d\bar{\boldsymbol{Y}}\bar{\boldsymbol{\lambda}}) + (-V^*, U^*).$$

因此, 存在

$$\boldsymbol{s}_1^-, \boldsymbol{s}_2^- \in -V^*, \quad \boldsymbol{s}_1^+, \boldsymbol{s}_2^+ \in -U^*,$$

使得

$$(\boldsymbol{x}, \boldsymbol{y}) = (\bar{\boldsymbol{X}}(\boldsymbol{\lambda} + \lambda_0\bar{\boldsymbol{\lambda}}), d\bar{\boldsymbol{Y}}(\boldsymbol{\lambda} + \lambda_0\bar{\boldsymbol{\lambda}})) + ((\boldsymbol{s}_1^- + \lambda_0\boldsymbol{s}_2^-), -(\boldsymbol{s}_1^+ + \lambda_0\boldsymbol{s}_2^+)).$$

由此易知

$$(\boldsymbol{x}, \boldsymbol{y}) \in T_{\mathrm{ps}},$$

所以

$$T \subseteq T_{\mathrm{ps}}.$$

又由 (1), 故 $T = T_{\mathrm{ps}}$.

(3) 由假设可知, ($\hat{\mathrm{D}}$) 存在最优解, 又因为

$$\bar{\boldsymbol{\lambda}} = \boldsymbol{0}, \quad \bar{\lambda}_0 = 1, \quad \bar{\boldsymbol{s}}^- = \boldsymbol{0}, \quad \bar{\boldsymbol{s}}^+ = \boldsymbol{0}, \quad \bar{z} = 0$$

是 ($\hat{\mathrm{D}}$) 的可行解, 因此, ($\hat{\mathrm{D}}$) 的最优值大于或等于 0. 下证若决策单元 p 不是 SCDEA 弱有效的, 则 ($\hat{\mathrm{D}}$) 的最优值大于 0.

若 ($\hat{\mathrm{D}}$) 的最优值等于 0, 则由假设条件和对偶理论[10] 可知, ($\hat{\mathrm{D}}$) 的对偶规划 ($\hat{\mathrm{P}}$) 也存在最优解, 并且最优值为 0. 记 $(\bar{\boldsymbol{\omega}}, \bar{\boldsymbol{\mu}}, \bar{\boldsymbol{v}}, \bar{\boldsymbol{u}})$ 为 ($\hat{\mathrm{P}}$) 的一组最优解, 则有

$$\bar{\boldsymbol{\omega}} \in \bar{\boldsymbol{v}} + V \subset V, \quad \bar{\boldsymbol{\mu}} = \bar{\boldsymbol{u}} + U \subset U.$$

令

$$\bar{\boldsymbol{\omega}} = \bar{\boldsymbol{v}} + \boldsymbol{v}^{**}, \boldsymbol{v}^{**} \in V, \quad \bar{\boldsymbol{\mu}} = \bar{\boldsymbol{u}} + \boldsymbol{u}^{**}, \boldsymbol{u}^{**} \in U,$$

则有

$$\boldsymbol{\tau}^{\mathrm{T}}\bar{\boldsymbol{\omega}} + \hat{\boldsymbol{\tau}}^{\mathrm{T}}\bar{\boldsymbol{\mu}} = (\boldsymbol{\tau}^{\mathrm{T}}\bar{\boldsymbol{v}} + \hat{\boldsymbol{\tau}}^{\mathrm{T}}\bar{\boldsymbol{u}}) + (\boldsymbol{\tau}^{\mathrm{T}}\boldsymbol{v}^{**} + \hat{\boldsymbol{\tau}}^{\mathrm{T}}\boldsymbol{u}^{**}) \geqq 1.$$

于是

$$(\bar{\boldsymbol{\omega}}, \bar{\boldsymbol{\mu}}) \neq \boldsymbol{0}.$$

又因为
$$V_{\hat{P}} = V_{\hat{D}} = 0,$$

故
$$\bar{\omega}^{\mathrm{T}} \boldsymbol{x}_p = \bar{\mu}^{\mathrm{T}} \boldsymbol{y}_p,$$

所以
$$\bar{\omega} \neq \boldsymbol{0}, \quad \bar{\mu} \neq \boldsymbol{0}.$$

记
$$\omega^0 = \frac{\bar{\omega}}{\bar{\omega}^{\mathrm{T}} \boldsymbol{x}_p}, \quad \mu^0 = \frac{\bar{\mu}}{\bar{\omega}^{\mathrm{T}} \boldsymbol{x}_p},$$

于是有
$$\mu^{0\mathrm{T}} \boldsymbol{y}_p = \omega^{0\mathrm{T}} \boldsymbol{x}_p = 1, \quad \omega^{0\mathrm{T}} \bar{\boldsymbol{X}} - d\mu^{0\mathrm{T}} \bar{\boldsymbol{Y}} \in K,$$

$$\omega^{0\mathrm{T}} \boldsymbol{x}_p - \mu^{0\mathrm{T}} \boldsymbol{y}_p \geqq 0, \quad \omega^0 \in V, \mu^0 \in U.$$

由定理 4.1 可知, 决策单元 p 为弱 SCDEA 有效, 矛盾! 因此, $(\hat{D})$ 的最优值大于 0.

设 $(\boldsymbol{\lambda}^0, \lambda_0^0, \boldsymbol{s}^{-0}, \boldsymbol{s}^{+0}, z^0)$ 为 $(\hat{D})$ 的一组最优解, 下证 $\lambda_0^0 < 1$.

假设 $\lambda_0^0 \geqq 1$, 则必存在 $0 < \alpha < 1$, 使得
$$0 < 1 - \alpha < 1.$$

显然,
$$\frac{1}{1-\alpha} > 1.$$

由于
$$z^0 \boldsymbol{\tau} - \boldsymbol{s}^{-0} \in V^*, \quad z^0 \hat{\boldsymbol{\tau}} - \boldsymbol{s}^{+0} \in U^*,$$

因此,
$$\frac{1}{1-\alpha} z^0 \boldsymbol{\tau} - \frac{1}{1-\alpha} \boldsymbol{s}^{-0} \in V^*, \quad \frac{1}{1-\alpha} z^0 \hat{\boldsymbol{\tau}} - \frac{1}{1-\alpha} \boldsymbol{s}^{+0} \in U^*,$$

类似于结论 (2) 的证明可知
$$\left(\frac{1}{1-\alpha} \boldsymbol{\lambda}^0, \frac{\lambda_0^0 - \alpha}{1-\alpha}, \frac{1}{1-\alpha} \boldsymbol{s}^{-0}, \frac{1}{1-\alpha} \boldsymbol{s}^{+0}, \frac{1}{1-\alpha} z^0 \right)$$

为 $(\hat{D})$ 的一组可行解, 并且
$$z^0 < \frac{1}{1-\alpha} z^0.$$

这与假设 $(\boldsymbol{\lambda}^0, \lambda_0^0, \boldsymbol{s}^{-0}, \boldsymbol{s}^{+0}, z^0)$ 为 $(\hat{D})$ 的一组最优解矛盾. 因此, 假设不成立.

由于 $\lambda_0^0 < 1$, 类似于结论 (2) 的证明可知

$$(\boldsymbol{x}_p, \boldsymbol{y}_p) \in T_{\mathrm{ps}},$$

即得

$$T \subseteq T_{\mathrm{ps}}.$$

又由 (1), 可知 $T - T_{\mathrm{ps}}$. 证毕.

考虑多目标问题

$$(\mathrm{VP}_{\mathrm{ps}}) \begin{cases} V - \min(f_1(\boldsymbol{x}, \boldsymbol{y}), f_2(\boldsymbol{x}, \boldsymbol{y}), \cdots, f_{m+s}(\boldsymbol{x}, \boldsymbol{y})), \\ \mathrm{s.t.} \quad (\boldsymbol{x}, \boldsymbol{y}) \in T_{\mathrm{ps}}. \end{cases}$$

定理 4.11 决策单元 p 为 SCDEA 有效的, 则不存在 $(\boldsymbol{x}, \boldsymbol{y}) \in T_{\mathrm{ps}}$, 使得

$$(\boldsymbol{x}, \boldsymbol{y}) \in (\boldsymbol{x}_p, \boldsymbol{y}_p) + (V^*, -U^*), \quad (\boldsymbol{x}, \boldsymbol{y}) \neq (\boldsymbol{x}_p, \boldsymbol{y}_p).$$

证明 决策单元 p 为 SCDEA 有效的, 则由定理 4.6 可知, $(\boldsymbol{x}_p, \boldsymbol{y}_p)$ 为多目标规划 (VP) 的相对于锥 $V^* \times U^*$ 的非支配解. 因此, 不存在 $(\boldsymbol{x}, \boldsymbol{y}) \in T$, 使得

$$\boldsymbol{F}(\boldsymbol{x}, \boldsymbol{y}) \in \boldsymbol{F}(\boldsymbol{x}_p, \boldsymbol{y}_p) + (V^*, U^*), \quad \boldsymbol{F}(\boldsymbol{x}, \boldsymbol{y}) \neq \boldsymbol{F}(\boldsymbol{x}_p, \boldsymbol{y}_p),$$

即不存在 $(\boldsymbol{x}, \boldsymbol{y}) \in T$, 使得

$$(\boldsymbol{x}, \boldsymbol{y}) \neq (\boldsymbol{x}_p, \boldsymbol{y}_p), \quad (\boldsymbol{x}, \boldsymbol{y}) \in (\boldsymbol{x}_p, \boldsymbol{y}_p) + (V^*, -U^*).$$

由定理 4.10 可知 $T_{\mathrm{ps}} \subseteq T$, 因此, 不存在 $(\boldsymbol{x}, \boldsymbol{y}) \in T_{\mathrm{ps}}$, 使得

$$(\boldsymbol{x}, \boldsymbol{y}) \in (\boldsymbol{x}_p, \boldsymbol{y}_p) + (V^*, -U^*), \quad (\boldsymbol{x}, \boldsymbol{y}) \neq (\boldsymbol{x}_p, \boldsymbol{y}_p).$$

证毕.

定理 4.12 若决策单元 p 不为 SCDEA 有效, 并且 $\bar{D}(\boldsymbol{\lambda}^0, \lambda_0^0, \boldsymbol{s}^{-0}, \boldsymbol{s}^{+0})$ 为闭集, 则 $(\boldsymbol{x}_p, \boldsymbol{y}_p)$ 不为多目标规划 $(\mathrm{VP}_{\mathrm{ps}})$ 的相对于锥 $V^* \times U^*$ 的非支配解.

证明 若决策单元 p 不为 SCDEA 有效, 并且 $\bar{D}(\boldsymbol{\lambda}^0, \lambda_0^0, \boldsymbol{s}^{-0}, \boldsymbol{s}^{+0})$ 为闭集, 则 $T_{\mathrm{ps}} = T$. 因此, $(\mathrm{VP}_{\mathrm{ps}})$ 和 (VP) 是同一个多目标规划.

假设 $(\boldsymbol{x}_p, \boldsymbol{y}_p)$ 为多目标规划 $(\mathrm{VP}_{\mathrm{ps}})$ 的相对于锥 $V^* \times U^*$ 的非支配解, 则由定理 4.7 知, 决策单元 p 为 SCDEA 有效. 矛盾! 证毕.

定理 4.13 若决策单元 p 为弱 SCDEA 有效, 则不存在 $(\boldsymbol{x}, \boldsymbol{y}) \in T_{\mathrm{ps}}$, 使得

$$(\boldsymbol{x}, \boldsymbol{y}) \in (\boldsymbol{x}_p, \boldsymbol{y}_p) + (\mathrm{int}V^*, -\mathrm{int}U^*).$$

证明　决策单元 p 为弱 SCDEA 有效, 则由定理 4.8 可知, $(\boldsymbol{x}_p, \boldsymbol{y}_p)$ 为多目标规划 (VP) 的相对于锥 $(\mathrm{int}V^*) \times (\mathrm{int}U^*)$ 的非支配解. 因此, 不存在 $(\boldsymbol{x}, \boldsymbol{y}) \in T$, 使得

$$\boldsymbol{F}(\boldsymbol{x}, \boldsymbol{y}) \in \boldsymbol{F}(\boldsymbol{x}_p, \boldsymbol{y}_p) + (\mathrm{int}V^*, \mathrm{int}U^*),$$

即不存在 $(\boldsymbol{x}, \boldsymbol{y}) \in T$, 使得

$$(\boldsymbol{x}, \boldsymbol{y}) \in (\boldsymbol{x}_p, \boldsymbol{y}_p) + (\mathrm{int}V^*, -\mathrm{int}U^*).$$

由定理 4.10 可知 $T_{\mathrm{ps}} \subseteq T$, 因此, 不存在 $(\boldsymbol{x}, \boldsymbol{y}) \in T_{\mathrm{ps}}$, 使得

$$(\boldsymbol{x}, \boldsymbol{y}) \in (\boldsymbol{x}_p, \boldsymbol{y}_p) + (\mathrm{int}V^*, -\mathrm{int}U^*).$$

证毕.

定理 4.14　若决策单元 p 不为弱 SCDEA 有效, 并且 $\hat{D}(\boldsymbol{\lambda}^0, \lambda_0^0, \boldsymbol{s}^{-0}, \boldsymbol{s}^{+0}, \boldsymbol{z}^0)$ 为闭集, 则 $(\boldsymbol{x}_p, \boldsymbol{y}_p)$ 不为多目标规划 $(\mathrm{VP}_{\mathrm{ps}})$ 的相对于锥 $(\mathrm{int}V^*) \times (\mathrm{int}U^*)$ 的非支配解.

证明　若决策单元 p 不为弱 SCDEA 有效, 并且 $\hat{D}(\boldsymbol{\lambda}^0, \lambda_0^0, \boldsymbol{s}^{-0}, \boldsymbol{s}^{+0}, \boldsymbol{z}^0)$ 为闭集, 则 $T_{\mathrm{ps}} = T$. 因此, $(\mathrm{VP}_{\mathrm{ps}})$ 和 (VP) 是同一个多目标规划.

假设 $(\boldsymbol{x}_p, \boldsymbol{y}_p)$ 为多目标规划 $(\mathrm{VP}_{\mathrm{ps}})$ 的相对于锥 $(\mathrm{int}V^*) \times (\mathrm{int}U^*)$ 的非支配解, 则由定理 4.9 知, 决策单元 p 为弱 SCDEA 有效. 矛盾! 证毕.

对决策单元 $(\boldsymbol{x}_p, \boldsymbol{y}_p)$, 考虑如下的规划问题:

$$(\mathrm{P}^0) \begin{cases} \max & \boldsymbol{\tau}^{\mathrm{T}} \boldsymbol{s}^- + \hat{\boldsymbol{\tau}}^{\mathrm{T}} \boldsymbol{s}^+, \\ \mathrm{s.t.} & \bar{\boldsymbol{X}} \boldsymbol{\lambda} - (1 - \lambda_0) \boldsymbol{x}_p + \boldsymbol{s}^- = \boldsymbol{0}, \\ & (1 - \lambda_0) \boldsymbol{y}_p - d \bar{\boldsymbol{Y}} \boldsymbol{\lambda} + \boldsymbol{s}^+ = \boldsymbol{0}, \\ & \lambda_0 \geqq 0, \boldsymbol{\lambda} \in -K^*, \ \boldsymbol{s}^- \in -V^*, \boldsymbol{s}^+ \in -U^*. \end{cases}$$

假设 (P^0) 的一个最优解为 $(\boldsymbol{\lambda}^0, \lambda_0^0, \boldsymbol{s}^{-0}, \boldsymbol{s}^{+0})$, 则决策单元在 T 所确定的有效生产前沿面上的投影为

$$\hat{\boldsymbol{x}}_p = \bar{\boldsymbol{X}} \boldsymbol{\lambda} + \lambda_0^0 \boldsymbol{x}_p = \boldsymbol{x}_p - \boldsymbol{s}^{-0}, \quad \hat{\boldsymbol{y}}_p = d \bar{\boldsymbol{Y}} \boldsymbol{\lambda}^0 + \lambda_0^0 \boldsymbol{y}_p = \boldsymbol{y}_p + \boldsymbol{s}^{+0}.$$

若决策单元 p 不为 SCDEA 有效, 并且 $\bar{D}(\boldsymbol{\lambda}^0, \lambda_0^0, \boldsymbol{s}^{-0}, \boldsymbol{s}^{+0})$ 为闭集, 则

$$T_{\mathrm{ps}} = T.$$

因此, 定义 $(\hat{\boldsymbol{x}}_p, \hat{\boldsymbol{y}}_p)$ 为 $(\boldsymbol{x}_p, \boldsymbol{y}_p)$ 在样本生产可能集 T_{ps} 所确定的有效生产前沿面上的投影. 由文献 [10] 易知, 有如下结论成立:

定理 4.15　若决策单元 p 不为 SCDEA 有效, 则它的投影 $(\hat{\boldsymbol{x}}_p, \hat{\boldsymbol{y}}_p)$ 为多目标规划 $(\mathrm{VP}_{\mathrm{ps}})$ 相对于锥 $V^* \times U^*$ 的一个非支配解.

4.5　基于 AHP 的特殊广义 DEA 模型

带有偏好锥的广义 DEA 模型 (PSam-C²WH) 中对决策单元的权重给出了一般性的限制, 但在实际应用中必须将它具体化. 由于层次分析法 (AHP) 能够在决策过程中充分反映决策者的偏好[13], 因此, 以下利用层次分析法 (AHP) 构造偏好锥的方法[14], 提出了一个基于 AHP 的广义 DEA 模型, 并讨论了其相关性质.

为了反映决策者对各指标重要性的偏好, 分别对输入指标集

$$I = \{1, 2, \cdots, m\}$$

和输出指标集

$$R = \{1, 2, \cdots, s\}$$

中的指标, 进行两两比较, 分别建立两个 9 标度判断矩阵

$$\bar{C}_m = (c_{ij})_{m \times m}, \quad \bar{B}_s = (b_{ij})_{s \times s},$$

其中

$$c_{ij} > 0, c_{ij} = c_{ji}^{-1}, c_{ii} = 1, \quad b_{ij} > 0, b_{ij} = b_{ji}^{-1}, b_{ii} = 1.$$

然后按 AHP 方法对矩阵进行一致性检验, 一般地, 当 $CR < 0.1$ 时, 即认为判断矩阵具有满意的一致性.

设 $\lambda_{\bar{C}}$ 和 $\lambda_{\bar{B}}$ 分别为判断矩阵 $\bar{C}_m$ 和 $\bar{B}_s$ 的最大特征值, 并令

$$C = \bar{C}_m - \lambda_{\bar{C}} E_m, \quad B = \bar{B}_s - \lambda_{\bar{B}} E_s,$$

其中 E_m 与 E_s 分别为 m 阶和 s 阶单位矩阵, 构成如下多面闭凸锥:

$$C\boldsymbol{\omega} \geqq \mathbf{0}, \quad \boldsymbol{\omega} = (\omega_1, \omega_2, \cdots, \omega_m)^{\mathrm{T}} \geqq \mathbf{0},$$

$$B\boldsymbol{\mu} \geqq \mathbf{0}, \quad \boldsymbol{\mu} = (\mu_1, \mu_2, \cdots, \mu_s)^{\mathrm{T}} \geqq \mathbf{0},$$

称之为 AHP 约束锥[14].

在 (PSam-C²WH) 模型中, 令

$$V = V_{\mathrm{AHP}}, \quad U = U_{\mathrm{AHP}}, \quad K = E_+^{\bar{n}},$$

则得以下模型:

$$\text{(Sam-AHP)}\begin{cases} \max & \left(\boldsymbol{\mu}^{\mathrm{T}}\boldsymbol{y}_p + \delta\mu_0\right) = V_p, \\ \text{s.t.} & \boldsymbol{\omega}^{\mathrm{T}}\boldsymbol{x}_p - \boldsymbol{\mu}^{\mathrm{T}}\boldsymbol{y}_p - \delta\mu_0 \geqq 0, \\ & \boldsymbol{\omega}^{\mathrm{T}}\bar{\boldsymbol{x}}_j - \boldsymbol{\mu}^{\mathrm{T}}d\bar{\boldsymbol{y}}_j - \delta\mu_0 \geqq 0, \quad j = 1, 2, \cdots, \bar{n}, \\ & \boldsymbol{\omega}^{\mathrm{T}}\boldsymbol{x}_p = 1, \\ & \boldsymbol{\omega} \in V_{\mathrm{AHP}}, \boldsymbol{\mu} \in U_{\mathrm{AHP}}, \end{cases}$$

其中

$$V_{\mathrm{AHP}} = \left\{ \boldsymbol{\omega} \,\middle|\, \boldsymbol{C}\boldsymbol{\omega} \geqq \boldsymbol{0}, \boldsymbol{\omega} = (\omega_1, \omega_2, \cdots, \omega_m)^{\mathrm{T}} \geqq \boldsymbol{0}, \boldsymbol{C} = \bar{\boldsymbol{C}}_m - \lambda_{\bar{\boldsymbol{C}}} \boldsymbol{E}_m \right\},$$

$$U_{\mathrm{AHP}} = \left\{ \boldsymbol{\mu} \,\middle|\, \boldsymbol{B}\boldsymbol{\mu} \geqq \boldsymbol{0}, \boldsymbol{\mu} = (\mu_1, \mu_2, \cdots, \mu_s)^{\mathrm{T}} \geqq \boldsymbol{0}, \boldsymbol{B} = \bar{\boldsymbol{B}}_s - \lambda_{\bar{\boldsymbol{B}}} \boldsymbol{E}_s \right\},$$

C 表示输入指标的判断矩阵, B 表示输出指标的判断矩阵.

定义 4.5　若规划 (Sam-AHP) 的最优解中有 $\boldsymbol{\omega}^0, \boldsymbol{\mu}^0, \mu_0^0$, 满足

$$V_p = \boldsymbol{\mu}^{0\mathrm{T}}\boldsymbol{y}_p + \delta\mu_0^0 = 1,$$

则称决策单元 p 相对样本前沿面的 d 移动为弱 SADEA 有效的, 简称弱 SADEA 有效; 反之, 称为弱 SADEA 无效的.

定义 4.6　若规划 (Sam-AHP) 的最优解中有 $\boldsymbol{\omega}^0, \boldsymbol{\mu}^0, \mu_0^0$, 满足

$$V_p = \boldsymbol{\mu}^{0\mathrm{T}}\boldsymbol{y}_p + \delta\mu_0^0 = 1$$

且

$$\boldsymbol{\omega}^0 \in \mathrm{int}V_{\mathrm{AHP}}, \boldsymbol{\mu}^0 \in \mathrm{int}U_{\mathrm{AHP}},$$

则称决策单元 p 相对样本前沿面的 d 移动为 SADEA 有效的, 简称 SADEA 有效; 反之, 称为 SADEA 无效的.

为简便起见, 记

$$\bar{\bar{\boldsymbol{X}}} = (\bar{\bar{\boldsymbol{x}}}_0, \bar{\bar{\boldsymbol{x}}}_1, \bar{\bar{\boldsymbol{x}}}_2, \cdots, \bar{\bar{\boldsymbol{x}}}_{\bar{n}}) = (\boldsymbol{x}_p, \bar{\boldsymbol{x}}_1, \bar{\boldsymbol{x}}_2, \cdots, \bar{\boldsymbol{x}}_{\bar{n}}),$$

$$\bar{\bar{\boldsymbol{Y}}} = (\bar{\bar{\boldsymbol{y}}}_0, \bar{\bar{\boldsymbol{y}}}_1, \bar{\bar{\boldsymbol{y}}}_2, \cdots, \bar{\bar{\boldsymbol{y}}}_{\bar{n}}) = (\boldsymbol{y}_p, d\bar{\boldsymbol{y}}_1, d\bar{\boldsymbol{y}}_2, \cdots, d\bar{\boldsymbol{y}}_{\bar{n}}),$$

上述模型进一步改为下面的形式:

$$\text{(PSam-AHP)}\begin{cases} \max & \left(\boldsymbol{\mu}^{\mathrm{T}}\boldsymbol{y}_p + \delta\mu_0\right) = V_{\mathrm{P}}, \\ \text{s.t.} & \boldsymbol{\omega}^{\mathrm{T}}\bar{\bar{\boldsymbol{X}}} - \boldsymbol{\mu}^{\mathrm{T}}\bar{\bar{\boldsymbol{Y}}} - \delta\mu_0 e^{\mathrm{T}} \geqq \boldsymbol{0}, \\ & \boldsymbol{\omega}^{\mathrm{T}}\boldsymbol{x}_p = 1, \\ & \boldsymbol{\omega} \in V_{\mathrm{AHP}}, \boldsymbol{\mu} \in U_{\mathrm{AHP}}. \end{cases}$$

根据锥的对偶理论知, 规划 (PSam-AHP) 的对偶规划为

$$
\text{(DSam-AHP)}\begin{cases}
\min & \theta = V_{\mathrm{D}}, \\
\text{s.t.} & \bar{\bar{\boldsymbol{X}}}\boldsymbol{\lambda} - \theta\boldsymbol{x}_p \in V_{\mathrm{AHP}}^*, \\
& -\bar{\bar{\boldsymbol{Y}}}\boldsymbol{\lambda} + \boldsymbol{y}_p \in U_{\mathrm{AHP}}^*, \\
& \delta\boldsymbol{e}^{\mathrm{T}}\boldsymbol{\lambda} = \delta, \\
& \boldsymbol{\lambda} = (\lambda_0, \lambda_1, \cdots, \lambda_{\bar{n}}) \geqq \boldsymbol{0},
\end{cases}
$$

其中

$$
V_{\mathrm{AHP}}^* = \left\{\boldsymbol{v}|\hat{\boldsymbol{v}}^{\mathrm{T}}\boldsymbol{v} \leqq 0, \forall\hat{\boldsymbol{v}} \in V_{\mathrm{AHP}}\right\}, \quad U_{\mathrm{AHP}}^* = \left\{\boldsymbol{u}|\hat{\boldsymbol{u}}^{\mathrm{T}}\boldsymbol{u} \leqq 0, \forall\hat{\boldsymbol{u}} \in U_{\mathrm{AHP}}\right\},
$$

它们分别为集合 $V_{\mathrm{AHP}}, U_{\mathrm{AHP}}$ 的极锥.

令

$$
V_{\mathrm{AHP}} = E_+^m, \quad U_{\mathrm{AHP}} = E_+^s,
$$

则 (Sam-AHP) 模型即为基于样本评价模型 (Sam-Eva)[6].

类似文献 [14] 可得以下结论.

定理 4.16 对 (PSam-AHP) 模型 (当 $\delta = 0$ 时), 若 AHP 判断矩阵满足完全一致性条件, 则此评价模型的最优值就是由 AHP 方法所得到的各决策单元的加权平均投入产出比值.

4.6 应用举例

例 4.1 假设某高校要对数学系接受新方案授课的 20 位同学的学习效率进行评估, 决策者决定把被评价同学与该校同专业具有代表性的 10 位优秀同学进行比较, 如果被评价者的效率好于这些优秀学生, 则考虑如何进一步发挥优势; 否则, 希望能够发现教学中的不足并及时作出调整. 为简便起见, 不妨以学生的预习和复习时间、授课时间、实践时间为输入指标, 以课程成绩、实践能力、创新能力作为输出指标. 决策单元和样本单元的输入输出数据分别如表 4.1 和表 4.2 所示, 如果加入了决策者的偏好, 如课程成绩相对于其他输出指标更加重要, 其权重至少占到 70%, 实践能力的权重占到 20%, 创新能力的权重至多占到 10%, 则在 (PSam-C²WH) 模型下, 输出偏好锥可表示为

$$
U = \{\boldsymbol{\mu} = (\mu_1, \mu_2, \mu_3)^{\mathrm{T}}|\mu_1 \geq 3.5\mu_2, \mu_1 \geq 7\mu_3\}.
$$

应用 (PSam-C²WH) 模型进行计算, 不仅可以获得被评价单元与样本单元比较的结果, 而且还能发现被评价单元无效的原因等许多管理信息.

表 4.1　　决策单元的指标数据

学生	预复习时间指数	授课时间指数	实践时间指数	课程成绩	实践能力成绩	创新能力成绩
1	0.48	0.38	0.29	0.80	0.90	0.79
2	0.48	0.55	0.36	0.87	0.90	0.81
3	0.48	1.21	0.29	0.89	0.86	0.90
4	0.48	0.38	0.36	0.83	0.90	0.79
5	0.48	0.22	0.44	0.78	0.90	0.75
6	0.24	0.38	0.29	0.72	0.80	0.74
7	0.56	0.88	0.51	0.70	0.90	0.82
8	0.56	0.49	0.58	0.78	0.90	0.74
9	0.56	0.44	0.66	0.77	0.80	0.77
10	0.56	0.38	0.58	0.88	0.90	0.82
11	0.56	0.11	0.73	0.83	0.90	0.82
12	0.48	0.44	0.66	0.78	0.84	0.78
13	0.56	0.44	0.51	0.93	0.90	0.86
14	0.40	0.55	0.73	0.83	0.80	0.79
15	0.56	0.66	0.58	0.77	0.80	0.76
16	0.56	0.27	0.58	0.95	0.90	0.89
17	0.48	0.22	0.51	0.78	0.90	0.80
18	0.56	0.38	0.58	0.86	0.90	0.85
19	0.56	0.38	0.44	0.89	0.84	0.87
20	0.48	1.21	0.29	0.90	0.90	0.90

表 4.2　　样本单元的指标数据

优秀学生	预复习时间指数	授课时间指数	实践时间指数	课程成绩	实践能力成绩	创新能力成绩
1	0.48	0.56	0.41	0.86	0.91	0.80
2	0.48	0.39	0.33	0.81	0.89	0.80
3	0.48	0.39	0.41	0.83	0.90	0.86
4	0.48	0.22	0.49	0.77	0.90	0.75
5	0.56	0.39	0.66	0.87	0.92	0.81
6	0.56	0.11	0.82	0.83	0.91	0.82
7	0.56	0.28	0.66	0.96	0.91	0.90
8	0.48	0.22	0.57	0.80	0.89	0.80
9	0.48	1.22	0.33	0.88	0.87	0.90
10	0.48	1.22	0.33	0.90	0.92	0.88

　　例如, 应用 (PSam-C^{2}WH) 模型计算的结果表明, 和 10 位优秀学生相比, 编号为 $1 \sim 6, 11, 14, 16, 17, 20$ 的学生, 他们的学习是有效的, 而编号为 $7 \sim 10, 12, 13, 15,$

18, 19 的学生的学习是无效的.

又如, 对于无效决策单元 7, 将 (DPSam-C^{2}WH) 模型引入非阿基米德无穷小量, 可得最优值为 0.845639114896206,

$$\lambda_1 = 0.579, \quad \lambda_3 = 0.093, \quad \lambda_{10} = 0.314,$$

$$s_3^- = 0.052, \quad s_1^+ = 0.158,$$

其余变量为 0. 这表明和 10 位优秀学生相比, 第 7 位学生的学习是无效的, 效率较低的原因在于参与实践的时间相对过长, 进而导致课程成绩过低, 为了提高学习效率, 这位学生应该向编号为 1, 3, 10 的优秀学生学习和交流, 进而发现学习中的不足, 正确处理好课堂学习与动手实践之间的关系, 从而提高学习的效率和质量.

例 4.2 某家电城要对 8 种家电产品进行市场潜力评价, 把它们与该商场销路正旺的 4 种产品进行比较, 如果优于这 4 种产品, 则考虑增加进货数量; 否则, 就考虑少进或不进. 下面来确定评价指标. 一种产品要具有巨大的市场潜力, 就要物美价廉、经久耐用、售后服务完善. 按照投入和产出指标的划分, 价格 (x_1) 和返修率 (x_2) 都是越小越好的指标, 因此, 作为投入指标. 而实用性 (y_1)、款式 (y_2)、颜色 (y_3)、耐用性 (y_4)、售后服务质量 (y_5) 都是越大越好的指标, 因此, 作为产出指标, 其中实用性 (y_1)、款式 (y_2)、颜色 (y_3)、耐用性 (y_4)、售后服务质量 (y_5) 等定性指标用评语集进行量化, 其每个评语的量化分值如表 4.3 所示.

表 4.3　评语集量化表

评语集	很好	较好	一般	较差	很差
量化分值	0.9	0.7	0.5	0.3	0.1

其有关数据与评价结果如下 (其中, 表 4.4 为决策单元的数据指标, 表 4.5 为样本单元的数据指标, 表 4.6 为 (Sam-Eva$_d$) 模型与 (PSam-AHP) 模型的评价结果, 图 4.1 和图 4.2 分别为投入与产出的 AHP 判断矩阵):

表 4.4　决策单元的数据指标

编号	价格/元	返修率	实用性	款式	颜色	耐用性	售后服务质量
1	1400	1.0%	0.9	0.9	0.3	0.7	0.3
2	1300	1.9%	0.8	0.9	0.3	0.9	0.7
3	1543	1.0%	0.9	0.5	0.5	0.9	0.9
4	1300	1.5%	0.9	0.9	0.7	0.9	0.5
5	1020	1.0%	0.8	0.9	0.9	0.5	0.5
6	1234	1.0%	0.9	0.7	0.5	0.9	0.7
7	999	1.1%	0.9	0.7	0.7	0.7	0.9
8	1000	3.0%	0.7	0.7	0.9	0.9	0.5

表 4.5　样本单元的数据指标

编号	价格/元	返修率	实用性	款式	颜色	耐用性	售后服务质量
1	1500	1.0%	0.9	0.7	0.9	0.9	0.9
2	1511	1.0%	0.9	0.9	0.9	0.9	0.9
3	1600	1.0%	0.9	0.9	0.9	0.9	0.9
4	1456	1.0%	0.9	0.9	0.9	0.9	0.9

$$\begin{bmatrix} 1 & 1 \\ 1 & 1 \end{bmatrix}$$

$$\begin{bmatrix} 1 & 5 & 5 & 5 & 5 \\ \frac{1}{5} & 1 & 1 & 1 & 1 \\ \frac{1}{5} & 1 & 1 & 1 & 1 \\ \frac{1}{5} & 1 & 1 & 1 & 1 \\ \frac{1}{5} & 1 & 1 & 1 & 1 \end{bmatrix}$$

图 4.1　投入判断矩阵　　　　　　　　　　图 4.2　产出判断矩阵

利用 LINDO 软件编程及求解, 得到评价结果如表 4.6 所示 (其中, θ_s, θ_p 分别表示在模型 (Sam-Eva$_d$) 及 (PSam-AHP) 下的计算结果).

表 4.6　(Sam-Eva$_d$) 模型与 (PSam-AHP) 模型的评价结果

	1	2	3	4	5	6	7	8
θ_s	0.934	0.963	0.968	0.984	1.000	1.000	1.000	1.000
θ_p	0.861	0.780	0.932	0.771	0.911	0.860	1.000	0.777

从表 4.6 的计算结果可知, 在 (Sam-Eva$_d$) 模型下, 决策单元 5~8 的最优值都为 1, 这说明在该模型下, 这 4 个决策单元与给定的 4 个样本单元相比都是有效的, 即具有极大的市场潜力, 可以增加进货. 但如果加入了消费者的偏好, 如对于产出指标而言, 实用性相对于其他产出指标更加重要, 则在 (PSam-AHP) 模型下, 只有决策单元 7 是有效的, 而决策单元 5, 6, 8 都为无效. 从以上分析可以知道, 随着偏好锥的引入, 有效单元在逐渐减少, 但它的计算结果更加符合实际, 因为决策单元 7 对应的产品具有价格适中、实用性较高、售后服务质量较好等特点, 虽然它的款式和颜色不是最好的, 但仍然可以吸引更多的消费者, 所以产品 7 比产品 5, 6, 8 具有更大的市场潜力.

上述方法不仅可以用于商品的市场潜力评价, 也可用于医疗、教育、企业员工的绩效评估等.

参 考 文 献

[1] 马占新, 吕喜明. 带有偏好锥的样本数据包络分析方法研究 [J]. 系统工程与电子技术, 2007, 29(8): 1275–1282

[2] 吕喜明, 马占新. 基于 AHP 的样本数据包络分析模型 [J]. 内蒙古大学学报, 2008, 39(11): 614–619

[3] Charnes A, Cooper W W, Rohodes E. Measuring the efficiency of decision making units [J]. European Journal of Operational Research, 1978, 2(6): 429–444

[4] 马占新. 数据包络分析方法的研究进展 [J]. 系统工程与电子技术, 2002, 24(3): 42–46

[5] Charnes A, Cooper W W, Wei Q L, et al. Cone ratio data envelopment analysis and multi-objective programming [J]. International Journal of Systems Science, 1989, 20(7): 1099–1118

[6] 马占新. 一种基于样本前沿面的综合评价方法 [J]. 内蒙古大学学报, 2002, 33(6): 606–610

[7] 马占新. 样本数据包络面的研究与应用 [J]. 系统工程理论与实践, 2003, 23(12): 32–37

[8] 马占新, 任慧龙, 戴仰山. DEA 方法在多风险事件综合评价中的应用研究 [J]. 系统工程与电子技术, 2001, 23(8): 7–11

[9] 马占新, 张海娟. 一种用于组合有效性综合评价的非参数方法研究 [J]. 系统工程与电子技术, 2006, 28(5): 699–703, 787

[10] 魏权龄. 数据包络分析 [M]. 北京: 科学出版社, 2004: 259–261

[11] 程其襄, 张奠宇, 阎革兴等. 实变函数与泛函分析基础 [M]. 北京: 高等教育出版社, 1991: 35–38

[12] 熊金城. 点集拓扑讲义 [M]. 北京: 高等教育出版社, 1990: 15–20

[13] 王莲芬, 许树柏. 层次分析法引论 [M]. 北京: 中国人民大学出版社, 1990

[14] 吴育华, 曾祥云, 宋继旺. 带有 AHP 约束锥的 DEA 模型 [J]. 系统工程学报, 1999, 14(4): 330–333

第 5 章　具有无穷多个决策单元的广义 DEA 模型

针对传统 DEA 方法无法依据指定参考集提供评价信息的弱点, 给出了包含无穷多个样本单元的广义 DEA 模型 (Sam-C^2W) 和相应的 Sam-DEA 有效性概念, 分析了 (Sam-C^2W) 模型的性质以及它与传统 DEA 模型之间的关系, 探讨了 (Sam-C^2W) 模型刻画的 Sam-DEA 有效性与相应的多目标规划 Pareto 有效解之间的关系. 进而, 分析了决策单元在样本可能集中的分布特征、投影性质和模型含义等问题, (Sam-C^2W) 模型不仅具有传统 C^2W 模型的全部性质, 而且还能依据任意指定的参考单元集进行评价. 本章内容主要取材于文献 [1].

数据包络分析自 1978 年由 Charnes 等[2] 提出以来, 已在许多领域得到成功应用和快速发展[3~5], 其中 C^2W 模型 [6] 是第一个非线性的 DEA 模型 —— 半无限规划的 DEA 模型, 文献 [7] 指出 C^2W 模型提出了一个精美的研究结构, 而且对 DEA 随机背景的进一步研究提出了一个简明、完好的分析基础. 传统 DEA 方法是以所有决策单元的输入输出数据为观测点, 采用变化权重的方法对决策单元进行评价, 提供的信息是以所有决策单元自身为参照而给出的. 但现实中的许多问题, 如国际标准认证、企业改革与试点、考试录取、体育达标等, 它们在评价中选择的 "参照集" 可能并不是被评价对象本身, 而是另外指定的单元或标准. 如果将评价的参照集分成 "决策单元集" 和 "非决策单元集" 两类, 那么传统的 DEA 方法只能给出相对于决策单元集的信息, 而无法依据任何非决策单元集进行评价[8], 这使得 DEA 方法在众多评价问题中的应用受到限制. 针对传统 DEA 方法无法依据指定参考集提供评价信息的弱点, 给出了包含无穷多个样本单元的广义 DEA 方法. 该方法以样本单元为 "参照物", 以决策单元为研究对象来构造模型, 它不仅具有传统 DEA 方法 (C^2W) 的全部性质和特征, 而且还有许多独特的优点. 这主要表现在以下几个方面:

(1) DEA 方法依据 "有效生产前沿面" 提供决策信息, 广义 DEA 方法依据 "样本数据包络面" 来提供决策信息, 而 "样本数据包络面" 除了包含 "有效生产前沿面" 之外, 还有更加广泛的含义和应用背景.

(2) 原有的 DEA 模型只能依据决策单元进行评价, 而广义 DEA 方法能依据任何单元进行评价. 并且可以证明 C^2R 模型、BC^2 模型、FG 模型、ST 模型、C^2W 模型都是 (Sam-C^2W) 模型的特例.

(3) 现有的 DEA 模型对有效单元能给出的信息较少, 而 (Sam-C^2W) 模型可以对 DEA 有效单元给出进一步的信息.

(4) 从该方法出发, 可以在择优排序[9]、风险评估[10,11]、评价组合效率[12,13] 等许多方面给出更为有效的分析方法. 例如, 应用该方法不仅可以将传统的 F-N 曲线分析方法推广到 n 维空间, 而且可以通过构造各种风险数据包络面来划分风险区域、预测风险大小以及给出风险状况综合排序[14] 等.

5.1 基于 C²W 模型的广义 DEA 方法

假设有若干个决策单元, 它们的特征可由 m 种输入和 s 种输出指标表示, 对某个决策单元 $\tau \in C$, 它的输入指标值为

$$\boldsymbol{X}(\tau) = (X_1(\tau), X_2(\tau), \cdots, X_m(\tau))^{\mathrm{T}},$$

输出指标值为

$$\boldsymbol{Y}(\tau) = (Y_1(\tau), Y_2(\tau), \cdots, Y_s(\tau))^{\mathrm{T}},$$

其中 C 为决策单元的集合,

$$(\boldsymbol{X}(\tau), \boldsymbol{Y}(\tau)) > \boldsymbol{0}.$$

令

$$T_{\mathrm{DMU}} = \{(\boldsymbol{X}(\tau), \boldsymbol{Y}(\tau)) | \tau \in C\},$$

称之为决策单元集.

如果考察决策单元之间的相对有效性, 则可以应用传统的 DEA 方法进行分析, 但如果要考察决策单元和某些特定对象 (如某种标准, 这里称为样本单元) 比较的信息, 那么如何进行分析呢? 针对该类问题, 以下提出了基于样本单元评价的广义 DEA 方法.

5.1.1 样本生产可能集构造与广义 DEA 有效性的定义

假设有若干样本单元或样本点 (以下统称样本单元), 它们和决策单元具有相同的特征, 属于同类单元, 并且对某个样本单元 $\bar{\tau} \in \bar{C}$, 它的输入指标值为

$$\bar{\boldsymbol{X}}(\bar{\tau}) = (\bar{X}_1(\bar{\tau}), \bar{X}_2(\bar{\tau}), \cdots, \bar{X}_m(\bar{\tau}))^{\mathrm{T}},$$

输出指标值为

$$\bar{\boldsymbol{Y}}(\bar{\tau}) = (\bar{Y}_1(\bar{\tau}), \bar{Y}_2(\bar{\tau}), \cdots, \bar{Y}_s(\bar{\tau}))^{\mathrm{T}},$$

其中 $\bar{C}$ 为样本单元的集合 (它为有界闭集, 有限或无限),

$$(\bar{\boldsymbol{X}}(\bar{\tau}), \bar{\boldsymbol{Y}}(\bar{\tau})) > \boldsymbol{0}.$$

令

$$T^* = \{(\bar{X}(\bar{\tau}), \bar{Y}(\bar{\tau})) | \bar{\tau} \in \bar{C}\},$$

称 T^* 为样本单元集.

根据 DEA 方法[2,15~17] 构造生产可能集的思想, 样本单元确定的生产可能集 T 可表示如下:

$$T = \left\{ (\boldsymbol{X}, \boldsymbol{Y}) \left| \boldsymbol{X} \geqq \sum_{\bar{\tau} \in \bar{C}} \bar{X}(\bar{\tau}) \lambda(\bar{\tau}), \boldsymbol{Y} \leqq \sum_{\bar{\tau} \in \bar{C}} \bar{Y}(\bar{\tau}) \lambda(\bar{\tau}) \right., \right.$$
$$\left. \delta_1 \left(\sum_{\bar{\tau} \in \bar{C}} \lambda(\bar{\tau}) - \delta_2 (-1)^{\delta_3} \tilde{\lambda} \right) = \delta_1, \lambda(\bar{\tau}) \geqq 0, \forall \bar{\tau} \in \bar{C}, \tilde{\lambda} \geqq 0 \right\},$$

其中

$$\lambda(\bar{\tau}) \in E^1, \quad \boldsymbol{\lambda} = [\lambda(\bar{\tau}) : \bar{\tau} \in \bar{C}] \in S,$$

S 为广义有限序列空间, 其中 $\boldsymbol{\lambda}$ 只有有限多个不为零的分量, $\delta_1, \delta_2, \delta_3$ 是取值为 0, 1 的参数. 以下对 $\boldsymbol{\lambda}$ 均有此限制, 不再一一注释.

令

$$T(d) = \left\{ (\boldsymbol{X}, \boldsymbol{Y}) \left| \boldsymbol{X} \geqq \sum_{\bar{\tau} \in \bar{C}} \bar{X}(\bar{\tau}) \lambda(\bar{\tau}), \boldsymbol{Y} \leqq \sum_{\bar{\tau} \in \bar{C}} d\bar{Y}(\bar{\tau}) \lambda(\bar{\tau}) \right., \right.$$
$$\left. \delta_1 \left(\sum_{\bar{\tau} \in \bar{C}} \lambda(\bar{\tau}) - \delta_2 (-1)^{\delta_3} \tilde{\lambda} \right) = \delta_1, \lambda(\bar{\tau}) \geqq 0, \forall \bar{\tau} \in \bar{C}, \tilde{\lambda} \geqq 0 \right\},$$

称 $T(d)$ 为样本单元确定的生产可能集 T 的伴随生产可能集, 其中 d 为一个正数, 称为移动因子.

定义 5.1　如果不存在 $(\boldsymbol{X}, \boldsymbol{Y}) \in T$, 使得

$$\boldsymbol{X}(\tau) \geqq \boldsymbol{X}, \quad \boldsymbol{Y}(\tau) \leqq \boldsymbol{Y},$$

并且至少有一个不等式严格成立, 则称决策单元相对于样本生产前沿面有效, 简称 Sam-DEA 有效; 反之, 称为 Sam-DEA 无效.

定义 5.2　如果不存在

$$(\boldsymbol{X}, \boldsymbol{Y}) \in T(d),$$

使得

$$\boldsymbol{X}(\tau) \geqq \boldsymbol{X}, \quad \boldsymbol{Y}(\tau) \leqq \boldsymbol{Y},$$

并且至少有一个不等式严格成立, 则称决策单元相对于样本生产前沿面的 d 移动有效; 简称 Sam-DEA$_d$ 有效; 反之, 称为 Sam-DEA$_d$ 无效.

5.1.2 基于 $\mathrm{C}^2\mathrm{W}$ 模型的广义 DEA 模型

根据 Sam-DEA 有效与 Sam-DEA$_d$ 有效的概念, 构造了以下 (Sam-$\mathrm{C}^2\mathrm{W}$) 模型和它的对偶模型 (DSam-$\mathrm{C}^2\mathrm{W}$):

$$(\text{Sam-C}^2\text{W})\begin{cases} \max & (\boldsymbol{\mu}^{\mathrm{T}}\boldsymbol{Y}(\tau) + \delta_1\mu_0) = V(d), \\ \text{s.t.} & \boldsymbol{\omega}^{\mathrm{T}}\bar{\boldsymbol{X}}(\bar{\tau}) - \boldsymbol{\mu}^{\mathrm{T}}d\bar{\boldsymbol{Y}}(\bar{\tau}) - \delta_1\mu_0 \geqq 0, \quad \bar{\tau} \in \bar{C}, \\ & \delta_1\delta_2(-1)^{\delta_3}\mu_0 \geqq 0, \\ & \boldsymbol{\omega}^{\mathrm{T}}\boldsymbol{X}(\tau) = 1, \\ & \boldsymbol{\omega} \geqq \boldsymbol{0}, \boldsymbol{\mu} \geqq \boldsymbol{0}, \end{cases}$$

$$(\text{DSam-C}^2\text{W})\begin{cases} \min & \theta = D(d), \\ \text{s.t.} & \theta\boldsymbol{X}(\tau) - \sum_{\bar{\tau}\in\bar{C}}\bar{\boldsymbol{X}}(\bar{\tau})\lambda(\bar{\tau}) \geqq \boldsymbol{0}, \\ & -\boldsymbol{Y}(\tau) + \sum_{\bar{\tau}\in\bar{C}}d\bar{\boldsymbol{Y}}(\bar{\tau})\lambda(\bar{\tau}) \geqq \boldsymbol{0}, \\ & \delta_1\left(\sum_{\bar{\tau}\in\bar{C}}\lambda(\bar{\tau}) - \delta_2(-1)^{\delta_3}\tilde{\lambda}\right) = \delta_1, \\ & \lambda(\bar{\tau}) \geqq 0, \bar{\tau} \in \bar{C}, \tilde{\lambda} \geqq 0, \theta \in E^1, \end{cases}$$

其中 d 为一个正数, 称为移动因子,

$$\boldsymbol{\omega} = (\omega_1, \omega_2, \cdots, \omega_m)^{\mathrm{T}},$$

$$\boldsymbol{\mu} = (\mu_1, \mu_2, \cdots, \mu_s)^{\mathrm{T}}$$

为一组变量, $\delta_1, \delta_2, \delta_3$ 是可以取值为 $0, 1$ 的参数.

定理 5.1 设 $(\bar{\boldsymbol{X}}(\bar{\tau}), \bar{\boldsymbol{Y}}(\bar{\tau}))(\bar{\tau} \in \bar{C})$ 为连续的向量函数, $\bar{C}$ 为有界闭集, 则 $(\boldsymbol{X}(\tau), \boldsymbol{Y}(\tau))$ 为 Sam-DEA$_d$ 无效当且仅当规划 (DSam-$\mathrm{C}^2\mathrm{W}$) 存在可行解

$$\bar{\lambda}(\bar{\tau}), \bar{\tau} \in \bar{C}, \quad \hat{\lambda}, \quad \hat{\theta},$$

使得

$$\boldsymbol{X}(\tau) - \sum_{\bar{\tau}\in\bar{C}}\bar{\boldsymbol{X}}(\bar{\tau})\bar{\lambda}(\bar{\tau}) \geqq \boldsymbol{0},$$

$$-\boldsymbol{Y}(\tau) + \sum_{\bar{\tau} \in \bar{C}} d\bar{\boldsymbol{Y}}(\bar{\tau})\bar{\lambda}(\bar{\tau}) \geqq \boldsymbol{0},$$

并且至少有一个不等式严格成立.

证明 ⇒ 若 $(\boldsymbol{X}(\tau), \boldsymbol{Y}(\tau))$ 相对于 $T(d)$ 是 Sam-DEA$_d$ 无效的, 则由定义 5.2 可知, 存在

$$(\bar{\lambda}(\bar{\tau}), \forall \bar{\tau} \in \bar{C}, \hat{\lambda}) \geqq \boldsymbol{0},$$

使得

$$\boldsymbol{X}(\tau) \geqq \sum_{\bar{\tau} \in \bar{C}} \bar{\boldsymbol{X}}(\bar{\tau})\bar{\lambda}(\bar{\tau}), \quad \boldsymbol{Y}(\tau) \leqq \sum_{\bar{\tau} \in \bar{C}} d\bar{\boldsymbol{Y}}(\bar{\tau})\bar{\lambda}(\bar{\tau}),$$

$$\delta_1 \left(\sum_{\bar{\tau} \in \bar{C}} \bar{\lambda}(\bar{\tau}) - \delta_2 (-1)^{\delta_3} \hat{\lambda} \right) = \delta_1,$$

并且其中至少有一个不等式严格成立. 移项即有

$$\boldsymbol{X}(\tau) - \sum_{\bar{\tau} \in \bar{C}} \bar{\boldsymbol{X}}(\bar{\tau})\bar{\lambda}(\bar{\tau}) \geqq \boldsymbol{0}, \quad -\boldsymbol{Y}(\tau) + \sum_{\bar{\tau} \in \bar{C}} d\bar{\boldsymbol{Y}}(\bar{\tau})\bar{\lambda}(\bar{\tau}) \geqq \boldsymbol{0},$$

$$\delta_1 \left(\sum_{\bar{\tau} \in \bar{C}} \bar{\lambda}(\bar{\tau}) - \delta_2 (-1)^{\delta_3} \hat{\lambda} \right) = \delta_1,$$

并且其中至少有一个不等式严格成立. 令 $\hat{\theta} = 1$, 则可知 $\bar{\lambda}(\bar{\tau})(\bar{\tau} \in \bar{C}), \hat{\lambda}, \hat{\theta}$ 是 (DSam-C^{2}W) 的可行解.

⇐ 假设 (DSam-C^{2}W) 存在可行解 $\bar{\lambda}(\bar{\tau})(\bar{\tau} \in \bar{C}), \hat{\lambda}, \hat{\theta}$, 使得

$$\boldsymbol{X}(\tau) - \sum_{\bar{\tau} \in \bar{C}} \bar{\boldsymbol{X}}(\bar{\tau})\bar{\lambda}(\bar{\tau}) \geqq \boldsymbol{0}, \quad -\boldsymbol{Y}(\tau) + \sum_{\bar{\tau} \in \bar{C}} d\bar{\boldsymbol{Y}}(\bar{\tau})\bar{\lambda}(\bar{\tau}) \geqq \boldsymbol{0},$$

$$\delta_1 \left(\sum_{\bar{\tau} \in \bar{C}} \bar{\lambda}(\bar{\tau}) - \delta_2 (-1)^{\delta_3} \hat{\lambda} \right) = \delta_1,$$

并且其中至少有一个不等式严格成立, 于是可知

$$\boldsymbol{X}(\tau) \geqq \sum_{\bar{\tau} \in \bar{C}} \bar{\boldsymbol{X}}(\bar{\tau})\bar{\lambda}(\bar{\tau}),$$

$$\boldsymbol{Y}(\tau) \leqq \sum_{\bar{\tau} \in \bar{C}} d\bar{\boldsymbol{Y}}(\bar{\tau})\bar{\lambda}(\bar{\tau}),$$

并且至少有一个不等式严格成立. 由于

$$\left(\sum_{\bar{\tau} \in \bar{C}} \bar{\boldsymbol{X}}(\bar{\tau})\bar{\lambda}(\bar{\tau}), \sum_{\bar{\tau} \in \bar{C}} d\bar{\boldsymbol{Y}}(\bar{\tau})\bar{\lambda}(\bar{\tau}) \right) \in T(d),$$

故由定义 5.2 可知, $(\boldsymbol{X}(\tau), \boldsymbol{Y}(\tau))$ 是 Sam-DEA$_d$ 无效的. 证毕.

考虑定理 5.1 的逆否命题, 即得推论 5.1.

推论 5.1 设 $(\bar{\boldsymbol{X}}(\bar{\tau}), \bar{\boldsymbol{Y}}(\bar{\tau}))(\bar{\tau} \in \bar{C})$ 为连续的向量函数, $\bar{C}$ 为有界闭集, 则 $(\boldsymbol{X}(\tau), \boldsymbol{Y}(\tau))$ 为 Sam-DEA$_d$ 有效当且仅当规划 (DSam-C²W) 不存在可行解

$$\bar{\lambda}(\bar{\tau}), \bar{\tau} \in \bar{C}, \quad \hat{\lambda}, \quad \hat{\theta},$$

满足

$$\boldsymbol{X}(\tau) - \sum_{\bar{\tau} \in \bar{C}} \bar{\boldsymbol{X}}(\bar{\tau}) \bar{\lambda}(\bar{\tau}) \geqslant \mathbf{0} \quad \text{或} \quad -\boldsymbol{Y}(\tau) + \sum_{\bar{\tau} \in \bar{C}} d \bar{\boldsymbol{Y}}(\bar{\tau}) \bar{\lambda}(\bar{\tau}) \geqslant \mathbf{0}.$$

由于 (DSam-C²W) 存在无可行解的情况, 同时, 应用该模型探讨广义 DEA 方法与传统 DEA 方法之间的关系并不直接, 因此, 构造了以下两个模型:

$$(\text{S-C}^2\text{W}) \begin{cases} \max \quad (\boldsymbol{\mu}^{\mathrm{T}} \boldsymbol{Y}(\tau) + \delta_1 \mu_0) = V'(d), \\ \text{s.t.} \quad \boldsymbol{\omega}^{\mathrm{T}} \boldsymbol{X}(\tau) - \boldsymbol{\mu}^{\mathrm{T}} \boldsymbol{Y}(\tau) - \delta_1 \mu_0 \geqq 0, \\ \qquad \boldsymbol{\omega}^{\mathrm{T}} \bar{\boldsymbol{X}}(\bar{\tau}) - \boldsymbol{\mu}^{\mathrm{T}} d \bar{\boldsymbol{Y}}(\bar{\tau}) - \delta_1 \mu_0 \geqq 0, \quad \bar{\tau} \in \bar{C}, \\ \qquad \delta_1 \delta_2 (-1)^{\delta_3} \mu_0 \geqq 0, \\ \qquad \boldsymbol{\omega}^{\mathrm{T}} \boldsymbol{X}(\tau) = 1, \\ \qquad \boldsymbol{\omega} \geqq \mathbf{0}, \boldsymbol{\mu} \geqq \mathbf{0}, \end{cases}$$

$$(\text{DS-C}^2\text{W}) \begin{cases} \min \quad \hat{\theta} = D'(d), \\ \text{s.t.} \quad \boldsymbol{X}(\tau)(\hat{\theta} - \lambda(\tau)) - \sum_{\bar{\tau} \in \bar{C}} \bar{\boldsymbol{X}}(\bar{\tau}) \lambda(\bar{\tau}) \geqq \mathbf{0}, \\ \qquad \boldsymbol{Y}(\tau)(\lambda(\tau) - 1) + \sum_{\bar{\tau} \in \bar{C}} d \bar{\boldsymbol{Y}}(\bar{\tau}) \lambda(\bar{\tau}) \geqq \mathbf{0}, \\ \qquad \delta_1 \left(\sum_{\bar{\tau} \in \bar{C}} \lambda(\bar{\tau}) + \lambda(\tau) - \delta_2 (-1)^{\delta_3} \tilde{\lambda} \right) = \delta_1, \\ \qquad \lambda(\bar{\tau}) \geqq 0, \forall \bar{\tau} \in \bar{C}, \lambda(\tau) \geqq 0, \tilde{\lambda} \geqq 0, \hat{\theta} \in E^1. \end{cases}$$

令

$$T'(d) = \left\{ (\boldsymbol{X}, \boldsymbol{Y}) \,\middle|\, \boldsymbol{X} \geqq \boldsymbol{X}(\tau) \lambda(\tau) + \sum_{\bar{\tau} \in \bar{C}} \bar{\boldsymbol{X}}(\bar{\tau}) \lambda(\bar{\tau}) \,, \boldsymbol{Y} \leqq \boldsymbol{Y}(\tau) \lambda(\tau) + \sum_{\bar{\tau} \in \bar{C}} d \bar{\boldsymbol{Y}}(\bar{\tau}) \lambda(\bar{\tau}), \right.$$

$$\left. \delta_1 \left(\sum_{\bar{\tau} \in \bar{C}} \lambda(\bar{\tau}) + \lambda(\tau) - \delta_2 (-1)^{\delta_3} \tilde{\lambda} \right) = \delta_1, (\lambda(\bar{\tau}), \forall \bar{\tau} \in \bar{C}, \lambda(\tau), \tilde{\lambda}) \geqq \mathbf{0} \right\},$$

称 $T'(d)$ 为 $T(d)$ 的扩展可能集.

定理 5.2　规划 (S-C²W), (DS-C²W) 都存在可行解.

证明　对 (S-C²W), 令

$$\bar{\boldsymbol{\omega}} = \frac{\boldsymbol{X}(\tau)}{\|\boldsymbol{X}(\tau)\|^2}, \quad \bar{\boldsymbol{\mu}} = (0, 0, \cdots, 0)^{\mathrm{T}}, \quad \bar{\mu}_0 = 0,$$

则 $(\bar{\boldsymbol{\omega}}, \bar{\boldsymbol{\mu}}, \bar{\mu}_0)$ 为 (S-C²W) 的可行解.

对 (DS-C²W), 令

$$\lambda(\tau) = 1, \quad \hat{\theta} = 1, \quad \lambda(\bar{\tau}) = 0, \quad \bar{\tau} \in \bar{C}, \quad \tilde{\lambda} = 0,$$

则 $(\lambda(\tau), \hat{\theta}, \lambda(\bar{\tau})(\bar{\tau} \in \bar{C}), \tilde{\lambda})$ 为 (DS-C²W) 的可行解. 证毕.

定理 5.3　设 $(\bar{\boldsymbol{X}}(\bar{\tau}), \bar{\boldsymbol{Y}}(\bar{\tau}))(\bar{\tau} \in \bar{C})$ 为连续的向量函数, $\bar{C}$ 为有界闭集, 则 $(\boldsymbol{X}(\tau), \boldsymbol{Y}(\tau))$ 为 Sam-DEA$_d$ 有效当且仅当 (DS-C²W) 的最优值

$$D'(d) = 1,$$

并且对每个最优解都有

$$\boldsymbol{X}(\tau)(1 - \lambda(\tau)) - \sum_{\bar{\tau} \in \bar{C}} \bar{\boldsymbol{X}}(\bar{\tau})\lambda(\bar{\tau}) = \boldsymbol{0},$$

$$\boldsymbol{Y}(\tau)(\lambda(\tau) - 1) + \sum_{\bar{\tau} \in \bar{C}} d\bar{\boldsymbol{Y}}(\bar{\tau})\lambda(\bar{\tau}) = \boldsymbol{0}.$$

证明　⇒　以下分两种情况讨论:

(1) 若 (DS-C²W) 的最优值为

$$D'(d) \neq 1,$$

则由定理 5.2 可知, (DS-C²W) 存在可行解

$$\lambda(\bar{\tau}) \geqq 0, \forall \bar{\tau} \in \bar{C}, \quad \lambda(\tau) \geqq 0, \quad \tilde{\lambda} \geqq 0, \quad \hat{\theta} < 1,$$

满足

$$\boldsymbol{X}(\tau)(1 - \lambda(\tau)) - \sum_{\bar{\tau} \in \bar{C}} \bar{\boldsymbol{X}}(\bar{\tau})\lambda(\bar{\tau}) \geqq \boldsymbol{0},$$

$$\boldsymbol{Y}(\tau)(\lambda(\tau) - 1) + \sum_{\bar{\tau} \in \bar{C}} d\bar{\boldsymbol{Y}}(\bar{\tau})\lambda(\bar{\tau}) \geqq \boldsymbol{0}. \tag{5.1}$$

下证 $\lambda(\tau) < 1$.

假设
$$\lambda(\tau) > 1,$$

于是有
$$\boldsymbol{X}(\tau)(1 - \lambda(\tau)) - \sum_{\bar{\tau} \in \bar{C}} \bar{\boldsymbol{X}}(\bar{\tau})\lambda(\bar{\tau}) < \boldsymbol{0},$$

矛盾.

假设
$$\lambda(\tau) = 1,$$

于是有
$$\sum_{\bar{\tau} \in \bar{C}} \bar{\boldsymbol{X}}(\bar{\tau})\lambda(\bar{\tau}) \leqslant \boldsymbol{0},$$

这与
$$\sum_{\bar{\tau} \in \bar{C}} \bar{\boldsymbol{X}}(\bar{\tau})\lambda(\bar{\tau}) \geqq \boldsymbol{0}$$

矛盾. 因此,
$$\lambda(\tau) < 1.$$

由 (5.1) 可得
$$\boldsymbol{X}(\tau) \geqslant \sum_{\bar{\tau} \in \bar{C}} \bar{\boldsymbol{X}}(\bar{\tau})\frac{\lambda(\bar{\tau})}{1 - \lambda(\tau)},$$

$$\boldsymbol{Y}(\tau) \leqq \sum_{\bar{\tau} \in \bar{C}} d\bar{\boldsymbol{Y}}(\bar{\tau})\frac{\lambda(\bar{\tau})}{1 - \lambda(\tau)}.$$

由于
$$\delta_1 \left(\sum_{\bar{\tau} \in \bar{C}} \frac{\lambda(\bar{\tau})}{1 - \lambda(\tau)} + \frac{\lambda(\tau)}{1 - \lambda(\tau)} - \delta_2(-1)^{\delta_3}\frac{\tilde{\lambda}}{1 - \lambda(\tau)} \right) = \delta_1 \frac{1}{1 - \lambda(\tau)},$$

故有
$$\delta_1 \left(\sum_{\bar{\tau} \in \bar{C}} \frac{\lambda(\bar{\tau})}{1 - \lambda(\tau)} - \delta_2(-1)^{\delta_3}\frac{\tilde{\lambda}}{1 - \lambda(\tau)} \right) = \delta_1,$$

从而
$$\left(\sum_{\bar{\tau} \in \bar{C}} \bar{\boldsymbol{X}}(\bar{\tau})\frac{\lambda(\bar{\tau})}{1 - \lambda(\tau)}, \sum_{\bar{\tau} \in \bar{C}} d\bar{\boldsymbol{Y}}(\bar{\tau})\frac{\lambda(\bar{\tau})}{1 - \lambda(\tau)} \right) \in T(d),$$

所以 $(\boldsymbol{X}(\tau), \boldsymbol{Y}(\tau))$ 为 Sam-DEA$_d$ 无效. 矛盾! 故

$$D'(d) = 1.$$

(2) 若 (DS-C^{2}W) 存在最优解

$$\lambda(\bar{\tau}), \forall \bar{\tau} \in \bar{C}, \quad \lambda(\tau), \quad \tilde{\lambda}, \quad \hat{\theta},$$

使得

$$\boldsymbol{X}(\tau)(1 - \lambda(\tau)) - \sum_{\bar{\tau} \in \bar{C}} \bar{\boldsymbol{X}}(\bar{\tau})\lambda(\bar{\tau}) \neq \boldsymbol{0}$$

或

$$\boldsymbol{Y}(\tau)(\lambda(\tau) - 1) + \sum_{\bar{\tau} \in \bar{C}} d\bar{\boldsymbol{Y}}(\bar{\tau})\lambda(\bar{\tau}) \neq \boldsymbol{0},$$

则有

$$\boldsymbol{X}(\tau)(1 - \lambda(\tau)) - \sum_{\bar{\tau} \in \bar{C}} \bar{\boldsymbol{X}}(\bar{\tau})\lambda(\bar{\tau}) \geqq \boldsymbol{0},$$

$$\boldsymbol{Y}(\tau)(\lambda(\tau) - 1) + \sum_{\bar{\tau} \in \bar{C}} d\bar{\boldsymbol{Y}}(\bar{\tau})\lambda(\bar{\tau}) \geqq \boldsymbol{0},$$

并且至少有一个不等式严格成立. 类似 (1) 的证明, 即得

$$\boldsymbol{X}(\tau) \geqq \sum_{\bar{\tau} \in \bar{C}} \bar{\boldsymbol{X}}(\bar{\tau}) \frac{\lambda(\bar{\tau})}{1 - \lambda(\tau)},$$

$$\boldsymbol{Y}(\tau) \leqq \sum_{\bar{\tau} \in \bar{C}} d\bar{\boldsymbol{Y}}(\bar{\tau}) \frac{\lambda(\bar{\tau})}{1 - \lambda(\tau)},$$

并且至少有一个不等式严格成立, 故 $(\boldsymbol{X}(\tau), \boldsymbol{Y}(\tau))$ 为 Sam-DEA$_d$ 无效. 矛盾!

$\Leftarrow$　假设 $(\boldsymbol{X}(\tau), \boldsymbol{Y}(\tau))$ 为 Sam-DEA$_d$ 无效, 则存在

$$(\boldsymbol{X}, \boldsymbol{Y}) \in T(d),$$

使得

$$\boldsymbol{X}(\tau) \geqq \boldsymbol{X}, \quad \boldsymbol{Y}(\tau) \leqq \boldsymbol{Y},$$

并且至少有一个不等式严格成立. 由于

$$(\boldsymbol{X}, \boldsymbol{Y}) \in T(d),$$

故存在

$$(\lambda'(\bar{\tau}), \forall \bar{\tau} \in \bar{C}, \tilde{\lambda}') \geqq \boldsymbol{0},$$

满足

$$\delta_1 \left(\sum_{\bar\tau \in \bar C} \lambda'(\bar\tau) - \delta_2(-1)^{\delta_3} \tilde\lambda' \right) = \delta_1,$$

$$\boldsymbol{X} \geqq \sum_{\bar\tau \in \bar C} \bar{\boldsymbol{X}}(\bar\tau)\lambda'(\bar\tau), \quad \boldsymbol{Y} \leqq \sum_{\bar\tau \in \bar C} d\bar{\boldsymbol{Y}}(\bar\tau)\lambda'(\bar\tau).$$

因此,

$$\boldsymbol{X}(\tau) \geqq \boldsymbol{X} \geqq \sum_{\bar\tau \in \bar C} \bar{\boldsymbol{X}}(\bar\tau)\lambda'(\bar\tau),$$

$$\boldsymbol{Y}(\tau) \leqq \boldsymbol{Y} \leqq \sum_{\bar\tau \in \bar C} d\bar{\boldsymbol{Y}}(\bar\tau)\lambda'(\bar\tau),$$

并且至少有一个不等式严格成立.

令

$$\lambda'(\tau) = 0,$$

则

$$\lambda'(\bar\tau), \forall \bar\tau \in \bar C, \quad \lambda'(\tau), \quad \tilde\lambda'$$

满足

$$\delta_1 \left(\sum_{\bar\tau \in \bar C} \lambda'(\bar\tau) + \lambda'(\tau) - \delta_2(-1)^{\delta_3} \tilde\lambda' \right) = \delta_1,$$

$$\boldsymbol{X}(\tau)(1 - \lambda'(\tau)) - \sum_{\bar\tau \in \bar C} \bar{\boldsymbol{X}}(\bar\tau)\lambda'(\bar\tau) \geqq \boldsymbol{0}, \quad \boldsymbol{Y}(\tau)(\lambda'(\tau) - 1) + \sum_{\bar\tau \in \bar C} d\bar{\boldsymbol{Y}}(\bar\tau)\lambda'(\bar\tau) \geqq \boldsymbol{0},$$

并且至少有一个不等式严格成立.

令

$$\theta' = 1,$$

显然,

$$\lambda'(\bar\tau), \forall \bar\tau \in \bar C, \quad \lambda'(\tau), \quad \tilde\lambda', \quad \theta'$$

是 (DS-C^{2}W) 的一个可行解, 因此 (DS-C^{2}W) 的最优值小于等于 1, 若 (DS-C^{2}W) 的最优值等于 1, 则

$$\lambda'(\bar\tau), \forall \bar\tau \in \bar C, \quad \lambda'(\tau), \quad \tilde\lambda', \quad \theta'$$

也是 (DS-C^{2}W) 的最优解. 这与已知矛盾. 证毕.

因为通过变量替换, (DS-C^{2}W) 模型在形式上可以转化成传统 DEA 模型 (C^{2}W) 的形式, 这样以 (DS-C^{2}W) 模型为桥梁就可以得到 Sam-DEA$_d$ 有效性的许多性质.

5.2　基于 C²W 模型的广义 DEA 方法
与传统 DEA 方法的关系

5.2.1　广义 DEA 方法与传统 DEA 方法的区别

广义 DEA 方法与传统 DEA 方法之间存在着明显的不同, 最直接的区分办法是看决策的 "参考集". 传统的 DEA 方法评价的是决策单元之间的相对有效性, 这时参考集等于决策单元集. 而广义 DEA 方法要获得的是决策单元和某些事先确定的样本单元比较的信息, 这时参考集与决策单元的关系可能是包含、相等、相交或无关. 例如, 在图 5.1 中, 给出了决策单元集 A 与样本单元集 B_1, B_2, B_3 之间的几种可能关系.

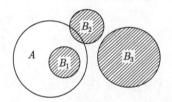

图 5.1　决策单元集与样本单元集的关系

传统 DEA 方法只能依据 A 提供信息, 而广义 DEA 方法可以分别依据 A, B_1, B_2, B_3 来提供信息.

那么, 为什么要把决策单元与样本单元进行比较呢? 这是因为在某些决策过程中, 决策者除了需要一个决策单元和其他决策单元比较的信息之外, 也需要该单元与决策单元之外单元比较的信息.

例如,

(1) 几个参与国际竞争的企业, 除自己内部之间比较外, 还需要和国际样板企业和标准比较.

(2) 在由计划经济向市场经济转型时, 不是看哪个企业有效, 而是要寻找按市场经济配置的改革样板进行学习.

(3) 和每个单元进行比较不仅浪费时间和资源, 而且有些比较可能是没有意义的. 有时和熟知的企业或行业标准比较, 可能获得的信息会更多.

由上面的比较可以看出, 传统的 DEA 方法构造的生产可能集是由决策单元自身构成的, 而广义 DEA 方法使用样本单元构造生产可能集, 实现了评价对象与比对标准的分离, 因而前者的比较对象是随机的、不可控制, 而后者可以根据决策者的需要来自主选择参考集, 更能得到符合决策者要求的信息.

5.2.2 广义 DEA 方法与传统 DEA 方法的联系

广义 DEA 方法与传统 DEA 方法之间存在紧密的联系, 模型 (Sam-C²W) 实际上包含了许多传统的 DEA 模型 (C²R 模型[2]、BC² 模型[15]、FG 模型[16]、ST 模型[17]、C²W 模型[6]), 这可以从 DEA 模型和 DEA 生产可能集两个方面得到体现.

(1) 当

$$T_{\mathrm{DMU}} = T^*, \quad \bar{C} = \{j | j = 1, 2, \cdots, n\}, \quad \delta_1 - 0, \quad d - 1$$

时, (Sam-C²W) 模型为 C²R 模型,

$$(\mathrm{P_{C^2R}}) \begin{cases} \max \quad \boldsymbol{\mu}^{\mathrm{T}} \boldsymbol{Y}_0, \\ \mathrm{s.t.} \quad \boldsymbol{\omega}^{\mathrm{T}} \boldsymbol{X}_j - \boldsymbol{\mu}^{\mathrm{T}} \boldsymbol{Y}_j \geqq 0, \quad j = 1, 2, \cdots, n, \\ \boldsymbol{\omega}^{\mathrm{T}} \boldsymbol{X}_0 = 1, \\ \boldsymbol{\omega} \geqq \mathbf{0}, \boldsymbol{\mu} \geqq \mathbf{0}, \end{cases}$$

$$(\mathrm{D_{C^2R}}) \begin{cases} \min \quad \theta, \\ \mathrm{s.t.} \quad \sum_{j=1}^n \boldsymbol{X}_j \lambda_j \leqq \theta \boldsymbol{X}_0, \\ \sum_{j=1}^n \boldsymbol{Y}_j \lambda_j \geqq \boldsymbol{Y}_0, \\ \lambda_j \geqq 0, \quad j = 1, 2, \cdots, n, \end{cases}$$

$$T = \left\{ (\boldsymbol{X}, \boldsymbol{Y}) \middle| \sum_{j=1}^n \boldsymbol{X}_j \lambda_j \leqq \boldsymbol{X}, \sum_{j=1}^n \boldsymbol{Y}_j \lambda_j \geqq \boldsymbol{Y}, \lambda_j \geqq 0, j = 1, 2, \cdots, n \right\}$$

为 C²R 模型对应的生产可能集.

(2) 当

$$T_{\mathrm{DMU}} = T^*, \quad \bar{C} = \{j | j = 1, 2, \cdots, n\}, \quad \delta_1 = 1, \delta_2 = 0, \quad d = 1$$

时, (Sam-C²W) 模型为 BC² 模型,

$$(\mathrm{P_{BC^2}}) \begin{cases} \max \quad (\boldsymbol{\mu}^{\mathrm{T}} \boldsymbol{Y}_0 + \mu_0), \\ \mathrm{s.t.} \quad \boldsymbol{\omega}^{\mathrm{T}} \boldsymbol{X}_j - \boldsymbol{\mu}^{\mathrm{T}} \boldsymbol{Y}_j - \mu_0 \geqq 0, \quad j = 1, 2, \cdots, n, \\ \boldsymbol{\omega}^{\mathrm{T}} \boldsymbol{X}_0 = 1, \\ \boldsymbol{\omega} \geqq \mathbf{0}, \boldsymbol{\mu} \geqq \mathbf{0}, \end{cases}$$

$$(\mathrm{D_{BC^2}}) \begin{cases} \min \quad \theta, \\ \text{s.t.} \quad \displaystyle\sum_{j=1}^{n} \boldsymbol{X}_j \lambda_j \leqq \theta \boldsymbol{X}_0, \\ \displaystyle\sum_{j=1}^{n} \boldsymbol{Y}_j \lambda_j \geqq \boldsymbol{Y}_0, \\ \displaystyle\sum_{j=1}^{n} \lambda_j = 1, \\ \lambda_j \geqq 0, \quad j = 1, 2, \cdots, n, \end{cases}$$

$$T = \left\{ (\boldsymbol{X}, \boldsymbol{Y}) \,\middle|\, \sum_{j=1}^{n} \boldsymbol{X}_j \lambda_j \leqq \boldsymbol{X}, \sum_{j=1}^{n} \boldsymbol{Y}_j \lambda_j \geqq \boldsymbol{Y}, \sum_{j=1}^{n} \lambda_j = 1, \lambda_j \geqq 0, j = 1, 2, \cdots, n \right\}$$

为 $\mathrm{BC^2}$ 模型对应的生产可能集.

(3) 当

$$T_{\mathrm{DMU}} = T^*, \quad \bar{C} = \{j \,|\, j = 1, 2, \cdots, n\}, \quad \delta_1 = 1, \quad \delta_2 = 1, \quad \delta_3 = 1, \quad d = 1$$

时, $(\mathrm{Sam\text{-}C^2W})$ 模型为 FG 模型,

$$(\mathrm{P_{FG}}) \begin{cases} \max \quad (\boldsymbol{\mu}^{\mathrm{T}} \boldsymbol{Y}_0 + \mu_0), \\ \text{s.t.} \quad \boldsymbol{\omega}^{\mathrm{T}} \boldsymbol{X}_j - \boldsymbol{\mu}^{\mathrm{T}} \boldsymbol{Y}_j - \mu_0 \geqq 0, \quad j = 1, 2, \cdots, n, \\ \boldsymbol{\omega}^{\mathrm{T}} \boldsymbol{X}_0 = 1, \\ \boldsymbol{\omega} \geqq \boldsymbol{0}, \boldsymbol{\mu} \geqq \boldsymbol{0}, \mu_0 \leqq 0, \end{cases}$$

$$(\mathrm{D_{FG}}) \begin{cases} \min \quad \theta, \\ \text{s.t.} \quad \displaystyle\sum_{j=1}^{n} \boldsymbol{X}_j \lambda_j \leqq \theta \boldsymbol{X}_0, \\ \displaystyle\sum_{j=1}^{n} \boldsymbol{Y}_j \lambda_j \geqq \boldsymbol{Y}_0, \\ \displaystyle\sum_{j=1}^{n} \lambda_j \leqq 1, \\ \lambda_j \geqq 0, \quad j = 1, 2, \cdots, n, \end{cases}$$

$$T = \left\{ (\boldsymbol{X}, \boldsymbol{Y}) \,\middle|\, \sum_{j=1}^{n} \boldsymbol{X}_j \lambda_j \leqq \boldsymbol{X}, \sum_{j=1}^{n} \boldsymbol{Y}_j \lambda_j \geqq \boldsymbol{Y}, \sum_{j=1}^{n} \lambda_j \leqq 1, \lambda_j \geqq 0, j = 1, 2, \cdots, n \right\}$$

为 FG 模型对应的生产可能集.

(4) 当

$$T_{\text{DMU}} = T^*, \quad \bar{C} = \{j | j = 1, 2, \cdots, n\}, \quad \delta_1 = 1, \quad \delta_2 = 1, \quad \delta_3 = 0, \quad d = 1$$

时, (Sam-C^{2}W) 模型为 ST 模型,

$$(\text{P}_{\text{ST}}) \quad \begin{cases} \max & (\boldsymbol{\mu}^{\text{T}} \boldsymbol{Y}_0 + \mu_0), \\ \text{s.t.} & \boldsymbol{\omega}^{\text{T}} \boldsymbol{X}_j - \boldsymbol{\mu}^{\text{T}} \boldsymbol{Y}_j - \mu_0 \geqq 0, \quad j = 1, 2, \cdots, n, \\ & \boldsymbol{\omega}^{\text{T}} \boldsymbol{X}_0 = 1, \\ & \boldsymbol{\omega} \geqq \mathbf{0}, \boldsymbol{\mu} \geqq \mathbf{0}, \mu_0 \geqq 0, \end{cases}$$

$$(\text{D}_{\text{ST}}) \quad \begin{cases} \min & \theta, \\ \text{s.t.} & \sum_{j=1}^{n} \boldsymbol{X}_j \lambda_j \leqq \theta \boldsymbol{X}_0, \\ & \sum_{j=1}^{n} \boldsymbol{Y}_j \lambda_j \geqq \boldsymbol{Y}_0, \\ & \sum_{j=1}^{n} \lambda_j \geqq 1, \\ & \lambda_j \geqq 0, \quad j = 1, 2, \cdots, n, \end{cases}$$

$$T = \left\{ (\boldsymbol{X}, \boldsymbol{Y}) \,\middle|\, \sum_{j=1}^{n} \boldsymbol{X}_j \lambda_j \leqq \boldsymbol{X}, \sum_{j=1}^{n} \boldsymbol{Y}_j \lambda_j \geqq \boldsymbol{Y}, \sum_{j=1}^{n} \lambda_j \geqq 1, \lambda_j \geqq 0, j = 1, 2, \cdots, n \right\}$$

为 ST 模型对应的生产可能集.

(5) 当

$$T_{\text{DMU}} = T^*, \quad \delta_1 = 0, \quad d = 1$$

时, (Sam-C^{2}W) 模型为 C^{2}W 模型,

$$(\text{P}_{\text{C}^2\text{W}}) \quad \begin{cases} \max & \boldsymbol{\mu}^{\text{T}} \bar{\boldsymbol{Y}}(\bar{\tau}_0), \\ \text{s.t.} & \boldsymbol{\omega}^{\text{T}} \bar{\boldsymbol{X}}(\bar{\tau}) - \boldsymbol{\mu}^{\text{T}} \bar{\boldsymbol{Y}}(\bar{\tau}) \geqq 0, \quad \bar{\tau} \in \bar{C}, \\ & \boldsymbol{\omega}^{\text{T}} \bar{\boldsymbol{X}}(\bar{\tau}_0) = 1, \\ & \boldsymbol{\omega} \geqq \mathbf{0}, \boldsymbol{\mu} \geqq \mathbf{0}, \end{cases}$$

$$(\mathrm{D}_{\mathrm{C}^2\mathrm{W}}) \begin{cases} \min & \theta, \\ \text{s.t.} & \sum_{\bar{\tau} \in \bar{C}} \bar{\boldsymbol{X}}(\bar{\tau})\lambda(\bar{\tau}) - \theta\bar{\boldsymbol{X}}(\bar{\tau}_0) \leqq \boldsymbol{0}, \\ & -\sum_{\bar{\tau} \in \bar{C}} d\bar{\boldsymbol{Y}}(\bar{\tau})\lambda(\bar{\tau}) + \bar{\boldsymbol{Y}}(\bar{\tau}_0) \leqq \boldsymbol{0}, \\ & \lambda(\bar{\tau}) \geqq 0, \quad \forall \bar{\tau} \in \bar{C}, \end{cases}$$

$$T = \left\{ (\boldsymbol{X}, \boldsymbol{Y}) \left| \sum_{\bar{\tau} \in \bar{C}} \bar{\boldsymbol{X}}(\bar{\tau})\lambda(\bar{\tau}) \leqq \boldsymbol{X}, \sum_{\bar{\tau} \in \bar{C}} \bar{\boldsymbol{Y}}(\bar{\tau})\lambda(\bar{\tau}) \geqq \boldsymbol{Y}, \lambda(\bar{\tau}) \geqq 0, \bar{\tau} \in \bar{C} \right. \right\}$$

为 $\mathrm{C}^2\mathrm{W}$ 模型对应的生产可能集.

5.3　广义数据包络面与决策单元的投影性质

对于多目标规划问题

$$(\mathrm{VP}) \begin{cases} V - \max(-x_1, \cdots, -x_m, y_1, \cdots, y_s)^{\mathrm{T}}, \\ \text{s.t.} \quad (\boldsymbol{X}, \boldsymbol{Y}) \in T(d), \end{cases}$$

$$(\mathrm{SVP}) \begin{cases} V - \max(-x_1, \cdots, -x_m, y_1, \cdots, y_s)^{\mathrm{T}}, \\ \text{s.t.} \quad (\boldsymbol{X}, \boldsymbol{Y}) \in T'(d), \end{cases}$$

其中

$$\boldsymbol{X} = (x_1, \cdots, x_m)^{\mathrm{T}}, \quad \boldsymbol{Y} = (y_1, \cdots, y_s)^{\mathrm{T}}.$$

根据 Sam-DEA$_d$ 有效的定义直接可以得到以下结论:

定理 5.4　若 $(\boldsymbol{X}(\tau), \boldsymbol{Y}(\tau)) \in T(d)$, 则决策单元 τ 为 Sam-DEA$_d$ 有效当且仅当 $(\boldsymbol{X}(\tau), \boldsymbol{Y}(\tau))$ 为 (VP) 的 Pareto 有效解.

定义 5.3　称多目标规划 (VP) 的所有 Pareto 有效解构成的集合为伴随生产可能集 $T(d)$ 的生产前沿面.

为了进一步探讨决策单元的投影问题, 首先给出下面几个结论.

定理 5.5　设 $(\bar{\boldsymbol{X}}(\bar{\tau}), \bar{\boldsymbol{Y}}(\bar{\tau}))(\bar{\tau} \in \bar{C})$ 为连续的向量函数, $\bar{C}$ 为有界闭集, 则决策单元 τ 为 Sam-DEA$_d$ 有效当且仅当 $(\boldsymbol{X}(\tau), \boldsymbol{Y}(\tau))$ 是 (SVP) 的 Pareto 有效解.

证明　$\Rightarrow$　假设 $(\boldsymbol{X}(\tau), \boldsymbol{Y}(\tau))$ 不是 (SVP) 的 Pareto 有效解, 所以存在

$$(\bar{\lambda}(\bar{\tau}), \forall \bar{\tau} \in \bar{C}, \lambda(\tau), \tilde{\lambda}) \geqq \boldsymbol{0},$$

使得

$$\delta_1 \left(\sum_{\bar{\tau} \in \bar{C}} \bar{\lambda}(\bar{\tau}) + \lambda(\tau) - \delta_2(-1)^{\delta_3}\tilde{\lambda} \right) = \delta_1,$$

$$\boldsymbol{X}(\tau) \geqq \boldsymbol{X}(\tau)\lambda(\tau) + \sum_{\bar{\tau} \in \bar{C}} \bar{\boldsymbol{X}}(\bar{\tau})\bar{\lambda}(\bar{\tau}), \quad \boldsymbol{Y}(\tau) \leqq \boldsymbol{Y}(\tau)\lambda(\tau) + \sum_{\bar{\tau} \in \bar{C}} d\bar{\boldsymbol{Y}}(\bar{\tau})\bar{\lambda}(\bar{\tau}),$$

并且至少有一个不等式严格成立. 令

$$\theta' = 1,$$

显然,

$$\bar{\lambda}(\bar{\tau}), \forall \bar{\tau} \in \bar{C}, \quad \lambda(\tau), \quad \tilde{\lambda}, \quad \theta'$$

是 (DS-C²W) 的一个可行解. 由定理 5.3 可知, 这与决策单元 τ 为 Sam-DEA$_d$ 有效矛盾.

$\Leftarrow$ 假设 $(\boldsymbol{X}(\tau), \boldsymbol{Y}(\tau))$ 为 Sam-DEA$_d$ 无效, 所以存在

$$(\lambda(\bar{\tau}), \forall \bar{\tau} \in \bar{C}, \tilde{\lambda}) \geqq \boldsymbol{0}, \quad \delta_1 \left(\sum_{\bar{\tau} \in \bar{C}} \lambda(\bar{\tau}) - \delta_2(-1)^{\delta_3}\tilde{\lambda} \right) = \delta_1,$$

使得

$$\boldsymbol{X}(\tau) \geqq \sum_{\bar{\tau} \in \bar{C}} \bar{\boldsymbol{X}}(\bar{\tau})\lambda(\bar{\tau}), \quad \boldsymbol{Y}(\tau) \leqq \sum_{\bar{\tau} \in \bar{C}} d\bar{\boldsymbol{Y}}(\bar{\tau})\lambda(\bar{\tau}),$$

并且至少有一个不等式严格成立. 令

$$\lambda(\tau) = 0,$$

则有

$$\delta_1 \left(\sum_{\bar{\tau} \in \bar{C}} \lambda(\bar{\tau}) + \lambda(\tau) - \delta_2(-1)^{\delta_3}\tilde{\lambda} \right) = \delta_1,$$

$$\boldsymbol{X}(\tau) \geqq \boldsymbol{X}(\tau)\lambda(\tau) + \sum_{\bar{\tau} \in \bar{C}} \bar{\boldsymbol{X}}(\bar{\tau})\lambda(\bar{\tau}),$$

$$\boldsymbol{Y}(\tau) \leqq \boldsymbol{Y}(\tau)\lambda(\tau) + \sum_{\bar{\tau} \in \bar{C}} d\bar{\boldsymbol{Y}}(\bar{\tau})\lambda(\bar{\tau}),$$

并且至少有一个不等式严格成立, 所以 $(\boldsymbol{X}(\tau), \boldsymbol{Y}(\tau))$ 不是 (SVP) 的 Pareto 有效解, 矛盾. 证毕.

定理 5.6 设 $(\bar{\boldsymbol{X}}(\bar{\tau}), \bar{\boldsymbol{Y}}(\bar{\tau}))(\bar{\tau} \in \bar{C})$ 为连续的向量函数, $\bar{C}$ 为有界闭集. 若 $(\boldsymbol{X}(\tau), \boldsymbol{Y}(\tau))$ 为 Sam-DEA$_d$ 无效, 则

$$(\boldsymbol{X}(\tau), \boldsymbol{Y}(\tau)) \in T(d).$$

证明 若 $(\boldsymbol{X}(\tau), \boldsymbol{Y}(\tau))$ 为 Sam-DEA$_d$ 无效, 即存在

$$(\boldsymbol{X}, \boldsymbol{Y}) \in T(d),$$

使得

$$\boldsymbol{X}(\tau) \geqq \boldsymbol{X}, \quad \boldsymbol{Y}(\tau) \leqq \boldsymbol{Y},$$

则由 $T(d)$ 的构成知, 存在

$$(\lambda(\bar{\tau}), \forall \bar{\tau} \in \bar{C}, \tilde{\lambda}) \geqq \boldsymbol{0}, \quad \delta_1 \left(\sum_{\bar{\tau} \in \bar{C}} \lambda(\bar{\tau}) - \delta_2 (-1)^{\delta_3} \tilde{\lambda} \right) = \delta_1,$$

使得

$$\boldsymbol{X}(\tau) \geqq \boldsymbol{X} \geqq \sum_{\bar{\tau} \in \bar{C}} \bar{\boldsymbol{X}}(\bar{\tau}) \lambda(\bar{\tau}), \quad \boldsymbol{Y}(\tau) \leqq \boldsymbol{Y} \leqq \sum_{\bar{\tau} \in \bar{C}} \bar{\boldsymbol{Y}}(\bar{\tau}) \lambda(\bar{\tau}),$$

所以

$$(\boldsymbol{X}(\tau), \boldsymbol{Y}(\tau)) \in T(d).$$

证毕.

定理 5.7　设 $(\bar{\boldsymbol{X}}(\bar{\tau}), \bar{\boldsymbol{Y}}(\bar{\tau}))(\bar{\tau} \in \bar{C})$ 为连续的向量函数, $\bar{C}$ 为有界闭集. 若决策单元 $(\boldsymbol{X}(\tau), \boldsymbol{Y}(\tau))$ 为 Sam-DEA$_d$ 无效, 则

$$T(d) = T'(d).$$

证明　在 $T'(d)$ 中, 若取

$$\lambda(\tau) = 0, \quad 则有 \ T'(d) = T(d),$$

所以

$$T(d) \subseteq T'(d).$$

反之, 若

$$(\boldsymbol{X}, \boldsymbol{Y}) \in T'(d),$$

则存在

$$(\lambda'(\bar{\tau}), \forall \bar{\tau} \in \bar{C}, \lambda'(\tau), \tilde{\lambda}') \geqq \boldsymbol{0},$$

$$\delta_1 \left(\sum_{\bar{\tau} \in \bar{C}} \lambda'(\bar{\tau}) + \lambda'(\tau) - \delta_2 (-1)^{\delta_3} \tilde{\lambda}' \right) = \delta_1,$$

使得

$$\boldsymbol{X} \geqq \boldsymbol{X}(\tau) \lambda'(\tau) + \sum_{\bar{\tau} \in \bar{C}} \bar{\boldsymbol{X}}(\bar{\tau}) \lambda'(\bar{\tau}), \quad \boldsymbol{Y} \leqq \boldsymbol{Y}(\tau) \lambda'(\tau) + \sum_{\bar{\tau} \in \bar{C}} d\bar{\boldsymbol{Y}}(\bar{\tau}) \lambda'(\bar{\tau}).$$

若 $(\boldsymbol{X}(\tau), \boldsymbol{Y}(\tau))$ 为 Sam-DEA$_d$ 无效, 则由定理 5.6 可知

$$(\boldsymbol{X}(\tau), \boldsymbol{Y}(\tau)) \in T(d),$$

所以存在

$$(\lambda(\bar{\tau}), \forall \bar{\tau} \in \bar{C}, \tilde{\lambda}) \geqq \boldsymbol{0},$$

$$\delta_1 \left(\sum_{\bar{\tau} \in \bar{C}} \lambda(\bar{\tau}) - \delta_2(-1)^{\delta_3} \tilde{\lambda} \right) = \delta_1,$$

使得

$$\boldsymbol{X}(\tau) \geqq \sum_{\bar{\tau} \in \bar{C}} \bar{\boldsymbol{X}}(\bar{\tau}) \lambda(\bar{\tau}), \quad \boldsymbol{Y}(\tau) \leqq \sum_{\bar{\tau} \in \bar{C}} d\bar{\boldsymbol{Y}}(\bar{\tau}) \lambda(\bar{\tau}).$$

由此可知

$$\boldsymbol{X} \geqq \sum_{\bar{\tau} \in \bar{C}} \bar{\boldsymbol{X}}(\bar{\tau}) \lambda(\bar{\tau}) \lambda'(\tau) + \sum_{\bar{\tau} \in \bar{C}} \bar{\boldsymbol{X}}(\bar{\tau}) \lambda'(\bar{\tau}),$$

$$\boldsymbol{Y} \leqq \sum_{\bar{\tau} \in \bar{C}} d\bar{\boldsymbol{Y}}(\bar{\tau}) \lambda(\bar{\tau}) \lambda'(\tau) + \sum_{\bar{\tau} \in \bar{C}} d\bar{\boldsymbol{Y}}(\bar{\tau}) \lambda'(\bar{\tau}),$$

即

$$\boldsymbol{X} \geqq \sum_{\bar{\tau} \in \bar{C}} \bar{\boldsymbol{X}}(\bar{\tau})(\lambda(\bar{\tau}) \lambda'(\tau) + \lambda'(\bar{\tau})),$$

$$\boldsymbol{Y} \leqq \sum_{\bar{\tau} \in \bar{C}} d\bar{\boldsymbol{Y}}(\bar{\tau})(\lambda(\bar{\tau}) \lambda'(\tau) + \lambda'(\bar{\tau})).$$

当 $\delta_1 = 1$ 时,

$$\sum_{\bar{\tau} \in \bar{C}} \lambda(\bar{\tau}) = 1 + \delta_2(-1)^{\delta_3} \tilde{\lambda},$$

$$\sum_{\bar{\tau} \in \bar{C}} \lambda'(\bar{\tau}) = 1 - \lambda'(\tau) + \delta_2(-1)^{\delta_3} \tilde{\lambda}',$$

于是有

$$\sum_{\bar{\tau} \in \bar{C}} \lambda'(\tau) \lambda(\bar{\tau}) = \lambda'(\tau) + \delta_2(-1)^{\delta_3} \tilde{\lambda} \lambda'(\tau),$$

从而

$$\sum_{\bar{\tau} \in \bar{C}} (\lambda(\bar{\tau}) \lambda'(\tau) + \lambda'(\bar{\tau})) = \lambda'(\tau) + \delta_2(-1)^{\delta_3} \tilde{\lambda} \lambda'(\tau) + 1 - \lambda'(\tau) + \delta_2(-1)^{\delta_3} \tilde{\lambda}'$$

$$= 1 + \delta_2(-1)^{\delta_3} (\tilde{\lambda} \lambda'(\tau) + \tilde{\lambda}').$$

由于

$$\delta_1 \left(\sum_{\bar{\tau} \in \bar{C}} (\lambda(\bar{\tau})\lambda'(\tau) + \lambda'(\bar{\tau})) - \delta_2 (-1)^{\delta_3} (\tilde{\lambda}\lambda'(\tau) + \tilde{\lambda}') \right) = \delta_1,$$

其中

$$\tilde{\lambda}\lambda'(\tau) + \tilde{\lambda}' \geqq 0,$$

所以

$$(\boldsymbol{X}, \boldsymbol{Y}) \in T(d),$$

即

$$T'(d) \subseteq T(d).$$

综上, $T(d) = T'(d)$. 证毕.

定理 5.8　$(\boldsymbol{X}(\tau), \boldsymbol{Y}(\tau))$ 为 Sam-DEA$_d$ 有效当且仅当 $(\mathrm{D}_{(\mathrm{I})})$ 的最优值 $V_{\mathrm{D}_{(\mathrm{I})}} = 0$,

$$(\mathrm{D}_{(\mathrm{I})}) \begin{cases} \max \quad (\hat{e}^{\mathrm{T}} \boldsymbol{S}^- + e^{\mathrm{T}} \boldsymbol{S}^+) = V_{\mathrm{D}_{(\mathrm{I})}}, \\ \mathrm{s.t.} \quad \boldsymbol{X}(\tau)\lambda(\tau) + \sum_{\bar{\tau} \in \bar{C}} \bar{\boldsymbol{X}}(\bar{\tau})\lambda(\bar{\tau}) + \boldsymbol{S}^- = \boldsymbol{X}(\tau), \\ \qquad \boldsymbol{Y}(\tau)\lambda(\tau) + \sum_{\bar{\tau} \in \bar{C}} d\bar{\boldsymbol{Y}}(\bar{\tau})\lambda(\bar{\tau}) - \boldsymbol{S}^+ = \boldsymbol{Y}(\tau), \\ \qquad \delta_1 \left(\sum_{\bar{\tau} \in \bar{C}} \lambda(\bar{\tau}) + \lambda(\tau) - \delta_2 (-1)^{\delta_3} \tilde{\lambda} \right) = \delta_1, \\ \qquad \lambda(\bar{\tau}) \geqq 0, \forall \bar{\tau} \in \bar{C}, \lambda(\tau) \geqq 0, \tilde{\lambda} \geqq 0, \boldsymbol{S}^- \geqq \boldsymbol{0}, \boldsymbol{S}^+ \geqq \boldsymbol{0}, \end{cases}$$

其中

$$\boldsymbol{S}^- = (s_1^-, s_2^-, \cdots, s_m^-)^{\mathrm{T}}, \quad \boldsymbol{S}^+ = (s_1^+, s_2^+, \cdots, s_s^+)^{\mathrm{T}}.$$

证明　由 $(\boldsymbol{X}(\tau), \boldsymbol{Y}(\tau))$ 为 Sam-DEA$_d$ 有效当且仅当 $(\boldsymbol{X}(\tau), \boldsymbol{Y}(\tau))$ 为 (SVP) 的 Pareto 有效解, 当且仅当不存在

$$(\boldsymbol{X}, \boldsymbol{Y}) \in T'(d),$$

有

$$\boldsymbol{X} \leqq \boldsymbol{X}(\tau), \quad \boldsymbol{Y} \geqq \boldsymbol{Y}(\tau),$$

并且至少有一个不等式严格成立.

当且仅当不存在

$$(\lambda(\bar{\tau}), \forall \bar{\tau} \in \bar{C}, \lambda(\tau), \tilde{\lambda}) \geqq \boldsymbol{0},$$

满足

$$\delta_1 \left(\sum_{\bar{\tau} \in \bar{C}} \lambda(\bar{\tau}) + \lambda(\tau) - \delta_2 (-1)^{\delta_3} \tilde{\lambda} \right) = \delta_1,$$

$$\boldsymbol{X}(\tau) \geqq \boldsymbol{X}(\tau)\lambda(\tau) + \sum_{\bar{\tau} \in \bar{C}} \bar{\boldsymbol{X}}(\bar{\tau})\lambda(\bar{\tau}),$$

$$\boldsymbol{Y}(\tau) \leqq \boldsymbol{Y}(\tau)\lambda(\tau) + \sum_{\bar{\tau} \in \bar{C}} d\bar{\boldsymbol{Y}}(\bar{\tau})\lambda(\bar{\tau}),$$

并且至少有一个不等式严格成立.

当且仅当不存在

$$(\lambda(\bar{\tau}), \bar{\tau} \in \bar{C}, \lambda(\tau), \tilde{\lambda}) \geqq \boldsymbol{0},$$

满足

$$\delta_1 \left(\sum_{\bar{\tau} \in \bar{C}} \lambda(\bar{\tau}) + \lambda(\tau) - \delta_2 (-1)^{\delta_3} \tilde{\lambda} \right) = \delta_1, \quad (\boldsymbol{S}^-, \boldsymbol{S}^+) \geqslant \boldsymbol{0},$$

使得

$$\boldsymbol{X}(\tau)\lambda(\tau) + \sum_{\bar{\tau} \in \bar{C}} \bar{\boldsymbol{X}}(\bar{\tau})\lambda(\bar{\tau}) + \boldsymbol{S}^- = \boldsymbol{X}(\tau),$$

$$\boldsymbol{Y}(\tau)\lambda(\tau) + \sum_{\bar{\tau} \in \bar{C}} d\bar{\boldsymbol{Y}}(\bar{\tau})\lambda(\bar{\tau}) - \boldsymbol{S}^+ = \boldsymbol{Y}(\tau)$$

成立.

当且仅当 $(D_{(I)})$ 最优值 $V_{D_{(I)}} = 0$. 证毕.

定理 5.9 若

$$\lambda(\bar{\tau}), \forall \bar{\tau} \in \bar{C}, \quad \lambda(\tau), \quad \tilde{\lambda}, \quad \boldsymbol{S}^-, \quad \boldsymbol{S}^+$$

为模型 $(D_{(I)})$ 的最优解, 令

$$\hat{\boldsymbol{X}} = \boldsymbol{X}(\tau) - \boldsymbol{S}^-, \quad \hat{\boldsymbol{Y}} = \boldsymbol{Y}(\tau) + \boldsymbol{S}^+,$$

则 $(\hat{\boldsymbol{X}}, \hat{\boldsymbol{Y}})$ 为 Sam-DEA$_d$ 有效.

证明 假设 $(\hat{\boldsymbol{X}}, \hat{\boldsymbol{Y}})$ 不为 Sam-DEA$_d$ 有效, 则由定义 5.2 可知, 存在

$$(\boldsymbol{X}, \boldsymbol{Y}) \in T(d),$$

使得

$$\hat{\boldsymbol{X}} \geqq \boldsymbol{X}, \quad \hat{\boldsymbol{Y}} \leqq \boldsymbol{Y},$$

并且至少有一个不等式严格成立, 即存在

$$(\lambda'(\bar{\tau}), \forall \bar{\tau} \in \bar{C}, \tilde{\lambda}') \geqq \mathbf{0}, \quad \delta_1 \left(\sum_{\bar{\tau} \in \bar{C}} \lambda'(\bar{\tau}) - \delta_2(-1)^{\delta_3} \tilde{\lambda}' \right) = \delta_1,$$

使得

$$\mathbf{X}(\tau) - \mathbf{S}^- = \hat{\mathbf{X}} \geqq \mathbf{X} \geqq \sum_{\bar{\tau} \in \bar{C}} \bar{\mathbf{X}}(\bar{\tau})\lambda'(\bar{\tau}),$$

$$\mathbf{Y}(\tau) + \mathbf{S}^+ = \hat{\mathbf{Y}} \leqq \mathbf{Y} \leqq \sum_{\bar{\tau} \in \bar{C}} d\bar{\mathbf{Y}}(\bar{\tau})\lambda'(\bar{\tau}),$$

并且至少有一个不等式严格成立. 取

$$\lambda'(\tau) = 0, \quad \mathbf{S}^{-*} = \mathbf{X}(\tau) - \mathbf{X}(\tau)\lambda'(\tau) - \sum_{\bar{\tau} \in \bar{C}} \bar{\mathbf{X}}(\bar{\tau})\lambda'(\bar{\tau}),$$

$$\mathbf{S}^{+*} = -\mathbf{Y}(\tau) + \mathbf{Y}(\tau)\lambda'(\tau) + \sum_{\bar{\tau} \in \bar{C}} d\bar{\mathbf{Y}}(\bar{\tau})\lambda'(\bar{\tau}),$$

于是可知

$$\mathbf{S}^{-*}, \mathbf{S}^{+*}, \quad \lambda'(\bar{\tau}), \forall \bar{\tau} \in \bar{C}, \quad \lambda'(\tau), \quad \tilde{\lambda}'$$

为 $(\mathrm{D_{(I)}})$ 可行解, 并且

$$\hat{e}^{\mathrm{T}} \mathbf{S}^- + e^{\mathrm{T}} \mathbf{S}^+ < \hat{e}^{\mathrm{T}} \mathbf{S}^{-*} + e^{\mathrm{T}} \mathbf{S}^{+*},$$

这与

$$\lambda(\bar{\tau}), \forall \bar{\tau} \in \bar{C}, \quad \lambda(\tau), \quad \tilde{\lambda}, \quad \mathbf{S}^-, \quad \mathbf{S}^+$$

为规划 $(\mathrm{D_{(I)}})$ 的最优解矛盾. 证毕.

定义 5.4　若

$$\lambda(\bar{\tau}), \forall \bar{\tau} \in \bar{C}, \quad \lambda(\tau), \quad \tilde{\lambda}, \quad \mathbf{S}^-, \quad \mathbf{S}^+$$

为规划 $(\mathrm{D_{(I)}})$ 的最优解, $(\mathrm{D_{(I)}})$ 的最优值不为 0. 令

$$\hat{\mathbf{X}} = \mathbf{X}(\tau) - \mathbf{S}^-, \quad \hat{\mathbf{Y}} = \mathbf{Y}(\tau) + \mathbf{S}^+,$$

称 $(\hat{\mathbf{X}}, \hat{\mathbf{Y}})$ 为 $(\mathbf{X}(\tau), \mathbf{Y}(\tau))$ 在伴随生产可能集 $T(d)$ 的有效生产前沿面的投影.
若

$$\lambda(\bar{\tau}), \forall \bar{\tau} \in \bar{C}, \quad \lambda(\tau), \quad \tilde{\lambda}, \quad \mathbf{S}^-, \quad \mathbf{S}^+$$

为模型 $(D_{(I)})$ 的最优解, 并且 $(D_{(I)})$ 的最优值不为 0, 则由定理 5.8 可知, $(\boldsymbol{X}(\tau), \boldsymbol{Y}(\tau))$ 为 Sam-DEA$_d$ 无效. 再由定理 5.7 可知

$$T(d) = T'(d).$$

由此可知, $(\hat{\boldsymbol{X}}, \hat{\boldsymbol{Y}})$ 为 (SVP) 的 Pareto 有效解当且仅当 $(\hat{\boldsymbol{X}}, \hat{\boldsymbol{Y}})$ 为 (VP) 的 Pareto 有效解, 即 $(\hat{\boldsymbol{X}}, \hat{\boldsymbol{Y}})$ 位于样本有效生产前沿面上.

5.4 应 用 举 例

假设某城市有 15 个同类加工企业, 它们投入的人力、物力、财力和获得的利润如表 5.1 所示. 那么, 哪些企业的生产是满足技术相对有效的?

表 5.1 某城市 15 个企业的输入输出指标数据

企业序号	1	2	3	4	5	6	7	8	9	10	11	12	13	14	15
员工数/人	350	300	300	120	400	320	180	306	260	180	400	360	120	350	380
生产成本/万元	7359	3381	4375	7838	1671	2037	742	3191	2236	4466	3000	9065	4032	2015	8066
资金投入/万元	2303	1588	1651	647	592	592	847	393	844	1513	1499	3929	1056	1469	3638
利润/万元	1407	1265	433	1231	355	58	812	103	1211	278	2135	3037	378	2335	3241

应用传统的 BC^2 模型可以算得各决策单元的效率值如表 5.2 所示.

表 5.2 应用 BC^2 模型获得的 15 个企业的相对效率值

企业序号	1	2	3	4	5	6	7	8	9	10	11	12	13	14	15
效率值	0.57	0.702	0.53	1	1	0.981	1	1	1	0.74	0.891	0.982	1	1	1

从表 5.2 可以看出, 企业 4, 5, 7~9, 13~15 是 DEA 有效的 (BC^2), 而其他企业相对无效.

下面首先应用本章给出的广义 DEA 方法来分析一下该算例中评价的参照集是什么?

由 5.2.2 小节的讨论可知, 当

$$T_{\text{DMU}} = T^* = \{\text{企业 1, 企业 2, 企业 3, 企业 4, 企业 5, 企业 6, 企业 7, 企业 8,}$$
$$\text{企业 9, 企业 10, 企业 11, 企业 12, 企业 13, 企业 14, 企业 15}\},$$

$$\delta_1 = 1, \quad \delta_2 = 0, \quad d = 1$$

时, (Sam-C^{2}W) 模型为 BC^2 模型.

进一步地, 由定理 5.7 的结论可知, 如果取 DEA 有效 (BC^2) 决策单元的集合
ST=\{企业 4, 企业 5, 企业 7, 企业 8, 企业 9, 企业 13, 企业 14, 企业 15\}

作为样本单元集, 则样本单元集 ST 确定的样本生产可能集与传统的 DEA 生产可能集 (BC^2) 相同. 因此, 两个生产可能集具有相同的生产前沿面. 由此可以看出, 传统 DEA 效率刻画的是被评价单元相对于决策单元集中 "优秀决策单元" 的效率.

现在如果决策者改变参照的对象, 不再考虑和 "优秀单元" 比较, 而是想和部分效率处于中等水平的企业进行比较, 如取样本单元的集合为

$$\{企业 2, 企业 10, 企业 11\},$$

那么, 所有企业的相对效率如何呢?

应用传统的 DEA 方法不能解决这个问题, 但应用本章给出的方法就可以对其进行评价, 应用 (DS-C^2W) 模型可以算得各企业的效率值如表 5.3 所示.

表 5.3　某城市 15 个企业相对于企业 2, 企业 10, 企业 11 的效率值

企业序号	1	2	3	4	5	6	7	8	9	10	11	12	13	14	15
效率值	0.89644	0.9128	1	1	1	1	1	1	1	1	1	1	1	1	1

由表 5.3 可以看出, 和 "效率一般" 的企业相比, 原来 DEA 有效单元 (BC^2) 仍然保持有效, 原来无效单元 (BC^2) 的效率均有较大提升. 显然, 参照的标准降低了, 评价的结果自然就提高了. 这是符合实际情况的.

从以上的例子可以看出, 本章给出的广义 DEA 方法可以把传统 DEA 方法 (BC^2) 的参照对象从 "优秀单元集" 推广到 "任何指定的决策单元集", 大大增强了 DEA 方法获取信息的能力.

另外, 从以下的例子还可以进一步看出, 广义 DEA 方法还能把比较的对象拓展到 "决策单元集合以外" 的情况.

例如, 上述 15 家国内企业中, 企业 1 和企业 2 为了开拓国际市场, 希望到国外的某城市去投资, 国外在该城市已经有同类企业 8 个, 有关指标数据如表 5.4 所示. 那么, 企业 1 和企业 2 相对于外国的 8 个企业的技术效率如何呢?

表 5.4　国外 8 个企业的输入输出指标数据

企业序号	A	B	C	D	E	F	G	H
员工数/人	340	280	300	160	320	200	100	320
生产成本/万元	2410	6003	405	5805	4328	4480	4139	368
资金投入/万元	8463	14139	11612	7771	6161	5124	1176	4200
利润/万元	49949	49537	48709	43155	34714	34299	28718	25242

取

$$T_{\text{DMU}} = \{企业 1, 企业 2\}, \quad \delta_1 = 1, \quad \delta_2 = 0, \quad d = 1,$$

$$T^* = \{企业 A, 企业 B, 企业 C, 企业 D, 企业 E, 企业 F, 企业 G, 企业 H\},$$

应用 (DS-C^2W) 模型可以获得企业 1 和企业 2 相对于国外 8 家企业的效率值分别

为 0.5479 和 1, 即企业 1 无效, 并且效率值较低, 而企业 2 有效.

5.5 结 束 语

从以上讨论可以看出, 广义 DEA 方法与传统 DEA 方法之间存在明显的不同, 传统的 DEA 方法构造的生产可能集是由决策单元自身构成的, 而广义 DEA 方法使用样本单元构造生产可能集, 实现了评价对象与比对标准的分离. 它把用于评价的参照对象从 "优秀单元集" 推广到 "任意指定的决策单元集", 突破了传统 DEA 方法不能依据决策者的需要来自主选择参考集的弱点, 因而具有更加广泛的应用前景.

参 考 文 献

[1] 马占新, 马生昀. 基于 C^2W 模型的广义数据包络分析方法研究 [J]. 系统工程与电子技术, 2009, 31(2): 366–372

[2] Charnes A, Cooper W W, Rhodes E. Measuring the efficiency of decision making units [J]. European Journal of Operational Research, 1978, 2(6): 429–444

[3] Cooper W W, Seiford L M, Thanassoulis E, et al. DEA and its uses in different countries [J]. European Journal of Operational Research, 2004, 154(2): 337–344

[4] 马占新. 数据包络分析方法的研究进展 [J]. 系统工程与电子技术, 2002, 24(3): 42–46

[5] Cooper W W, Seiford L M, Zhu J. Handbook on Data Envelopment Analysis [M]. Boston: Kluwer Academic Publishers, 2004

[6] Charnes A, Cooper W W, Wei Q L. A semi-infinite multicriteria programming approach to data envelopment analysis with many decision making units [R]. The University of Texas at Austin, Center for Cybernetic Studies Report CCS 551, September, 1986

[7] 魏权龄. 数据包络分析 [M]. 北京: 科学出版社, 2004

[8] 马占新. 样本数据包络面的研究与应用 [J]. 系统工程理论与实践, 2003, 23(12): 32–37

[9] 马占新, 任慧龙. 一种基于样本的综合评价方法及其在 FSA 中的应用研究 [J]. 系统工程理论与实践, 2003, 23(2): 95–101

[10] 马占新, 戴仰山, 任慧龙. DEA 方法在多风险事件综合评价中的应用研究 [J]. 系统工程与电子技术, 2001, 23(8): 7–11

[11] 马占新, 唐焕文. 降低风险措施有效性综合评价的一种非参数方法 [J]. 运筹学学报, 2005, 9(3): 89–96.

[12] 马占新, 张海娟. 一种用于组合有效性综合评价的非参数方法研究 [J]. 系统工程与电子技术, 2006, 28(5): 699–703, 787

[13] Ma Z X, Zhang H J, Cui X H. Study on the combination efficiency of industrial enterprises[C]. *In*: Zhang S D, Guo S F, Zhang H. Proceedings of International Conference

on Management of Technology. Australia: Aussino Academic Publishing House, 2007: 225–230

[14] 马占新. 综合评价与安全评估中若干模型与方法研究 [R]. 哈尔滨工程大学博士后出站报告, 2001

[15] Banker R D, Charnes A, Cooper W W. Some models for estimating technical and scale inefficiencies in data envelopment analysis [J]. Management Science, 1984, 30(9): 1078–1092

[16] Färe R, Grosskopf S. A nonparametric cost approach to scale efficiency [J]. Journal of Economics, 1985, 87(4): 594–604

[17] Seiford L M. Thrall R M. Recent development in DEA: The mathematical programming approach to frontier analysis [J]. Journal of Economics, 1990, 46(1–2): 7–38

第6章　综合的广义 DEA 模型

针对传统 DEA 方法无法依据指定参考集提供评价信息的弱点, 给出了综合的广义 DEA 模型 (Sam-C^{2}WY) 和相应的 Sam-DEA 有效性概念, 分析了 (Sam-C^{2}WY) 模型的性质以及它与传统 DEA 模型之间的关系, 探讨了 (Sam-C^{2}WY) 模型刻画的 Sam-DEA 有效性与相应的多目标规划非支配解之间的关系. 进而, 分析了决策单元在样本可能集中的分布特征、投影性质等问题, (Sam-C^{2}WY) 模型不仅具有传统 C^{2}WY 模型的全部性质, 而且还能依据任意指定的参考单元集进行评价. 本章内容主要取材于文献 [1].

数据包络分析自 1978 年由 Charnes 等[2] 提出以来, 已在许多领域得到成功应用和快速发展[3~5]. 传统 DEA 方法是以所有决策单元的输入输出数据为观测点, 采用变化权重的方法对决策单元进行评价, 提供的信息是以所有决策单元自身为参照而给出的. 但现实中的许多问题, 如国际标准认证、企业改革与试点、考试录取、体育达标等, 它们在评价中选择的 "参照集" 可能并不是被评价对象本身, 而是另外指定的单元或标准. 如果将评价的参照集分成 "决策单元集" 和 "非决策单元集" 两类, 那么传统的 DEA 方法只能给出相对于决策单元集的信息, 而无法依据任何非决策单元集进行评价, 这使得 DEA 方法在众多评价问题中的应用受到限制. 针对传统 DEA 方法无法依据指定参考集提供评价信息的弱点, 给出了综合的广义 DEA 方法. 该方法以样本单元为 "参照物", 以决策单元为研究对象来构造模型, 它不仅具有传统 C^{2}WY 模型[6] 的全部性质和特征, 而且还有许多独特的优点. 这主要表现在以下几个方面:

(1) DEA 方法依据 "有效生产前沿面" 提供决策信息, 广义 DEA 方法依据 "样本数据包络面" 来提供决策信息, 而 "样本数据包络面" 除了包含 "有效生产前沿面" 之外, 还有更加广泛的含义和应用背景.

(2) 原有的 DEA 模型只能依据决策单元进行评价, 而广义 DEA 方法能依据任何单元进行评价. 并且可以证明 C^{2}R 模型[2]、C^{2}WY 模型[6]、BC^2 模型[7]、FG 模型[8]、ST 模型[9]、C^{2}W 模型[10]、Sam-Eva$_d$ 模型[11] 都是 (Sam-C^{2}WY) 模型的特例.

(3) 现有的 DEA 模型对有效单元能给出的信息较少, 而 (Sam-C^{2}WY) 模型可以对 DEA 有效单元给出进一步的信息[12].

(4) 从该方法出发, 可以在择优排序[12]、风险评估[13]、评价组合效率[14,15] 等许多方面给出更为有效的分析方法. 例如, 应用该方法不仅可以将传统的 F-N 曲线分析方法推广到 n 维空间, 而且可以通过构造各种风险数据包络面来划分风险区域、预测风险大小以及给出风险状况综合排序等.

6.1　综合的广义 DEA 模型

根据评价的参照对象不同, 可以将评价问题分成以下两类:

(1) 群体内部比较;

(2) 与群体外部比较.

应用传统的 DEA 方法可以评价第一类问题, 却不能评价第二类问题. 由于和第一类问题相比, 第二类问题在整个综合评价体系中具有同样重要地位. 因此, 探讨能够评价第二类问题的 DEA 方法是十分必要的.

例如,

(1) 几个参与国际竞争的企业, 除了需要知道这几个企业之间比较的信息外, 还需要知道和国际企业或标准的差距.

(2) 在由计划经济向市场经济转型时, 比较的目的不是看哪个企业有效, 而是要寻找按市场经济配置的改革样板.

(3) 和每个单元都进行比较不仅浪费时间和资源, 还可能是没有意义的, 如某个高考考生没必要把自己的成绩和全国每个考生都比较一遍, 只需要和特定的人群和标准比较即可. 这不仅可以获得更有针对性的决策信息, 而且还可能从参考对象本身获得更多的信息.

为了解决 DEA 方法在第二类评价问题中遇到的困难, 以下给出了一种综合的广义 DEA 模型. 该模型不仅包含了几乎全部基本的 DEA 模型 (包括 C^2R 模型、BC^2 模型、FG 模型、ST 模型、C^2W 模型、C^2WY 模型), 更重要的是该方法能同时评价上述两类问题.

假设决策单元的特征可由 m 种输入和 s 种输出指标表示, 对某个决策单元 $\tau \in C$, 它的输入指标值为

$$\boldsymbol{X}(\tau) = (X_1(\tau), X_2(\tau), \cdots, X_m(\tau))^{\mathrm{T}},$$

输出指标值为

$$\boldsymbol{Y}(\tau) = (Y_1(\tau), Y_2(\tau), \cdots, Y_s(\tau))^{\mathrm{T}},$$

其中 C 为决策单元的集合, 是一个有界闭集.

令

$$T_{\mathrm{DMU}} = \{(\boldsymbol{X}(\tau), \boldsymbol{Y}(\tau)) | \tau \in C\},$$

称为决策单元集.

以下把用于决策的参照对象统称为样本单元. 显然, 根据决策者的评价目标不同, 样本单元可能是全部或部分决策单元, 也可能是决策单元之外的单元. 对于某个样本单元 $\bar{\tau} \in \bar{C}$, 假设它的输入指标值为

$$\bar{\boldsymbol{X}}(\bar{\tau}) = (\bar{X}_1(\bar{\tau}), \bar{X}_2(\bar{\tau}), \cdots, \bar{X}_m(\bar{\tau}))^{\mathrm{T}},$$

输出指标值为

$$\bar{\boldsymbol{Y}}(\bar{\tau}) = (\bar{Y}_1(\bar{\tau}), \bar{Y}_2(\bar{\tau}), \cdots, \bar{Y}_s(\bar{\tau}))^{\mathrm{T}},$$

其中 $\bar{C}$ 为样本单元的集合, 是一个有界闭集 (有限或无限).

令

$$T^* = \{(\bar{\boldsymbol{X}}(\bar{\tau}), \bar{\boldsymbol{Y}}(\bar{\tau})) | \bar{\tau} \in \bar{C}\},$$

称 T^* 为样本单元集.

6.1.1 样本生产可能集的构造与广义 DEA 有效性

根据 DEA 方法构造生产可能集的思想[16], 由样本单元确定的生产可能集 T 可表示如下:

$$T = \left\{ (\boldsymbol{X}, \boldsymbol{Y}) \left| \sum_{\bar{\tau} \in \bar{C}} \bar{\boldsymbol{X}}(\bar{\tau}) \lambda(\bar{\tau}) - \boldsymbol{X} \in V^*, \boldsymbol{Y} - \sum_{\bar{\tau} \in \bar{C}} \bar{\boldsymbol{Y}}(\bar{\tau}) \lambda(\bar{\tau}) \in U^*, \right. \right.$$

$$\left. \delta_1 \left(\sum_{\bar{\tau} \in \bar{C}} \lambda(\bar{\tau}) - \delta_2(-1)^{\delta_3} \tilde{\lambda} \right) = \delta_1, (\lambda(\bar{\tau}), \forall \bar{\tau} \in \bar{C}, \tilde{\lambda}) \geqq \boldsymbol{0} \right\},$$

其中

$$\lambda(\bar{\tau}) \in E^1, \quad \boldsymbol{\lambda} = [\lambda(\bar{\tau}) : \bar{\tau} \in \bar{C}] \in S,$$

S 为广义有限序列空间, 其中向量 $\boldsymbol{\lambda}$ 只有有限多个不为零的分量, 并且 $\delta_1, \delta_2, \delta_3$ 是取值为 $0, 1$ 的参数,

$$\bar{\boldsymbol{X}}(\bar{\tau}), \boldsymbol{X}(\tau) \in \mathrm{int}(-V^*),$$

$$\bar{\boldsymbol{Y}}(\bar{\tau}), \boldsymbol{Y}(\tau) \in \mathrm{int}(-U^*),$$

$V \subseteq E_+^m, U \subseteq E_+^o$ 均为闭凸锥, 并且

$$\mathrm{int} V \neq \varnothing, \quad \mathrm{int} U \neq \varnothing,$$

$$(\boldsymbol{X}(\tau), \boldsymbol{Y}(\tau)), \quad (\bar{\boldsymbol{X}}(\bar{\tau}), \bar{\boldsymbol{Y}}(\bar{\tau})), \quad \tau \in C, \quad \bar{\tau} \in \bar{C}$$

为连续的向量函数 (以下模型与结论中均有上述限制, 不再一一注释).

设 V^*, U^* 分别为 V, U 的负极锥,

$$V^* = \{\boldsymbol{x}|\boldsymbol{x}^{\mathrm{T}}\boldsymbol{v} \leqq 0, \forall \boldsymbol{v} \in V\},$$

$$U^* = \{\boldsymbol{x}|\boldsymbol{x}^{\mathrm{T}}\boldsymbol{u} \leqq 0, \forall \boldsymbol{u} \in U\}.$$

根据连续函数的有界性定理, 显然, 输入输出数据的集合是有界的.

由文献 [17], [18] 可知, 一个决策单元为 DEA 有效的充分必要条件是被评价单元的偏好在参考集上达到极大. 由此可以推得: 如果被评价单元的偏好在样本单元集上达到极大, 则认为被评价单元相对于样本单元是有效的, 因此, 可以给出以下定义:

定义 6.1　如果不存在 $(\boldsymbol{X}, \boldsymbol{Y}) \in T$, 使得

$$(\boldsymbol{X}(\tau), \boldsymbol{Y}(\tau)) \neq (\boldsymbol{X}, \boldsymbol{Y}), \quad (\boldsymbol{X}, -\boldsymbol{Y}) \in (\boldsymbol{X}(\tau), -\boldsymbol{Y}(\tau)) + (V^*, U^*),$$

则称 $(\boldsymbol{X}(\tau), \boldsymbol{Y}(\tau))$ 相对于样本生产前沿面有效; 简称 Sam-DEA 有效; 反之, 称为 Sam-DEA 无效.

为了研究样本生产前沿面移动对 Sam-DEA 有效性的影响, 以下给出另一个有效性的概念. 令

$$T(d) = \left\{ (\boldsymbol{X}, \boldsymbol{Y}) \left| \sum_{\bar{\tau} \in \bar{C}} \bar{\boldsymbol{X}}(\bar{\tau})\lambda(\bar{\tau}) - \boldsymbol{X} \in V^*, \boldsymbol{Y} - \sum_{\bar{\tau} \in \bar{C}} d\bar{\boldsymbol{Y}}(\bar{\tau})\lambda(\bar{\tau}) \in U^*, \right. \right.$$

$$\left. \delta_1 \left(\sum_{\bar{\tau} \in \bar{C}} \lambda(\bar{\tau}) - \delta_2(-1)^{\delta_3}\tilde{\lambda} \right) = \delta_1, (\lambda(\bar{\tau}), \forall \bar{\tau} \in \bar{C}, \tilde{\lambda}) \geqq \boldsymbol{0} \right\},$$

称 $T(d)$ 为样本单元确定的生产可能集 T 的伴随生产可能集, 其中 d 为正数, 称为移动因子. 通过该因子的变化可以移动 "样本数据包络面", 进而可以对决策单元排序[12]、划分风险区域[13]、评价组合效率[14,15].

定义 6.2　如果不存在 $(\boldsymbol{X}, \boldsymbol{Y}) \in T(d)$, 使得

$$(\boldsymbol{X}(\tau), \boldsymbol{Y}(\tau)) \neq (\boldsymbol{X}, \boldsymbol{Y}), \quad (\boldsymbol{X}, -\boldsymbol{Y}) \in (\boldsymbol{X}(\tau), -\boldsymbol{Y}(\tau)) + (V^*, U^*),$$

则称决策单元相对于样本生产前沿面的 d 移动有效; 简称 Sam-DEA$_d$ 有效; 反之, 称为 Sam-DEA$_d$ 无效.

Sam-DEA 有效表明被评价单元不劣于 "样本数据包络面" 上的单元, 而 Sam-DEA$_d$ 有效表明被评价单元不劣于 "被移动后的样本数据包络面" 上的单元.

6.1.2 综合的广义 DEA 模型

根据 Sam-DEA 有效与 Sam-DEA$_d$ 有效的概念, 构造了以下 (Sam-C^{2}WY) 模型和它的对偶模型 (DSam-C^{2}WY):

$$
(\text{Sam C}^2\text{WY})
\begin{cases}
\max & (\boldsymbol{\mu}^{\mathrm{T}}\boldsymbol{Y}(\tau) + \delta_1\mu_0) = V(d), \\
\text{s.t.} & \boldsymbol{\omega}^{\mathrm{T}}\bar{\boldsymbol{X}}(\bar{\tau}) - \boldsymbol{\mu}^{\mathrm{T}}d\bar{\boldsymbol{Y}}(\bar{\tau}) - \delta_1\mu_0 \geqq 0, \quad \bar{\tau} \in \bar{C}, \\
& \delta_1\delta_2(-1)^{\delta_3}\mu_0 \geqq 0, \\
& \boldsymbol{\omega}^{\mathrm{T}}\boldsymbol{X}(\tau) = 1, \\
& \boldsymbol{\omega} \in V, \boldsymbol{\mu} \in U,
\end{cases}
$$

$$
(\text{DSam-C}^2\text{WY})
\begin{cases}
\min & \theta = D(d), \\
\text{s.t.} & \displaystyle\sum_{\bar{\tau}\in\bar{C}} \bar{\boldsymbol{X}}(\bar{\tau})\lambda(\bar{\tau}) - \theta\boldsymbol{X}(\tau) \in V^*, \\
& -\displaystyle\sum_{\bar{\tau}\in\bar{C}} d\bar{\boldsymbol{Y}}(\bar{\tau})\lambda(\bar{\tau}) + \boldsymbol{Y}(\tau) \in U^*, \\
& \delta_1\left(\displaystyle\sum_{\bar{\tau}\in\bar{C}}\lambda(\bar{\tau}) - \delta_2(-1)^{\delta_3}\tilde{\lambda}\right) = \delta_1, \\
& \lambda(\bar{\tau}) \geqq 0, \bar{\tau} \in \bar{C}, \tilde{\lambda} \geqq 0,
\end{cases}
$$

其中 $\delta_1, \delta_2, \delta_3$ 是可以取值为 $0, 1$ 的参数.

引理 6.1[16] 若 S 为凸锥,

$$\boldsymbol{x} \in \text{int}S, \quad a > 0,$$

则

$$\boldsymbol{x} + S \subset \text{int}S, \quad a\boldsymbol{x} \in \text{int}S.$$

引理 6.2[16] 若 S 为闭凸锥, $\text{int}S \neq \varnothing$, 则

$$\text{int}S = \{\boldsymbol{x}|\boldsymbol{x}^{\mathrm{T}}\boldsymbol{y} < 0, \forall \boldsymbol{y} \in S^*\backslash\{\boldsymbol{0}\}\}.$$

引理 6.3[16] 若 S 为闭凸锥, $\text{int}S \neq \varnothing$, 则

(1) S^* 为凸锥;

(2) $S^* \cap (-S^*) = \{\boldsymbol{0}\}$;

(3) 若 $\boldsymbol{x} \in S^*\backslash\{\boldsymbol{0}\}, \boldsymbol{y} \in S^*$, 则 $\boldsymbol{x} + \boldsymbol{y} \in S^*\backslash\{\boldsymbol{0}\}$.

定理 6.1 $(\boldsymbol{X}(\tau), \boldsymbol{Y}(\tau))$ 为 Sam-DEA$_d$ 无效当且仅当规划 (DSam-C^{2}WY) 存在可行解 $\bar{\lambda}(\bar{\tau})(\bar{\tau} \in \bar{C}), \hat{\lambda}, \theta$, 使得

$$\sum_{\bar{\tau} \in \bar{C}} \bar{\boldsymbol{X}}(\bar{\tau}) \bar{\lambda}(\bar{\tau}) - \boldsymbol{X}(\tau) \in V^*,$$

$$- \sum_{\bar{\tau} \in \bar{C}} d\bar{\boldsymbol{Y}}(\bar{\tau}) \bar{\lambda}(\bar{\tau}) + \boldsymbol{Y}(\tau) \in U^*,$$

并且

$$\sum_{\bar{\tau} \in \bar{C}} \bar{\boldsymbol{X}}(\bar{\tau}) \bar{\lambda}(\bar{\tau}) - \boldsymbol{X}(\tau) \neq \boldsymbol{0}$$

或

$$- \sum_{\bar{\tau} \in \bar{C}} d\bar{\boldsymbol{Y}}(\bar{\tau}) \bar{\lambda}(\bar{\tau}) + \boldsymbol{Y}(\tau) \neq \boldsymbol{0}.$$

证明 $\Rightarrow$ 若 $(\boldsymbol{X}(\tau), \boldsymbol{Y}(\tau))$ 是 Sam-DEA$_d$ 无效的, 则由定义 6.2 可知, 存在 $(\boldsymbol{X}, \boldsymbol{Y}) \in T(d)$, 使得

$$(\boldsymbol{X}(\tau), \boldsymbol{Y}(\tau)) \neq (\boldsymbol{X}, \boldsymbol{Y}),$$

$$(\boldsymbol{X}, -\boldsymbol{Y}) \in (\boldsymbol{X}(\tau), -\boldsymbol{Y}(\tau)) + (V^*, U^*).$$

由于 $(\boldsymbol{X}, \boldsymbol{Y}) \in T(d)$, 故存在

$$\lambda(\bar{\tau}) \geqq 0, \bar{\tau} \in \bar{C}, \quad \tilde{\lambda} \geqq 0,$$

满足

$$\sum_{\bar{\tau} \in \bar{C}} \bar{\boldsymbol{X}}(\bar{\tau}) \lambda(\bar{\tau}) - \boldsymbol{X} \in V^*,$$

$$\boldsymbol{Y} - \sum_{\bar{\tau} \in \bar{C}} d\bar{\boldsymbol{Y}}(\bar{\tau}) \lambda(\bar{\tau}) \in U^*,$$

$$\delta_1 \left(\sum_{\bar{\tau} \in \bar{C}} \lambda(\bar{\tau}) - \delta_2 (-1)^{\delta_3} \tilde{\lambda} \right) = \delta_1.$$

由引理 6.3 可知

$$\sum_{\bar{\tau} \in \bar{C}} \bar{\boldsymbol{X}}(\bar{\tau}) \lambda(\bar{\tau}) - \boldsymbol{X}(\tau) = \left(\sum_{\bar{\tau} \in \bar{C}} \bar{\boldsymbol{X}}(\bar{\tau}) \lambda(\bar{\tau}) - \boldsymbol{X} \right) + (\boldsymbol{X} - \boldsymbol{X}(\tau)) \in V^*,$$

$$\boldsymbol{Y}(\tau) - \sum_{\bar{\tau} \in \bar{C}} d\bar{\boldsymbol{Y}}(\bar{\tau}) \lambda(\bar{\tau}) = \left(- \sum_{\bar{\tau} \in \bar{C}} d\bar{\boldsymbol{Y}}(\bar{\tau}) \lambda(\bar{\tau}) + \boldsymbol{Y} \right) + (\boldsymbol{Y}(\tau) - \boldsymbol{Y}) \in U^*,$$

并且

$$\sum_{\bar{\tau} \in \bar{C}} \bar{\boldsymbol{X}}(\bar{\tau}) \lambda(\bar{\tau}) - \boldsymbol{X}(\tau) \neq \boldsymbol{0}$$

或

$$\sum_{\bar{\tau} \in \bar{C}} d\bar{\boldsymbol{Y}}(\bar{\tau}) \lambda(\bar{\tau}) - \boldsymbol{Y}(\tau) \neq \boldsymbol{0}.$$

← 假设规划 (DSam C²WY) 存在可行解

$$\bar{\lambda}(\bar{\tau}), \bar{\tau} \in \bar{C}, \quad \hat{\lambda}, \quad \theta,$$

使得

$$\sum_{\bar{\tau} \in \bar{C}} \bar{\boldsymbol{X}}(\bar{\tau}) \bar{\lambda}(\bar{\tau}) - \boldsymbol{X}(\tau) \in V^*,$$

$$-\sum_{\bar{\tau} \in \bar{C}} d\bar{\boldsymbol{Y}}(\bar{\tau}) \bar{\lambda}(\bar{\tau}) + \boldsymbol{Y}(\tau) \in U^*,$$

并且

$$\sum_{\bar{\tau} \in \bar{C}} \bar{\boldsymbol{X}}(\bar{\tau}) \bar{\lambda}(\bar{\tau}) - \boldsymbol{X}(\tau) \neq \boldsymbol{0}$$

或

$$-\sum_{\bar{\tau} \in \bar{C}} d\bar{\boldsymbol{Y}}(\bar{\tau}) \bar{\lambda}(\bar{\tau}) + \boldsymbol{Y}(\tau) \neq \boldsymbol{0}.$$

令

$$(\boldsymbol{X}, \boldsymbol{Y}) = \left(\sum_{\bar{\tau} \in \bar{C}} \bar{\boldsymbol{X}}(\bar{\tau}) \bar{\lambda}(\bar{\tau}), \sum_{\bar{\tau} \in \bar{C}} d\bar{\boldsymbol{Y}}(\bar{\tau}) \bar{\lambda}(\bar{\tau}) \right),$$

由引理 6.3 可知

$$\boldsymbol{0} \in V^*, \quad \boldsymbol{0} \in U^*.$$

由 $T(d)$ 的定义可知

$$(\boldsymbol{X}, \boldsymbol{Y}) \in T(d).$$

由于

$$(\boldsymbol{X}, \boldsymbol{Y}) \neq (\boldsymbol{X}(\tau), \boldsymbol{Y}(\tau)),$$

$$(\boldsymbol{X}, -\boldsymbol{Y}) \in (\boldsymbol{X}(\tau), -\boldsymbol{Y}(\tau)) + (V^*, U^*),$$

故由定义 6.2 可知, $(\boldsymbol{X}(\tau), \boldsymbol{Y}(\tau))$ 是 Sam-DEA$_d$ 无效的. 证毕.

考虑定理 6.1 的逆否命题, 即得推论 6.1.

推论 6.1　$(\boldsymbol{X}(\tau), \boldsymbol{Y}(\tau))$ 为 Sam-DEA$_d$ 有效当且仅当规划 (DSam-C^{2}WY) 不存在可行解

$$\bar{\lambda}(\bar{\tau}), \bar{\tau} \in \bar{C}, \quad \hat{\lambda}, \quad \theta,$$

满足

$$\sum_{\bar{\tau} \in \bar{C}} \bar{\boldsymbol{X}}(\bar{\tau})\bar{\lambda}(\bar{\tau}) - \boldsymbol{X}(\tau) \in V^*,$$

$$-\sum_{\bar{\tau} \in \bar{C}} d\bar{\boldsymbol{Y}}(\bar{\tau})\bar{\lambda}(\bar{\tau}) + \boldsymbol{Y}(\tau) \in U^*,$$

并且

$$\sum_{\bar{\tau} \in \bar{C}} \bar{\boldsymbol{X}}(\bar{\tau})\bar{\lambda}(\bar{\tau}) - \boldsymbol{X}(\tau) \neq \boldsymbol{0}$$

或

$$\boldsymbol{Y}(\tau) - \sum_{\bar{\tau} \in \bar{C}} d\bar{\boldsymbol{Y}}(\bar{\tau})\bar{\lambda}(\bar{\tau}) \neq \boldsymbol{0}.$$

6.2　综合的广义 DEA 模型与传统 DEA 模型之间的关系

综合的广义 DEA 模型 (Sam-C^{2}WY) 是在综合分析各种常用 DEA 模型特征的基础上给出的. 因此, 该模型具有很好的包容性. 可以证明, 经典的 DEA 模型: C^{2}R 模型、BC^2 模型、FG 模型、ST 模型、C^{2}W 模型、C^{2}WY 模型都是该模型的特例, 这可以从 DEA 模型和 DEA 生产可能集两个方面得到体现.

(1) 当

$$T_{\mathrm{DMU}} = T^*, \quad \bar{C} = \{j\,|\, j = 1, 2, \cdots, n\},$$

$$\delta_1 = 0, \quad V = E_+^m, \quad U = E_+^s, \quad d = 1$$

时, (Sam-C^{2}WY) 模型为 C^{2}R 模型[2], T 为 C^{2}R 模型对应的生产可能集.

(2) 当

$$T_{\mathrm{DMU}} = T^*, \quad \bar{C} = \{j\,|\, j = 1, 2, \cdots, n\},$$

$$\delta_1 = 1, \quad \delta_2 = 0, \quad V = E_+^m, \quad U = E_+^s, \quad d = 1$$

时, (Sam-C^{2}WY) 模型为 BC^2 模型[7], T 为该模型对应的生产可能集.

(3) 当

$$T_{\mathrm{DMU}} = T^*, \quad \bar{C} = \{j\,|\, j = 1, 2, \cdots, n\},$$

$$\delta_1 = 1, \quad \delta_2 = 1, \quad \delta_3 = 1, \quad V = E_+^m, \quad U = E_+^s, \quad d = 1$$

时, (Sam-C^{2}WY) 模型为 FG 模型[8], T 为 FG 模型对应的生产可能集.

(4) 当

$$T_{\mathrm{DMU}} = T^*, \quad \bar{C} = \{j \mid j = 1, 2, \cdots, n\},$$

$$\delta_1 = 1, \quad \delta_2 = 1, \quad \delta_3 = 0, \quad V = E_+^m, \quad U = E_+^s, \quad d = 1$$

时, (Sam-C²WY) 模型为 ST 模型[9], T 为 ST 模型对应的生产可能集.

(5) 当

$$T_{\mathrm{DMU}} = T^*, \quad \delta_1 = 0, \quad V = E_+^m, \quad U - E_+^s, \quad d = 1$$

时, (Sam-C²WY) 模型为 C²W 模型[10], T 为 C²W 模型对应的生产可能集.

(6) 当

$$T_{\mathrm{DMU}} = T^*, \quad \delta_2 = 0, \quad d = 1$$

时, (Sam-C²WY) 模型为 C²WY 模型[6], T 为其对应的生产可能集.

还有一些模型也是 (Sam-C²WY) 模型的特殊形式, 如权重属于一定区间的 DEA 模型、权重之间存在偏序关系或一定数量关系的模型等.

6.3 广义数据包络面与决策单元的投影性质

为了进一步研究广义数据包络前沿面与决策单元的投影性质, 首先讨论以下两个多目标规划问题:

$$(\text{VP}) \begin{cases} V - \min(x_1, \cdots, x_m, -y_1, \cdots, -y_s)^{\mathrm{T}}, \\ \text{s.t. } (\boldsymbol{X}, \boldsymbol{Y}) \in T(d), \end{cases}$$

$$(\text{SVP}) \begin{cases} V - \min(x_1, \cdots, x_m, -y_1, \cdots, -y_s)^{\mathrm{T}}, \\ \text{s.t. } (\boldsymbol{X}, \boldsymbol{Y}) \in T'(d), \end{cases}$$

其中

$$T'(d) = \left\{ (\boldsymbol{X}, \boldsymbol{Y}) \,\middle|\, \sum_{\bar{\tau} \in \bar{C}} \bar{\boldsymbol{X}}(\bar{\tau})\lambda(\bar{\tau}) + \lambda(\tau)\boldsymbol{X}(\tau) - \boldsymbol{X} \in V^*, \right.$$

$$\boldsymbol{Y} - \sum_{\tau \in \bar{C}} d\bar{\boldsymbol{Y}}(\bar{\tau})\lambda(\bar{\tau}) - \lambda(\tau)\boldsymbol{Y}(\tau) \in U^*,$$

$$\delta_1 \left(\sum_{\bar{\tau} \in \bar{C}} \lambda(\bar{\tau}) + \lambda(\tau) - \delta_2(-1)^{\delta_3}\tilde{\lambda} \right) = \delta_1,$$

$$\left. \lambda(\bar{\tau}) \geqq 0, \forall \bar{\tau} \in \bar{C}, \lambda(\tau) \geqq 0, \tilde{\lambda} \geqq 0 \right\}.$$

定义 6.3[16]   称

$$(\boldsymbol{X}(\tau), \boldsymbol{Y}(\tau)) \in T(d)$$

为多目标规划 (VP) 关于 $V^* \times U^*$ 的非支配解, 如果不存在

$$(\boldsymbol{X}, \boldsymbol{Y}) \in T(d),$$

使得

$$\boldsymbol{F}(\boldsymbol{X}, \boldsymbol{Y}) \in \boldsymbol{F}(\boldsymbol{X}(\tau), \boldsymbol{Y}(\tau)) + (V^*, U^*),$$

$$\boldsymbol{F}(\boldsymbol{X}, \boldsymbol{Y}) \neq \boldsymbol{F}(\boldsymbol{X}(\tau), \boldsymbol{Y}(\tau)),$$

其中

$$\boldsymbol{F}(\boldsymbol{X}, \boldsymbol{Y}) = (x_1, \cdots, x_m, -y_1, \cdots, -y_s).$$

定理 6.2   若

$$(\boldsymbol{X}(\tau), \boldsymbol{Y}(\tau)), \quad \tau \in C$$

为 Sam-DEA$_d$ 无效, 则

(1) $(\boldsymbol{X}(\tau), \boldsymbol{Y}(\tau)) \in T(d)$;

(2) 存在

$$(\boldsymbol{X}, \boldsymbol{Y}) \in T(d),$$

使得

$$(\boldsymbol{X}(\tau), \boldsymbol{Y}(\tau)) \neq (\boldsymbol{X}, \boldsymbol{Y}),$$

$$(\boldsymbol{X}, -\boldsymbol{Y}) \in (\boldsymbol{X}(\tau), -\boldsymbol{Y}(\tau)) + (V^*, U^*).$$

证明   若 $(\boldsymbol{X}(\tau), \boldsymbol{Y}(\tau))$ 为 Sam-DEA$_d$ 无效, 即存在

$$(\boldsymbol{X}, \boldsymbol{Y}) \in T(d),$$

使得

$$(\boldsymbol{X}(\tau), \boldsymbol{Y}(\tau)) \neq (\boldsymbol{X}, \boldsymbol{Y}),$$

$$(\boldsymbol{X}, -\boldsymbol{Y}) \in (\boldsymbol{X}(\tau), -\boldsymbol{Y}(\tau)) + (V^*, U^*),$$

故存在

$$s_1^- \in V^*, \quad s_1^+ \in U^*,$$

使得

$$(\boldsymbol{X}, -\boldsymbol{Y}) = (\boldsymbol{X}(\tau), -\boldsymbol{Y}(\tau)) + (s_1^-, s_1^+), \quad (s_1^-, s_1^+) \neq \boldsymbol{0}.$$

由于
$$(\boldsymbol{X}, \boldsymbol{Y}) \in T(d),$$
故存在
$$(\lambda(\bar{\tau}), \forall \bar{\tau} \in \bar{C}, \tilde{\lambda}) \geqq \boldsymbol{0},$$
使得
$$\sum_{\bar{\tau} \in \bar{C}} \bar{\boldsymbol{X}}(\bar{\tau})\lambda(\bar{\tau}) - \boldsymbol{X} \in V^*,$$

$$\boldsymbol{Y} - \sum_{\bar{\tau} \in \bar{C}} d\bar{\boldsymbol{Y}}(\bar{\tau})\lambda(\bar{\tau}) \in U^*,$$

$$\delta_1 \left(\sum_{\bar{\tau} \in \bar{C}} \lambda(\bar{\tau}) - \delta_2(-1)^{\delta_3}\tilde{\lambda} \right) = \delta_1,$$

所以存在
$$\boldsymbol{s}_2^- \in V^*, \quad \boldsymbol{s}_2^+ \in U^*,$$
使得
$$\sum_{\bar{\tau} \in \bar{C}} \bar{\boldsymbol{X}}(\bar{\tau})\lambda(\bar{\tau}) - \boldsymbol{X} = \boldsymbol{s}_2^-, \quad \boldsymbol{Y} - \sum_{\bar{\tau} \in \bar{C}} d\bar{\boldsymbol{Y}}(\bar{\tau})\lambda(\bar{\tau}) = \boldsymbol{s}_2^+.$$

由上述结论可得

$$\begin{cases} \displaystyle\sum_{\bar{\tau} \in \bar{C}} \bar{\boldsymbol{X}}(\bar{\tau})\lambda(\bar{\tau}) - \boldsymbol{X}(\tau) = \boldsymbol{s}_1^- + \boldsymbol{s}_2^-, \\ \displaystyle\boldsymbol{Y}(\tau) - \sum_{\bar{\tau} \in \bar{C}} d\bar{\boldsymbol{Y}}(\bar{\tau})\lambda(\bar{\tau}) = \boldsymbol{s}_1^+ + \boldsymbol{s}_2^+. \end{cases} \tag{6.1}$$

由于
$$\boldsymbol{s}_1^- \in V^*, \quad \boldsymbol{s}_1^+ \in U^*, \quad \boldsymbol{s}_2^- \in V^*, \quad \boldsymbol{s}_2^+ \in U^*, \quad (\boldsymbol{s}_1^-, \boldsymbol{s}_1^+) \neq \boldsymbol{0},$$
又因为
$$V \in E_+^m, \quad U \in E_+^s$$
均为闭凸锥, 并且
$$\text{int} V \neq \varnothing, \quad \text{int} U \neq \varnothing,$$
根据引理 6.3 可知
$$(\boldsymbol{s}_1^- + \boldsymbol{s}_2^-, \boldsymbol{s}_1^+ + \boldsymbol{s}_2^+) \in (V^*, U^*) \backslash \{\boldsymbol{0}\},$$
根据 $T(d)$ 的定义可知
$$(\boldsymbol{X}(\tau), \boldsymbol{Y}(\tau)) \in T(d).$$

证毕.

根据定理 6.2 和 Sam-DEA$_d$ 有效的定义直接可以得到以下结论:

定理 6.3   决策单元 τ 不为 Sam-DEA$_d$ 有效当且仅当 $(\boldsymbol{X}(\tau), \boldsymbol{Y}(\tau))$ 不是 (VP) 关于 $V^* \times U^*$ 的非支配解.

定理 6.4   若 $(\boldsymbol{X}(\tau), \boldsymbol{Y}(\tau)) \in T(d)$, 则决策单元 τ 为 Sam-DEA$_d$ 有效当且仅当 $(\boldsymbol{X}(\tau), \boldsymbol{Y}(\tau))$ 为 (VP) 的关于 $V^* \times U^*$ 的非支配解.

定义 6.4   当 $d = 1$ 时, 称 (VP) 的关于 $V^* \times U^*$ 的非支配解构成的集合为广义数据包络前沿面.

为了进一步探讨决策单元在广义数据包络前沿面的投影问题, 首先给出下面几个结论.

定理 6.5   对于 $(\boldsymbol{X}(\tau), \boldsymbol{Y}(\tau))$ 有

$$T(d) \subseteq T'(d).$$

证明   若

$$(\boldsymbol{X}, \boldsymbol{Y}) \in T(d),$$

则存在

$$(\lambda(\bar{\tau}), \forall \bar{\tau} \in \bar{C}, \tilde{\lambda}) \geqq \boldsymbol{0},$$

使得

$$\sum_{\bar{\tau} \in \bar{C}} \bar{\boldsymbol{X}}(\bar{\tau}) \lambda(\bar{\tau}) - \boldsymbol{X} \in V^*,$$

$$-\sum_{\bar{\tau} \in \bar{C}} d\bar{\boldsymbol{Y}}(\bar{\tau}) \lambda(\bar{\tau}) + \boldsymbol{Y} \in U^*,$$

$$\delta_1 \left(\sum_{\bar{\tau} \in \bar{C}} \lambda(\bar{\tau}) - \delta_2 (-1)^{\delta_3} \tilde{\lambda} \right) = \delta_1.$$

令

$$\lambda(\tau) = 0,$$

显然,

$$\sum_{\bar{\tau} \in \bar{C}} \bar{\boldsymbol{X}}(\bar{\tau}) \lambda(\bar{\tau}) + \lambda(\tau) \boldsymbol{X}(\tau) - \boldsymbol{X} \in V^*,$$

$$\boldsymbol{Y} - \sum_{\bar{\tau} \in \bar{C}} d\bar{\boldsymbol{Y}}(\bar{\tau}) \lambda(\bar{\tau}) - \lambda(\tau) \boldsymbol{Y}(\tau) \in U^*,$$

$$\delta_1 \left(\sum_{\bar{\tau} \in \bar{C}} \lambda(\bar{\tau}) + \lambda(\tau) - \delta_2 (-1)^{\delta_3} \tilde{\lambda} \right) = \delta_1,$$

故

$$(\boldsymbol{X}, \boldsymbol{Y}) \in T'(d).$$

证毕.

定理 6.6 决策单元 $(\boldsymbol{X}(\tau), \boldsymbol{Y}(\tau))$ 为 Sam-DEA$_d$ 有效当且仅当 $(\boldsymbol{X}(\tau), \boldsymbol{Y}(\tau))$ 为多目标规划 (SVP) 相对于锥 $V^* \times U^*$ 的非支配解.

证明 $\Leftarrow$ 若决策单元 $(\boldsymbol{X}(\tau), \boldsymbol{Y}(\tau))$ 不为 Sam-DEA$_d$ 有效, 则由定理 6.2 和定理 6.5 可知

$$(\boldsymbol{X}(\tau), \boldsymbol{Y}(\tau)) \in T'(d),$$

并且存在

$$(\boldsymbol{X}, \boldsymbol{Y}) \in T(d) \subseteq T'(d),$$

使得

$$(\boldsymbol{X}(\tau), \boldsymbol{Y}(\tau)) \neq (\boldsymbol{X}, \boldsymbol{Y}),$$

$$(\boldsymbol{X}, -\boldsymbol{Y}) \in (\boldsymbol{X}(\tau), -\boldsymbol{Y}(\tau)) + (V^*, U^*),$$

即

$$\boldsymbol{F}(\boldsymbol{X}, \boldsymbol{Y}) \neq \boldsymbol{F}(\boldsymbol{X}(\tau), \boldsymbol{Y}(\tau)),$$

$$\boldsymbol{F}(\boldsymbol{X}, \boldsymbol{Y}) \in \boldsymbol{F}(\boldsymbol{X}(\tau), \boldsymbol{Y}(\tau)) + (V^*, U^*).$$

因此, $(\boldsymbol{X}(\tau), \boldsymbol{Y}(\tau))$ 不为多目标规划 (SVP) 相对于锥 $V^* \times U^*$ 的非支配解.

$\Rightarrow$ 若 $(\boldsymbol{X}(\tau), \boldsymbol{Y}(\tau))$ 不是多目标规划 (SVP) 的相对于锥 $V^* \times U^*$ 的非支配解, 则存在

$$(\boldsymbol{X}, \boldsymbol{Y}) \in T'(d),$$

使得

$$(\boldsymbol{X}, -\boldsymbol{Y}) \in (\boldsymbol{X}(\tau), -\boldsymbol{Y}(\tau)) + (V^*, U^*),$$

$$(\boldsymbol{X}, \boldsymbol{Y}) \neq (\boldsymbol{X}(\tau), \boldsymbol{Y}(\tau)),$$

故存在

$$s_1^- \subset V^*, \quad s_1^+ \subset U^*,$$

使得

$$(\boldsymbol{X}, -\boldsymbol{Y}) = (\boldsymbol{X}(\tau), -\boldsymbol{Y}(\tau)) + (s_1^-, s_1^+), \quad (s_1^-, s_1^+) \neq \boldsymbol{0}.$$

由于

$$(\boldsymbol{X}, \boldsymbol{Y}) \in T'(d),$$

因此, 存在

$$\lambda(\bar{\tau}) \geqq 0, \forall \bar{\tau} \in \bar{C}, \quad \lambda(\tau) \geqq 0, \quad \tilde{\lambda} \geqq 0,$$

使得

$$\sum_{\bar{\tau} \in \bar{C}} \bar{\boldsymbol{X}}(\bar{\tau})\lambda(\bar{\tau}) + \lambda(\tau)\boldsymbol{X}(\tau) - \boldsymbol{X} \in V^*,$$

$$\boldsymbol{Y} - \sum_{\bar{\tau} \in \bar{C}} d\bar{\boldsymbol{Y}}(\bar{\tau})\lambda(\bar{\tau}) - \lambda(\tau)\boldsymbol{Y}(\tau) \in U^*,$$

$$\delta_1 \left(\sum_{\bar{\tau} \in \bar{C}} \lambda(\bar{\tau}) + \lambda(\tau) - \delta_2(-1)^{\delta_3}\tilde{\lambda} \right) = \delta_1.$$

于是存在

$$\boldsymbol{s}_2^- \in V^*, \quad \boldsymbol{s}_2^+ \in U^*,$$

使得

$$\sum_{\bar{\tau} \in \bar{C}} \bar{\boldsymbol{X}}(\bar{\tau})\lambda(\bar{\tau}) + \lambda(\tau)\boldsymbol{X}(\tau) - \boldsymbol{X} = \boldsymbol{s}_2^-,$$

$$\boldsymbol{Y} - \sum_{\bar{\tau} \in \bar{C}} d\bar{\boldsymbol{Y}}(\bar{\tau})\lambda(\bar{\tau}) - \lambda(\tau)\boldsymbol{Y}(\tau) = \boldsymbol{s}_2^+.$$

因此, 可得

$$\begin{cases} \displaystyle\sum_{\bar{\tau} \in \bar{C}} \bar{\boldsymbol{X}}(\bar{\tau})\lambda(\bar{\tau}) - (1-\lambda(\tau))\boldsymbol{X}(\tau) = \boldsymbol{s}_1^- + \boldsymbol{s}_2^-, \\ (1-\lambda(\tau))\boldsymbol{Y}(\tau) - \displaystyle\sum_{\bar{\tau} \in \bar{C}} d\bar{\boldsymbol{Y}}(\bar{\tau})\lambda(\bar{\tau}) = \boldsymbol{s}_1^+ + \boldsymbol{s}_2^+. \end{cases} \tag{6.2}$$

下证 $\lambda(\tau) < 1$.

假设 $\lambda(\tau) \geqq 1$, 由于

$$\boldsymbol{s}_1^- \in V^*, \quad \boldsymbol{s}_1^+ \in U^*, \quad \boldsymbol{s}_2^- \in V^*, \quad \boldsymbol{s}_2^+ \in U^*, \quad (\boldsymbol{s}_1^-, \boldsymbol{s}_1^+) \neq \boldsymbol{0},$$

又因为

$$V \subseteq E_+^m, \quad U \subseteq E_+^s$$

均为闭凸锥, 并且

$$\text{int}V \neq \varnothing, \quad \text{int}U \neq \varnothing,$$

于是根据引理 6.3 可知

$$(\boldsymbol{s}_1^- + \boldsymbol{s}_2^-, \boldsymbol{s}_1^+ + \boldsymbol{s}_2^+) \in (V^*, U^*)\backslash\{\boldsymbol{0}\}.$$

由于

$$\bar{\boldsymbol{X}}(\bar{\tau}), \boldsymbol{X}(\tau) \in \mathrm{int}(-V^*),$$

V^* 为闭凸锥, 因此,

$$s_1^- + s_2^- = \sum_{\bar{\tau} \in \bar{C}} \bar{\boldsymbol{X}}(\bar{\tau})\lambda(\bar{\tau}) - (1 - \lambda(\tau))\boldsymbol{X}(\tau) \in -V^*.$$

根据引理 6.3 可知

$$V^* \cap (-V^*) = \{\boldsymbol{0}\},$$

因此,

$$s_1^- + s_2^- = \boldsymbol{0},$$

即

$$\sum_{\bar{\tau} \in \bar{C}} \bar{\boldsymbol{X}}(\bar{\tau})\lambda(\bar{\tau}) - (1 - \lambda(\tau))\boldsymbol{X}(\tau) = \boldsymbol{0}.$$

由于

$$\sum_{\bar{\tau} \in \bar{C}} \bar{\boldsymbol{X}}(\bar{\tau})\lambda(\bar{\tau}) = (1 - \lambda(\tau))\boldsymbol{X}(\tau),$$

$$\sum_{\bar{\tau} \in \bar{C}} \bar{\boldsymbol{X}}(\bar{\tau})\lambda(\bar{\tau}) \in -V^*, \quad (1 - \lambda(\tau))\boldsymbol{X}(\tau) \in V^*,$$

故

$$\sum_{\bar{\tau} \in \bar{C}} \bar{\boldsymbol{X}}(\bar{\tau})\lambda(\bar{\tau}) = \boldsymbol{0}, \quad (1 - \lambda(\tau))\boldsymbol{X}(\tau) = \boldsymbol{0}.$$

由

$$\mathrm{int}V \neq \varnothing$$

可知, 存在 $\boldsymbol{v} \in V \backslash \{\boldsymbol{0}\}$. 因为

$$\bar{\boldsymbol{X}}(\bar{\tau}), \boldsymbol{X}(\tau) \in \mathrm{int}(-V^*),$$

故有

$$\boldsymbol{v}^{\mathrm{T}}\bar{\boldsymbol{X}}(\bar{\tau}) > 0, \quad \boldsymbol{v}^{\mathrm{T}}\boldsymbol{X}(\tau) > 0.$$

由于

$$\sum_{\bar{\tau} \in \bar{C}} (\boldsymbol{v}^{\mathrm{T}}\bar{\boldsymbol{X}}(\bar{\tau}))\lambda(\bar{\tau}) = 0, \quad (1 - \lambda(\tau))\boldsymbol{v}^{\mathrm{T}}\boldsymbol{X}(\tau) = 0,$$

因此,

$$\lambda(\bar{\tau}) = 0, \forall \bar{\tau} \in \bar{C}, \quad 1 - \lambda(\tau) = 0,$$

由 (6.2) 可知

$$s_1^+ + s_2^+ = \mathbf{0}, \quad s_1^- + s_2^- = \mathbf{0},$$

这与

$$(s_1^- + s_2^-, s_1^+ + s_2^+) \in (V^*, U^*) \backslash \{\mathbf{0}\}$$

矛盾! 故假设不成立, 于是可得 $\lambda(\tau) < 1$.

由于 $\lambda(\tau) < 1$, 故得

$$\frac{1}{1 - \lambda(\tau)} > 0.$$

由 (6.2) 可知

$$\boldsymbol{X}(\tau) = \sum_{\bar{\tau} \in \bar{C}} \bar{\boldsymbol{X}}(\bar{\tau}) \frac{\lambda(\bar{\tau})}{1 - \lambda(\tau)} - \frac{1}{1 - \lambda(\tau)}(s_1^- + s_2^-),$$

$$\boldsymbol{Y}(\tau) = \sum_{\bar{\tau} \in \bar{C}} d\bar{\boldsymbol{Y}}(\bar{\tau}) \frac{\lambda(\bar{\tau})}{1 - \lambda(\tau)} + \frac{1}{1 - \lambda(\tau)}(s_1^+ + s_2^+).$$

由于 V^*, U^* 均为闭凸锥, 因此,

$$\left(\frac{1}{1 - \lambda(\tau)}(s_1^- + s_2^-), \frac{1}{1 - \lambda(\tau)}(s_1^+ + s_2^+) \right) \in (V^*, U^*) \backslash \{\mathbf{0}\}.$$

由

$$\delta_1 \left(\sum_{\bar{\tau} \in \bar{C}} \lambda(\bar{\tau}) + \lambda(\tau) - \delta_2(-1)^{\delta_3} \tilde{\lambda} \right) = \delta_1$$

知

$$\delta_1 \left(\sum_{\bar{\tau} \in \bar{C}} \frac{\lambda(\bar{\tau})}{1 - \lambda(\tau)} + \frac{\lambda(\tau)}{1 - \lambda(\tau)} - \delta_2(-1)^{\delta_3} \frac{\tilde{\lambda}}{1 - \lambda(\tau)} \right) = \frac{1}{1 - \lambda(\tau)} \delta_1,$$

化简后得

$$\delta_1 \left(\sum_{\bar{\tau} \in \bar{C}} \frac{\lambda(\bar{\tau})}{1 - \lambda(\tau)} - \delta_2(-1)^{\delta_3} \frac{\tilde{\lambda}}{1 - \lambda(\tau)} \right) = \delta_1.$$

由此可知

$$\left(\sum_{\bar{\tau} \in \bar{C}} \bar{\boldsymbol{X}}(\bar{\tau}) \frac{\lambda(\bar{\tau})}{1 - \lambda(\tau)}, \sum_{\bar{\tau} \in \bar{C}} d\bar{\boldsymbol{Y}}(\bar{\tau}) \frac{\lambda(\bar{\tau})}{1 - \lambda(\tau)} \right) \in T(d),$$

由定义 6.2 可知, $(\boldsymbol{X}(\tau), \boldsymbol{Y}(\tau))$ 为 Sam-DEA$_d$ 无效. 证毕.

定理 6.6 的结论表明检验决策单元 $(\boldsymbol{X}(\tau), \boldsymbol{Y}(\tau))$ 的 Sam-DEA$_d$ 有效性, 实际上只需检验 $(\boldsymbol{X}(\tau), \boldsymbol{Y}(\tau))$ 是否为多目标规划 (SVP) 相对于锥 $V^* \times U^*$ 的非支配解

即可. 该结论一方面, 可以避开讨论 (DSam-C²WY) 模型无解的情况, 更重要的是它在形式上可以转化成某种 DEA 模型的形式, 进而对 (DSam-C²WY) 模型的许多性质借助 DEA 模型即可获得, 不必再进一步推导.

定理 6.7 若决策单元 $(\boldsymbol{X}(\tau), \boldsymbol{Y}(\tau))$ 为 Sam-DEA$_d$ 无效, 则

$$T(d) = T'(d).$$

证明 由定理 6.5, 只需证

$$T'(d) \subseteq T(d).$$

若

$$(\boldsymbol{X}, \boldsymbol{Y}) \in T'(d),$$

则存在

$$\lambda(\bar{\tau}) \geqq 0, \forall \bar{\tau} \in \bar{C}, \quad \lambda(\tau) \geqq 0, \quad \tilde{\lambda} \geqq 0,$$

使得

$$\sum_{\bar{\tau} \in \bar{C}} \bar{\boldsymbol{X}}(\bar{\tau}) \lambda(\bar{\tau}) + \lambda(\tau) \boldsymbol{X}(\tau) - \boldsymbol{X} \in V^*,$$

$$\boldsymbol{Y} - \sum_{\bar{\tau} \in \bar{C}} d \bar{\boldsymbol{Y}}(\bar{\tau}) \lambda(\bar{\tau}) - \lambda(\tau) \boldsymbol{Y}(\tau) \in U^*,$$

$$\delta_1 \left(\sum_{\bar{\tau} \in \bar{C}} \lambda(\bar{\tau}) + \lambda(\tau) - \delta_2 (-1)^{\delta_3} \tilde{\lambda} \right) = \delta_1,$$

故存在

$$\boldsymbol{s}_1^- \in V^*, \quad \boldsymbol{s}_1^+ \in U^*,$$

使得

$$\sum_{\bar{\tau} \in \bar{C}} \bar{\boldsymbol{X}}(\bar{\tau}) \lambda(\bar{\tau}) + \lambda(\tau) \boldsymbol{X}(\tau) - \boldsymbol{X} = \boldsymbol{s}_1^-,$$

$$\boldsymbol{Y} - \sum_{\bar{\tau} \in \bar{C}} d \bar{\boldsymbol{Y}}(\bar{\tau}) \lambda(\bar{\tau}) - \lambda(\tau) \boldsymbol{Y}(\tau) = \boldsymbol{s}_1^+.$$

由于 $(\boldsymbol{X}(\tau), \boldsymbol{Y}(\tau))$ 为 Sam-DEA$_d$ 无效, 由定理 6.2 可得

$$(\boldsymbol{X}(\tau), \boldsymbol{Y}(\tau)) \in T(d),$$

所以存在

$$(\lambda'(\bar{\tau}), \forall \bar{\tau} \in \bar{C}, \tilde{\lambda}') \geqq \boldsymbol{0},$$

$$\delta_1 \left(\sum_{\bar{\tau} \in \bar{C}} \lambda'(\bar{\tau}) - \delta_2 (-1)^{\delta_3} \tilde{\lambda}' \right) = \delta_1,$$

使得

$$\sum_{\bar{\tau}\in\bar{C}}\bar{\boldsymbol{X}}(\bar{\tau})\lambda'(\bar{\tau}) - \boldsymbol{X}(\tau) \in V^*,$$

$$\boldsymbol{Y}(\tau) - \sum_{\bar{\tau}\in\bar{C}}d\bar{\boldsymbol{Y}}(\bar{\tau})\lambda'(\bar{\tau}) \in U^*,$$

故存在

$$\boldsymbol{s}_2^- \in V^*, \quad \boldsymbol{s}_2^+ \in U^*,$$

使得

$$\sum_{\bar{\tau}\in\bar{C}}\bar{\boldsymbol{X}}(\bar{\tau})\lambda'(\bar{\tau}) - \boldsymbol{X}(\tau) = \boldsymbol{s}_2^-, \quad \boldsymbol{Y}(\tau) - \sum_{\bar{\tau}\in\bar{C}}d\bar{\boldsymbol{Y}}(\bar{\tau})\lambda'(\bar{\tau}) = \boldsymbol{s}_2^+,$$

$$\boldsymbol{s}_1^- = \sum_{\bar{\tau}\in\bar{C}}\bar{\boldsymbol{X}}(\bar{\tau})\lambda(\bar{\tau}) + \lambda(\tau)\left(\sum_{\bar{\tau}\in\bar{C}}\bar{\boldsymbol{X}}(\bar{\tau})\lambda'(\bar{\tau}) - \boldsymbol{s}_2^-\right) - \boldsymbol{X}$$

$$= \sum_{\bar{\tau}\in\bar{C}}\bar{\boldsymbol{X}}(\bar{\tau})(\lambda(\bar{\tau}) + \lambda(\tau)\lambda'(\bar{\tau})) - \lambda(\tau)\boldsymbol{s}_2^- - \boldsymbol{X},$$

$$\boldsymbol{s}_1^+ = \boldsymbol{Y} - \sum_{\bar{\tau}\in\bar{C}}d\bar{\boldsymbol{Y}}(\bar{\tau})\lambda(\bar{\tau}) - \lambda(\tau)\left(\sum_{\bar{\tau}\in\bar{C}}d\bar{\boldsymbol{Y}}(\bar{\tau})\lambda'(\bar{\tau}) + \boldsymbol{s}_2^+\right)$$

$$= \boldsymbol{Y} - \sum_{\bar{\tau}\in\bar{C}}d\bar{\boldsymbol{Y}}(\bar{\tau})(\lambda(\bar{\tau}) + \lambda(\tau)\lambda'(\bar{\tau})) - \lambda(\tau)\boldsymbol{s}_2^+.$$

因此,

$$\sum_{\bar{\tau}\in\bar{C}}\bar{\boldsymbol{X}}(\bar{\tau})(\lambda(\bar{\tau}) + \lambda(\tau)\lambda'(\bar{\tau})) - \boldsymbol{X} = \boldsymbol{s}_1^- + \lambda(\tau)\boldsymbol{s}_2^- \in V^*,$$

$$\boldsymbol{Y} - \sum_{\bar{\tau}\in\bar{C}}d\bar{\boldsymbol{Y}}(\bar{\tau})(\lambda(\bar{\tau}) + \lambda(\tau)\lambda'(\bar{\tau})) = \boldsymbol{s}_1^+ + \lambda(\tau)\boldsymbol{s}_2^+ \in U^*.$$

当 $\delta_1 = 1$ 时, 由

$$\sum_{\bar{\tau}\in\bar{C}}\lambda(\bar{\tau}) = 1 - \lambda(\tau) + \delta_2(-1)^{\delta_3}\tilde{\lambda},$$

$$\sum_{\bar{\tau}\in\bar{C}}\lambda'(\bar{\tau}) = 1 + \delta_2(-1)^{\delta_3}\tilde{\lambda}'$$

得

$$\sum_{\bar{\tau}\in\bar{C}}(\lambda(\bar{\tau}) + \lambda(\tau)\lambda'(\bar{\tau})) = 1 - \lambda(\tau) + \delta_2(-1)^{\delta_3}\tilde{\lambda} + \lambda(\tau)(1 + \delta_2(-1)^{\delta_3}\tilde{\lambda}')$$

$$= 1 + \delta_2(-1)^{\delta_3}(\tilde{\lambda} + \lambda(\tau)\tilde{\lambda}'),$$

故

$$\delta_1 \left(\sum_{\bar{\tau} \in \bar{C}} (\lambda(\bar{\tau}) + \lambda(\tau)\lambda'(\bar{\tau})) - \delta_2(-1)^{\delta_3}(\tilde{\lambda} + \lambda(\tau)\tilde{\lambda}') \right) = \delta_1,$$

其中

$$\tilde{\lambda} + \lambda(\tau)\tilde{\lambda}' \geqq 0,$$

所以

$$(\boldsymbol{X}, \boldsymbol{Y}) \in T(d),$$

即

$$T'(d) \subseteq T(d).$$

证毕.

定理 6.8 $(\boldsymbol{X}(\tau), \boldsymbol{Y}(\tau))$ 为 Sam-DEA$_d$ 有效当且仅当规划 (D$_\mathrm{I}$) 的最优值 $V_{\mathrm{D_I}} = 0$,

$$(\mathrm{D_I}) \begin{cases} \max & (\boldsymbol{h}^\mathrm{T}\boldsymbol{s}^- + \hat{\boldsymbol{h}}^\mathrm{T}\boldsymbol{s}^+) = V_{\mathrm{D_I}}, \\ \mathrm{s.t.} & \boldsymbol{X}(\tau)\lambda(\tau) + \sum_{\bar{\tau} \in \bar{C}} \bar{\boldsymbol{X}}(\bar{\tau})\lambda(\bar{\tau}) + \boldsymbol{s}^- = \boldsymbol{X}(\tau), \\ & \boldsymbol{Y}(\tau)\lambda(\tau) + \sum_{\bar{\tau} \in \bar{C}} d\bar{\boldsymbol{Y}}(\bar{\tau})\lambda(\bar{\tau}) - \boldsymbol{s}^+ = \boldsymbol{Y}(\tau), \\ & \delta_1 \left(\sum_{\bar{\tau} \in \bar{C}} \lambda(\bar{\tau}) + \lambda(\tau) - \delta_2(-1)^{\delta_3}\tilde{\lambda} \right) = \delta_1, \\ & (\lambda(\bar{\tau}), \forall \bar{\tau} \in \bar{C}, \lambda(\tau), \tilde{\lambda}) \geqq \boldsymbol{0}, \boldsymbol{s}^- \in -V^*, \boldsymbol{s}^+ \in -U^*, \end{cases}$$

其中 $\boldsymbol{h} \in \mathrm{int}V, \hat{\boldsymbol{h}} \in \mathrm{int}U$.

证明 若 $(\boldsymbol{X}(\tau), \boldsymbol{Y}(\tau))$ 为 Sam-DEA$_d$ 无效, 则由定理 6.6 可知, $(\boldsymbol{X}(\tau), \boldsymbol{Y}(\tau))$ 不为多目标规划 (SVP) 相对于锥 $V^* \times U^*$ 的非支配解. 由式 (6.2) 可知, 存在

$$(\lambda(\bar{\tau}), \forall \bar{\tau} \in \bar{C}, \lambda(\tau), \tilde{\lambda}) \geqq \boldsymbol{0}, \quad \boldsymbol{s}^- \in -V^*, \quad \boldsymbol{s}^+ \in -U^*,$$

满足

$$\delta_1 \left(\sum_{\bar{\tau} \in \bar{C}} \lambda(\bar{\tau}) + \lambda(\tau) - \delta_2(-1)^{\delta_3}\tilde{\lambda} \right) = \delta_1,$$

$$(1 - \lambda(\tau))\boldsymbol{X}(\tau) - \sum_{\bar{\tau} \in \bar{C}} \bar{\boldsymbol{X}}(\bar{\tau})\lambda(\bar{\tau}) = \boldsymbol{s}^-,$$

$$\sum_{\bar{\tau}\in\bar{C}} d\bar{\boldsymbol{Y}}(\bar{\tau})\lambda(\bar{\tau}) - (1-\lambda(\tau))\boldsymbol{Y}(\tau) = \boldsymbol{s}^+, \quad (\boldsymbol{s}^-, \boldsymbol{s}^+) \neq \boldsymbol{0}.$$

显然,

$$(\lambda(\bar{\tau}), \forall \bar{\tau}\in\bar{C}, \lambda(\tau), \tilde{\lambda}) \geqq \boldsymbol{0}, \quad \boldsymbol{s}^- \in -V^*, \quad \boldsymbol{s}^+ \in -U^*$$

是 $(\mathrm{D_I})$ 的可行解, 由引理 6.2 可知

$$\boldsymbol{h}^{\mathrm{T}}\boldsymbol{s}^- + \hat{\boldsymbol{h}}^{\mathrm{T}}\boldsymbol{s}^+ > 0,$$

因此, $(\mathrm{D_I})$ 的最优值 $V_{\mathrm{D_I}} \neq 0$.

反之, 若 $(\mathrm{D_I})$ 的最优值

$$V_{\mathrm{D_I}} \neq 0, \quad (\lambda(\bar{\tau}), \forall \bar{\tau}\in\bar{C}, \lambda(\tau), \tilde{\lambda}) \geqq \boldsymbol{0},$$

$$\boldsymbol{s}^- \in -V^*, \quad \boldsymbol{s}^+ \in -U^*$$

是 $(\mathrm{D_I})$ 的最优解, 则显然,

$$(\boldsymbol{s}^-, \boldsymbol{s}^+) \neq \boldsymbol{0}.$$

令

$$\boldsymbol{X}(\tau)\lambda(\tau) + \sum_{\bar{\tau}\in\bar{C}} \bar{\boldsymbol{X}}(\bar{\tau})\lambda(\bar{\tau}) = \boldsymbol{X},$$

$$\boldsymbol{Y}(\tau)\lambda(\tau) + \sum_{\bar{\tau}\in\bar{C}} d\bar{\boldsymbol{Y}}(\bar{\tau})\lambda(\bar{\tau}) = \boldsymbol{Y},$$

则有

$$(\boldsymbol{X}, \boldsymbol{Y}) \in T'(d), \quad (\boldsymbol{X}, \boldsymbol{Y}) \neq (\boldsymbol{X}(\tau), \boldsymbol{Y}(\tau)),$$

$$(\boldsymbol{X}, -\boldsymbol{Y}) = (\boldsymbol{X}(\tau), -\boldsymbol{Y}(\tau)) + (-\boldsymbol{s}^-, -\boldsymbol{s}^+).$$

由定理 6.6 可知, $(X(\tau), Y(\tau))$ 为 Sam-DEA$_d$ 无效. 证毕.

定理 6.9   若

$$\lambda(\bar{\tau}), \forall \bar{\tau}\in\bar{C}, \quad \lambda(\tau), \quad \tilde{\lambda}, \quad \boldsymbol{s}^-, \quad \boldsymbol{s}^+$$

为规划模型 $(\mathrm{D_I})$ 的最优解, 令

$$\hat{\boldsymbol{X}} = \boldsymbol{X}(\tau) - s^-, \quad \hat{\boldsymbol{Y}} = \boldsymbol{Y}(\tau) + s^+,$$

则 $(\hat{\boldsymbol{X}}, \hat{\boldsymbol{Y}})$ 为 Sam-DEA$_d$ 有效.

证明   假设 $(\hat{\boldsymbol{X}}, \hat{\boldsymbol{Y}})$ 不为 Sam-DEA$_d$ 有效, 由式 (6.1) 可知, 存在

$$(\lambda(\bar{\tau}), \forall \bar{\tau}\in\bar{C}, \tilde{\lambda}) \geqq \boldsymbol{0}, \quad \boldsymbol{s}_1^- \in -V^*, \quad \boldsymbol{s}_1^+ \in -U^*, \quad (\boldsymbol{s}_1^-, \boldsymbol{s}_1^+) \neq \boldsymbol{0},$$

使得

$$\hat{\boldsymbol{X}} - \sum_{\bar{\tau} \in \bar{C}} \bar{\boldsymbol{X}}(\bar{\tau}) \lambda(\bar{\tau}) = \boldsymbol{s}_1^-,$$

$$\sum_{\bar{\tau} \in \bar{C}} d\bar{\boldsymbol{Y}}(\bar{\tau}) \lambda(\bar{\tau}) - \hat{\boldsymbol{Y}} = \boldsymbol{s}_1^+,$$

$$\delta_1 \left(\sum_{\bar{\tau} \in \bar{C}} \lambda(\bar{\tau}) - \delta_2 (-1)^{\delta_3} \tilde{\lambda} \right) = \delta_1.$$

因此,

$$\boldsymbol{X}(\tau) - \sum_{\bar{\tau} \in \bar{C}} \bar{\boldsymbol{X}}(\bar{\tau}) \lambda(\bar{\tau}) = \boldsymbol{s}_1^- + \boldsymbol{s}^-,$$

$$\sum_{\bar{\tau} \in \bar{C}} d\bar{\boldsymbol{Y}}(\bar{\tau}) \lambda(\bar{\tau}) - \boldsymbol{Y}(\tau) = \boldsymbol{s}_1^+ + \boldsymbol{s}^+.$$

取

$$\lambda(\tau) = 0,$$

于是可知

$$\lambda(\bar{\tau}), \forall \bar{\tau} \in \bar{C}, \quad \lambda(\tau), \quad \tilde{\lambda}, \quad \boldsymbol{s}_1^- + \boldsymbol{s}^-, \quad \boldsymbol{s}_1^+ + \boldsymbol{s}^+$$

为 (D_I) 的可行解, 并且

$$\boldsymbol{h}^{\mathrm{T}}(\boldsymbol{s}_1^- + \boldsymbol{s}^-) + \hat{\boldsymbol{h}}^{\mathrm{T}}(\boldsymbol{s}_1^+ + \boldsymbol{s}^+) > \boldsymbol{h}^{\mathrm{T}} \boldsymbol{s}^- + \hat{\boldsymbol{h}}^{\mathrm{T}} \boldsymbol{s}^+,$$

这与

$$\lambda(\bar{\tau}), \forall \bar{\tau} \in \bar{C}, \quad \lambda(\tau), \quad \tilde{\lambda}, \quad \boldsymbol{s}^-, \quad \boldsymbol{s}^+$$

为 (D_I) 的最优解矛盾. 证毕.

定义 6.5　若

$$\lambda(\bar{\tau}), \forall \bar{\tau} \in \bar{C}, \quad \lambda(\tau), \quad \tilde{\lambda}, \quad \boldsymbol{s}^-, \quad \boldsymbol{s}^+$$

为规划 (D_I) 的最优解, (D_I) 的最优值不为 0, 令

$$\hat{\boldsymbol{X}} = \boldsymbol{X}(\tau) - \boldsymbol{s}^-, \quad \hat{\boldsymbol{Y}} = \boldsymbol{Y}(\tau) + \boldsymbol{s}^+,$$

称 $(\hat{\boldsymbol{X}}, \hat{\boldsymbol{Y}})$ 为 $(\boldsymbol{X}(\tau), \boldsymbol{Y}(\tau))$ 在伴随生产可能集 $T(d)$ 的有效生产前沿面的投影.
　　若

$$\lambda(\bar{\tau}), \forall \bar{\tau} \in \bar{C}, \quad \lambda(\tau), \quad \tilde{\lambda}, \quad \boldsymbol{s}^-, \quad \boldsymbol{s}^+$$

为规划模型 (D_I) 的最优解, 并且 (D_I) 的最优值不为 0, 则由定理 6.8 可知, $(\boldsymbol{X}(\tau), \boldsymbol{Y}(\tau))$ 为 Sam-DEA$_d$ 无效. 再由定理 6.7 可知

$$T(d) = T'(d).$$

此时, 由定理 6.4 和定理 6.6 可知, $(\hat{\boldsymbol{X}}, \hat{\boldsymbol{Y}})$ 为 (SVP) 的关于 $V^* \times U^*$ 的非支配解当且仅当 $(\hat{\boldsymbol{X}}, \hat{\boldsymbol{Y}})$ 为 (VP) 的关于 $V^* \times U^*$ 的非支配解, 即 $(\hat{\boldsymbol{X}}, \hat{\boldsymbol{Y}})$ 位于样本有效生产前沿面上.

6.4　应 用 举 例

假设某城市有 15 个同类加工企业, 它们投入的人力、物力、财力和获得的利润如表 6.1 所示. 那么, 哪些企业的生产是满足技术相对有效的?

表 6.1　某城市 15 个企业的输入输出指标数据

企业标号	E1	E2	E3	E4	E5	E6	E7	E8
员工数	350	300	300	120	400	320	180	306
生产成本	7359	3381	4375	7838	1671	2037	742	3191
资金投入	2303	1588	1651	647	592	592	847	393
利润	1407	1265	433	1231	355	58	812	103
企业标号	E9	E10	E11	E12	E13	E14	E15	
员工数	260	180	400	360	120	350	380	
生产成本	2236	4466	3000	9065	4032	2015	8066	
资金投入	844	1513	1499	3929	1056	1469	3638	
利润	1211	278	2135	3037	378	2335	3241	

应用传统的 BC^2 模型可以算得各决策单元的有效性程度如表 6.2 所示.

表 6.2　应用 BC^2 模型获得的 15 个企业的相对效率值

企业标号	E1	E2	E3	E4	E5	E6	E7	E8
有效性	0.57	0.702	0.53	有效	有效	0.981	有效	有效
企业标号	E9	E10	E11	E12	E13	E14	E15	
有效性	有效	0.74	0.891	0.982	有效	有效	有效	

从表 6.2 可以看出, E4、E5、E7~E9、E13~E15 为 DEA 有效 (BC^2), 而其他企业无效.

下面首先应用本章给出的广义 DEA 方法来分析一下该算例中评价的参照集是什么?

由 6.2 节 (2) 的讨论可知, 当

$$T_{\mathrm{DMU}} = T^*$$
$$= \{E1, E2, E3, E4, E5, E6, E7, E8, E9, E10, E11, E12, E13, E14, E15\},$$

$$\delta_1 = 1, \quad \delta_2 = 0, \quad V = E_+^m, \quad U = E_+^s, \quad d = 1$$

时, Sam C^2WY 模型为 BC^2 模型.

进一步地, 由定理 6.7 的结论可知, 如果取 DEA 有效 (BC^2) 决策单元的集合
$$S = \{E4, E5, E7, E8, E9, E13, E14, E15\}$$
作为样本单元集, 则样本单元集 S 确定的样本生产可能集与传统的 DEA 生产可能集 (BC^2) 相同. 因此, 两个生产可能集具有相同的生产前沿面. 由此可以看出, 传统 DEA 效率刻画的是被评价单元相对于决策单元集中 "优秀决策单元" 的效率.

现在如果决策者改变参照的对象, 不再考虑和 "优秀单元" 比较, 而是想和部分效率处于中等水平的企业进行比较, 如取样本单元的集合为
$$\{E2, E10, E11\},$$
那么, 所有企业的相对效率如何呢?

应用传统的 DEA 方法不能解决这个问题, 但应用 (DSam-C^2WY) 可以算得有关数据如表 6.3 所示.

表 6.3   某城市 15 个企业相对于 E2, E10, E11 的效率值

企业标号	E1	E2	E3	E4	E5	E6	E7	E8
有效性	0.896	0.913	有效	有效	有效	有效	有效	有效

企业标号	E9	E10	E11	E12	E13	E14	E15	
有效性	有效	有效	有效	有效	有效	有效	有效	

由表 6.3 可以看出, 和 "效率一般" 的企业相比, 原来 DEA 有效单元 (BC^2) 仍然保持有效, 原来无效单元 (BC^2) 的效率均有较大提升. 显然, 参照的标准降低了, 企业的效率自然就提高了. 这是符合实际情况的. 上述应用表明, 广义 DEA 方法可以把传统 DEA 方法 (BC^2) 的参照对象从 "优秀单元集" 推广到 "任何指定的决策单元集".

从以下的例子可以看出, 广义 DEA 方法还能把比较的对象拓展到 "决策单元集合以外" 的情况.

例如, 在上述 15 家国内企业中, E1 和 E2 为了开拓国际市场, 希望到国外的某城市去投资, 国外在该城市已经有同类企业 8 个, 有关指标数据如表 6.4 所示. 那么, E1 和 E2 相对于外国的 8 个企业的技术效率如何呢?

表 6.4   国外 8 个企业的输入输出指标数据

企业标号	A	B	C	D	E	F	G	H
员工数	340	280	300	160	320	200	100	320
生产成本	2410	6003	405	5805	4328	4480	4139	368
资金投入	8463	14139	11612	7771	6161	5124	1176	4200
利润	49949	49537	48709	43155	34714	34299	28718	25242

取

$$T_{\text{DMU}} = \{E1, E2\},$$

$$T^* = \{A, B, C, D, E, F, G, H\},$$

$$\delta_1 = 1, \quad \delta_2 = 0, \quad V = E_+^m, \quad U = E_+^s, \quad d = 1,$$

应用 (DSam-C²WY) 模型可以获得 E1 相对于国外 8 家企业的效率值为 0.5479, 即 E1 无效, 并且效率值较低, 而 E2 的计算结果为有效.

6.5   结 束 语

从以上讨论可以看出, 广义 DEA 方法与传统 DEA 方法之间存在明显的不同, 传统的 DEA 方法构造的生产可能集是由决策单元自身构成的, 而广义 DEA 方法使用样本单元构造生产可能集, 实现了评价对象与比对标准的分离. 它把用于评价的参照对象从 "优秀单元集" 推广到 "任意指定的决策单元集", 突破了传统 DEA 方法不能依据决策者的需要来自主选择参考集的弱点, 因而具有更加广泛的应用前景.

参 考 文 献

[1] 马占新, 马生昀. 基于 C²WY 模型的广义数据包络分析方法 [J]. 系统工程学报, 2011, 26(2): 251–261

[2] Charnes A, Cooper W W, Rohodes E. Measuring the efficiency of decision making units [J]. European Journal of Operational Research, 1978, 2(6): 429–444

[3] Cooper W W, Seiford L M, Zhu J. Handbook on data envelopment analysis [M]. Boston: Kluwer Academic Publishers, 2004

[4] Cooper W W, Seiford L M, Thanassoulis E, et al. DEA and its uses in different countries [J]. European Journal of Operational Research, 2004, 154(2): 337–344

[5] 马占新. 数据包络分析方法的研究进展 [J]. 系统工程与电子技术, 2002, 24(3): 42–46

[6] Charnes A, Cooper W W, Wei Q L, et al. Compositive data envelopment analysis and multi-objective programming [R]. The University of Texas at Austin, Center for Cybernetic Studies Report CCS 633, 1988

[7] Banker R D, Charnes A, Cooper W W. Some models for estimating technical and scale inefficiencies in data envelopment analysis [J]. Management Science, 30(9): 1078–1092

[8] Färe R, Grosskopf S. A nonparametric cost approach to scale efficiency [J]. Journal of Economics, 1985, 87(4): 594–604

[9] Seiford L M, Thrall R M. Recent development in DEA: The mathematical programming approach to frontier analysis [J]. Journal of Economics, 1990, 46(1-2): 7–38

[10] Charnes A, Cooper W W, Wei Q L. A Semi-infinite multicriteria programming approach to data envelopment analysis with many decision making units [R]. The University of Texas at Austin, Center for Cybernetic Studies Report CCS 551, 1986

[11] 马占新. 一种基于样本前沿面的综合评价方法 [J]. 内蒙古大学学报, 2002, 33(6): 606–610

[12] 马占新. 样本数据包络面的研究与应用 [J]. 系统工程理论与实践, 2003, 23(12): 32–37

[13] 马占新, 戴仰山, 任慧龙. DEA 方法在多风险事件综合评价中的应用研究 [J]. 系统工程与电子技术, 2001, 23(8): 7–11

[14] 马占新, 张海娟. 一种用于组合有效性综合评价的非参数方法研究 [J]. 系统工程与电子技术, 2006, 28(5): 699–703, 787

[15] Ma Z X, Zhang H J, Cui X H. Study on the combination efficiency of industrial enterprises [C]. *In*: Zhang S D, Guo S F, Zhang H. Proceedings of International Conference on Management of Technology. Australia: Aussino Academic Publishing House, 2007: 225–230

[16] 魏权龄. 数据包络分析 [M]. 北京: 科学出版社, 2004

[17] 马占新, 唐焕文, 戴仰山. 偏序集理论在数据包络分析中的应用研究 [J]. 系统工程学报, 2002, 17(1): 19–25

[18] 马占新. 基于偏序集理论的数据包络分析方法研究 [J]. 系统工程理论与实践, 2003, 23(4): 11–17

第 7 章　只有输出的广义 DEA 模型

在多指标综合评价的过程中, 人们常常要把被评价对象同另外一些对象或标准进行比较, 从而对决策单元的绩效给出综合的评判. 针对传统 DEA 方法难以评价非效率问题, 而权重确定型评价方法中又存在权重确定困难、忽视指标个性差异等弱点, 给出了一种基于样本评价决策单元整体有效性的非参数方法 (Sam-E), 并构造了相应的数学模型. 同时, 对模型的含义、性质以及求解方法进行了分析. 然后, 探讨了该方法在决策单元的有效性度量与排序、决策单元的无效原因分析中的应用. 最后, 应用 Sam-E 有效性计量模型分析了中国西部地区工业企业经济效益状况. 本章内容主要取材于文献 [1].

目前, 许多重要的评价方法, 如加权和方法、层次分析方法、模糊综合评判方法等, 它们在计算过程中都需要确定权重. 然而, 对于复杂系统, 权重的确定是非常困难的. 例如, 对于一个企业, 全员劳动生产率提高 1% 相当于产品销售率提高百分之几? 就是一个难以回答的问题. 同时, 确定权重的方法也存在忽视指标个性差异的弱点. 例如, 新中国成立前中国人均寿命只有 32 岁, 这并不意味着中国人的寿命很短, 而实际上只是婴儿死亡率较高造成的, 但综合分析的结果并不能反映这些信息. 同时, 权重确定型方法虽然可以给出决策单元综合评价的结果, 但并不能给出无效的原因. 而传统 DEA 方法[2~5] 尽管可以克服上述弱点, 但它仅仅是一种效率评价方法[6,7], 难以评价非效率问题, 并且评价的参照对象只能是 "优秀单元"[8~11]. 因此, 以下给出了一种基于样本评价的非参数综合评价方法 (Sam-E), 并构造了相应的数学模型. 同时, 对模型的含义、性质以及求解方法进行了探讨. 然后, 探讨了 Sam-E 方法在决策单元的有效性度量与排序、决策单元的无效原因分析中的应用. 最后, 应用 Sam-E 有效性计量模型分析了基于面板数据的中国西部地区工业企业经济效益状况. Sam-E 方法以偏好理论为基础, 将传统 DEA 方法[2~5] 的功能由 "效率评价" 推广到了包含 "非效率评价" 在内的更一般的情况. 同时, 将传统 DEA 方法提供信息的方式由仅依据 "优秀单元" 推广到可以依据 "任意单元". 另外, 由于 Sam-E 方法继承了传统 DEA 方法的许多优点, 因而也克服了权重确定型评价方法中存在的权重确定困难等弱点.

7.1 多指标综合评价的 Sam-E 有效性含义

在综合评价的过程中, 人们常常要把一些对象同另外一些对象或标准进行比较, 从而对决策单元的绩效给出综合的评判. 例如, 在高考中, 老师不仅要把学生成绩与录取分数线相比, 而且还要和以往的情况相比. 对于这类问题具有以下特点:

(1) 它不是效率评价, 不是讨论如何学习才能提高学习效率, 而是评估哪些人的成绩更好.

(2) 决策单元集 A 和参照对象集合 B_1, B_2, B_3 之间的关系可能是包含、相等、相交或无关几种情况, 见图 7.1.

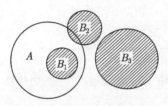

图 7.1 决策单元集与参照对象集的关系

为了解决上述评价中遇到的问题, 以下从偏序集理论[12] 出发, 定义了多指标综合评价的 Sam-E 有效性概念:

假设有 n 个决策单元, 它们的绩效情况可以用 m 个指标来反映, 其中第 j 个决策单元的指标值为

$$\boldsymbol{y}_j = (y_{1j}, y_{2j}, \cdots, y_{mj})^{\mathrm{T}}, \quad \boldsymbol{y}_j > \mathbf{0}.$$

假设 T 是评价的参照集, 如果被评价单元的绩效优于被选定的参照标准, 则认为这个被评价单元是有效的, 于是可以给出以下定义:

定义 7.1 假设 $\propto$ 为 T 上的偏好关系, 如果不存在 $\boldsymbol{y} \in T$, 使得

$$\boldsymbol{y}_{j_0} \neq \boldsymbol{y}, \quad \boldsymbol{y}_{j_0} \propto \boldsymbol{y},$$

则称决策单元 j_0 为 Sam-E 有效.

由于问题的复杂性等原因, 有时决策者仅能获得参照集的有限个指标数据, 如某些系统的实验数据、模拟数据等, 那么如何确定参照集 T 呢?

假设决策者选择了 $\bar{n}$ 个样本数据或样本点作为评价的依据, 其中 $\bar{\boldsymbol{y}}_j = (\bar{y}_{1j}, \bar{y}_{2j}, \cdots, \bar{y}_{mj})^{\mathrm{T}}$ 为第 j 个样本数据, 并且 $\bar{\boldsymbol{y}}_j > \mathbf{0}$. 如果参照集满足平凡性公理、凸性公理、无效性公理、最小性公理[13], 则 Sam-E 有效的概念可以分以下三种情况描述:

(1) 如果决策者希望所有指标越大越好, 则参照集 T 可表示如下:

$$\bar{T}_{\mathrm{big}} = \left\{ \boldsymbol{y} \,\middle|\, \boldsymbol{y} \leqq \sum_{j=1}^{\bar{n}} \bar{\boldsymbol{y}}_j \lambda_j, \sum_{j=1}^{\bar{n}} \lambda_j = 1, \boldsymbol{\lambda} = (\lambda_1, \cdots, \lambda_{\bar{n}}) \geqq \boldsymbol{0} \right\}.$$

例如, 图 7.2 中取参照标准为及格线, 则参照集 $\bar{T}_{\mathrm{big}}$ 为图中实线围成的区域. 如果平均成绩达到 60 分, 则该生的成绩有效; 否则, 如果成绩不及格, 则认为无效. 这时, Sam-E 有效可描述如下:

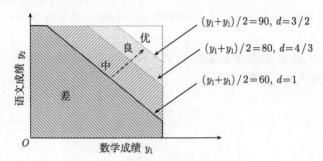

图 7.2　参照集及其有效面移动

定义 7.2　如果不存在 $\boldsymbol{y} \in \bar{T}_{\mathrm{big}}$, 使得 $\boldsymbol{y} \geqq \boldsymbol{y}_{j_0}$ 且至少有一个不等式严格成立, 则称决策单元 j_0 为 Sam-B 有效.

同时, 可以通过引入移动因子 d, 对整个决策空间进行分类和分区. 例如, 图 7.2 中对学习的绩效空间可以分为优、良、中、差等.

这时, 通过样本单元移动确定的参照面可以通过以下集合来确定:

$$\bar{T}_{\mathrm{big}}(d) = \left\{ \boldsymbol{y} \,\middle|\, \boldsymbol{y} \leqq \sum_{j=1}^{\bar{n}} d \bar{\boldsymbol{y}}_j \lambda_j, \sum_{j=1}^{\bar{n}} \lambda_j = 1, \boldsymbol{\lambda} = (\lambda_1, \cdots, \lambda_{\bar{n}}) \geqq \boldsymbol{0} \right\},$$

称 $\bar{T}_{\mathrm{big}}(d)$ 为 $\bar{T}_{\mathrm{big}}$ 的伴随参照集. 相应的有效性定义称为 Sam-B(d) 有效.

(2) 如果决策者希望所有指标越小越好, 则参照集 T 可表示如下:

$$\bar{T}_{\mathrm{small}} = \left\{ \boldsymbol{y} \,\middle|\, \boldsymbol{y} \geqq \sum_{j=1}^{\bar{n}} \bar{\boldsymbol{y}}_j \lambda_j, \sum_{j=1}^{\bar{n}} \lambda_j = 1, \boldsymbol{\lambda} = (\lambda_1, \cdots, \lambda_{\bar{n}}) \geqq \boldsymbol{0} \right\}.$$

这时, Sam-E 有效可描述如下:

定义 7.3　如果不存在 $\boldsymbol{y} \in \bar{T}_{\mathrm{small}}$, 使得 $\boldsymbol{y} \leqq \boldsymbol{y}_{j_0}$ 且至少有一个不等式严格成立, 则称决策单元 j_0 为 Sam-S 有效.

同样地, 可以通过引入移动因子 d, 对整个决策空间进行分类和分区. 例如, 在图 7.3 中, 对风险区域可以分为高风险区、中风险区、低风险区等.

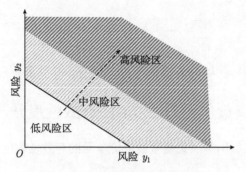

图 7.3 参照集及其有效面移动

定义

$$\bar{T}_{\text{small}}(d) = \left\{ \boldsymbol{y} \,\middle|\, \boldsymbol{y} \geqq \sum_{j=1}^{\bar{n}} d\bar{\boldsymbol{y}}_j \lambda_j, \sum_{j=1}^{\bar{n}} \lambda_j = 1, \boldsymbol{\lambda} = (\lambda_1, \cdots, \lambda_{\bar{n}}) \geqq \boldsymbol{0} \right\}$$

为 $\bar{T}_{\text{small}}$ 的伴随参照集. 相应的有效性定义为 Sam-S(d) 有效.

(3) 如果决策者希望一部分指标越大越好, 另一部分指标越小越好, 并且决策者优先考虑越大越好的指标. 不失一般性, 假设决策者希望前 r 个指标越小越好, 后 $m - r$ 个指标越大越好,

$$\boldsymbol{y} = (\boldsymbol{y}^{(1)}, \boldsymbol{y}^{(2)}), \quad \boldsymbol{y}^{(1)} = (y_1, y_2, \cdots, y_r)^{\text{T}},$$

$$\boldsymbol{y}^{(2)} = (y_{r+1}, y_{r+2}, \cdots, y_m)^{\text{T}}, \quad \bar{\boldsymbol{y}}_j = (\bar{\boldsymbol{y}}_j^{(1)}, \bar{\boldsymbol{y}}_j^{(2)}), \quad j = 1, \cdots, \bar{n},$$

则参照集 T 可表示如下:

$$\bar{T}_{\text{b-s}} = \left\{ \boldsymbol{y} \,\middle|\, \boldsymbol{y}^{(1)} \geqq \sum_{j=1}^{\bar{n}} \bar{\boldsymbol{y}}_j^{(1)} \lambda_j, \boldsymbol{y}^{(2)} \leqq \sum_{j=1}^{\bar{n}} \bar{\boldsymbol{y}}_j^{(2)} \lambda_j, \right.$$
$$\left. \sum_{j=1}^{\bar{n}} \lambda_j = 1, \boldsymbol{\lambda} = (\lambda_1, \cdots, \lambda_{\bar{n}}) \geqq \boldsymbol{0} \right\}.$$

定义 7.4 如果不存在 $\boldsymbol{y} \in \bar{T}_{\text{b-s}}$, 使得

$$(\boldsymbol{y}^{(1)}, -\boldsymbol{y}^{(2)}) \leqq (\boldsymbol{y}_{j_0}^{(1)}, -\boldsymbol{y}_{j_0}^{(2)}),$$

并且至少有一个不等式严格成立, 则称决策单元 j_0 为 Sam-BS 有效.

同样地, 可以通过引入移动因子 d. 定义

$$\bar{T}_{\text{b-s}}(d) = \left\{ \boldsymbol{y} \,\middle|\, \boldsymbol{y}^{(1)} \geqq \sum_{j=1}^{\bar{n}} \bar{\boldsymbol{y}}_j^{(1)} \lambda_j, \boldsymbol{y}^{(2)} \leqq \sum_{j=1}^{\bar{n}} d\bar{\boldsymbol{y}}_j^{(2)} \lambda_j, \right.$$

$$\left. \sum_{j=1}^{\bar{n}} \lambda_j = 1, \boldsymbol{\lambda} = (\lambda_1, \cdots, \lambda_{\bar{n}}) \geqq \boldsymbol{0} \right\}$$

为 $\bar{T}_{\text{b-s}}$ 的伴随参照集. 相应的有效性定义为 Sam-BS(d) 有效.

7.2　决策单元的 Sam-E 有效性度量与排序

为了进一步研究应用参照集度量被评价单元的有效性程度, 以下分三种情况进行了讨论:

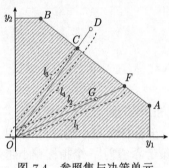

图 7.4　参照集与决策单元

(1) 决策者希望所有指标越大越好的情况. 假设 $\bar{T}_{\text{big}}$ 如图 7.4 中阴影部分所示, 如果 G 点的坐标为 (y_1, y_2), F 点的坐标为 $(\bar{y}_1, \bar{y}_2)$, 则显然有

$$\bar{y}_1 = (l_1/l_2) y_1, \quad \bar{y}_2 = (l_1/l_2) y_2,$$

其中 l_2/l_1 表达了无效点 G 占有效点 F 的比例.

如果 D 点的坐标为 (y_1', y_2'), C 点的坐标为 $(\bar{y}_1', \bar{y}_2')$, 则显然有

$$\bar{y}_1' = (l_3/l_4) y_1', \quad \bar{y}_2' = (l_3/l_4) y_2',$$

其中 l_4/l_3 表达了 D 优于有效点 C 的倍数.

由此, 可以给出决策单元 j_0 的 Sam-B(d) 有效性度量公式如下:

$$\bar{\theta} = \max \left\{ \theta \,\big|\, \boldsymbol{y} = \theta \boldsymbol{y}_{j_0} + \boldsymbol{s}, \boldsymbol{s} \geqq \boldsymbol{0}, \boldsymbol{y} \in \bar{T}_{\text{big}}(d) \right\},$$

$E_{\text{b}} = 1/\bar{\theta}$ 在一定程度上表达了决策单元 j_0 的有效性程度.

(2) 决策者希望所有指标越小越好的情况. 假设 $\bar{T}_{\text{small}}$ 如图 7.5 中阴影部分所示, 如果 G 点的坐标为 (y_1, y_2), F 点的坐标为 $(\bar{y}_1, \bar{y}_2)$, 则显然有

$$\bar{y}_1 = (l_1/l_2) y_1, \quad \bar{y}_2 = (l_1/l_2) y_2,$$

其中 l_1/l_2 表达了 G 达到有效需要缩小的比例.

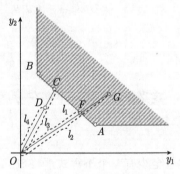

图 7.5　参照集与决策单元

如果 D 点的坐标为 (y_1', y_2'), C 点的坐标为 $(\bar{y}_1', \bar{y}_2')$, 则有

$$\bar{y}_1' = (l_3/l_4) y_1', \quad \bar{y}_2' = (l_3/l_4) y_2',$$

其中 l_3/l_4 表达了 D 点优于有效点 C 的倍数.

由此, 可以给出决策单元 j_0 的 Sam-S(d) 有效性度量公式如下:

$$\underline{\theta} = \min\left\{\theta \,\middle|\, \boldsymbol{y} = \theta\boldsymbol{y}_{j_0} - \boldsymbol{s}, \boldsymbol{s} \geqq \boldsymbol{0}, \ \boldsymbol{y} \in \bar{T}_{\text{small}}(d)\right\},$$

$E_{\text{s}} = \underline{\theta}$ 在一定程度上表达了决策单元 j_0 的有效性程度.

(3) 决策者希望一部分指标越大越好, 另一部分指标越小越好的情况. 如果图 7.6 中 G 点的坐标为 (y_1, y_2), F 点的坐标为 $(\bar{y}_1, \bar{y}_2)$, 则显然有

$$\bar{y}_2 = (l_1/l_2)y_2.$$

对于越大越好的指标, l_2/l_1 表达了无效输出 y_2 占有效输出 $\bar{y}_2$ 的比例.

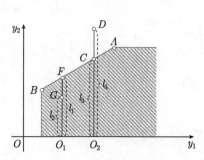

图 7.6　指标数据可能集

如果 D 点的坐标为 (y_1', y_2'), C 点的坐标为 $(\bar{y}_1', \bar{y}_2')$, 则显然有

$$\bar{y}_2' = (l_3/l_4)y_2',$$

对于越大越好的指标, l_4/l_3 在一定程度上表示了 D 点好于有效点 C 的程度.

由此, 可以给出决策单元 j_0 的 Sam-BS(d) 有效性度量公式如下:

$$\tilde{\theta} = \max\left\{\theta \,\middle|\, \boldsymbol{y}^{(1)} = \boldsymbol{y}_{j_0}^{(1)} - \boldsymbol{s}^{(1)}, \ \boldsymbol{y}^{(2)} = \theta\boldsymbol{y}_{j_0}^{(2)} + \boldsymbol{s}^{(2)},\right.$$
$$\left.\boldsymbol{s}^{(1)}, \boldsymbol{s}^{(2)} \geqq \boldsymbol{0}, \ (\boldsymbol{y}^{(1)}, \boldsymbol{y}^{(2)}) \in \bar{T}_{\text{b-s}}(d)\right\},$$

$E_{\text{bs}} = 1/\tilde{\theta}$ 在一定程度上表达了决策单元 j_0 的有效性程度.

为了便于计算 Sam-E 有效性的程度, 下面给出了度量 Sam-E 有效性的计量模型:

$$(\text{D}_{\text{B}})\begin{cases} \max & (\theta_{\text{b}} + \varepsilon\boldsymbol{e}^{\text{T}}\boldsymbol{s}^{+}) = V_{\text{b}}, \\ \text{s.t.} & \displaystyle\sum_{j=1}^{\bar{n}} d\bar{\boldsymbol{y}}_j\lambda_j - \boldsymbol{s}^{+} = \theta_{\text{b}}\boldsymbol{y}_{j_0}, \\ & \displaystyle\sum_{j=1}^{\bar{n}} \lambda_j = 1, \\ & \boldsymbol{s}^{+} \geqq \boldsymbol{0}, \ \boldsymbol{\lambda} \geqq \boldsymbol{0}, \end{cases}$$

其中 ε 为非阿基米德无穷小量, d 为一个常数, 称为移动因子.

定理 7.1　若线性规划 (D_{B}) 的最优解为 $\boldsymbol{\lambda}^0, \boldsymbol{s}^{+0}, \theta_{\text{b}}^0$, 则 $E_{\text{b}} = 1/\theta_{\text{b}}^0$.

证明　因为

$$\bar{\theta} = \max\left\{\theta \,\middle|\, \boldsymbol{y} = \theta\boldsymbol{y}_{j_0} + \boldsymbol{s},\ \boldsymbol{s} \geqq \boldsymbol{0},\ \boldsymbol{y} \in \bar{T}_{\mathrm{big}}(d)\right\},$$

故存在

$$\boldsymbol{y} \in \bar{T}_{\mathrm{big}}(d), \quad \boldsymbol{s} \geqq \boldsymbol{0},$$

使得

$$\boldsymbol{y} = \bar{\theta}\boldsymbol{y}_{j_0} + \boldsymbol{s}.$$

由于

$$\boldsymbol{y} \in \bar{T}_{\mathrm{big}}(d),$$

故存在 $\boldsymbol{\lambda} \geqq \boldsymbol{0}$, 使得

$$\boldsymbol{y} \leqq \sum_{j=1}^{\bar{n}} d\bar{\boldsymbol{y}}_j \lambda_j, \quad \sum_{j=1}^{\bar{n}} \lambda_j = 1,$$

因此,

$$\bar{\theta}\boldsymbol{y}_{j_0} \leqq \sum_{j=1}^{\bar{n}} d\bar{\boldsymbol{y}}_j \lambda_j.$$

令

$$\boldsymbol{s}^+ = \sum_{j=1}^{\bar{n}} d\bar{\boldsymbol{y}}_j \lambda_j - \bar{\theta}\boldsymbol{y}_{j_0},$$

则 $\boldsymbol{\lambda}, \boldsymbol{s}^+, \bar{\theta}$ 是 $(\mathrm{D_B})$ 的一个可行解, 故

$$\bar{\theta} + \varepsilon \boldsymbol{e}^{\mathrm{T}} \boldsymbol{s}^+ \leqq \theta_{\mathrm{b}}^0 + \varepsilon \boldsymbol{e}^{\mathrm{T}} \boldsymbol{s}^{+0},$$

因此,

$$\bar{\theta} \leqq \theta_{\mathrm{b}}^0.$$

否则, 必有

$$\bar{\theta} > \theta_{\mathrm{b}}^0.$$

由于

$$\varepsilon(\boldsymbol{e}^{\mathrm{T}} \boldsymbol{s}^{+0} - \boldsymbol{e}^{\mathrm{T}} \boldsymbol{s}^+) \geqq \bar{\theta} - \theta_{\mathrm{b}}^0 > 0,$$

因此,

$$\boldsymbol{e}^{\mathrm{T}} \boldsymbol{s}^{+0} - \boldsymbol{e}^{\mathrm{T}} \boldsymbol{s}^+ > 0.$$

令

$$\varepsilon = \frac{\bar{\theta} - \theta_{\mathrm{b}}^0}{2(\boldsymbol{e}^{\mathrm{T}} \boldsymbol{s}^{+0} - \boldsymbol{e}^{\mathrm{T}} \boldsymbol{s}^+)},$$

则可推出 $1 \geqq 2$, 矛盾!

若线性规划 (D_B) 的最优解为 $\boldsymbol{\lambda}^0, \boldsymbol{s}^{+0}, \theta_b^0$, 则

$$\sum_{j=1}^{\bar{n}} d\bar{\boldsymbol{y}}_j \lambda_j^0 = \theta_b^0 \boldsymbol{y}_{j_0} + \boldsymbol{s}^{+0}, \quad \sum_{j=1}^{\bar{n}} \lambda_j^0 = 1.$$

由于

$$\sum_{j=1}^{\bar{n}} d\bar{\boldsymbol{y}}_j \lambda_j^0 \in \bar{T}_{\text{big}}(d),$$

因此,

$$\bar{\theta} \geqq \theta_b^0,$$

所以

$$\bar{\theta} = \theta_b^0,$$

从而

$$E_b = \frac{1}{\bar{\theta}} = \frac{1}{\theta_b^0}.$$

证毕.

定理 7.2   若线性规划 (D_S) 的最优解为 $\boldsymbol{\lambda}^0, \boldsymbol{s}^{-0}, \theta_s^0$, 则 $E_s = \theta_s^0$.

$$(D_S) \begin{cases} \min \quad (\theta_s - \varepsilon \boldsymbol{e}^{\mathrm{T}} \boldsymbol{s}^-) = V_s, \\ \text{s.t.} \quad \sum_{j=1}^{\bar{n}} d\bar{\boldsymbol{y}}_j \lambda_j + \boldsymbol{s}^- = \theta_s \boldsymbol{y}_{j_0}, \\ \quad\quad \sum_{j=1}^{\bar{n}} \lambda_j = 1, \\ \quad\quad \boldsymbol{s}^- \geqq \boldsymbol{0}, \ \boldsymbol{\lambda} \geqq \boldsymbol{0}. \end{cases}$$

证明   因为

$$\underline{\theta} = \min\{\theta \,|\, \boldsymbol{y} = \theta \boldsymbol{y}_{j_0} - \boldsymbol{s}, \boldsymbol{s} \geqq \boldsymbol{0}, \ \boldsymbol{y} \in \bar{T}_{\text{small}}(d)\},$$

故存在

$$\boldsymbol{y} \in \bar{T}_{\text{small}}(d), \quad \boldsymbol{s} \geqq \boldsymbol{0},$$

使得

$$\boldsymbol{y} = \underline{\theta} \boldsymbol{y}_{j_0} - \boldsymbol{s}.$$

由于 $\boldsymbol{y} \in \bar{T}_{\text{small}}(d)$, 故存在 $\boldsymbol{\lambda} \geqq \boldsymbol{0}$, 使得

$$\boldsymbol{y} \geqq \sum_{j=1}^{\bar{n}} d\bar{\boldsymbol{y}}_j \lambda_j, \quad \sum_{j=1}^{\bar{n}} \lambda_j = 1,$$

因此,

$$\underline{\theta} \boldsymbol{y}_{j_0} \geqq \sum_{j=1}^{\bar{n}} d\bar{\boldsymbol{y}}_j \lambda_j.$$

令

$$\boldsymbol{s}^- = \underline{\theta} \boldsymbol{y}_{j_0} - \sum_{j=1}^{\bar{n}} d\bar{\boldsymbol{y}}_j \lambda_j,$$

则 $\boldsymbol{\lambda}, \boldsymbol{s}^-, \underline{\theta}$ 是 $(\mathrm{D_S})$ 的一个可行解, 故

$$\underline{\theta} - \varepsilon \boldsymbol{e}^{\mathrm{T}} \boldsymbol{s}^- \geqq \theta_{\mathrm{s}}^0 - \varepsilon \boldsymbol{e}^{\mathrm{T}} \boldsymbol{s}^{-0},$$

因此,

$$\underline{\theta} \geqq \theta_{\mathrm{s}}^0.$$

否则, 若

$$\underline{\theta} < \theta_{\mathrm{s}}^0,$$

则由

$$\varepsilon(\boldsymbol{e}^{\mathrm{T}} \boldsymbol{s}^{-0} - \boldsymbol{e}^{\mathrm{T}} \boldsymbol{s}^-) \geqq \theta_{\mathrm{s}}^0 - \underline{\theta} > 0$$

可以得出

$$\boldsymbol{e}^{\mathrm{T}} \boldsymbol{s}^{-0} - \boldsymbol{e}^{\mathrm{T}} \boldsymbol{s}^- > 0.$$

令

$$\varepsilon = \frac{\theta_{\mathrm{s}}^0 - \underline{\theta}}{2(\boldsymbol{e}^{\mathrm{T}} \boldsymbol{s}^{-0} - \boldsymbol{e}^{\mathrm{T}} \boldsymbol{s}^-)},$$

则可推出 $1 \geqq 2$, 矛盾!

若线性规划 $(\mathrm{D_S})$ 的最优解为 $\boldsymbol{\lambda}^0, \boldsymbol{s}^{-0}, \theta_{\mathrm{s}}^0$, 则

$$\sum_{j=1}^{\bar{n}} d\bar{\boldsymbol{y}}_j \lambda_j^0 = \theta_{\mathrm{s}}^0 \boldsymbol{y}_{j_0} - \boldsymbol{s}^{-0}.$$

由于

$$\sum_{j=1}^{\bar{n}} d\bar{\boldsymbol{y}}_j \lambda_j^0 \in \bar{T}_{\text{small}}(d),$$

因此,

$$\underline{\theta} \leqq \theta_{\mathrm{s}}^0,$$

所以

$$\underline{\theta} = \theta_{\mathrm{s}}^0,$$

从而

$$E_{\mathrm{s}} = \underline{\theta} = \theta_{\mathrm{s}}^0.$$

证毕.

定理 7.3 若线性规划 $(\mathrm{D_{BS}})$ 的最优解为 $\boldsymbol{\lambda}^0, \boldsymbol{s}^{-0}, \boldsymbol{s}^{+0}, \theta_{\mathrm{bs}}^0$, 则 $E_{\mathrm{bs}} = 1/\theta_{\mathrm{bs}}^0$.

$$(\mathrm{D_{BS}}) \begin{cases} \max \quad (\theta_{\mathrm{bs}} + \varepsilon(\hat{\boldsymbol{e}}^{\mathrm{T}} \boldsymbol{s}^- + \tilde{\boldsymbol{e}}^{\mathrm{T}} \boldsymbol{s}^+)) = V_{\mathrm{bs}}, \\ \mathrm{s.t.} \quad \sum_{j=1}^{\bar{n}} \bar{\boldsymbol{y}}_j^{(1)} \lambda_j + \boldsymbol{s}^- = \boldsymbol{y}_{j_0}^{(1)}, \\ \qquad \sum_{j=1}^{\bar{n}} d\bar{\boldsymbol{y}}_j^{(2)} \lambda_j - \boldsymbol{s}^+ = \theta_{\mathrm{bs}} \boldsymbol{y}_{j_0}^{(2)}, \\ \qquad \sum_{j=1}^{\bar{n}} \lambda_j = 1, \\ \qquad \boldsymbol{s}^-, \boldsymbol{s}^+, \boldsymbol{\lambda} \geqq \boldsymbol{0}. \end{cases}$$

证明 若

$$\tilde{\theta} = \max \left\{ \theta \mid \boldsymbol{y}^{(1)} = \boldsymbol{y}_{j_0}^{(1)} - \boldsymbol{s}^{(1)}, \boldsymbol{y}^{(2)} = \theta \boldsymbol{y}_{j_0}^{(2)} + \boldsymbol{s}^{(2)}, \right.$$

$$\left. \boldsymbol{s}^{(1)}, \boldsymbol{s}^{(2)} \geqq \boldsymbol{0}, (\boldsymbol{y}^{(1)}, \boldsymbol{y}^{(2)}) \in \bar{T}_{\mathrm{b\text{-}s}}(d) \right\},$$

则存在

$$(\boldsymbol{y}^{(1)}, \boldsymbol{y}^{(2)}) \in \bar{T}_{\mathrm{b\text{-}s}}(d), \quad \boldsymbol{s}^{(1)}, \boldsymbol{s}^{(2)} \geqq \boldsymbol{0},$$

使得

$$\boldsymbol{y}^{(1)} = \boldsymbol{y}_{j_0}^{(1)} - \boldsymbol{s}^{(1)}, \quad \boldsymbol{y}^{(2)} = \tilde{\theta} \boldsymbol{y}_{j_0}^{(2)} + \boldsymbol{s}^{(2)}.$$

由于 $(\boldsymbol{y}^{(1)}, \boldsymbol{y}^{(2)}) \in \bar{T}_{\mathrm{b\text{-}s}}(d)$, 故存在 $\boldsymbol{\lambda} \geqq \boldsymbol{0}$, 使得

$$\boldsymbol{y}_{j_0}^{(1)} \geqq \sum_{j=1}^{\bar{n}} \bar{\boldsymbol{y}}_j^{(1)} \lambda_j, \quad \tilde{\theta} \boldsymbol{y}_{j_0}^{(2)} \leqq \sum_{j=1}^{\bar{n}} d\bar{\boldsymbol{y}}_j^{(2)} \lambda_j, \quad \sum_{j=1}^{\bar{n}} \lambda_j = 1.$$

令

$$s^- = \boldsymbol{y}_{j_0}^{(1)} - \sum_{j=1}^{\bar{n}} \bar{\boldsymbol{y}}_j^{(1)} \lambda_j, \quad s^+ = \sum_{j=1}^{\bar{n}} d\bar{\boldsymbol{y}}_j^{(2)} \lambda_j - \tilde{\theta} \boldsymbol{y}_{j_0}^{(2)},$$

则 $\boldsymbol{\lambda}, s^-, s^+, \tilde{\theta}$ 是 $(\mathrm{D_{BS}})$ 的一个可行解, 故

$$\tilde{\theta} + \varepsilon(\hat{\boldsymbol{e}}^{\mathrm{T}} s^- + \tilde{\boldsymbol{e}}^{\mathrm{T}} s^+) \leqq \theta_{\mathrm{bs}}^0 + \varepsilon(\hat{\boldsymbol{e}}^{\mathrm{T}} s^{-0} + \tilde{\boldsymbol{e}}^{\mathrm{T}} s^{+0}),$$

因此,

$$\tilde{\theta} \leqq \theta_{\mathrm{bs}}^0.$$

否则, 若

$$\tilde{\theta} > \theta_{\mathrm{bs}}^0,$$

由于

$$\varepsilon((\hat{\boldsymbol{e}}^{\mathrm{T}} s^{-0} + \tilde{\boldsymbol{e}}^{\mathrm{T}} s^{+0}) - (\hat{\boldsymbol{e}}^{\mathrm{T}} s^- + \tilde{\boldsymbol{e}}^{\mathrm{T}} s^+)) \geqq \tilde{\theta} - \theta_{\mathrm{bs}}^0 > 0,$$

令

$$\varepsilon = \frac{\tilde{\theta} - \theta_{\mathrm{bs}}^0}{2((\hat{\boldsymbol{e}}^{\mathrm{T}} s^{-0} + \tilde{\boldsymbol{e}}^{\mathrm{T}} s^{+0}) - (\hat{\boldsymbol{e}}^{\mathrm{T}} s^- + \tilde{\boldsymbol{e}}^{\mathrm{T}} s^+))},$$

则可推出 $1 \geqq 2$, 矛盾!

若线性规划 $(\mathrm{D_{BS}})$ 的最优解为 $\boldsymbol{\lambda}^0, s^{-0}, s^{+0}, \theta_{\mathrm{bs}}^0$, 则

$$\sum_{j=1}^{\bar{n}} \bar{\boldsymbol{y}}_j^{(1)} \lambda_j^0 = \boldsymbol{y}_{j_0}^{(1)} - s^{-0}, \quad \sum_{j=1}^{\bar{n}} d\bar{\boldsymbol{y}}_j^{(2)} \lambda_j^0 = \theta_{\mathrm{bs}}^0 \boldsymbol{y}_{j_0}^{(2)} + s^{+0}.$$

由于

$$\left(\sum_{j=1}^{\bar{n}} \bar{\boldsymbol{y}}_j^{(1)} \lambda_j^0, \sum_{j=1}^{\bar{n}} d\bar{\boldsymbol{y}}_j^{(2)} \lambda_j^0 \right) \in \bar{T}_{\mathrm{b\text{-}s}}(d),$$

因此,

$$\tilde{\theta} \geqq \theta_{\mathrm{bs}}^0,$$

所以

$$\tilde{\theta} = \theta_{\mathrm{bs}}^0,$$

从而

$$E_{\mathrm{bs}} = \frac{1}{\tilde{\theta}} = \frac{1}{\theta_{\mathrm{bs}}^0}.$$

证毕.

由于 $E_{\mathrm{b}}, E_{\mathrm{s}}, E_{\mathrm{bs}}$ 在一定程度上反映了决策单元的有效性程度, 所以根据这些信息就可以对决策单元的 Sam-E 有效进行比较和排序.

7.3 决策单元的 Sam-E 有效性判定

为了便于应用模型判定决策单元的有效性、分析决策单元无效的原因, 以下进行了进一步分析.

定理 7.4 决策单元 j_0 为 Sam-B(d) 有效当且仅当线性规划 (D$_B$) 的最优解 $\boldsymbol{\lambda}^0, \boldsymbol{s}^{+0}, \theta_b^0$ 中,

$$\theta_b^0 < 1$$

或

$$\theta_b^0 = 1 \quad 且 \quad \boldsymbol{s}^{+0} = \boldsymbol{0}.$$

证明 $\Leftarrow$ 若线性规划 (D$_B$) 的最优解 $\boldsymbol{\lambda}^0, \boldsymbol{s}^{+0}, \theta_b^0$ 满足

$$\theta_b^0 < 1$$

或

$$\theta_b^0 = 1 \quad 且 \quad \boldsymbol{s}^{+0} = \boldsymbol{0},$$

则必存在一个 $\bar{\varepsilon} > 0$, 当 $0 < \varepsilon < \bar{\varepsilon}$ 时, (D$_B$) 的最优值小于或等于 1.

假设决策单元 j_0 为 Sam-B(d) 无效, 则由 Sam-B(d) 有效的定义知, 存在 $\boldsymbol{y} \in \bar{T}_{\text{big}}(d)$, 使得 $\boldsymbol{y} \geqq \boldsymbol{y}_{j_0}$ 且至少有一个不等式严格成立. 因此, 存在 $\boldsymbol{\lambda} \geqq \boldsymbol{0}$, 使得

$$\sum_{j=1}^{\bar{n}} \lambda_j = 1, \quad \boldsymbol{y}_{j_0} \leqq \sum_{j=1}^{\bar{n}} \bar{\boldsymbol{y}}_j \lambda_j$$

且至少有一个不等式成立, 故可知 (D$_B$) 的最优值大于 1, 矛盾.

$\Rightarrow$ 若决策单元 j_0 为 Sam-B(d) 有效, $\boldsymbol{\lambda}^0, \boldsymbol{s}^{+0}, \theta_b^0$ 为线性规划 (D$_B$) 的最优解, 假设以下两种情况成立:

(1) $\theta_b^0 > 1$;

(2) $\theta_b^0 = 1, \boldsymbol{s}^{+0} \neq \boldsymbol{0}$.

对于情况 (1), 若

$$\theta_b^0 > 1,$$

则由 (D$_B$) 可知

$$\sum_{j=1}^{\bar{n}} d\bar{\boldsymbol{y}}_j \lambda_j^0 - \boldsymbol{s}^{+0} = \theta_b^0 \boldsymbol{y}_{j_0} > \boldsymbol{y}_{j_0},$$

故

$$\sum_{j=1}^{\bar{n}} d\bar{\boldsymbol{y}}_j \lambda_j^0 > \boldsymbol{y}_{j_0},$$

这与决策单元 j_0 为 Sam-B(d) 有效矛盾!

对于情况 (2), 若

$$\theta_{\mathrm{b}}^0 = 1, \quad s^{+0} \neq \mathbf{0},$$

则由 ($\mathrm{D_B}$) 可知

$$\sum_{j=1}^{\bar{n}} d\bar{\mathbf{y}}_j \lambda_j^0 \geqslant \mathbf{y}_{j_0}.$$

由于

$$\sum_{j=1}^{\bar{n}} d\bar{\mathbf{y}}_j \lambda_j^0 \in \bar{T}_{\mathrm{big}}(d),$$

故由 Sam-B(d) 有效的定义可知, 决策单元 j_0 不为 Sam-B(d) 有效, 矛盾. 证毕.

定理 7.5 决策单元 j_0 为 Sam-S(d) 有效当且仅当线性规划 ($\mathrm{D_S}$) 的最优解 $\lambda^0, s^{-0}, \theta_{\mathrm{s}}^0$ 中,

$$\theta_{\mathrm{s}}^0 > 1$$

或

$$\theta_{\mathrm{s}}^0 = 1 \quad \text{且} \quad s^{-0} = \mathbf{0}.$$

证明 $\Leftarrow$ 若决策单元 j_0 为 Sam-S(d) 无效, 则由 Sam-S(d) 有效的定义知, 存在 $\mathbf{y} \in \bar{T}_{\mathrm{small}}(d)$, 使得 $\mathbf{y} \leq \mathbf{y}_{j_0}$ 且至少有一个不等式严格成立. 因此, 存在 $\lambda \geq \mathbf{0}$, 使得

$$\sum_{j=1}^{\bar{n}} \lambda_j = 1, \quad \mathbf{y}_{j_0} \geq \sum_{j=1}^{\bar{n}} d\bar{\mathbf{y}}_j \lambda_j$$

且至少有一个不等式成立, 故可知 ($\mathrm{D_S}$) 的最优值小于 1, 类似定理 7.4 可知, 矛盾.

$\Rightarrow$ 若决策单元 j_0 为 Sam-S(d) 有效, 则 $\lambda^0, s^{-0}, \theta_{\mathrm{s}}^0$ 为线性规划 ($\mathrm{D_S}$) 的最优解, 假设以下两种情况成立:

(1) $\theta_{\mathrm{s}}^0 < 1$;

(2) $\theta_{\mathrm{s}}^0 = 1, s^{-0} \neq \mathbf{0}$.

对于情况 (1), 若

$$\theta_{\mathrm{s}}^0 < 1,$$

则由 ($\mathrm{D_S}$) 可知

$$\sum_{j=1}^{\bar{n}} d\bar{\mathbf{y}}_j \lambda_j^0 + s^{-0} = \theta_{\mathrm{s}}^0 \mathbf{y}_{j_0} < \mathbf{y}_{j_0},$$

故

$$\sum_{j=1}^{\bar{n}} d\bar{\boldsymbol{y}}_j \lambda_j^0 < \boldsymbol{y}_{j_0},$$

这与决策单元 j_0 为 Sam-S(d) 有效矛盾!

对于情况 (2), 若

$$\theta_s^0 = 1, \quad \boldsymbol{s}^{-0} \neq \boldsymbol{0},$$

则由 (D$_S$) 可知

$$\sum_{j=1}^{\bar{n}} d\bar{\boldsymbol{y}}_j \lambda_j^0 \leqslant \boldsymbol{y}_{j_0}.$$

由于

$$\sum_{j=1}^{\bar{n}} d\bar{\boldsymbol{y}}_j \lambda_j^0 \in \bar{T}_{\mathrm{small}}(d),$$

故由 Sam-S(d) 有效的定义可知, 决策单元 j_0 不为 Sam-B(d) 有效, 矛盾. 证毕.

定理 7.6 决策单元 j_0 为 Sam-BS(d) 有效当且仅当线性规划 (D$_{BS}$) 满足以下条件之一:

(1) 线性规划 (D$_{BS}$) 存在最优解 $\boldsymbol{\lambda}^0, \boldsymbol{s}^{-0}, \boldsymbol{s}^{+0}, \theta_{\mathrm{bs}}^0$, 满足

$$\theta_{\mathrm{bs}}^0 < 1 \quad \text{或} \quad \theta_{\mathrm{bs}}^0 = 1, \boldsymbol{s}^{-0} = \boldsymbol{0}, \boldsymbol{s}^{+0} = \boldsymbol{0};$$

(2) 线性规划 (D$_{BS}$) 无可行解.

证明 $\Leftarrow$ 若决策单元 j_0 为 Sam-BS(d) 无效, 则由 Sam-BS(d) 有效的定义知, 存在 $\boldsymbol{y} \in \bar{T}_{\text{b-s}}(d)$, 使得

$$(\boldsymbol{y}^{(1)}, -\boldsymbol{y}^{(2)}) \leqq (\boldsymbol{y}_{j_0}^{(1)}, -\boldsymbol{y}_{j_0}^{(2)})$$

且至少有一个不等式严格成立. 因此, 存在 $\boldsymbol{\lambda} \geqq \boldsymbol{0}$, 使得

$$\sum_{j=1}^{\bar{n}} \lambda_j = 1, \quad \boldsymbol{y}_{j_0}^{(1)} \geqq \sum_{j=1}^{\bar{n}} \bar{\boldsymbol{y}}_j^{(1)} \lambda_j, \quad \boldsymbol{y}_{j_0}^{(2)} \leqq \sum_{j=1}^{\bar{n}} d\bar{\boldsymbol{y}}_j^{(2)} \lambda_j$$

且至少有一个不等式成立, 故可知 (D$_{BS}$) 的最优值大于 1, 类似定理 7.4 可知, 矛盾.

$\Rightarrow$ 若决策单元 j_0 为 Sam-BS(d) 有效, 假设以下两种情况成立:

(1) $\boldsymbol{\lambda}^0, \boldsymbol{s}^{-0}, \boldsymbol{s}^{+0}, \theta_{\mathrm{bs}}^0$ 为线性规划 (D$_{BS}$) 的最优解, 并且满足 $\theta_{\mathrm{bs}}^0 > 1$;

(2) $\theta_{\mathrm{bs}}^0 = 1, (\boldsymbol{s}^{-0}, \boldsymbol{s}^{+0}) \neq \boldsymbol{0}$.

对于情况 (1), 若 $\theta_{\mathrm{bs}}^0 > 1$, 则由 (D$_{BS}$) 可知

$$\sum_{j=1}^{\bar{n}} \bar{\boldsymbol{y}}_j^{(1)} \lambda_j^0 \leqq \boldsymbol{y}_{j_0}^{(1)}, \quad \sum_{j=1}^{\bar{n}} d\bar{\boldsymbol{y}}_j^{(2)} \lambda_j^0 > \boldsymbol{y}_{j_0}^{(2)},$$

这与决策单元 j_0 为 Sam-BS(d) 有效矛盾!

对于情况 (2), 若

$$\theta_{\mathrm{bs}}^0 = 1, (s^{-0}, s^{+0}) \neq \mathbf{0},$$

则由 (D$_{\mathrm{BS}}$) 可知

$$\sum_{j=1}^{\bar{n}} \bar{\boldsymbol{y}}_j^{(1)} \lambda_j^0 \leqq \boldsymbol{y}_{j_0}^{(1)}, \quad \sum_{j=1}^{\bar{n}} d\bar{\boldsymbol{y}}_j^{(2)} \lambda_j^0 \geqq \boldsymbol{y}_{j_0}^{(2)}$$

且至少有一个不等式严格成立. 由于

$$\left(\sum_{j=1}^{\bar{n}} \bar{\boldsymbol{y}}_j^{(1)} \lambda_j^0, \sum_{j=1}^{\bar{n}} d\bar{\boldsymbol{y}}_j^{(2)} \lambda_j^0 \right) \in \bar{T}_{\mathrm{b\text{-}s}}(d),$$

可知决策单元 j_0 不为 Sam-BS(d) 有效, 矛盾. 证毕.

7.4　决策单元的 Sam-E 无效性分析

如何根据有限的数据资源获得无效单元的改进信息对管理决策具有重要意义. 以下通过讨论决策单元在样本数据包络面上的投影来获得决策单元与最佳样本信息之间的差距.

定理 7.7　若决策单元 j_0 为 Sam-B(d) 无效, 线性规划 (D$_{\mathrm{B}}$) 的最优解为 $\boldsymbol{\lambda}^0$, $\boldsymbol{s}^{+0}, \theta_{\mathrm{b}}^0$, 则 $\theta_{\mathrm{b}}^0 \boldsymbol{y}_{j_0} + \boldsymbol{s}^{+0}$ 为 Sam-B(d) 有效.

证明　若 $\theta_{\mathrm{b}}^0 \boldsymbol{y}_{j_0} + \boldsymbol{s}^{+0}$ 为 Sam-B(d) 无效, 则由定义 7.2 知, 存在 $\boldsymbol{y} \in \bar{T}_{\mathrm{big}}(d)$, 使得

$$\boldsymbol{y} \geqq \theta_{\mathrm{b}}^0 \boldsymbol{y}_{j_0} + \boldsymbol{s}^{+0}$$

且至少有一个不等式严格成立. 于是存在 $\boldsymbol{\lambda} \geqq \mathbf{0}$, 使得

$$\sum_{j=1}^{\bar{n}} \lambda_j = 1, \quad \sum_{j=1}^{\bar{n}} d\bar{\boldsymbol{y}}_j \lambda_j \geqq \theta_{\mathrm{b}}^0 \boldsymbol{y}_{j_0} + \boldsymbol{s}^{+0}$$

且至少有一个不等式严格成立. 令

$$\boldsymbol{s}^{++} = \sum_{j=1}^{\bar{n}} d\bar{\boldsymbol{y}}_j \lambda_j - \theta_{\mathrm{b}}^0 \boldsymbol{y}_{j_0},$$

则 $\boldsymbol{\lambda}, \boldsymbol{s}^{++}, \theta_{\mathrm{b}}^0$ 是 (D$_{\mathrm{B}}$) 的一个可行解, 并且

$$\theta_{\mathrm{b}}^0 + \varepsilon \boldsymbol{e}^{\mathrm{T}} \boldsymbol{s}^{+0} < \theta_{\mathrm{b}}^0 + \varepsilon \boldsymbol{e}^{\mathrm{T}} \boldsymbol{s}^{++},$$

这与 $\boldsymbol{\lambda}^0, \boldsymbol{s}^{+0}, \theta_{\mathrm{b}}^0$ 为线性规划 (D$_{\mathrm{B}}$) 的最优解矛盾. 证毕.

定理 7.8 若决策单元 j_0 为 Sam-S(d) 无效, 线性规划 (D_S) 的最优解为 $\lambda^0, s^{-0}, \theta_s^0$, 则 $\theta_s^0 \boldsymbol{y}_{j_0} - \boldsymbol{s}^{-0}$ 为 Sam-S(d) 有效.

证明 若 $\theta_s^0 \boldsymbol{y}_{j_0} - \boldsymbol{s}^{-0}$ 为 Sam-S(d) 无效, 则由定义 7.3 知, 存在 $\boldsymbol{y} \in \bar{T}_{\text{small}}(d)$, 使得

$$\boldsymbol{y} \leqq \theta_s^0 \boldsymbol{y}_{j_0} - \boldsymbol{s}^{-0}$$

且至少有一个不等式严格成立. 于是存在 $\boldsymbol{\lambda} \geqq \mathbf{0}$, 使得

$$\sum_{j=1}^{\bar{n}} \lambda_j = 1, \quad \sum_{j=1}^{\bar{n}} d\bar{\boldsymbol{y}}_j \lambda_j \leqq \theta_s^0 \boldsymbol{y}_{j_0} - \boldsymbol{s}^{-0}$$

且至少有一个不等式严格成立. 令

$$\boldsymbol{s}^{--} = \theta_s^0 \boldsymbol{y}_{j_0} - \sum_{j=1}^{\bar{n}} d\bar{\boldsymbol{y}}_j \lambda_j,$$

则 $\boldsymbol{\lambda}, \boldsymbol{s}^{--}, \theta_s^0$ 是 (D_S) 的一个可行解, 并且

$$\theta_s^0 - \varepsilon e^{\mathrm{T}} \boldsymbol{s}^{--} < \theta_s^0 - \varepsilon e^{\mathrm{T}} \boldsymbol{s}^{-0},$$

这与 $\boldsymbol{\lambda}^0, \boldsymbol{s}^{-0}, \theta_s^0$ 为线性规划 (D_S) 的最优解矛盾. 证毕.

定理 7.9 若决策单元 j_0 为 Sam-BS(d) 无效, 线性规划 (D_{BS}) 的最优解为 $\boldsymbol{\lambda}^0, \boldsymbol{s}^{-0}, \boldsymbol{s}^{+0}, \theta_{bs}^0$, 则 $(\boldsymbol{y}_{j_0}^{(1)} - \boldsymbol{s}^{-0}, \theta_{bs}^0 \boldsymbol{y}_{j_0}^{(2)} + \boldsymbol{s}^{+0})$ 为 Sam-BS(d) 有效.

证明 若 $(\boldsymbol{y}_{j_0}^{(1)} - \boldsymbol{s}^{-0}, \theta_{bs}^0 \boldsymbol{y}_{j_0}^{(2)} + \boldsymbol{s}^{+0})$ 为 Sam-BS(d) 无效, 则由定义 7.4 知, 存在

$$\boldsymbol{y} = (\boldsymbol{y}^{(1)}, \boldsymbol{y}^{(2)}) \in \bar{T}_{\text{b-s}}(d),$$

使得

$$(\boldsymbol{y}^{(1)}, -\boldsymbol{y}^{(2)}) \leqq (\boldsymbol{y}_{j_0}^{(1)} - \boldsymbol{s}^{-0}, -\theta_{bs}^0 \boldsymbol{y}_{j_0}^{(2)} - \boldsymbol{s}^{+0})$$

且至少有一个不等式严格成立. 于是存在 $\boldsymbol{\lambda} \geqq \mathbf{0}$, 使得

$$\sum_{j=1}^{\bar{n}} \lambda_j = 1, \quad \boldsymbol{y}_{j_0}^{(1)} - \boldsymbol{s}^{-0} \geqq \sum_{j=1}^{\bar{n}} \bar{\boldsymbol{y}}_j^{(1)} \lambda_j, \quad \theta_{bs}^0 \boldsymbol{y}_{j_0}^{(2)} + \boldsymbol{s}^{+0} \leqq \sum_{j=1}^{\bar{n}} d\bar{\boldsymbol{y}}_j^{(2)} \lambda_j$$

且至少有一个不等式严格成立. 令

$$\boldsymbol{s}^{-*} = \boldsymbol{y}_{j_0}^{(1)} - \sum_{j=1}^{\bar{n}} \bar{\boldsymbol{y}}_j^{(1)} \lambda_j, \quad \boldsymbol{s}^{+*} = \sum_{j=1}^{\bar{n}} d\bar{\boldsymbol{y}}_j^{(2)} \lambda_j - \theta_{bs}^0 \boldsymbol{y}_{j_0}^{(2)},$$

则 $\boldsymbol{\lambda}, \boldsymbol{s}^{-*}, \boldsymbol{s}^{+*}, \theta_{bs}^0$ 是 (D_{BS}) 的一个可行解, 并且

$$\theta_{bs}^0 + \varepsilon(\hat{e}^{\mathrm{T}} \boldsymbol{s}^{-0} + \tilde{e}^{\mathrm{T}} \boldsymbol{s}^{+0}) < \theta_{bs}^0 + \varepsilon(\hat{e}^{\mathrm{T}} \boldsymbol{s}^{-*} + \tilde{e}^{\mathrm{T}} \boldsymbol{s}^{+*}),$$

这与 $\boldsymbol{\lambda}^0, \boldsymbol{s}^{-0}, \boldsymbol{s}^{+0}, \theta_{bs}^0$ 为线性规划 (D_{BS}) 的最优解矛盾. 证毕.

7.5　中国西部地区工业企业经济效益综合评价与分析

根据西部地区工业企业的特点, 并结合以往企业经济效益评价的指标体系[14], 选取工业增加值率、总资产贡献率、资产负债比、流动资产周转次数、工业成本费用利润率、全员劳动生产率和产品销售率 7 项指标来综合评价企业的经济效益, 其中

工业增加值率 (A_1) = (工业增加值/工业总产值)×100%,

总资产贡献率 (A_2) = (利润总额 + 税金总额 + 利息支出)/平均资产总额 ×100%,

资产负债比 (A_3) = (资产总额/负债总额)×100%,

流动资金周转次数 (A_4) = 产品销售收入/全部流动资产平均余额,

工业成本费用利润率 (A_5) = (利润总额/成本费用总额)×100%,

全员劳动生产率 (A_6) = 工业增加值/全部从业人员平均人数,

产品销售率 (A_7) = (工业销售产值/工业总产值)×100%.

以下选取了中国西部 11 个地区 2000~2006 年工业经济效益数据表 7.2 ~ 表 7.8[15] 与 1999 年 (西部大开发前) 的数据 (表 7.1) 进行综合对比, 从而对中国西部大开发政策实施以后的工业经济发展状况进行综合评价.

由于采用的是同一时间序列数据, 为便于比较, 并删除价格变动的影响, 对全员劳动生产率指标进行变换, 得到以 1999 年不变价为基数的全员劳动生产率, 使得各地区、各年份的全员劳动生产率数据具有可比性. 由于以上的各输出指标具有不同的量纲, 而且原始数据中还存在负数, 所以将原始数据按一定的函数关系式归一化到某一无量纲区间.

表 7.1　1999 年西部地区工业企业经济效益指标数据 (样本单元数据)

地区	A_1	A_2	A_3	A_4	A_5	A_6	A_7
内蒙古	36.79	5.37	0.628	1.11	−0.11	25971	98.42
广西	30.93	6.28	0.424	1.37	0.45	28924	97.09
重庆	27.89	5.25	0.478	1.11	−1.06	23843	97.46
四川	33.46	5.95	0.570	1.1	1.44	27575	96.71
贵州	35.52	6.82	0.436	0.87	0.13	27829	94.7
云南	49.68	15.85	0.855	1.27	6.86	61871	98.77
陕西	33.4	5.66	0.425	1.03	0.75	25404	95.97
甘肃	33.79	4.81	0.425	1.06	−0.93	24661	96.04
青海	36.27	4.77	0.498	0.96	−0.81	31102	97.04
宁夏	31.16	4.62	0.466	1.07	−0.33	24497	95.49
新疆	40.63	5.96	0.563	1.13	0.09	41856	97.66

表 7.2 2000 年西部地区工业企业经济效益指标数据 (决策单元数据)

地区	A_1	A_2	A_3	A_4	A_5	A_6	A_7
内蒙古	37.32	6.19	0.707	1.24	2.23	32756	98.45
广西	32.28	7.82	0.444	1.49	3.86	35494	97.85
重庆	29.48	6.09	0.538	1.18	1.67	31252	99.09
四川	31.89	6.85	0.549	1.18	3.6	31848	98.21
贵州	34.35	7.17	0.422	0.91	2.31	31751	96.61
云南	49.98	15.8	0.840	1.31	8.39	68960	98.79
陕西	34.71	7.6	0.450	1.12	6.06	32899	96.7
甘肃	29.11	5.1	0.531	1.08	1.34	26819	95.15
青海	33.32	4.77	0.339	0.63	0.41	41175	97.22
宁夏	30.81	5.5	0.682	1.2	1.87	32874	96.26
新疆	41.86	11.01	0.599	1.55	12.83	76656	97.62

表 7.3 2001 年西部地区工业企业经济效益指标数据 (决策单元数据)

地区	A_1	A_2	A_3	A_4	A_5	A_6	A_7
内蒙古	37.05	5.79	0.734	1.33	2.44	37770	97.93
广西	32.35	7.22	0.646	1.46	3.78	38564	97.18
重庆	28.73	6.63	0.598	1.21	2.28	36606	97.91
四川	34.3	6.94	0.595	1.27	3.89	40330	98.01
贵州	33.96	6.9	0.595	0.94	3.08	35649	95.73
云南	50.3	14.74	0.893	1.24	8.99	82038	98.61
陕西	34.35	7.1	0.506	1.16	5.19	39813	97.17
甘肃	31.17	5.09	0.538	1.13	0.97	34485	96.99
青海	37	4.62	0.410	0.86	2.73	50950	93.32
宁夏	30.85	5.26	0.766	1.19	1.63	37661	96.78
新疆	41.66	10.35	0.677	1.46	12.42	86193	99.08

表 7.4 2002 年西部地区工业企业经济效益指标数据 (决策单元数据)

地区	A_1	A_2	A_3	A_4	A_5	A_6	A_7
内蒙古	37.78	6.48	0.742	1.37	4	47652	98.2
广西	31.38	7.45	0.531	1.61	3.2	45007	97.85
重庆	29.32	7.84	0.641	1.34	3.42	43912	98.07
四川	35.71	7.64	0.627	1.32	4.83	51010	98.89
贵州	33.98	7.1	0.562	1.08	3.02	41604	95.71
云南	49.9	15.04	0.890	1.23	6.97	96090	99
陕西	35.45	8.2	0.513	1.29	6.74	46866	97.69
甘肃	32.89	6.05	0.585	1.24	2.42	41623	97.25
青海	38.61	5.4	0.458	0.95	5.22	59479	99.55
宁夏	29.99	5.69	0.614	1.3	1.86	37521	98.29
新疆	40.75	9.03	0.739	1.54	9.44	90351	99.48

表 7.5　2003 年西部地区工业企业经济效益指标数据 (决策单元数据)

地区	A_1	A_2	A_3	A_4	A_5	A_6	A_7
内蒙古	38.11	7.71	0.707	1.73	5.09	71616	98.55
广西	31.08	9.29	0.523	1.79	4.96	53836	97.82
重庆	28.19	9.46	0.646	1.55	5.71	52990	97.83
四川	34.41	7.84	0.639	1.48	4.68	57815	98.8
贵州	35.44	8.17	0.586	1.3	4.11	52871	97.08
云南	47.91	15.75	0.864	1.37	8.62	112418	99.36
陕西	35.88	9.77	0.563	1.34	9.71	60144	97.59
甘肃	33.82	6.48	0.538	1.46	2.83	49871	97.88
青海	38.41	4.97	0.449	1.06	4.72	66860	97.14
宁夏	31.01	5.76	0.517	1.42	2.41	47978	96.71
新疆	41.63	12.01	0.914	1.82	14.92	116833	98.25

表 7.6　2004 年西部地区工业企业经济效益指标数据 (决策单元数据)

地区	A_1	A_2	A_3	A_4	A_5	A_6	A_7
内蒙古	38.5	10.77	0.644	2.12	6.46	95551	97.6
广西	31.6	12	0.541	1.97	7.2	69592	96.8
重庆	27.5	10.6	0.657	1.8	5.8	65329	99.9
四川	34.6	8.83	0.581	1.62	4.66	76420	98.5
贵州	35.08	10.7	0.505	1.47	5.9	65629	96.2
云南	42.09	19.16	0.953	1.49	12.94	134384	98.47
陕西	35.88	12.38	0.577	1.51	11.31	75457	96.9
甘肃	33.6	9.18	0.653	1.69	4.51	66054	97.8
青海	37	7.5	0.480	1.3	10.43	98715	99
宁夏	32	7.51	0.658	1.73	3.8	68697	97.48
新疆	36.8	16.3	0.927	2.2	17.4	148745	97.8

表 7.7　2005 年西部地区工业企业经济效益指标数据 (决策单元数据)

地区	A_1	A_2	A_3	A_4	A_5	A_6	A_7
内蒙古	41.41	10.85	0.613	2.26	8.68	148199	97.62
广西	31.19	11.09	0.633	2.19	5.88	87119	98.08
重庆	26.11	9.4	0.691	1.85	4.85	71348	98.79
四川	34.97	9.59	0.608	1.91	5.86	98645	98.72
贵州	34.66	9.74	0.526	1.66	4.92	86057	96.69
云南	38.47	17.42	0.973	1.62	10.63	145111	99.28
陕西	38.9	14.39	0.615	1.72	14.46	111094	97.74
甘肃	28.15	8.83	0.723	2.16	3.48	81555	98.08
青海	38.84	11.07	0.466	1.4	19.14	134656	97.38
宁夏	31.82	6.07	0.620	1.6	3.36	83530	98.33
新疆	42.24	20.46	0.969	2.61	22.55	190176	99.23

表 7.8 2006 年西部地区工业企业经济效益指标数据 (决策单元数据)

地区	A_1	A_2	A_3	A_4	A_5	A_6	A_7
内蒙古	42.95	12.44	0.648	2.4	9.44	196006	97.84
广西	32.02	12.44	0.648	2.36	6.51	117632	96.24
重庆	29.12	9.97	0.697	2.08	5.22	97361	98.44
四川	35.12	10.78	0.655	2.1	6.31	119323	98.02
贵州	36.16	10.58	0.512	1.86	6.32	111168	96.98
云南	37.47	17.78	0.865	1.72	10.99	177708	98.38
陕西	41.21	15.21	0.690	1.9	14	149433	98.15
甘肃	28.49	9.34	0.100	2.17	4.56	102659	97.78
青海	40.52	13.18	0.517	1.72	21.41	177336	96.37
宁夏	30.77	6.9	0.634	1.73	3.26	107362	96.85
新疆	43.22	24.77	1.000	2.75	28.44	241976	98.77

取样本单元的集合 T 为 1999 年中国西部 11 个地区的相关数据, 决策单元为 2000~2006 年中国西部 11 个地区的数据, 应用模型 (D_B) 计算可得西部工业企业经济效益综合评价结果如表 7.9 所示.

表 7.9 2000~2006 年中国西部地区工业企业经济效益 Sam-B 有效值与排名

地区	有效值及排名													
	2000 年	排名	2001 年	排名	2002 年	排名	2003 年	排名	2004 年	排名	2005 年	排名	2006 年	排名
内蒙古	0.961	5	1.030	4	1.070	5	1.460	4	1.890	3	2.222	2	2.899	2
广西	1.166	2	1.135	3	1.269	3	1.466	3	1.672	4	1.905	5	2.114	5
重庆	1.052	4	0.991	5	1.022	7	1.252	6	1.524	5	1.585	9	1.876	8
四川	0.909	7	0.963	6	1.046	6	1.196	7	1.37	10	1.706	7	1.942	6
贵州	0.651	11	0.697	11	0.769	11	0.995	11	1.181	11	1.405	10	1.645	10
云南	1.136	3	1.361	2	1.653	1	1.931	1	2.137	1	2.212	3	2.618	3
陕西	0.929	6	0.870	8	1.017	8	1.255	5	1.397	9	1.678	8	1.825	9
甘肃	0.754	9	0.803	9	0.913	10	1.130	8	1.372	9	1.845	6	1.876	7
青海	0.749	10	0.784	10	1.126	4	1.043	10	1.435	7	2.096	4	2.299	4
宁夏	0.899	8	0.907	7	1.001	9	1.094	9	1.451	6	1.332	11	1.497	11
新疆	1.534	1	1.497	1	1.297	2	1.721	2	2.041	2	2.5090	1	2.924	1
平均值	0.9764	—	1.0035	—	1.1075	—	1.3221	—	1.5882	—	1.8632	—	2.1377	—
最大差距	0.883	—	0.8	—	0.884	—	0.936	—	0.956	—	1.177	—	1.427	—

对表 7.9 中的数据进一步处理可得到表 7.10 和图 7.7.

表 7.10　西部地区工业企业经济效益 2000～2006 年平均有效值及增长率

地区	平均有效值	平均有效值排名	平均增长率/%	平均增长率排名
内蒙古	1.65	3	20.20	2
广西	1.53	4	10.43	9
重庆	1.33	6	10.12	10
四川	1.30	7	13.49	6
贵州	1.05	11	16.71	3
云南	1.86	2	14.93	5
陕西	1.28	8	11.91	7
甘肃	1.24	9	16.41	4
青海	1.36	5	20.55	1
宁夏	1.17	10	8.87	11
新疆	1.93	1	11.35	8

根据中国西部地区工业企业经济效益有效值及排名情况, 可以得到如下结论:

(1) 中国西部地区工业企业经济效益整体水平在逐年提高. 从表 7.9 可见, 中国工业企业经济效益平均水平由 2000 年的 0.9764 增长到 2006 年的 2.1377, 每年的增长速度达到 19.823%. 与西部国民经济的发展速度 15.46% 和工业增加值的增长速度 16.36% 相比较, 西部工业企业经济效益整体水平的发展速度高于总量的发展速度, 这说明中国西部地区工业企业经济效益整体良好, 并呈现良好增长的势头.

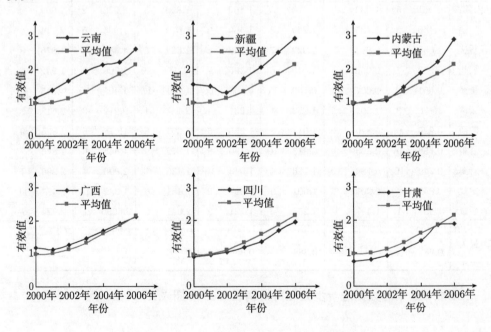

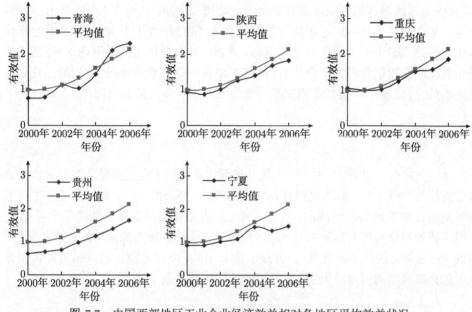

图 7.7 中国西部地区工业企业经济效益相对各地区平均效益状况

(2) 中国西部地区之间工业企业经济效益存在明显的非均衡特点. 从表 7.9 可见, 2000~2004 年中国西部地区每年经济效益最高地区和最低地区的效益指数相差值为 0.8~0.96, 而 2005 年和 2006 年超过 1.4. 这反映出西部地区工业企业发展水平存在明显的非均衡性. 从区域分类来看, 2000 年西南地区的平均有效值为 0.983, 西北为 0.971. 但从 2004 开始, 西北地区工业企业经济效益平均水平与西南地区的差距逐渐减小, 并最后超过了西南地区的平均水平. 这也反映出在西部大开战略实施后, 西北地区逐渐找到自身优势, 加快了工业经济发展的速度, 增强了经济实力. 因此, 在整个西部地区经济发展过程中, 应该重视区域的合作交流, 保持经济的整体协调发展.

(3) 中国西部地区工业企业经济效益的整体状况与分析. 从表 7.9 和表 7.10 可见, 2000~2006 年中国西部地区工业企业经济效益的大小次序为

$$新疆 > 云南 > 内蒙古 > 广西 > 青海 > 重庆$$
$$> 四川 > 陕西 > 甘肃 > 宁夏 > 贵州,$$

其中 2000~2006 年, 新疆和云南的排名几乎都是位于前三位, 这说明这两个省区的企业经营状况良好. 内蒙古和青海排名分别从 2004 年、2005 年开始明显上升, 其中青海提高最快, 排名从第 10 位升到第 4 位. 广西、重庆、陕西的排名则有所下滑. 四川、甘肃、宁夏、贵州的排名一直较差. 因此, 对企业效益较差或者下滑较大的地区, 应该进行重点分析, 找出问题的关键, 以促进经济的持续发展.

(4) 中国西部各地区经济效益变化与波动情况分析. 从图 7.7 可以看出, 新疆、云南、内蒙古在 2000~2006 年经济效益一直比较理想, 高于平均水平, 并且显示出强劲的趋势. 而四川、陕西、广西、青海、重庆、甘肃总体上接近平均水平, 其中广西和重庆最近两年有明显下滑的趋势. 排在最后的是宁夏和贵州, 它们的工业企业经济效益一直较差, 特别是贵州的经济效益还有进一步降低的可能.

7.6　结　束　语

从以上应用可以看出, 本章给出的基于面板数据的工业企业经济效益评价的非参数方法与传统 DEA 方法之间存在明显的不同, 传统的 DEA 方法构造的生产可能集是由决策单元自身构成的, 而广义 DEA 方法使用样本单元构造生产可能集, 实现了评价对象与比对标准的分离. 它把用于评价的参照对象从 "优秀单元集" 推广到 "任意指定的决策单元集". 突破了传统 DEA 方法不能依据决策者的需要来自主选择参照集的弱点, 因而具有更加广泛的应用前景.

参 考 文 献

[1] 马占新, 伊茹. 一种基于样本点评价的多目标综合评估方法 [J]. 控制与决策, 2011(录用)

[2] Charnes A, Cooper W W, Rohodes E. Measuring the efficiency of decision making units [J]. European Journal of Operational Research, 1978, 2(6): 429–444

[3] Charnes A, Cooper W W, Golany B, et al. Foundations of data envelopment analysis for pareto-koopmans efficient empirical production functions[J]. Journal of Econometrics, 1985, 30(1): 91–107

[4] Färe R, Grosskopf S. A nonparametric cost approach to scale efficiency [J]. Journal of Economics, 1985, 87(4): 594–604

[5] Seiford L M. Thrall R M. Recent development in DEA: The mathematical programming approach to frontier analysis [J]. Journal of Economics, 1990, 46(1-2): 7–38

[6] Cooper W W, Seiford L M, Zhu J. Handbook on data envelopment analysis [M]. Boston: Kluwer Academic Publishers, 2004

[7] 马占新. 数据包络分析方法的研究进展 [J]. 系统工程与电子技术, 2002, 24(3): 42–46

[8] 马占新, 唐焕文. DEA 有效单元的特征及 SEA 方法 [J]. 大连理工大学学报, 1999, 39(4): 577–582

[9] 马占新, 唐焕文, 戴仰山. 偏序集理论在数据包络分析中的应用研究 [J]. 系统工程学报, 2002, 17(1): 19–25

[10] 马占新. 偏序集理论在 DEA 相关理论中的应用研究 [J]. 系统工程学报, 2002, 17(3): 193–198

[11] 马占新. 基于偏序集理论的数据包络分析方法研究 [J]. 系统工程理论与实践, 2003, 23(4): 11–17

[12] Gratzer G. General lattice theory[M]. New York：Academic Press, 1978

[13] 魏权龄. 数据包络分析 [M]. 北京: 科学出版社, 2004

[14] 方甲. 现代工业经济管理学 [M]. 北京: 中国人民大学出版社. 2002

[15] 中华人民共和国国家统计局. 中国统计年鉴 [M]. 北京: 中国统计出版社, 2000–2007

第8章 具有多属性决策单元的广义 DEA 模型

DEA 方法是评价同类决策单元有效性的一种重要方法, 但许多情况下被评价单元可能具有多类决策单元的属性, 这时传统 DEA 方法在评价该类问题时遇到了困难. 针对多属性决策单元的有效性评价问题, 采用多类样本单元合成不同属性生产可能集合的方法, 首先给出了评价具有两种属性决策单元有效性的 DEA 模型 (Twi-DEA) 和相应的 Twi-DEA 有效性概念, 分析了多属性决策单元的投影性质以及 (Twi-DEA) 模型和传统 DEA 模型的关系. 在此基础上, 给出了具有多重属性决策单元有效性评价的一般模型 (Mult-DEA), 并讨论了相关性质. 本章内容主要取材于文献 [1].

自 1978 年著名的运筹学家 Charnes 等提出第一个 DEA 模型以来 [2], DEA 方法在技术经济与管理 [3~6]、资源优化配置 [7,8]、物流与供应链管理 [9]、风险评估 [10]、组合博弈 [11] 等众多领域得到了广泛应用和快速发展 [12~14]. 传统 DEA 方法并不考虑决策单元的内部结构 [15,16], 要求被评价的每一个决策单元都必须具有相同的属性 [2,4]. 然而, 在当今复杂的社会系统环境中, 决策单元群很难仅仅保持一种纯粹的属性. 同时, 如果将评价的参照集分成 "决策单元集" 和 "非决策单元集" 两类, 那么传统的 DEA 方法只能给出相对于 "优秀决策单元集" 的信息, 而无法依据某些指定的 "样本点或标准" 进行评价 [17~20], 这使得 DEA 方法在许多评价问题中的应用受到限制. 因此, 以下针对含有多个评价目标、多个评价标准条件下的多属性决策单元有效性评价问题, 给出了相应的评价模型, 并讨论了相关性质.

8.1 具有两种属性决策单元的有效性评价

DEA 方法要求被评价的决策单元必须具有相同的属性, 属于同类单元, 但在现实的生产活动中, 往往处于同一系统的各个决策单元所包含的属性并不相同, 这时传统 DEA 方法在评价该类问题时遇到了困难. 以下首先探讨具有两种属性决策单元的有效性评价问题.

8.1.1 具有两种属性决策单元的参照系构造与有效性分析

设有 n 个决策单元, 每个决策单元分别在不同程度上具有两个系统 (即系统 1 和系统 2) 的属性.

决策单元 p 对于系统 1 的隶属度为 α_p, 对于系统 2 的隶属度为 β_p, 它的输入、输出指标值为 $(\boldsymbol{x}_p, \boldsymbol{y}_p)$, 其中

$$\alpha_p + \beta_p = 1, \quad \alpha_p, \beta_p \in [0, 1],$$

$$\boldsymbol{x}_p = (x_{1p}, x_{2p}, \cdots, x_{mp})^{\mathrm{T}} \geqq \boldsymbol{0}, \quad \boldsymbol{y}_p = (y_{1p}, y_{2p}, \cdots, y_{sp})^{\mathrm{T}} \geqq \boldsymbol{0}.$$

假设决策者对系统 1 和系统 2 的单元分别制定了相应的考核标准和管理机制. 显然, 这些标准对于具有多重属性的决策单元并不适合, 而作为管理者, 又很难为每个多属性决策单元分别量身定制专门的标准. 为了解决这个矛盾, 以下考虑如何在不增加管理成本和信息的情况下科学地评价具有多重属性决策单元的有效性.

如果系统 1 包含 n_1 个样本单元, 其中第 j 个样本单元的输入、输出指标值分别为

$$\boldsymbol{x}_j^{(1)} = (x_{1j}^{(1)}, x_{2j}^{(1)}, \cdots, x_{mj}^{(1)})^{\mathrm{T}} \geqq \boldsymbol{0}, \quad \boldsymbol{y}_j^{(1)} = (y_{1j}^{(1)}, y_{2j}^{(1)}, \cdots, y_{sj}^{(1)})^{\mathrm{T}} \geqq \boldsymbol{0}.$$

系统 2 包含 n_2 个样本单元, 其中第 l 个样本单元的输入、输出指标值分别为

$$\boldsymbol{x}_l^{(2)} = (x_{1l}^{(2)}, x_{2l}^{(2)}, \cdots, x_{ml}^{(2)})^{\mathrm{T}} \geqq \boldsymbol{0}, \quad \boldsymbol{y}_l^{(2)} = (y_{1l}^{(2)}, y_{2l}^{(2)}, \cdots, y_{sl}^{(2)})^{\mathrm{T}} \geqq \boldsymbol{0}.$$

根据有关样本 DEA 理论 [17~20] 可知, 系统 1 的样本生产可能集为

$$T_1 = \left\{ (\boldsymbol{x}, \boldsymbol{y}) \,\middle|\, \sum_{j=1}^{n_1} \boldsymbol{x}_j^{(1)} \lambda_j^{(1)} \leqq \boldsymbol{x}, \ \sum_{j=1}^{n_1} \boldsymbol{y}_j^{(1)} \lambda_j^{(1)} \geqq \boldsymbol{y}, \right.$$
$$\left. \delta_1 \left(\sum_{j=1}^{n_1} \lambda_j^{(1)} + \delta_2 (-1)^{\delta_3} \lambda_{n_1+1}^{(1)} \right) = \delta_1, \lambda_j^{(1)} \geqq 0, \ j = 1, \cdots, n_1 + 1 \right\},$$

系统 2 的样本生产可能集为

$$T_2 = \left\{ (\boldsymbol{x}, \boldsymbol{y}) \,\middle|\, \sum_{l=1}^{n_2} \boldsymbol{x}_l^{(2)} \lambda_l^{(2)} \leqq \boldsymbol{x}, \ \sum_{l=1}^{n_2} \boldsymbol{y}_l^{(2)} \lambda_l^{(2)} \geqq \boldsymbol{y}, \right.$$
$$\left. \delta_1 \left(\sum_{l=1}^{n_2} \lambda_l^{(2)} + \delta_2 (-1)^{\delta_3} \lambda_{n_2+1}^{(2)} \right) = \delta_1, \lambda_l^{(2)} \geqq 0, \ l = 1, \cdots, n_2 + 1 \right\},$$

其中 $\delta_1, \delta_2, \delta_3$ 为可以取值 0 或 1 的参数.

因为决策单元 p 与 T_1 和 T_2 中的单元具有不同属性, 因此, 这两个样本生产可能集不能作为决策单元 p 的参考集.

由于 DEA 生产可能集必须由同类决策单元来构成, 故决策单元 p 的参考集 T_p 也应该是由对系统 1 的隶属度为 α_p 和对系统 2 的隶属度为 β_p 的单元构成, 即若

$(\tilde{\boldsymbol{x}}, \tilde{\boldsymbol{y}}) \in T_1, (\bar{\boldsymbol{x}}, \bar{\boldsymbol{y}}) \in T_2$, 则

$$(\hat{\boldsymbol{x}}, \hat{\boldsymbol{y}}) = \alpha_p (\tilde{\boldsymbol{x}}, \tilde{\boldsymbol{y}}) + \beta_p (\bar{\boldsymbol{x}}, \bar{\boldsymbol{y}}) \in T_p.$$

由于考虑生产的有效性, 故认为比 $(\hat{\boldsymbol{x}}, \hat{\boldsymbol{y}})$ 无效的生产活动也是可能发生的, 因此, $(\boldsymbol{x}_p, \boldsymbol{y}_p)$ 的评价参考集 T_p 为

$$T_p = \{(\boldsymbol{x}, \boldsymbol{y}) \,|\, (-\boldsymbol{x}, \boldsymbol{y}) \leqq \alpha_p (-\tilde{\boldsymbol{x}}, \tilde{\boldsymbol{y}}) + \beta_p (-\bar{\boldsymbol{x}}, \bar{\boldsymbol{y}}), \ (\tilde{\boldsymbol{x}}, \tilde{\boldsymbol{y}}) \in T_1, \ (\bar{\boldsymbol{x}}, \bar{\boldsymbol{y}}) \in T_2 \}.$$

令

$$
\begin{aligned}
T(2) = \Bigg\{ (\boldsymbol{x}, \boldsymbol{y}) \Bigg| & \sum_{j=1}^{n_1} \alpha_p \boldsymbol{x}_j^{(1)} \lambda_j^{(1)} + \sum_{l=1}^{n_2} \beta_p \boldsymbol{x}_l^{(2)} \lambda_l^{(2)} \leqq \boldsymbol{x}, \ \sum_{j=1}^{n_1} \alpha_p \boldsymbol{y}_j^{(1)} \lambda_j^{(1)} + \sum_{l=1}^{n_2} \beta_p \boldsymbol{y}_l^{(2)} \lambda_l^{(2)} \geqq \boldsymbol{y}, \\
& \delta_1 \left(\sum_{j=1}^{n_1} \alpha_p \lambda_j^{(1)} + \delta_2 (-1)^{\delta_3} \alpha_p \lambda_{n_1+1}^{(1)} \right) = \alpha_p \delta_1, \\
& \delta_1 \left(\sum_{l=1}^{n_2} \beta_p \lambda_l^{(2)} + \delta_2 (-1)^{\delta_3} \beta_p \lambda_{n_2+1}^{(2)} \right) = \beta_p \delta_1, \\
& \lambda_j^{(1)} \geqq 0, \ j = 1, \cdots, n_1 + 1, \ \lambda_l^{(2)} \geqq 0, \ l = 1, \cdots, n_2 + 1 \Bigg\},
\end{aligned}
$$

则有以下结论:

定理 8.1　假设系统 1 和系统 2 的样本单元都满足同样的公理体系, 则集合

$$T_p = T(2).$$

证明　若 $(\boldsymbol{x}, \boldsymbol{y}) \in T_p$, 则存在 $(\tilde{\boldsymbol{x}}, \tilde{\boldsymbol{y}}) \in T_1$, $(\bar{\boldsymbol{x}}, \bar{\boldsymbol{y}}) \in T_2$, 使得

$$(-\boldsymbol{x}, \boldsymbol{y}) \leqq \alpha_p (-\tilde{\boldsymbol{x}}, \tilde{\boldsymbol{y}}) + \beta_p (-\bar{\boldsymbol{x}}, \bar{\boldsymbol{y}}).$$

由于 $(\tilde{\boldsymbol{x}}, \tilde{\boldsymbol{y}}) \in T_1$, 故存在 $\lambda_j^{(1)} \geqq 0 \ (j = 1, \cdots, n_1 + 1)$, 使得

$$\sum_{j=1}^{n_1} \boldsymbol{x}_j^{(1)} \lambda_j^{(1)} \leqq \tilde{\boldsymbol{x}}, \quad \sum_{j=1}^{n_1} \boldsymbol{y}_j^{(1)} \lambda_j^{(1)} \geqq \tilde{\boldsymbol{y}},$$

$$\delta_1 \left(\sum_{j=1}^{n_1} \lambda_j^{(1)} + \delta_2 (-1)^{\delta_3} \lambda_{n_1+1}^{(1)} \right) = \delta_1.$$

由于 $(\bar{\boldsymbol{x}}, \bar{\boldsymbol{y}}) \in T_2$, 故存在 $\lambda_l^{(2)} \geqq 0 \ (l = 1, \cdots, n_2 + 1)$, 使得

$$\sum_{l=1}^{n_2} \boldsymbol{x}_l^{(2)} \lambda_l^{(2)} \leqq \bar{\boldsymbol{x}}, \quad \sum_{l=1}^{n_2} \boldsymbol{y}_l^{(2)} \lambda_l^{(2)} \geqq \bar{\boldsymbol{y}},$$

$$\delta_1 \left(\sum_{l=1}^{n_2} \lambda_l^{(2)} + \delta_2 \left(-1\right)^{\delta_3} \lambda_{n_2+1}^{(2)} \right) = \delta_1.$$

于是有

$$\sum_{j=1}^{n_1} \alpha_p \boldsymbol{x}_j^{(1)} \lambda_j^{(1)} + \sum_{l=1}^{n_2} \beta_p \boldsymbol{x}_l^{(2)} \lambda_l^{(2)} \leqq \alpha_p \tilde{\boldsymbol{x}} + \beta_p \bar{\boldsymbol{x}} \leqq \boldsymbol{x},$$

$$\sum_{j=1}^{n_1} \alpha_p \boldsymbol{y}_j^{(1)} \lambda_j^{(1)} + \sum_{l=1}^{n_2} \beta_p \boldsymbol{y}_l^{(2)} \lambda_l^{(2)} \geqq \alpha_p \tilde{\boldsymbol{y}} + \beta_p \bar{\boldsymbol{y}} \geqq \boldsymbol{y},$$

$$\delta_1 \left(\sum_{j=1}^{n_1} \alpha_p \lambda_j^{(1)} + \delta_2 \left(-1\right)^{\delta_3} \alpha_p \lambda_{n_1+1}^{(1)} \right) = \alpha_p \delta_1,$$

$$\delta_1 \left(\sum_{l=1}^{n_2} \beta_p \lambda_l^{(2)} + \delta_2 \left(-1\right)^{\delta_3} \beta_p \lambda_{n_2+1}^{(2)} \right) = \beta_p \delta_1,$$

从而有 $(\boldsymbol{x}, \boldsymbol{y}) \in T(2)$, 即 $T(2) \supseteq T_p$.

另一方面, $\forall (\boldsymbol{x}, \boldsymbol{y}) \in T(2)$, 存在

$$\lambda_j^{(1)} \geqq 0, \quad j = 1, \cdots, n_1+1, \quad \lambda_l^{(2)} \geqq 0, \quad l = 1, \cdots, n_2+1,$$

使得

$$\sum_{j=1}^{n_1} \alpha_p \boldsymbol{x}_j^{(1)} \lambda_j^{(1)} + \sum_{l=1}^{n_2} \beta_p \boldsymbol{x}_l^{(2)} \lambda_l^{(2)} \leqq \boldsymbol{x}, \quad \sum_{j=1}^{n_1} \alpha_p \boldsymbol{y}_j^{(1)} \lambda_j^{(1)} + \sum_{l=1}^{n_2} \beta_p \boldsymbol{y}_l^{(2)} \lambda_l^{(2)} \geqq \boldsymbol{y},$$

$$\delta_1 \left(\sum_{j=1}^{n_1} \alpha_p \lambda_j^{(1)} + \delta_2 \left(-1\right)^{\delta_3} \alpha_p \lambda_{n_1+1}^{(1)} \right) = \alpha_p \delta_1,$$

$$\delta_1 \left(\sum_{l=1}^{n_2} \beta_p \lambda_l^{(2)} + \delta_2 \left(-1\right)^{\delta_3} \beta_p \lambda_{n_2+1}^{(2)} \right) = \beta_p \delta_1.$$

若 $\beta_p = 0$, 则 $\alpha_p = 1$. 对于 $(\boldsymbol{x}, \boldsymbol{y}) \in T(2)$ 有

$$\sum_{j=1}^{n_1} \boldsymbol{x}_j^{(1)} \lambda_j^{(1)} \leqq \boldsymbol{x}, \quad \sum_{j-1}^{n_1} \boldsymbol{y}_j^{(1)} \lambda_j^{(1)} \geqq \boldsymbol{y},$$

$$\delta_1 \left(\sum_{j=1}^{n_1} \lambda_j^{(1)} + \delta_2 \left(-1\right)^{\delta_3} \lambda_{n_1+1}^{(1)} \right) = \delta_1,$$

从而可知 $(\boldsymbol{x}, \boldsymbol{y}) \in T_1 \subseteq T_p$, 故有 $T(2) \subseteq T_p$.

若 $\beta_p = 1$, 则 $\alpha_p = 0$, 同样有 $T(2) \subseteq T_p$.

若 $\beta_p \neq 0,\, \alpha_p \neq 0$, 则令

$$\tilde{\boldsymbol{x}} = \sum_{j=1}^{n_1} \boldsymbol{x}_j^{(1)} \lambda_j^{(1)}, \quad \bar{\boldsymbol{x}} = \sum_{l=1}^{n_2} \boldsymbol{x}_l^{(2)} \lambda_l^{(2)},$$

$$\tilde{\boldsymbol{y}} = \sum_{j=1}^{n_1} \boldsymbol{y}_j^{(1)} \lambda_j^{(1)}, \quad \bar{\boldsymbol{y}} = \sum_{l=1}^{n_2} \boldsymbol{y}_l^{(2)} \lambda_l^{(2)},$$

故有

$$\delta_1 \left(\sum_{j=1}^{n_1} \lambda_j^{(1)} + \delta_2 \, (-1)^{\delta_3} \lambda_{n_1+1}^{(1)} \right) = \delta_1,$$

$$\delta_1 \left(\sum_{l=1}^{n_2} \lambda_l^{(2)} + \delta_2 \, (-1)^{\delta_3} \lambda_{n_2+1}^{(2)} \right) = \delta_1,$$

$$\lambda_j^{(1)} \geqq 0, j = 1, \cdots, n_1 + 1, \quad \lambda_l^{(2)} \geqq 0, l = 1, \cdots, n_2 + 1,$$

从而可知 $(\tilde{\boldsymbol{x}}, \tilde{\boldsymbol{y}}) \in T_1$, $(\bar{\boldsymbol{x}}, \bar{\boldsymbol{y}}) \in T_2$, 并且有

$$(-\boldsymbol{x}, \boldsymbol{y}) \leqq \alpha_p \, (-\tilde{\boldsymbol{x}}, \tilde{\boldsymbol{y}}) + \beta_p \, (-\bar{\boldsymbol{x}}, \bar{\boldsymbol{y}}),$$

故 $(\boldsymbol{x}, \boldsymbol{y}) \in T_p$. 综上可知 $T(2) \subseteq T_p$. 证毕.

定理 8.1 给出了参考集 T_p 的具体形式. 它是由所有与决策单元 p 具有相同隶属度的单元构成的. 由此可以进一步给出以下定义:

定义 8.1　如果不存在 $(\boldsymbol{x}, \boldsymbol{y}) \in T_p$, 使得

$$\boldsymbol{x}_p \geq \boldsymbol{x}, \quad \boldsymbol{y}_p \leqq \boldsymbol{y}$$

且至少有一个不等式严格成立, 则称决策单元 p 为有效的决策单元, 简称 Twi-DEA 有效.

定义 8.1 表明, 如果参考集 T_p 中不存在一种生产方式比决策单元 p 更好, 则认为决策单元 p 的生产是有效的.

特别地, 若 $(\alpha_p, \beta_p) = (1, 0)$, 则 $T_p = T_1$ 就是系统 1 的样本生产可能集; 若 $(\alpha_p, \beta_p) = (0, 1)$, 则 $T_p = T_2$ 就是系统 2 的样本生产可能集.

8.1.2 具有两种属性决策单元有效性评价的数学模型

根据上述评价参考集 T_p 的构造以及 Twi-DEA 有效的概念, 可以构造出如下 DEA 模型:

$$(\text{DTwi-DEA}) \begin{cases} \min \quad \theta = V_{\mathrm{D}}, \\ \text{s.t.} \quad \boldsymbol{x}_p(\theta - \lambda_0) - \sum_{j=1}^{n_1} \alpha_p \boldsymbol{x}_j^{(1)} \lambda_j^{(1)} - \sum_{l=1}^{n_2} \beta_p \boldsymbol{x}_l^{(2)} \lambda_l^{(2)} - \boldsymbol{s}^- = \boldsymbol{0}, \\ \quad \boldsymbol{y}_p(\lambda_0 - 1) + \sum_{j=1}^{n_1} \alpha_p \boldsymbol{y}_j^{(1)} \lambda_j^{(1)} + \sum_{l=1}^{n_2} \beta_p \boldsymbol{y}_l^{(2)} \lambda_l^{(2)} - \boldsymbol{s}^+ = \boldsymbol{0}, \\ \quad \delta_1 \left(\alpha_p \lambda_0 + \sum_{j=1}^{n_1} \alpha_p \lambda_j^{(1)} + \delta_2 \left(-1\right)^{\delta_3} \alpha_p \lambda_{n_1+1}^{(1)} \right) = \alpha_p \delta_1, \\ \quad \delta_1 \left(\beta_p \lambda_0 + \sum_{l=1}^{n_2} \beta_p \lambda_l^{(2)} + \delta_2 \left(-1\right)^{\delta_3} \beta_p \lambda_{n_2+1}^{(2)} \right) = \beta_p \delta_1, \\ \quad \boldsymbol{s}^-, \boldsymbol{s}^+ \geqq \boldsymbol{0}, \ \lambda_0, \lambda_j^{(1)}, \lambda_l^{(2)} \geqq 0, j=1,\cdots,n_1+1, l=1,\cdots,n_2+1. \end{cases}$$

定理 8.2 决策单元 p 为 Twi-DEA 有效当且仅当线性规划 (DTwi-DEA) 的任意最优解 $\bar{\theta}, \bar{\boldsymbol{s}}^-, \bar{\boldsymbol{s}}^+, \bar{\lambda}_0, \bar{\lambda}_j^{(1)}, \bar{\lambda}_l^{(2)}, \ (j=1,\cdots,n_1+1, l=1,\cdots,n_2+1)$ 有

$$\bar{\theta} = 1, \quad \bar{\boldsymbol{s}}^- = \boldsymbol{0}, \quad \bar{\boldsymbol{s}}^+ = \boldsymbol{0}.$$

证明 ($\Rightarrow$) 若决策单元 p 为 Twi-DEA 有效, 即不存在 $(\boldsymbol{x}, \boldsymbol{y}) \in T_p$, 使得

$$\boldsymbol{x}_p \geqq \boldsymbol{x}, \quad \boldsymbol{y}_p \leqq \boldsymbol{y}$$

且至少有一个不等式严格成立.

假设线性规划 (DTwi-DEA) 存在最优解 $\bar{\theta}, \bar{\boldsymbol{s}}^-, \bar{\boldsymbol{s}}^+, \bar{\lambda}_0, \bar{\lambda}_j^{(1)}, \bar{\lambda}_l^{(2)}, \ (j=1,\cdots,n_1+1, \ l=1,\cdots,n_2+1)$ 满足以下两种情况:

(1) $\bar{\theta} \neq 1$;

(2) $\bar{\theta} = 1$, 但 $(\bar{\boldsymbol{s}}^-, \bar{\boldsymbol{s}}^+) \neq \boldsymbol{0}$,

下面分别进行讨论.

(1) 若 $\bar{\theta} \neq 1$, 则必有 $\bar{\theta} < 1$. 这是因为

$$\theta=1, \quad \lambda_0=1, \quad \lambda_j^{(1)}=0, \lambda_l^{(2)}=0, j=1,\cdots,n_1+1, l=1,\cdots,n_2+1, \quad \boldsymbol{s}^-=\boldsymbol{0}, \quad \boldsymbol{s}^+=\boldsymbol{0}$$

为线性规划 (DTwi-DEA) 的一个可行解, 故 $\bar{\theta} < 1$. 由约束条件

$$\boldsymbol{x}_p(\bar{\theta} - \bar{\lambda}_0) - \sum_{j=1}^{n_1} \alpha_p \boldsymbol{x}_j^{(1)} \bar{\lambda}_j^{(1)} - \sum_{l=1}^{n_2} \beta_p \boldsymbol{x}_l^{(2)} \bar{\lambda}_l^{(2)} - \bar{\boldsymbol{s}}^- = \boldsymbol{0}$$

可知

$$\boldsymbol{x}_p(1-\bar{\lambda}_0) - \sum_{j=1}^{n_1}\alpha_p\boldsymbol{x}_j^{(1)}\bar{\lambda}_j^{(1)} - \sum_{l=1}^{n_2}\beta_p\boldsymbol{x}_l^{(2)}\bar{\lambda}_l^{(2)} \geqslant \boldsymbol{0},$$

这可以归结到情况 (2) 中进行讨论.

(2) 若 $\bar{\theta}=1$, 但 $\bar{\boldsymbol{s}}^+\neq\boldsymbol{0}$ 或 $\bar{\boldsymbol{s}}^-\neq\boldsymbol{0}$, 即

$$\boldsymbol{x}_p(1-\bar{\lambda}_0) - \sum_{j=1}^{n_1}\alpha_p\boldsymbol{x}_j^{(1)}\bar{\lambda}_j^{(1)} - \sum_{l=1}^{n_2}\beta_p\boldsymbol{x}_l^{(2)}\bar{\lambda}_l^{(2)} \geqslant \boldsymbol{0}$$

成立, 或者

$$\boldsymbol{y}_p(\bar{\lambda}_0-1) + \sum_{j=1}^{n_1}\alpha_p\boldsymbol{y}_j^{(1)}\bar{\lambda}_j^{(1)} + \sum_{l=1}^{n_2}\beta_p\boldsymbol{y}_l^{(2)}\bar{\lambda}_l^{(2)} \geqslant \boldsymbol{0}$$

成立. 下面证明 $\bar{\lambda}_0 < 1$.

若 $\bar{\lambda}_0 > 1$, 则可知

$$\boldsymbol{x}_p\left(\bar{\lambda}_0-1\right) \geqslant \boldsymbol{0},$$

因此有

$$\boldsymbol{x}_p(1-\bar{\lambda}_0) - \sum_{j=1}^{n_1}\alpha_p\boldsymbol{x}_j^{(1)}\bar{\lambda}_j^{(1)} - \sum_{i=1}^{n_2}\beta_p\boldsymbol{x}_i^{(2)}\bar{\lambda}_i^{(2)} - \bar{\boldsymbol{s}}^- \leqslant \boldsymbol{0}.$$

这与约束条件矛盾.

若最优解 $\bar{\lambda}_0 = 1$, 则可知

$$-\sum_{j=1}^{n_1}\alpha_p\boldsymbol{x}_j^{(1)}\bar{\lambda}_j^{(1)} - \sum_{l=1}^{n_2}\beta_p\boldsymbol{x}_l^{(2)}\bar{\lambda}_l^{(2)} - \bar{\boldsymbol{s}}^- = \boldsymbol{0},$$

即

$$\sum_{j=1}^{n_1}\alpha_p\boldsymbol{x}_j^{(1)}\bar{\lambda}_j^{(1)} = \boldsymbol{0}, \quad \bar{\boldsymbol{s}}^- = \boldsymbol{0}, \quad \sum_{l=1}^{n_2}\beta_p\boldsymbol{x}_l^{(2)}\bar{\lambda}_l^{(2)} = \boldsymbol{0}.$$

假设 $\alpha_p, \beta_p \neq 0$, 对任意 j, 因为 $\boldsymbol{x}_j^{(1)} \geqslant \boldsymbol{0}$, 则必存在 i_0, 使得 $x_{i_0 j}^{(1)} \neq 0$, 故由

$$\sum_{j=1}^{n_1}\alpha_p\boldsymbol{x}_j^{(1)}\bar{\lambda}_j^{(1)} = \boldsymbol{0}$$

可得

$$x_{i_0 j}^{(1)}\bar{\lambda}_j^{(1)} = 0,$$

即 $\bar{\lambda}_j^{(1)} = 0$. 由 j 的任意性知 $\bar{\lambda}_j^{(1)} = 0$ $(j = 1, \cdots, n_1)$. 同理可得 $\bar{\lambda}_l^{(2)} = 0$ $(l = 1, \cdots, n_2)$. 又由约束条件

$$\boldsymbol{y}_p(\bar{\lambda}_0-1) + \sum_{j=1}^{n_1}\alpha_p\boldsymbol{y}_j^{(1)}\bar{\lambda}_j^{(1)} + \sum_{l=1}^{n_2}\beta_p\boldsymbol{y}_l^{(2)}\bar{\lambda}_l^{(2)} - \bar{\boldsymbol{s}}^+ = \boldsymbol{0}$$

可知, 最优解 $\bar{s}^+ = \mathbf{0}$, 这与假设

$$\left(\bar{s}^-, \bar{s}^+\right) \neq \mathbf{0}$$

矛盾!

若 $\alpha_p = 0$ 或 $\beta_p = 0$, 则类似地可证

$$\left(\bar{s}^-, \bar{s}^+\right) = \mathbf{0},$$

矛盾!

综上可知 $\bar{\lambda}_0 < 1$, 即

$$1 - \bar{\lambda}_0 > 0.$$

因为

$$\boldsymbol{x}_p(1 - \bar{\lambda}_0) - \sum_{j=1}^{n_1} \alpha_p \boldsymbol{x}_j^{(1)} \bar{\lambda}_j^{(1)} - \sum_{l=1}^{n_2} \beta_p \boldsymbol{x}_l^{(2)} \bar{\lambda}_l^{(2)} \geqslant \mathbf{0}$$

或

$$\boldsymbol{y}_p(\bar{\lambda}_0 - 1) + \sum_{j=1}^{n_1} \alpha_p \boldsymbol{y}_j^{(1)} \bar{\lambda}_j^{(1)} + \sum_{l=1}^{n_2} \beta_p \boldsymbol{y}_l^{(2)} \bar{\lambda}_l^{(2)} \geqslant \mathbf{0}$$

之一成立, 则有

$$\boldsymbol{x}_p \geqslant \sum_{j=1}^{n_1} \alpha_p \boldsymbol{x}_j^{(1)} \frac{\bar{\lambda}_j^{(1)}}{(1 - \bar{\lambda}_0)} + \sum_{l=1}^{n_2} \beta_p \boldsymbol{x}_l^{(2)} \frac{\bar{\lambda}_l^{(2)}}{(1 - \bar{\lambda}_0)}$$

或

$$\boldsymbol{y}_p \leqslant \sum_{j=1}^{n_1} \alpha_p \boldsymbol{y}_j^{(1)} \frac{\bar{\lambda}_j^{(1)}}{(1 - \bar{\lambda}_0)} + \sum_{l=1}^{n_2} \beta_p \boldsymbol{y}_l^{(2)} \frac{\bar{\lambda}_l^{(2)}}{(1 - \bar{\lambda}_0)}$$

成立.

由于

$$\delta_1 \left(\alpha_p \frac{\bar{\lambda}_0}{1 - \bar{\lambda}_0} + \sum_{j=1}^{n_1} \alpha_p \frac{\bar{\lambda}_j^{(1)}}{1 - \bar{\lambda}_0} + \delta_2 \left(-1\right)^{\delta_3} \alpha_p \frac{\bar{\lambda}_{n_1+1}^{(1)}}{1 - \bar{\lambda}_0} \right) = \alpha_p \frac{\delta_1}{1 - \bar{\lambda}_0},$$

$$\delta_1 \left(\beta_p \frac{\bar{\lambda}_0}{1 - \bar{\lambda}_0} + \sum_{l=1}^{n_2} \beta_p \frac{\bar{\lambda}_l^{(2)}}{1 - \bar{\lambda}_0} + \delta_2 \left(-1\right)^{\delta_3} \beta_p \frac{\bar{\lambda}_{n_2+1}^{(2)}}{1 - \bar{\lambda}_0} \right) = \beta_p \frac{\delta_1}{1 - \bar{\lambda}_0},$$

故可得

$$\delta_1 \left(\sum_{j=1}^{n_1} \alpha_p \frac{\bar{\lambda}_j^{(1)}}{1 - \bar{\lambda}_0} + \delta_2 \left(-1\right)^{\delta_3} \alpha_p \frac{\bar{\lambda}_{n_1+1}^{(1)}}{1 - \bar{\lambda}_0} \right) = \alpha_p \delta_1,$$

$$\delta_1\left(\sum_{l=1}^{n_2}\beta_p\frac{\bar{\lambda}_l^{(2)}}{1-\bar{\lambda}_0}+\delta_2\left(-1\right)^{\delta_3}\beta_p\frac{\bar{\lambda}_{n_2+1}^{(2)}}{1-\bar{\lambda}_0}\right)=\beta_p\delta_1,$$

其中 $\bar{\lambda}_j^{(1)},\bar{\lambda}_l^{(2)}\geqq 0$ $(j=1,\cdots,n_1+1,l=1,\cdots,n_2+1)$, 故可知

$$\left(\sum_{j=1}^{n_1}\alpha_p\boldsymbol{x}_j^{(1)}\frac{\bar{\lambda}_j^{(1)}}{(1-\bar{\lambda}_0)}+\sum_{l=1}^{n_2}\beta_p\boldsymbol{x}_l^{(2)}\frac{\bar{\lambda}_l^{(2)}}{(1-\bar{\lambda}_0)},\sum_{j=1}^{n_1}\alpha_p\boldsymbol{y}_j^{(1)}\frac{\bar{\lambda}_j^{(1)}}{(1-\bar{\lambda}_0)}+\sum_{l=1}^{n_2}\beta_p\boldsymbol{y}_l^{(2)}\frac{\bar{\lambda}_l^{(2)}}{(1-\bar{\lambda}_0)}\right)\in T_p,$$

这与决策单元 p 为 Twi-DEA 有效的定义矛盾.

$\Leftarrow$　假设决策单元 p 为 Twi-DEA 无效, 即存在 $(\boldsymbol{x},\boldsymbol{y})\in T_p$, 使得 $\boldsymbol{x}_p\geqq\boldsymbol{x},\boldsymbol{y}_p\leqq\boldsymbol{y}$ 且至少有一个不等式严格成立, 即存在 $\lambda_j^{(1)},\lambda_l^{(2)}\geqq 0$ $(j=1,\cdots,n_1+1,l=1,\cdots,n_2+1)$, 使得

$$\sum_{j=1}^{n_1}\alpha_p\boldsymbol{x}_j^{(1)}\lambda_j^{(1)}+\sum_{l=1}^{n_2}\beta_p\boldsymbol{x}_l^{(2)}\lambda_l^{(2)}\leqq\boldsymbol{x}\leqq\boldsymbol{x}_p,$$

$$\sum_{j=1}^{n_1}\alpha_p\boldsymbol{y}_j^{(1)}\lambda_j^{(1)}+\sum_{l=1}^{n_2}\beta_p\boldsymbol{y}_l^{(2)}\lambda_l^{(2)}\geqq\boldsymbol{y}\geqq\boldsymbol{y}_p$$

且至少有一个不等式严格成立, 其中

$$\delta_1\left(\sum_{j=1}^{n_1}\alpha_p\lambda_j^{(1)}+\delta_2\left(-1\right)^{\delta_3}\alpha_p\lambda_{n_1+1}^{(1)}\right)=\alpha_p\delta_1,$$

$$\delta_1\left(\sum_{l=1}^{n_2}\beta_p\lambda_l^{(2)}+\delta_2\left(-1\right)^{\delta_3}\beta_p\lambda_{n_2+1}^{(2)}\right)=\beta_p\delta_1.$$

令

$$\lambda_0=0,\quad\theta=1,$$

$$\boldsymbol{s}^-=\boldsymbol{x}_p-\sum_{j=1}^{n_1}\alpha_p\boldsymbol{x}_j^{(1)}\lambda_j^{(1)}-\sum_{l=1}^{n_2}\beta_p\boldsymbol{x}_l^{(2)}\lambda_l^{(2)},$$

$$\boldsymbol{s}^+=\sum_{j=1}^{n_1}\alpha_p\boldsymbol{y}_j^{(1)}\lambda_j^{(1)}+\sum_{l=1}^{n_2}\beta_p\boldsymbol{y}_l^{(2)}\lambda_l^{(2)}-\boldsymbol{y}_p,$$

则 $\boldsymbol{s}^-,\boldsymbol{s}^+,\lambda_0,\lambda_j^{(1)},\lambda_l^{(2)}(j=1,\cdots,n_1+1,l=1,\cdots,n_2+1)$ 满足模型 (DTwi-DEA) 的约束条件, 是 (DTwi-DEA) 的一个最优解, 但由于 $(\boldsymbol{s}^-,\boldsymbol{s}^+)\neq\boldsymbol{0}$, 这与线性规划 (DTwi-DEA) 的任意最优解 $\bar{\theta},\bar{\boldsymbol{s}}^-,\bar{\boldsymbol{s}}^+,\bar{\lambda}_0,\bar{\lambda}_j^{(1)},\bar{\lambda}_l^{(2)},(j=1,\cdots,n_1+1,l=1,\cdots,n_2+1)$ 都有 $\bar{\theta}=1,\bar{\boldsymbol{s}}^-=\boldsymbol{0},\bar{\boldsymbol{s}}^+=\boldsymbol{0}$ 矛盾. 证毕.

考虑以下具有非阿基米德无穷小 ε 的 (DTwi-DEA)$_\varepsilon$ 模型:

$$(\text{DTwi-DEA})_\varepsilon \begin{cases} \min \quad \theta - \varepsilon\left(\hat{e}^{\mathrm{T}} s^- + e^{\mathrm{T}} s^+\right), \\ \text{s.t.} \quad x_p(\theta - \lambda_0) - \sum_{j=1}^{n_1} \alpha_p x_j^{(1)} \lambda_j^{(1)} - \sum_{l=1}^{n_2} \beta_p x_l^{(2)} \lambda_l^{(2)} - s^- = \mathbf{0}, \\ \qquad y_p(\lambda_0 - 1) + \sum_{j=1}^{n_1} \alpha_p y_j^{(1)} \lambda_j^{(1)} + \sum_{l=1}^{n_2} \beta_p y_l^{(2)} \lambda_l^{(2)} - s^+ = \mathbf{0}, \\ \qquad \delta_1\left(\alpha_p \lambda_0 + \sum_{j=1}^{n_1} \alpha_p \lambda_j^{(1)} + \delta_2 (-1)^{\delta_3} \alpha_p \lambda_{n_1+1}^{(1)}\right) = \alpha_p \delta_1, \\ \qquad \delta_1\left(\beta_p \lambda_0 + \sum_{l=1}^{n_2} \beta_p \lambda_l^{(2)} + \delta_2 (-1)^{\delta_3} \beta_p \lambda_{n_2+1}^{(2)}\right) = \beta_p \delta_1, \\ \qquad s^-, s^+ \geqq \mathbf{0}, \lambda_0, \lambda_j^{(1)}, \lambda_l^{(2)} \geqq 0, j = 1, \cdots, n_1+1, l = 1, \cdots, n_2+1, \end{cases}$$

其中

$$\hat{e} = (1, 1, \cdots, 1)^{\mathrm{T}} \in E^m, \quad e = (1, 1, \cdots, 1)^{\mathrm{T}} \in E^s,$$

$\varepsilon > 0$ 为一个非阿基米德无穷小量.

定理 8.3   若 (DTwi - DEA)$_\varepsilon$ 的最优解 $\bar{\theta}, \bar{s}^-, \bar{s}^+, \bar{\lambda}_0, \bar{\lambda}_j^{(1)}, \bar{\lambda}_l^{(2)}$ $(j = 1, \cdots, n_1 + 1, l = 1, \cdots, n_2 + 1)$ 有 $\bar{\theta} = 1, \bar{s}^- = \mathbf{0}, \bar{s}^+ = \mathbf{0}$, 则决策单元 p 为 Twi-DEA 有效.

证明   假设决策单元 p 为 Twi-DEA 无效, 由定理 8.2 的充分性证明可知, 线性规划 (DTwi - DEA) 必存在最优解 $\theta, s^-, s^+, \lambda_0, \lambda_j^{(1)}, \lambda_l^{(2)}$ $(j = 1, \cdots, n_1 + 1, l = 1, \cdots, n_2 + 1)$, 满足

$$\theta = 1, \quad (s^-, s^+) \neq \mathbf{0}.$$

该最优解是 (DTwi-DEA)$_\varepsilon$ 模型的一个可行解, 但

$$\theta - \varepsilon\left(\hat{e}^{\mathrm{T}} s^- + e^{\mathrm{T}} s^+\right) < 1.$$

这与 (DTwi-DEA)$_\varepsilon$ 存在最优解 $\bar{\theta}, \bar{s}^-, \bar{s}^+, \bar{\lambda}_0, \bar{\lambda}_j^{(1)}, \bar{\lambda}_l^{(2)}$ $(j = 1, \cdots, n_1 + 1, l = 1, \cdots, n_2 + 1)$, 使得

$$\bar{\theta} = 1, \quad \bar{s}^- = \mathbf{0}, \quad \bar{s}^+ = \mathbf{0}$$

矛盾, 故决策单元 p 为 Twi-DEA 有效. 证毕

两种属性决策单元的有效性评价模型 (DTwi-DEA) 与传统 DEA 模型和 DEA 生产可能集之间具有以下关系:

(1) 当 $n = n_1, x_j^{(1)} = x_j, y_j^{(1)} = y_j$ $(j = 1, \cdots, n)$, $\delta_1 = 0, \alpha_p = 1, \beta_p = 0$ 时, (DTwi-DEA) 模型为 $\mathrm{C}^2\mathrm{R}$ 模型, T_p 为 $\mathrm{C}^2\mathrm{R}$ 模型对应的生产可能集.

(2) 当 $n = n_1, \boldsymbol{x}_j^{(1)} = \boldsymbol{x}_j, \boldsymbol{y}_j^{(1)} = \boldsymbol{y}_j \ (j = 1, \cdots, n)$, $\delta_1 = 1, \delta_2 = 0$, $\alpha_p = 1, \beta_p = 0$ 时, (DTwi-DEA) 模型为 BC^2 模型, T_p 为 BC^2 模型对应的生产可能集.

(3) 当 $n = n_1, \boldsymbol{x}_j^{(1)} = \boldsymbol{x}_j, \boldsymbol{y}_j^{(1)} = \boldsymbol{y}_j \ (j = 1, \cdots, n)$, $\delta_1 = 1, \delta_2 = 1, \delta_3 = 0$, $\alpha_p = 1, \beta_p = 0$ 时, (DTwi-DEA) 模型为 FG 模型, T_p 为 FG 模型对应的生产可能集.

(4) 当 $n = n_1, \boldsymbol{x}_j^{(1)} = \boldsymbol{x}_j, \boldsymbol{y}_j^{(1)} = \boldsymbol{y}_j \ (j = 1, \cdots, n)$, $\delta_1 = 1, \delta_2 = 1, \delta_3 = 1$, $\alpha_p = 1, \beta_p = 0$ 时, (DTwi-DEA) 模型为 ST 模型, T_p 为 ST 模型对应的生产可能集.

对称地, 当 $\alpha_p = 0, \beta_p = 1$ 时也有类似的结果.

8.1.3　具有两种属性决策单元的投影性质

以下讨论具有两种属性决策单元的投影性质.

定义 8.2　设 $\bar{\boldsymbol{s}}^-, \bar{\boldsymbol{s}}^+, \bar{\theta}, \bar{\lambda}_0, \bar{\lambda}_j^{(1)}, \bar{\lambda}_l^{(2)} \ (j = 1, \cdots, n_1 + 1, l = 1, \cdots, n_2 + 1)$ 为 (DTwi - DEA)$_\varepsilon$ 的最优解, 令 $\hat{\boldsymbol{x}}_p = \bar{\theta}\boldsymbol{x}_p - \bar{\boldsymbol{s}}^-, \hat{\boldsymbol{y}}_p = \boldsymbol{y}_p + \bar{\boldsymbol{s}}^+$, 称 $(\hat{\boldsymbol{x}}_p, \hat{\boldsymbol{y}}_p)$ 为决策单元 p 在评价参考集 T_p 有效前沿面上的投影.

定理 8.4　决策单元 p 在评价参考集 T_p 有效前沿面上的投影 $(\hat{\boldsymbol{x}}_p, \hat{\boldsymbol{y}}_p)$ 为 Twi-DEA 有效.

证明　假设决策单元 p 在评价参考集 T_p 有效前沿面上的投影 $(\hat{\boldsymbol{x}}_p, \hat{\boldsymbol{y}}_p)$ 为 Twi-DEA 无效, 即存在 $(\boldsymbol{x}, \boldsymbol{y}) \in T_p$, 使得 $\hat{\boldsymbol{x}}_p \geqq \boldsymbol{x}, \hat{\boldsymbol{y}}_p \leqq \boldsymbol{y}$ 且至少有一个不等式严格成立, 即存在 $\lambda_j^{(1)}, \lambda_l^{(2)} \geqq 0 \ (j = 1, \cdots, n_1 + 1, l = 1, \cdots, n_2 + 1)$, 使得

$$\sum_{j=1}^{n_1} \alpha_p \boldsymbol{x}_j^{(1)} \lambda_j^{(1)} + \sum_{l=1}^{n_2} \beta_p \boldsymbol{x}_l^{(2)} \lambda_l^{(2)} \leqq \boldsymbol{x} \leqq \hat{\boldsymbol{x}}_p = \bar{\theta}\boldsymbol{x}_p - \bar{\boldsymbol{s}}^-,$$

$$\sum_{j=1}^{n_1} \alpha_p \boldsymbol{y}_j^{(1)} \lambda_j^{(1)} + \sum_{l=1}^{n_2} \beta_p \boldsymbol{y}_l^{(2)} \lambda_l^{(2)} \geqq \boldsymbol{y} \geqq \hat{\boldsymbol{y}}_p = \boldsymbol{y}_p + \bar{\boldsymbol{s}}^+$$

且至少有一个不等式严格成立, 其中

$$\delta_1 \left(\sum_{j=1}^{n_1} \alpha_p \lambda_j^{(1)} + \delta_2 (-1)^{\delta_3} \alpha_p \lambda_{n_1+1}^{(1)} \right) = \alpha_p \delta_1,$$

$$\delta_1 \left(\sum_{l=1}^{n_2} \beta_p \lambda_l^{(2)} + \delta_2 (-1)^{\delta_3} \beta_p \lambda_{n_2+1}^{(2)} \right) = \beta_p \delta_1,$$

故有

$$\hat{\boldsymbol{x}}_p - \sum_{j=1}^{n_1} \alpha_p \boldsymbol{x}_j^{(1)} \lambda_j^{(1)} - \sum_{l=1}^{n_2} \beta_p \boldsymbol{x}_l^{(2)} \lambda_l^{(2)} \geqq \boldsymbol{0},$$

$$-\hat{\boldsymbol{y}}_p + \sum_{j=1}^{n_1} \alpha_p \boldsymbol{y}_j^{(1)} \lambda_j^{(1)} + \sum_{l=1}^{n_2} \beta_p \boldsymbol{y}_l^{(2)} \lambda_l^{(2)} \geqq \mathbf{0}$$

且至少有一个不等式严格成立, 故存在 $\hat{\boldsymbol{s}}^-, \hat{\boldsymbol{s}}^+ \geqq \mathbf{0}$, 使得

$$\hat{\boldsymbol{x}}_p - \sum_{j=1}^{n_1} \alpha_p \boldsymbol{x}_j^{(1)} \lambda_j^{(1)} - \sum_{l=1}^{n_2} \beta_p \boldsymbol{x}_l^{(2)} \lambda_l^{(2)} - \hat{\boldsymbol{s}}^- = \mathbf{0},$$

$$-\hat{\boldsymbol{y}}_p + \sum_{j=1}^{n_1} \alpha_p \boldsymbol{y}_j^{(1)} \lambda_j^{(1)} + \sum_{l=1}^{n_2} \beta_p \boldsymbol{y}_l^{(2)} \lambda_l^{(2)} - \hat{\boldsymbol{s}}^+ = \mathbf{0},$$

并且有 $(\hat{\boldsymbol{s}}^-, \hat{\boldsymbol{s}}^+) \neq \mathbf{0}$, 即有

$$\bar{\theta}\boldsymbol{x}_p - \sum_{j=1}^{n_1} \alpha_p \boldsymbol{x}_j^{(1)} \lambda_j^{(1)} - \sum_{l=1}^{n_2} \beta_p \boldsymbol{x}_l^{(2)} \lambda_l^{(2)} - \hat{\boldsymbol{s}}^- - \bar{\boldsymbol{s}}^- = \mathbf{0},$$

$$-\boldsymbol{y}_p + \sum_{j=1}^{n_1} \alpha_p \boldsymbol{y}_j^{(1)} \lambda_j^{(1)} + \sum_{l=1}^{n_2} \beta_p \boldsymbol{y}_l^{(2)} \lambda_l^{(2)} - \hat{\boldsymbol{s}}^+ - \bar{\boldsymbol{s}}^+ = \mathbf{0}.$$

令 $\lambda_0 = 0$, 故 $\bar{\theta}, \bar{\boldsymbol{s}}^- + \hat{\boldsymbol{s}}^-, \bar{\boldsymbol{s}}^+ + \hat{\boldsymbol{s}}^+, \lambda_0, \lambda_j^{(1)}, \lambda_l^{(2)} \geqq 0 \, (j = 1, \cdots, n_1+1, l = 1, \cdots, n_2+1)$ 是 $(\text{DTwi-DEA})_\varepsilon$ 模型的一个可行解. 但

$$\bar{\theta} - \varepsilon \left(\hat{\boldsymbol{e}}^{\mathrm{T}} \bar{\boldsymbol{s}}^- + \boldsymbol{e}^{\mathrm{T}} \bar{\boldsymbol{s}}^+ \right) > \bar{\theta} - \varepsilon \left(\hat{\boldsymbol{e}}^{\mathrm{T}} (\bar{\boldsymbol{s}}^- + \hat{\boldsymbol{s}}^-) + \boldsymbol{e}^{\mathrm{T}} (\bar{\boldsymbol{s}}^+ + \hat{\boldsymbol{s}}^+) \right),$$

这与假设条件 $\bar{\theta}, \bar{\lambda}_0, \bar{\lambda}_j^{(1)}, \bar{\lambda}_l^{(2)}, \bar{\boldsymbol{s}}^-, \bar{\boldsymbol{s}}^+ \, (j = 1, \cdots, n_1+1, l = 1, \cdots, n_2+1)$ 是 $(\text{DTwi-DEA})_\varepsilon$ 模型的最优解矛盾, 故投影 $(\hat{\boldsymbol{x}}_p, \hat{\boldsymbol{y}}_p)$ 为 Twi-DEA 有效. 证毕

8.2　多属性决策单元评价的有效性分析

本节针对多种属性决策单元的有效性评价问题, 给出了评价多属性决策单元有效性的 DEA 模型 (Mult-DEA) 和相应的 Mult-DEA 有效性概念, 分析了 (Mult-DEA) 模型的性质以及决策单元的投影性质等问题.

8.2.1　多属性决策单元评价的参照系构造与有效性分析

假设有 n 个决策单元, 每个决策单元分别在不同程度上具有 q 个系统的属性, 其中 q 个系统的属性彼此互不相同, 假设第 p 个决策单元 $(\boldsymbol{x}_p, \boldsymbol{y}_p)$ 的输入、输出指标值分别为

$$\boldsymbol{x}_p = (x_{1p}, x_{2p}, \cdots, x_{mp})^{\mathrm{T}} \geqslant \mathbf{0}, \quad \boldsymbol{y}_p = (y_{1p}, y_{2p}, \cdots, y_{sp})^{\mathrm{T}} \geqslant \mathbf{0}.$$

每一个决策单元对各系统的隶属度不同, 假设决策单元 p 对于系统 k 的隶属度为 $\alpha_p^{(k)}$ $(k = 1, \cdots, q)$, 其中

$$\sum_{k=1}^{q} \alpha_p^{(k)} = 1, \quad \alpha_p^{(k)} \in [0, 1], \ k = 1, \cdots, q.$$

假设系统 k 包含 n_k 个样本单元, 其中系统 k 中第 j 个单元的输入、输出指标值分别为

$$\boldsymbol{x}_j^{(k)} = (x_{1j}^{(k)}, x_{2j}^{(k)}, \cdots, x_{mj}^{(k)})^{\mathrm{T}} \geqq \boldsymbol{0}, \quad \boldsymbol{y}_j^{(k)} = (y_{1j}^{(k)}, y_{2j}^{(k)}, \cdots, y_{sj}^{(k)})^{\mathrm{T}} \geqq \boldsymbol{0},$$

根据样本 DEA 的相关原理可知, 系统 k 的样本生产可能集为

$$T_k = \left\{ (\boldsymbol{x}, \boldsymbol{y}) \left| \sum_{j=1}^{n_k} \boldsymbol{x}_j^{(k)} \lambda_j^{(k)} \leqq \boldsymbol{x}, \ \sum_{j=1}^{n_k} \boldsymbol{y}_j^{(k)} \lambda_j^{(k)} \geqq \boldsymbol{y}, \right. \right.$$
$$\left. \delta_1 \left(\sum_{j=1}^{n_k} \lambda_j^{(k)} + \delta_2 (-1)^{\delta_3} \lambda_{n_k+1}^{(k)} \right) = \delta_1, \lambda_j^{(k)} \geqq 0, \ j = 1, \cdots, n_k + 1 \right\},$$

其中 $\delta_1, \delta_2, \delta_3$ 为可以取值 0 或 1 的参数.

由于 DEA 生产可能集的构成必须由同类决策单元来构成, 所以类似于具有两种属性决策单元评价的参照系构造, 构成决策单元 p 评价参照系的样本也应该与被评价单元具有相同的属性 (隶属度). 因此, $(\boldsymbol{x}_p, \boldsymbol{y}_p)$ 的评价参考集 $T_p(q)$ 应为

$$T_p(q) = \left\{ (\boldsymbol{x}, \boldsymbol{y}) \left| (-\boldsymbol{x}, \boldsymbol{y}) \leqq \sum_{k=1}^{q} \alpha_p^{(k)} \left(-\boldsymbol{x}^{(k)}, \boldsymbol{y}^{(k)} \right), \left(\boldsymbol{x}^{(k)}, \boldsymbol{y}^{(k)} \right) \in T_k, k = 1, \cdots, q \right. \right\}.$$

令

$$T(q) = \left\{ (\boldsymbol{x}, \boldsymbol{y}) \left| \sum_{k=1}^{q} \sum_{j=1}^{n_k} \alpha_p^{(k)} \boldsymbol{x}_j^{(k)} \lambda_j^{(k)} \leqq \boldsymbol{x}, \sum_{k=1}^{q} \sum_{j=1}^{n_k} \alpha_p^{(k)} \boldsymbol{y}_j^{(k)} \lambda_j^{(k)} \geqq \boldsymbol{y}, \right. \right.$$
$$\delta_1 \left(\sum_{j=1}^{n_k} \alpha_p^{(k)} \lambda_j^{(k)} + \delta_2 (-1)^{\delta_3} \alpha_p^{(k)} \lambda_{n_k+1}^{(k)} \right) = \alpha_p^{(k)} \delta_1,$$
$$\left. \lambda_j^{(k)} \geqq 0, j = 1, \cdots, n_k + 1, k = 1, \cdots, q \right\}.$$

定理 8.5　假设所有系统的单元都满足同样的公理体系, 则集合

$$T_p(q) = T(q).$$

证明 要证 $T_p(q) = T(q)$, 只需证明

$$T_p(q) \supseteq T(q) \quad \text{和} \quad T_p(q) \subseteq T(q).$$

首先, 若 $(\boldsymbol{x}, \boldsymbol{y}) \in T_p(q)$, 则存在 $(\boldsymbol{x}^{(k)}, \boldsymbol{y}^{(k)}) \in T_k \ (k = 1, \cdots, q)$, 使得

$$(-\boldsymbol{x}, \boldsymbol{y}) \leqq \sum_{k=1}^{q} \alpha_p^{(k)} \left(-\boldsymbol{x}^{(k)}, \boldsymbol{y}^{(k)} \right).$$

因此, 存在 $\lambda_j^{(k)} \geqq 0 \ (j = 1, \cdots, n_k + 1)$, 使得

$$\sum_{j=1}^{n_k} \boldsymbol{x}_j^{(k)} \lambda_j^{(k)} \leqq \boldsymbol{x}^{(k)}, \quad \sum_{j=1}^{n_k} \boldsymbol{y}_j^{(k)} \lambda_j^{(k)} \geqq \boldsymbol{y}^{(k)},$$

$$\delta_1 \left(\sum_{j=1}^{n_k} \lambda_j^{(k)} + \delta_2 \left(-1\right)^{\delta_3} \lambda_{n_k+1}^{(k)} \right) = \delta_1,$$

故对于

$$\sum_{k=1}^{q} \alpha_p^{(k)} \left(\boldsymbol{x}^{(k)}, \boldsymbol{y}^{(k)} \right) = \left(\sum_{k=1}^{q} \alpha_p^{(k)} \boldsymbol{x}^{(k)}, \sum_{k=1}^{q} \alpha_p^{(k)} \boldsymbol{y}^{(k)} \right)$$

有

$$\sum_{k=1}^{q} \sum_{j=1}^{n_k} \alpha_p^{(k)} \boldsymbol{x}_j^{(k)} \lambda_j^{(k)} \leqq \sum_{k=1}^{q} \alpha_p^{(k)} \boldsymbol{x}^{(k)} \leqq \boldsymbol{x},$$

$$\sum_{k=1}^{q} \sum_{j=1}^{n_k} \alpha_p^{(k)} \boldsymbol{y}_j^{(k)} \lambda_j^{(k)} \geqq \sum_{k=1}^{q} \alpha_p^{(k)} \boldsymbol{y}^{(k)} \geqq \boldsymbol{y},$$

$$\delta_1 \left(\sum_{j=1}^{n_k} \alpha_p^{(k)} \lambda_j^{(k)} + \delta_2 \left(-1\right)^{\delta_3} \alpha_p^{(k)} \lambda_{n_k+1}^{(k)} \right) = \alpha_p^{(k)} \delta_1, \quad k = 1, \cdots, q.$$

于是有 $(\boldsymbol{x}, \boldsymbol{y}) \in T(q)$, 即 $T_p(q) \subseteq T(q)$.

下面用数学归纳法证明 $T_p(q) \supseteq T(q)$.

当 $q = 2$ 时, 根据定理 8.1 有 $T(2) = T_p$, 故有 $T_p(2) \supseteq T(2)$. 假设

$$T_p(q-1) \supseteq T(q-1)$$

成立, 若 $(\boldsymbol{x}, \boldsymbol{y}) \in T(q)$, 则存在 $\lambda_j^{(k)} \geqq 0 \ (j = 1, \cdots, n_k + 1, k = 1, \cdots, q)$, 使得

$$\sum_{k=1}^{q} \sum_{j=1}^{n_k} \alpha_p^{(k)} \boldsymbol{x}_j^{(k)} \lambda_j^{(k)} \leqq \boldsymbol{x}, \quad \sum_{k=1}^{q} \sum_{j=1}^{n_k} \alpha_p^{(k)} \boldsymbol{y}_j^{(k)} \lambda_j^{(k)} \geqq \boldsymbol{y},$$

$$\delta_1 \left(\sum_{j=1}^{n_k} \alpha_p^{(k)} \lambda_j^{(k)} + \delta_2 (-1)^{\delta_3} \alpha_p^{(k)} \lambda_{n_k+1}^{(k)} \right) = \alpha_p^{(k)} \delta_1, \quad k = 1, \cdots, q.$$

令

$$\sum_{k=1}^{q-1} \sum_{j=1}^{n_k} \alpha_p^{(k)} \boldsymbol{x}_j^{(k)} \lambda_j^{(k)} \leqq \boldsymbol{x} - \alpha_p^{(q)} \sum_{j=1}^{n_q} \boldsymbol{x}_j^{(q)} \lambda_j^{(q)} = \boldsymbol{x}',$$

$$\sum_{k=1}^{q-1} \sum_{j=1}^{n_k} \alpha_p^{(k)} \boldsymbol{y}_j^{(k)} \lambda_j^{(k)} \geqq \boldsymbol{y} - \alpha_p^{(q)} \sum_{j=1}^{n_q} \boldsymbol{y}_j^{(q)} \lambda_j^{(q)} = \boldsymbol{y}',$$

$$\delta_1 \left(\sum_{j=1}^{n_k} \alpha_p^{(k)} \lambda_j^{(k)} + \delta_2 (-1)^{\delta_3} \alpha_p^{(k)} \lambda_{n_k+1}^{(k)} \right) = \alpha_p^{(k)} \delta_1, \quad k = 1, \cdots, q-1,$$

从而可知

$$(\boldsymbol{x}', \boldsymbol{y}') \in T(q-1) \subseteq T_p(q-1),$$

故存在 $(\boldsymbol{x}^{(k)}, \boldsymbol{y}^{(k)}) \in T_k \ (k = 1, \cdots, q-1)$, 使得

$$(-\boldsymbol{x}', \boldsymbol{y}') \leqq \sum_{k=1}^{q-1} \alpha_p^{(k)} \left(-\boldsymbol{x}^{(k)}, \boldsymbol{y}^{(k)} \right).$$

因此,

$$(-\boldsymbol{x}, \boldsymbol{y}) \leqq \alpha_p^{(q)} \left(-\sum_{j=1}^{n_q} \boldsymbol{x}_j^{(q)} \lambda_j^{(q)}, \sum_{j=1}^{n_q} \boldsymbol{y}_j^{(q)} \lambda_j^{(q)} \right) + \sum_{k=1}^{q-1} \alpha_p^{(k)} \left(-\boldsymbol{x}^{(k)}, \boldsymbol{y}^{(k)} \right).$$

又因为

$$\left(\sum_{j=1}^{n_q} \boldsymbol{x}_j^{(q)} \lambda_j^{(q)}, \sum_{j=1}^{n_q} \boldsymbol{y}_j^{(q)} \lambda_j^{(q)} \right) \in T_q,$$

故 $(\boldsymbol{x}, \boldsymbol{y}) \in T_p(q)$, 即 $T_p(q) \supseteq T(q)$. 证毕.

定义 8.3　如果不存在 $(\boldsymbol{x}, \boldsymbol{y}) \in T_p(q)$, 使得

$$\boldsymbol{x}_p \geqq \boldsymbol{x}, \quad \boldsymbol{y}_p \leqq \boldsymbol{y}$$

且至少有一个不等式严格成立, 则称决策单元 p 为有效决策单元, 简称 Mult-DEA 有效.

8.2.2 多属性决策单元评价的数学模型

假设被评价系统中的决策单元含有多种不同的属性, 根据上述生产可能集的构造以及 Mult-DEA 有效的概念, 可以构造出如下 DEA 模型:

$$
(\text{DMult-DEA})
\begin{cases}
\min \quad \theta = V_{\mathrm{D}}, \\
\text{s.t.} \quad \boldsymbol{x}_p(\theta - \lambda_0) - \sum_{k=1}^{q}\sum_{j=1}^{n_k} \alpha_p^{(k)} \boldsymbol{x}_j^{(k)} \lambda_j^{(k)} - \boldsymbol{s}^- = \boldsymbol{0}, \\
\boldsymbol{y}_p(\lambda_0 - 1) + \sum_{k=1}^{q}\sum_{j=1}^{n_k} \alpha_p^{(k)} \boldsymbol{y}_j^{(k)} \lambda_j^{(k)} - \boldsymbol{s}^+ = \boldsymbol{0}, \\
\delta_1\left(\alpha_p^{(k)}\lambda_0 + \sum_{j=1}^{n_k} \alpha_p^{(k)}\lambda_j^{(k)} + \delta_2(-1)^{\delta_3}\alpha_p^{(k)}\lambda_{n_k+1}^{(k)}\right) = \alpha_p^{(k)}\delta_1, \\
\qquad k = 1, \cdots, q, \\
\boldsymbol{s}^-, \boldsymbol{s}^+ \geqq \boldsymbol{0}, \lambda_0, \lambda_j^{(k)} \geqq 0, \quad j = 1, \cdots, n_k + 1, k = 1, \cdots, q.
\end{cases}
$$

定理 8.6 决策单元 p 为 Mult-DEA 有效当且仅当线性规划 (DMult-DEA) 的任意最优解 $\bar{\theta}, \bar{\boldsymbol{s}}^-, \bar{\boldsymbol{s}}^+, \bar{\lambda}_0, \bar{\lambda}_j^{(k)}, (j = 1, \cdots, n_k+1, k = 1, \cdots, q)$ 都有

$$\bar{\theta} = 1, \quad \bar{\boldsymbol{s}}^- = \boldsymbol{0}, \quad \bar{\boldsymbol{s}}^+ = \boldsymbol{0}.$$

证明 $\Rightarrow$ 假设决策单元 p 为 Mult-DEA 有效, 则不存在 $(\boldsymbol{x}, \boldsymbol{y}) \in T_p(q)$, 使得

$$\boldsymbol{x}_p \geqq \boldsymbol{x}, \quad \boldsymbol{y}_p \leqq \boldsymbol{y}$$

且至少有一个不等式严格成立.

若线性规划 (DMult-DEA) 存在最优解 $\bar{\theta}, \bar{\boldsymbol{s}}^-, \bar{\boldsymbol{s}}^+, \bar{\lambda}_0, \bar{\lambda}_j^{(k)}$ $(j = 1, \cdots, n_k+1, k = 1, \cdots, q)$ 满足以下两种情况:

(1) $\bar{\theta} \neq 1$;

(2) $\bar{\theta} = 1$, 但 $(\bar{\boldsymbol{s}}^-, \bar{\boldsymbol{s}}^+) \neq \boldsymbol{0}$,

下面分别进行讨论.

(1) 若 $\bar{\theta} \neq 1$, 则必有 $\bar{\theta} < 1$. 这是因为 $\theta = 1$, $\lambda_0 = 1, \lambda_j^{(k)} = 0$ $(j = 1, \cdots, n_k + 1, k = 1, \cdots, q), \boldsymbol{s}^- = \boldsymbol{0}, \boldsymbol{s}^+ = \boldsymbol{0}$ 为线性规划 (DMult-DEA) 的一个可行解, 故 $\bar{\theta} < 1$. 由约束条件

$$\boldsymbol{x}_p(\bar{\theta} - \bar{\lambda}_0) - \sum_{k=1}^{q}\sum_{j=1}^{n_k} \alpha_p^{(k)} \boldsymbol{x}_j^{(k)} \bar{\lambda}_j^{(k)} - \bar{\boldsymbol{s}}^- = \boldsymbol{0}$$

可知

$$\boldsymbol{x}_p(1 - \bar{\lambda}_0) - \sum_{k=1}^{q}\sum_{j=1}^{n_k} \alpha_p^{(k)} \boldsymbol{x}_j^{(k)} \bar{\lambda}_j^{(k)} \geqslant \boldsymbol{0},$$

这可以归结到情况 (2) 中进行讨论.

(2) 若 $\bar{\theta} = 1$, 但 $\bar{s}^+ \neq \mathbf{0}$ 或 $\bar{s}^- \neq \mathbf{0}$, 即

$$\boldsymbol{x}_p(1 - \bar{\lambda}_0) - \sum_{k=1}^{q} \sum_{j=1}^{n_k} \alpha_p^{(k)} \boldsymbol{x}_j^{(k)} \bar{\lambda}_j^{(k)} \geqslant \mathbf{0}$$

成立, 或者

$$\boldsymbol{y}_p(\bar{\lambda}_0 - 1) + \sum_{k=1}^{q} \sum_{j=1}^{n_k} \alpha_p^{(k)} \boldsymbol{y}_j^{(k)} \bar{\lambda}_j^{(k)} \geqslant \mathbf{0}$$

成立. 下面证明 $\bar{\lambda}_0 < 1$.

若 $\bar{\lambda}_0 > 1$, 则可知

$$\boldsymbol{x}_p\left(\bar{\lambda}_0 - 1\right) \geqslant \mathbf{0},$$

因此有

$$\boldsymbol{x}_p(1 - \bar{\lambda}_0) - \sum_{k=1}^{q} \sum_{j=1}^{n_k} \alpha_p^{(k)} \boldsymbol{x}_j^{(k)} \bar{\lambda}_j^{(k)} - \bar{s}^- \leqslant \mathbf{0},$$

这与约束条件矛盾.

若最优解 $\bar{\lambda}_0 = 1$, 则可知

$$-\sum_{k=1}^{q} \sum_{j=1}^{n_k} \alpha_p^{(k)} \boldsymbol{x}_j^{(k)} \bar{\lambda}_j^{(k)} - \bar{s}^- = \mathbf{0},$$

即

$$\sum_{k=1}^{q} \sum_{j=1}^{n_k} \alpha_p^{(k)} \boldsymbol{x}_j^{(k)} \bar{\lambda}_j^{(k)} = \mathbf{0}, \quad \bar{s}^- = \mathbf{0}.$$

对任意 j, k, 因为 $\boldsymbol{x}_j^{(k)} \geqslant \mathbf{0}$, 则必存在 i_0, 使得 $x_{i_0 j}^{(k)} \neq 0$. 若 $\alpha_p^{(k)} \neq 0$, 由

$$\sum_{j=1}^{n_k} \alpha_p^{(k)} \boldsymbol{x}_j^{(k)} \bar{\lambda}_j^{(k)} = \mathbf{0},$$

则可得

$$x_{i_0 j}^{(k)} \bar{\lambda}_j^{(k)} = 0,$$

即 $\bar{\lambda}_j^{(k)} = 0$. 由 j, k 的任意性知 $\bar{\lambda}_j^{(k)} = 0$ $(j = 1, \cdots, n_k + 1, k = 1, \cdots, q)$. 又由约束条件

$$\boldsymbol{y}_p(\bar{\lambda}_0 - 1) + \sum_{k=1}^{q} \sum_{j=1}^{n_k} \alpha_p^{(k)} \boldsymbol{y}_j^{(k)} \bar{\lambda}_j^{(k)} - \bar{s}^+ = \mathbf{0}$$

可知, $\bar{s}^+ = \mathbf{0}$, 这与假设 $(\bar{s}^-, \bar{s}^+) \neq \mathbf{0}$ 矛盾. 综上可知 $\bar{\lambda}_0 < 1$, 即

$$1 - \bar{\lambda}_0 > 0.$$

因为

$$\boldsymbol{x}_p(1 - \bar{\lambda}_0) - \sum_{k=1}^{q}\sum_{j=1}^{n_k} \alpha_p^{(k)} \boldsymbol{x}_j^{(k)} \bar{\lambda}_j^{(k)} \geqslant \mathbf{0}$$

或

$$\boldsymbol{y}_p(\bar{\lambda}_0 - 1) + \sum_{k=1}^{q}\sum_{j=1}^{n_k} \alpha_p^{(k)} \boldsymbol{y}_j^{(k)} \bar{\lambda}_j^{(k)} \geqslant \mathbf{0}$$

成立, 则有

$$\boldsymbol{x}_p \geqslant \sum_{k=1}^{q}\sum_{j=1}^{n_k} \alpha_p^{(k)} \boldsymbol{x}_j^{(k)} \frac{\bar{\lambda}_j^{(k)}}{(1 - \bar{\lambda}_0)}$$

或

$$\boldsymbol{y}_p \leqslant \sum_{k=1}^{q}\sum_{j=1}^{n_k} \alpha_p^{(k)} \boldsymbol{y}_j^{(k)} \frac{\bar{\lambda}_j^{(k)}}{(1 - \bar{\lambda}_0)}$$

成立.

由于

$$\delta_1 \left(\alpha_p^{(k)} \frac{\bar{\lambda}_0}{(1 - \bar{\lambda}_0)} + \sum_{j=1}^{n_k} \alpha_p^{(k)} \frac{\bar{\lambda}_j^{(k)}}{(1 - \bar{\lambda}_0)} + \delta_2 (-1)^{\delta_3} \alpha_p^{(k)} \frac{\bar{\lambda}_{n_k+1}^{(k)}}{(1 - \bar{\lambda}_0)} \right) = \alpha_p^{(k)} \frac{\delta_1}{(1 - \bar{\lambda}_0)}, \quad k = 1, \cdots, q,$$

故可得

$$\delta_1 \left(\sum_{j=1}^{n_k} \alpha_p^{(k)} \frac{\bar{\lambda}_j^{(k)}}{(1 - \bar{\lambda}_0)} + \delta_2 (-1)^{\delta_3} \alpha_p^{(k)} \frac{\bar{\lambda}_{n_k+1}^{(k)}}{(1 - \bar{\lambda}_0)} \right) = \alpha_p^{(k)} \delta_1, \quad k = 1, \cdots, q,$$

从而可知

$$\left(\sum_{k=1}^{q}\sum_{j=1}^{n_k} \alpha_p^{(k)} \boldsymbol{x}_j^{(k)} \frac{\bar{\lambda}_j^{(k)}}{(1 - \bar{\lambda}_0)}, \sum_{k=1}^{q}\sum_{j=1}^{n_k} \alpha_p^{(k)} \boldsymbol{y}_j^{(k)} \frac{\bar{\lambda}_j^{(k)}}{(1 - \bar{\lambda}_0)} \right) \in T_p(q),$$

这与决策单元 p 为 Mult-DEA 有效的定义矛盾.

$\Leftarrow$ 假设决策单元 p 为 Mult-DEA 无效, 即存在 $(\boldsymbol{x}, \boldsymbol{y}) \in T_p(q)$, 使得

$$\boldsymbol{x}_p \geqq \boldsymbol{x}, \quad \boldsymbol{y}_p \leqq \boldsymbol{y}$$

且至少有一个不等式严格成立, 存在 $\lambda_j^{(k)} \geqq 0$ $(j = 1, \cdots, n_k+1, k = 1, \cdots, q)$, 使得

$$\sum_{k=1}^{q}\sum_{j=1}^{n_k} \alpha_p^{(k)} \boldsymbol{x}_j^{(k)} \lambda_j^{(k)} \leqq \boldsymbol{x} \leqq \boldsymbol{x}_p, \quad \sum_{k=1}^{q}\sum_{j=1}^{n_k} \alpha_p^{(k)} \boldsymbol{y}_j^{(k)} \lambda_j^{(k)} \geqq \boldsymbol{y} \geqq \boldsymbol{y}_p$$

且至少有一个不等式严格成立, 其中

$$\delta_1 \left(\sum_{j=1}^{n_k} \alpha_p^{(k)} \lambda_j^{(k)} + \delta_2 (-1)^{\delta_3} \alpha_p^{(k)} \lambda_{n_k+1}^{(k)} \right) = \alpha_p^{(k)} \delta_1, \quad k = 1, \cdots, q.$$

令

$$\lambda_0 = 0, \quad \theta = 1, \quad \boldsymbol{s}^- = \boldsymbol{x}_p - \sum_{k=1}^{q}\sum_{j=1}^{n_k} \alpha_p^{(k)} \boldsymbol{x}_j^{(k)} \lambda_j^{(k)},$$

$$\boldsymbol{s}^+ = \sum_{k=1}^{q}\sum_{j=1}^{n_k} \alpha_p^{(k)} \boldsymbol{y}_j^{(k)} \lambda_j^{(k)} - \boldsymbol{y}_p,$$

则 $\boldsymbol{s}^-, \boldsymbol{s}^+, \lambda_0, \lambda_j^{(k)}$ $(j = 1, \cdots, n_k+1, k = 1, \cdots, q)$ 满足模型 (DMult-DEA) 的约束条件, 是 (DMult-DEA) 的一个最优解, 但由于

$$(\boldsymbol{s}^-, \boldsymbol{s}^+) \neq \boldsymbol{0},$$

这与 (DMult-DEA) 的任意最优解 $\bar{\theta}, \bar{\lambda}_0, \bar{\lambda}_j^{(k)}, \bar{\boldsymbol{s}}^-, \bar{\boldsymbol{s}}^+$ $(j = 1, \cdots, n_k+1, k = 1, \cdots, q)$ 都有

$$\bar{\theta} = 1, \quad \bar{\boldsymbol{s}}^- = \boldsymbol{0}, \quad \bar{\boldsymbol{s}}^+ = \boldsymbol{0}$$

矛盾. 证毕.

考虑具有非阿基米德无穷小 ε 的 $(\text{DMult-DEA})_\varepsilon$ 模型

$$(\text{DMult-DEA})_\varepsilon \begin{cases} \min \quad \theta - \varepsilon \left(\hat{\boldsymbol{e}}^{\mathrm{T}} \boldsymbol{s}^- + \boldsymbol{e}^{\mathrm{T}} \boldsymbol{s}^+ \right), \\ \text{s.t.} \quad \boldsymbol{x}_p(\theta - \lambda_0) - \sum_{k=1}^{q}\sum_{j=1}^{n_k} \alpha_p^{(k)} \boldsymbol{x}_j^{(k)} \lambda_j^{(k)} - \boldsymbol{s}^- = \boldsymbol{0}, \\ \qquad \boldsymbol{y}_p(\lambda_0 - 1) + \sum_{k=1}^{q}\sum_{j=1}^{n_k} \alpha_p^{(k)} \boldsymbol{y}_j^{(k)} \lambda_j^{(k)} - \boldsymbol{s}^+ = \boldsymbol{0}, \\ \qquad \delta_1 \left(\alpha_p^{(k)} \lambda_0 + \sum_{j=1}^{n_k} \alpha_p^{(k)} \lambda_j^{(k)} + \delta_2 (-1)^{\delta_3} \alpha_p^{(k)} \lambda_{n_k+1}^{(k)} \right) = \alpha_p^{(k)} \delta_1, \\ \qquad k = 1, \cdots, q, \\ \qquad \boldsymbol{s}^-, \boldsymbol{s}^+ \geqq \boldsymbol{0}, \lambda_0, \lambda_j^{(k)} \geqq 0, \quad j = 1, \cdots, n_k+1, k = 1, \cdots, q, \end{cases}$$

其中

$$\hat{e} = (1, 1, \cdots, 1)^{\mathrm{T}} \in E^m, \quad e = (1, 1, \cdots, 1)^{\mathrm{T}} \in E^s.$$

定理 8.7 若 $(\mathrm{DMult\text{-}DEA})_\varepsilon$ 模型的最优解 $\bar{\theta}, \bar{\lambda}_0, \bar{\lambda}_j^{(k)}, \bar{s}^-, \bar{s}^+$ $(j = 1, \cdots, n_k + 1, k = 1, \cdots, q)$ 有

$$\bar{\theta} = 1, \quad \bar{s}^- = \mathbf{0}, \quad \bar{s}^+ = \mathbf{0},$$

则决策单元 p 为 Mult-DEA 有效.

证明 假设决策单元 p 为 Mult-DEA 无效, 由定理 8.6 的充分性证明可知, 线性规划 $(\mathrm{DMult\text{-}DEA})$ 必存在最优解 $\theta, s^-, s^+, \lambda_j^{(k)}$ $(j = 1, \cdots, n_k + 1, k = 1, \cdots, q)$, 使得

$$\theta = 1, \quad (s^-, s^+) \neq \mathbf{0}.$$

该最优解是 $(\mathrm{DMult\text{-}DEA})_\varepsilon$ 模型的一个可行解, 但

$$\theta - \varepsilon \left(\hat{e}^{\mathrm{T}} s^- + e^{\mathrm{T}} s^+ \right) < 1.$$

这与 $(\mathrm{DMult\text{-}DEA})_\varepsilon$ 存在最优解 $\bar{\theta}, \bar{\lambda}_0, \bar{\lambda}_j^{(k)}, \bar{s}^-, \bar{s}^+$ $(j = 1, \cdots, n_k + 1, k = 1, \cdots, q)$, 使

$$\bar{\theta} = 1, \quad \bar{s}^- = \mathbf{0}, \quad \bar{s}^+ = \mathbf{0}$$

矛盾, 故决策单元 p 为 Mult-DEA 有效. 证毕.

以下讨论具有多种属性决策单元的投影性质.

定义 8.4 设 $\bar{\theta}, \bar{s}^-, \bar{s}^+, \bar{\lambda}_0, \bar{\lambda}_j^{(k)}$ $(j = 1, \cdots, n_k + 1, k = 1, \cdots, q)$ 为 $(\mathrm{DMult\text{-}DEA})_\varepsilon$ 的最优解, 令

$$\hat{x}_p = \bar{\theta} x_p - \bar{s}^-, \quad \hat{y}_p = y_p + \bar{s}^+,$$

称 $(\hat{x}_p, \hat{y}_p)$ 为决策单元 p 在评价参考集 $T_p(q)$ 有效前沿面上的投影.

定理 8.8 决策单元 p 在评价参考集 $T_p(q)$ 有效前沿面上的投影 $(\hat{x}_p, \hat{y}_p)$ 为 Mult-DEA 有效.

证明 假设 $(\hat{x}_p, \hat{y}_p)$ 为 Mult-DEA 无效, 即存在 $(x, y) \in T_p(q)$, 使得

$$\hat{x}_p \geqq x, \quad \hat{y}_p \leqq y$$

且至少有一个不等式严格成立, 即存在 $\lambda_j^{(k)} \geqq 0$ $(j = 1, \cdots, n_k + 1, k = 1, \cdots, q)$, 使得

$$\sum_{k=1}^{q} \sum_{j=1}^{n_k} \alpha_p^{(k)} x_j^{(k)} \lambda_j^{(k)} \leqq x \leqq \hat{x}_p = \bar{\theta} x_p - \bar{s}^-,$$

$$\sum_{k=1}^{q} \sum_{j=1}^{n_k} \alpha_p^{(k)} y_j^{(k)} \lambda_j^{(k)} \geqq y \geqq \hat{y}_p = y_p + \bar{s}^+$$

且至少有一个不等式严格成立, 其中

$$\delta_1\left(\sum_{j=1}^{n_k} \alpha_p^{(k)}\lambda_j^{(k)} + \delta_2\,(-1)^{\delta_3}\,\alpha_p^{(k)}\lambda_{n_k+1}^{(k)}\right) = \alpha_p^{(k)}\delta_1, \quad k=1,\cdots,q,$$

故有

$$\hat{\boldsymbol{x}}_p - \sum_{k=1}^{q}\sum_{j=1}^{n_k}\alpha_p^{(k)}\boldsymbol{x}_j^{(k)}\lambda_j^{(k)} \geqq \boldsymbol{0},$$

$$-\hat{\boldsymbol{y}}_p + \sum_{k=1}^{q}\sum_{j=1}^{n_k}\alpha_p^{(k)}\boldsymbol{y}_j^{(k)}\lambda_j^{(k)} \geqq \boldsymbol{0}$$

且至少有一个不等式严格成立, 故存在 $\hat{\boldsymbol{s}}^-, \hat{\boldsymbol{s}}^+ \geqq \boldsymbol{0}$, 使得

$$\hat{\boldsymbol{x}}_p - \sum_{k=1}^{q}\sum_{j=1}^{n_k}\alpha_p^{(k)}\boldsymbol{x}_j^{(k)}\lambda_j^{(k)} - \hat{\boldsymbol{s}}^- = \boldsymbol{0},$$

$$-\hat{\boldsymbol{y}}_p + \sum_{k=1}^{q}\sum_{j=1}^{n_k}\alpha_p^{(k)}\boldsymbol{y}_j^{(k)}\lambda_j^{(k)} - \hat{\boldsymbol{s}}^+ = \boldsymbol{0},$$

并且有 $(\hat{\boldsymbol{s}}^-, \hat{\boldsymbol{s}}^+) \neq \boldsymbol{0}$, 即有

$$\bar{\theta}\boldsymbol{x}_p - \sum_{k=1}^{q}\sum_{j=1}^{n_k}\alpha_p^{(k)}\boldsymbol{x}_j^{(k)}\lambda_j^{(k)} - \hat{\boldsymbol{s}}^- - \bar{\boldsymbol{s}}^- = \boldsymbol{0},$$

$$-\boldsymbol{y}_p + \sum_{k=1}^{q}\sum_{j=1}^{n_k}\alpha_p^{(k)}\boldsymbol{y}_j^{(k)}\lambda_j^{(k)} - \hat{\boldsymbol{s}}^+ - \bar{\boldsymbol{s}}^+ = \boldsymbol{0}.$$

令 $\lambda_0 = 0$, 故 $\lambda_0, \lambda_j^{(k)} \geqq 0\ (j=1,\cdots,n_k+1, k=1,\cdots,q), \bar{\theta}, \bar{\boldsymbol{s}}^- + \hat{\boldsymbol{s}}^-, \bar{\boldsymbol{s}}^+ + \hat{\boldsymbol{s}}^+$ 是 $(\text{DMult-DEA})_\varepsilon$ 模型的一个可行解, 并且 $(\hat{\boldsymbol{s}}^-, \hat{\boldsymbol{s}}^+) \neq \boldsymbol{0}$. 但

$$\bar{\theta} - \varepsilon\left(\hat{\boldsymbol{e}}^{\mathrm{T}}\bar{\boldsymbol{s}}^- + \boldsymbol{e}^{\mathrm{T}}\bar{\boldsymbol{s}}^+\right) > \bar{\theta} - \varepsilon\left(\hat{\boldsymbol{e}}^{\mathrm{T}}(\bar{\boldsymbol{s}}^- + \hat{\boldsymbol{s}}^-) + \boldsymbol{e}^{\mathrm{T}}(\bar{\boldsymbol{s}}^+ + \hat{\boldsymbol{s}}^+)\right),$$

这与假设条件 $\bar{\theta}, \bar{\boldsymbol{s}}^-, \bar{\boldsymbol{s}}^+, \bar{\lambda}_0, \bar{\lambda}_j^{(k)}\ (j=1,\cdots,n_k+1, k=1,\cdots,q)$ 是 $(\text{DMult-DEA})_\varepsilon$ 模型的最优解矛盾, 故投影 $(\hat{\boldsymbol{x}}_p, \hat{\boldsymbol{y}}_p)$ 为 Mult-DEA 有效. 证毕

8.3　算 例 分 析

某系统内有多个决策单元, 为了便于控制与管理, 决策者将这些单元划分成属性不同的两个种类 (Kin-1 类和 Kin-2 类) 进行管理, 并对每类单元分别制定了相应

的评价标准. 由于该系统中还有许多决策单元在不同程度上同时具有两个决策单元类的属性, 但在管理中一般不可能给每个具有不同隶属度的单元分别制定一个特殊的标准, 因此, 常常根据实际情况把它们强行归入到 Kin-1 类或 Kin-2 类中去评价.

假设有 4 个决策单元, 决策单元 1 属于 Kin-1 类, 决策单元 4 属于 Kin-2 类, 决策单元 2 和决策单元 3 在不同程度上同时含有两种属性. 根据实际需要, 决策者把决策单元 1~3 归到 Kin-1 类中, 把决策单元 4 归到 Kin-2 类中. 为了便于比较, 这里取每个决策单元的输入输出指标值相等, 决策单元 1~4 的隶属度和投入产出指标值如表 8.1 所示.

表 8.1 决策单元的隶属度和投入产出指标值

单元序号	1	2	3	4
投入指标	7	7	7	7
产出指标	3	3	3	3
对系统 1 的隶属度	100%	2/3	1/3	0
对系统 2 的隶属度	0	1/3	2/3	100%

如果决策者在第一类单元集 Kin-1 中选取了两个观测点 (或标准) A_1, B_1, 在第二类单元集 Kin-2 中也选取了两个观测点 (或标准) A_2, B_2, 并且认为 A_1 和 A_2 水平相当, B_1 和 B_2 水平相当. 相应样本观测点数据如表 8.2 所示.

表 8.2 样本点的投入产出数据

单元种类	Kin-1		Kin-2	
样本点	A_1	B_1	A_2	B_2
投入指标	1	2	4	8
产出指标	1	4	1	6

根据原有的评价单一属性决策单元的样本 DEA 方法 [17~19], 可以得到相应的效率值如表 8.3 所示.

表 8.3 基于原有评价单一属性决策单元的样本 DEA 模型的决策单元的效率值

	条件	决策单元 1	决策单元 2	决策单元 3	决策单元 4
效率值	规模收益不变	0.2143	0.2143	0.2143	0.5714
	规模收益可变	0.2381	0.2381	0.2381	0.8
	非规模收益递增	0.2143	0.2143	0.2143	0.5714
	非规模收益递减	0.2381	0.2381	0.2381	0.8

从表 8.3 可以看出, 尽管决策单元 1 和决策单元 4 的输入输出指标值相同, 但由于它们的属性不同, 评价的标准不同, 因此, 对应的效率值也不同. 但从表 8.3 同时也可以看到, 尽管决策单元 2, 决策单元 3 和决策单元 1 的属性也不同, 但它们

的效率值却相同, 这主要是由于对决策单元 2, 决策单元 3 的评价采用了 Kin-1 类单元的标准. 因此, 这样的结果并不能反映决策单元 2, 决策单元 3 的真实情况. 那么, 如何对决策单元 2 和决策单元 3 给出更为客观的评价呢?

首先, 根据定理 8.1 可知, 决策单元 1 的参照集为

$$T_1 = \left\{ (x, y) \left| \lambda_1^{(1)} + 2\lambda_2^{(1)} \leqq x, \ \lambda_1^{(1)} + 4\lambda_2^{(1)} \geqq y, \right. \right.$$
$$\left. \delta_1 \left(\lambda_1^{(1)} + \lambda_2^{(1)} + \delta_2 \left(-1\right)^{\delta_3} \lambda_3^{(1)} \right) = \delta_1, \lambda_1^{(1)}, \lambda_2^{(1)}, \lambda_3^{(1)} \geqq 0 \right\},$$

决策单元 2 的参照集为

$$T_2 = \left\{ (x, y) \left| \frac{2}{3}\lambda_1^{(1)} + \frac{4}{3}\lambda_2^{(1)} + \frac{4}{3}\lambda_1^{(2)} + \frac{8}{3}\lambda_2^{(2)} \leqq x, \ \frac{2}{3}\lambda_1^{(1)} + \frac{8}{3}\lambda_2^{(1)} + \frac{1}{3}\lambda_1^{(2)} + 2\lambda_2^{(2)} \geqq y, \right. \right.$$
$$\delta_1 \left(\lambda_1^{(1)} + \lambda_2^{(1)} + \delta_2 \left(-1\right)^{\delta_3} \lambda_3^{(1)} \right) = \delta_1, \delta_1 \left(\lambda_1^{(2)} + \lambda_2^{(2)} + \delta_2 \left(-1\right)^{\delta_3} \lambda_3^{(2)} \right) = \delta_1,$$
$$\left. \lambda_1^{(1)}, \lambda_2^{(1)}, \lambda_3^{(1)}, \lambda_1^{(2)}, \lambda_2^{(2)}, \lambda_3^{(2)} \geqq 0 \right\},$$

决策单元 3 的参照集为

$$T_3 = \left\{ (x, y) \left| \frac{1}{3}\lambda_1^{(1)} + \frac{2}{3}\lambda_2^{(1)} + \frac{8}{3}\lambda_1^{(2)} + \frac{16}{3}\lambda_2^{(2)} \leqq x, \ \frac{1}{3}\lambda_1^{(1)} + \frac{4}{3}\lambda_2^{(1)} + \frac{2}{3}\lambda_1^{(2)} + 4\lambda_2^{(2)} \geqq y, \right. \right.$$
$$\delta_1 \left(\lambda_1^{(1)} + \lambda_2^{(1)} + \delta_2 \left(-1\right)^{\delta_3} \lambda_3^{(1)} \right) = \delta_1, \delta_1 \left(\lambda_1^{(2)} + \lambda_2^{(2)} + \delta_2 \left(-1\right)^{\delta_3} \lambda_3^{(2)} \right) = \delta_1,$$
$$\left. \lambda_1^{(1)}, \lambda_2^{(1)}, \lambda_3^{(1)}, \lambda_1^{(2)}, \lambda_2^{(2)}, \lambda_3^{(2)} \geqq 0 \right\},$$

决策单元 4 的参照集为

$$T_4 = \left\{ (x, y) \left| 4\lambda_1^{(2)} + 8\lambda_2^{(2)} \leqq x, \ \lambda_1^{(2)} + 6\lambda_2^{(2)} \geqq y, \right. \right.$$
$$\left. \delta_1 \left(\lambda_1^{(2)} + \lambda_2^{(2)} + \delta_2 \left(-1\right)^{\delta_3} \lambda_3^{(2)} \right) = \delta_1, \lambda_1^{(2)}, \lambda_2^{(2)}, \lambda_3^{(2)} \geqq 0 \right\}.$$

当系统满足不同的公理体系时, 这几个可能集合可以分别描述如下:

(1) 当 $\delta_1 = 0$ 时, 决策参照集满足规模收益不变, $T_1 \sim T_4$ 如图 8.1 所示. 在规模收益不变的情况下, 由于 $(0,0) \in T_4$, 若 $(2,4) \in T_1$, 则显然,

$$\frac{2}{3} \times (2,4) + \frac{1}{3} \times (0,0) \in T_2,$$

由规模收益不变可知 $(2,4) \in T_2$, 因此, $T_1 = T_2 = T_3$.

(2) 当 $\delta_1 = 1, \delta_2 = 0$ 时, 决策参照集满足规模收益可变, $T_1 \sim T_4$ 如图 8.2 所示.

(3) 当 $\delta_1 = 1, \delta_2 = 1, \delta_3 = 0$ 时, 决策参照集满足规模收益非递增, $T_1 \sim T_4$ 如图 8.3 所示.

(4) 当 $\delta_1 = 1, \delta_2 = 1, \delta_3 = 1$ 时, 决策参照集满足规模收益非递减, $T_1 \sim T_4$ 如图 8.4 所示.

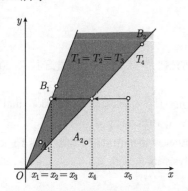

图 8.1 满足规模收益不变的决策参照集

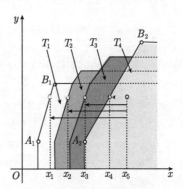

图 8.2 满足规模收益可变的决策参照集

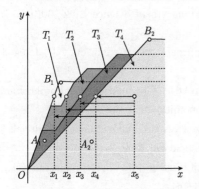

图 8.3 满足规模收益非递增的决策参照集

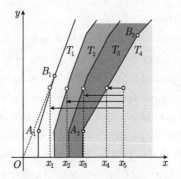

图 8.4 满足规模收益非递减的决策参照集

应用 $(\text{DMult-DEA})_\varepsilon$ 模型可算得相应结果如表 8.4 所示.

表 8.4 基于 $(\text{DMult-DEA})_\varepsilon$ 模型的决策单元的效率值

	条件	决策单元 1	决策单元 2	决策单元 3	决策单元 4
	规模收益不变	0.2143	0.2143	0.2143	0.5714
效率值	规模收益可变	0.2381	0.381	0.59	0.8
	非规模收益递增	0.2143	0.254	0.413	0.5714
	非规模收益递减	0.2381	0.381	0.548	0.8

从表 8.4 可以看出, $(\text{DMult-DEA})_\varepsilon$ 模型算得的效率值反映了各决策单元的属性差异, 评价结果更有客观性. 在规模收益不变、规模收益可变、规模收益非递增、规模收益非递减的情况下, 决策单元 1~4 很好地反映出了指标效率和属性的相关性.

从上述应用可以看出, 本章方法的提出有助于解决传统 DEA 方法只能评价同类决策单元的弱点, 为复杂多属性决策单元评价问题提供了一种可行的方法, 而且该方法模型简单, 理论完备, 不必增加额外的数据信息和条件, 因而具有一定优势.

参 考 文 献

[1] 马占新, 侯翔. 具有多属性决策单元的有效性分析方法研究 [J]. 系统工程与电子技术, 2011, 33(2): 339–345

[2] Charnes A, Cooper W W, Rhodes E. Measuring the efficiency of decision making units[J]. European Journal of Operational Research, 1978, 6(2): 429–444

[3] Wei Q L. Yu G, Lu S J. The necessary and sufficient conditions for returns to scale properties in generalized data envelopment analysis models[J]. Chinese Science, 2002, 45(5): 503–517

[4] Banker R D, Charnes A, Cooper W W. Some models for estimating technical and scale inefficiencies in data envelopment analysis[J]. Management Science, 1984, 30(9): 1078–1092

[5] Färe R, Grosskopf S. A nonparametric cost approach to scale efficiency[J]. Journal of Economics, 1985, 87(4): 594–604

[6] Seiford L M. Thrall R M. Recent development in DEA: The mathematical programming approach to frontier analysis[J]. Journal of Economics, 1990, 46(1-2): 7–38

[7] Asmilda M, Paradi J C, Pastor J T. Centralized resource allocation BCC models [J]. OMEGA-International Journal of Management Science, 2009, 37(1): 40–49

[8] Lozano S, Villa G. Centralized resource allocation using data envelopment analysis [J]. Journal of Productivity Analysis, 2004, 22: 143–161

[9] Liang L, Yang F, Cook W D, et al. DEA models for supply chain efficiency evaluation[J]. Annals of Operations Research, 2006, 145(1): 35–49

[10] 马占新, 任慧龙. 一种基于样本的综合评价方法及其在 FSA 中的应用研究 [J]. 系统工程理论与实践, 2003, 23(2): 95–101

[11] Ma Z X, Zhang H J, Cui X H. Study on the combination efficiency of industrial enterprises[C]. *In*: Zhang S D, Guo S F, Zhang H. Proceedings of International Conference on Management of Technology. Australia: Aussino Academic Publishing House, 2007: 225–230

[12] 马占新. 数据包络分析方法的研究进展 [J]. 系统工程与电子技术, 2002, 24(3): 42–46

[13] Cooper W W, Seiford L M, Zhu J. Handbook on data envelopment analysis [M]. Boston: Kluwer Academic Publishers, 2004.

[14] Cooper W W, Seiford L M, Thanassoulis E, et al. DEA and its uses in different countries[J]. European Journal of Operational Research, 2004, 154(2): 337–344

[15] Kao C, Hwang S N. Efficiency decomposition in two-stage data envelopment analysis: An application to non-life insurance companies in Taiwan[J]. European Journal of

Operational Research, 2008, 185(1): 418–429

[16] Yang Y S, Ma B J, Koike M. Efficiency-measuring DEA model for production system with k independent subsystems [J]. Journal of the Operational Research Society of Japan, 2000, 43(3): 343–354

[17] 马占新. 一种基于样本前沿面的综合评价方法 [J]. 内蒙古大学学报, 2002, 33(6): 606–610

[18] 马占新. 样本数据包络面的研究与应用 [J]. 系统工程理论与实践, 2003, 23(12): 32–37

[19] 马占新, 吕喜明. 带有偏好锥的样本数据包络分析方法研究 [J]. 系统工程与电子技术, 2007, 29(8): 1275–1282

[20] 马占新, 马生昀. 基于 C^2W 模型的样本数据包络分析方法研究 [J]. 系统工程与电子技术, 2009, 31(2): 366–372

第9章　基于模糊综合评判方法的广义 DEA 模型

利用数据包络分析和多目标规划的有关理论, 对模糊综合评判方法进行了进一步探讨, 给出了一个建立在模糊综合评判过程基础上的 DEA 模型. 该模型不仅能够增强模糊综合评判结果的客观性, 更重要的是, 它可以找出模糊综合评判中较差单元无效的原因, 并能为较差单元的改进提供许多有用的信息. 本章内容主要取材于文献 [1].

自从 1965 年 Zadeh 提出用模糊集合描述和分析模糊现象以来, 模糊数学的发展十分迅速 [2], 其中它的一个重要方面 —— 模糊综合评判方法也受到了广泛关注, 在许多领域得到应用和发展, 现已成为一种常用且重要的系统综合评价方法和研究手段. 但在具体应用过程中, 模糊综合评判方法仅能告诉决策者各方案的好坏程度, 却无法找出较差单元无效的原因. 没有利用所有被评价单元提供的信息指出较差单元应如何调整自身结构、提高综合性能. 同时, 文献 [3] 还指出在模糊综合评判过程中各因素的权数分配主要靠人的主观判断, 当因素较多时, 权数难以恰当分配. 基于此, 给出了一个建立在 DEA 方法 [4] 基础上的辅助模型. 该模型不仅可以找出模糊综合评判中较差单元无效的原因, 给出其进一步改进的信息, 而且还能够增强模糊综合评判结果的客观性. 因此, 它不仅是对模糊综合评判方法的必要补充, 而且还为应用 DEA 方法评价一类含有模糊因素的问题提供了一个可行的思路和办法.

9.1　基于模糊综合评判方法的广义 DEA 模型

模糊综合评判方法在评价过程中仅孤立地使用每个单元的信息. 事实上, 同类事物间的相似性与关联性是必然的. 依据同类事物间的这种联系, 不仅可以发现被评价单元在同类单元中的相对位置, 而且还能根据同类单元提供的信息发现被评价单元的弱点, 提出较差单元进一步改进的策略和办法.

假设在某一综合评判过程中, 要根据一些指标的性能来评价 N 个同类决策单元, 其中评价指标集

$$U = \{u_1, u_2, \cdots, u_m\},$$

评价集合

$$V = \{v_1, v_2, \cdots, v_n\}, \quad v_1 > v_2 > \cdots > v_n > 0,$$

权数集

$$A^0 = \left\{ a_1^0, a_2^0, \cdots, a_m^0 \right\},$$

并且第 p 个决策单元的模糊关系矩阵为

$$\boldsymbol{R}^{(p)} = (r_{ij}^{(p)})_{m \times n},$$

其中 $r_{ij}^{(p)} \in [0,1]$ 表示第 p 个单元的第 i 个因素相对于第 j 个评价结果的程度.

根据模糊分布法的原理,

$$\left(r_{i1}^{(p)} \Big/ \sum_{j=1}^{n} r_{ij}^{(p)}, \cdots, r_{in}^{(p)} \Big/ \sum_{j=1}^{n} r_{ij}^{(p)} \right)$$

就是决策单元 p 的第 i 个指标 (因素) 对评价集中各种结果的大致分布情况. 再根据加权平均法, 可得到指标 i 的总评价值 $R_i^{(p)}$ 为

$$R_i^{(p)} = \sum_{j=1}^{n} \left(r_{ij}^{(p)} \Big/ \sum_{k=1}^{n} r_{ik}^{(p)} \right) v_j = \sum_{j=1}^{n} r_{ij}^{(p)} v_j \Big/ \sum_{j=1}^{n} r_{ij}^{(p)}.$$

这样

$$\boldsymbol{R}^{(p)} = (R_1^{(p)}, R_2^{(p)}, \cdots, R_m^{(p)})^{\mathrm{T}}$$

代表了决策单元 p 各指标的一种基本状态.

在 DEA 方法中, 生产可能集的构造是建立在一定的实际背景和公理化体系之上的 [5]. 根据同类决策单元的具体特征, 结合模糊综合评判中对单指标因素度量的具体方法, 并借助于 DEA 方法中可能集构造的基本理论和方法可知, 由观察到的样本

$$\boldsymbol{R}^{(p)} = (R_1^{(p)}, \cdots, R_m^{(p)})^{\mathrm{T}}, \quad p = 1, 2, \cdots, N$$

所确定的决策单元可能集为

$$\mathrm{LDT} = \left\{ \boldsymbol{R} = (R_1, R_2, \cdots, R_m)^{\mathrm{T}} \middle| R_i \leqq \sum_{p=1}^{N} \left(\sum_{j=1}^{n} r_{ij}^{(p)} v_j \Big/ \sum_{j=1}^{n} r_{ij}^{(p)} \right) \lambda_p, \right.$$

$$\left. i = 1, 2, \cdots, m, \sum_{p=1}^{N} \lambda_p = 1, \boldsymbol{\lambda} = (\lambda_1, \lambda_2, \cdots, \lambda_N)^{\mathrm{T}} \geqq \boldsymbol{0} \right\}.$$

对于某一决策单元 p_0, 若它的指标

$$\boldsymbol{R}^{(p_0)} = (R_1^{(p_0)}, \cdots, R_m^{(p_0)})^{\mathrm{T}}$$

在决策单元可能集 LDT 上达到 Pareto 有效, 则表示没有决策单元的指标值比决策单元 p_0 更好. 这样, 可应用多目标规划 (F-VP) 定义决策单元的 F-DEA 有效性如下:

$$(\text{F-VP}) \begin{cases} V - \max(y_1, y_2, \cdots, y_m), \\ \text{s.t.} \quad \boldsymbol{y} \in \text{LDT}. \end{cases}$$

定义 9.1　对于决策单元 p_0, 若它的指标

$$\boldsymbol{R}^{(p_0)} = (R_1^{(p_0)}, \cdots, R_m^{(p_0)})^{\mathrm{T}}$$

为多目标规划 (F-VP) 的 Pareto 有效解, 则称决策单元 p_0 为 F-DEA 有效.

决策单元 p_0 的 F-DEA 有效性只与 v_j $(j = 1, 2, \cdots, n)$ 的相对大小有关, 而与每个 v_j 的具体大小无关, 这可以由以下定理证明:

定理 9.1　若 v_j $(j = 1, 2, \cdots, n)$ 同时扩大或缩小正的倍数, 决策单元 p_0 的 F-DEA 有效性不变.

证明　若 $v_j (j = 1, 2, \cdots, n)$ 同时扩大或缩小正的倍数 t, 则 $R_i^{(p)}$ $(i = 1, 2, \cdots, m)$ 也同时扩大或缩小正的倍数 t. 经过这样的变换后, 多目标规划 (F-VP) 变换为

$$(\text{F-VP1}) \begin{cases} V - \max(y_1, y_2, \cdots, y_m), \\ \text{s.t.} \quad \boldsymbol{y} \in \text{LDT1}, \end{cases}$$

其中

$$\text{LDT1} = \left\{ \boldsymbol{y} \left| y_i \leqq t \sum_{p=1}^{N} \left(\sum_{j=1}^{n} r_{ij}^{(p)} v_j \Big/ \sum_{j=1}^{n} r_{ij}^{(p)} \right) \lambda_p \right., \right.$$

$$\left. i = 1, 2, \cdots, m, \sum_{p=1}^{N} \lambda_p = 1, \boldsymbol{\lambda} = (\lambda_1, \lambda_2, \cdots, \lambda_N)^{\mathrm{T}} \geqq \boldsymbol{0} \right\}.$$

(1) 易证 $\boldsymbol{R}^{(p_0)}$ 为 (F-VP) 的 Pareto 有效解当且仅当 $t\boldsymbol{R}^{(p_0)}$ 为 (F-VP1) 的 Pareto 有效解.

(2) 若在 v_j $(j = 1, 2, \cdots, n)$ 变化前决策单元 p_0 为 F-DEA 有效, 则由定义 9.1 知, $\boldsymbol{R}^{(p_0)}$ 为 (F-VP) 的 Pareto 有效解. 由 (1) 可知, 当且仅当 $t\boldsymbol{R}^{(p_0)}$ 为 (F-VP1) 的 Pareto 有效解. 由定义 9.1 知, 变换后决策单元 p_0 也为 F-DEA 有效. 反之也成立. 证毕

对于规划

$$(\text{P}) \begin{cases} \max \quad \left(\boldsymbol{\mu}^{\mathrm{T}} \boldsymbol{R}^{(p_0)} + \delta \right) = V_{\mathrm{P}}, \\ \text{s.t.} \quad \boldsymbol{\mu}^{\mathrm{T}} \boldsymbol{R}^{(p)} + \delta \leqq 0, \quad p = 1, 2, \cdots, N, \\ \quad \boldsymbol{\mu} \geqq \boldsymbol{0} \end{cases}$$

以及

$$
(\mathrm{D})\begin{cases}
\min\quad (-\boldsymbol{e}^{\mathrm{T}}\boldsymbol{S}) = V_{\mathrm{D}},\\[2mm]
\text{s.t.}\quad \displaystyle\sum_{p=1}^{N}\boldsymbol{R}^{(p)}\lambda_p - \boldsymbol{S} = \boldsymbol{R}^{(p_0)},\\[2mm]
\displaystyle\sum_{p=1}^{N}\lambda_p = 1,\\[2mm]
\boldsymbol{\lambda}\geqq\boldsymbol{0},\ \boldsymbol{S}\geqq\boldsymbol{0},
\end{cases}
$$

类似于文献 [6], 可以证明以下结论成立:

引理 9.1　若 $\boldsymbol{R}^{(p_0)}\in\mathrm{LDT}$, 则

(1) $\boldsymbol{R}^{(p_0)}$ 为 (F-VP) 的 Pareto 有效解的充要条件是 (P) 的最优解 $\bar{\boldsymbol{\mu}},\bar{\delta}$ 有 $\bar{\boldsymbol{\mu}}>\boldsymbol{0}$ 且 $V_{\mathrm{P}}=0$;

(2) $\boldsymbol{R}^{(p_0)}$ 为 (F-VP) 的 Pareto 有效解当且仅当 (D) 的最优值 $V_{\mathrm{D}}=0$.

由引理 9.1 可知, 对决策单元 p_0 有以下结论:

定理 9.2　(1) 决策单元 p_0 为 F-DEA 有效当且仅当

$$
(\mathrm{F\text{-}D})\begin{cases}
\min\quad \varphi - \displaystyle\sum_{i=1}^{m}\left(\sum_{j=1}^{n}r_{ij}^{(p_0)}v_j\bigg/\sum_{j=1}^{n}r_{ij}^{(p_0)}\right)a_i = V_{\mathrm{F\text{-}D}},\\[4mm]
\text{s.t.}\quad \displaystyle\sum_{i=1}^{m}\left(\sum_{j=1}^{n}r_{ij}^{(p)}v_j\bigg/\sum_{j=1}^{n}r_{ij}^{(p)}\right)a_i \leqq \varphi,\quad p=1,2,\cdots,N,\\[4mm]
\displaystyle\sum_{i=1}^{m}a_i = 1, a_i\geqq 0,\ i=1,2,\cdots,m
\end{cases}
$$

的最优解中存在 $\boldsymbol{a}=(a_1,a_2,\cdots,a_m)^{\mathrm{T}}>\boldsymbol{0}$, 并且 $V_{\mathrm{F\text{-}D}}=0$;

(2) 决策单元 p_0 为 F-DEA 有效当且仅当

$$
(\mathrm{F\text{-}DD})\begin{cases}
\min\quad (-\boldsymbol{e}^{\mathrm{T}}\boldsymbol{S}) = V_{\mathrm{F\text{-}DD}},\\[2mm]
\text{s.t.}\quad \displaystyle\sum_{p=1}^{N}\left(\sum_{j=1}^{n}r_{ij}^{(p)}v_j\bigg/\sum_{j=1}^{n}r_{ij}^{(p)}\right)\lambda_p - s_i = \sum_{j=1}^{n}r_{ij}^{(p_0)}v_j\bigg/\sum_{j=1}^{n}r_{ij}^{(p_0)},\ i=1,\cdots,m,\\[4mm]
\displaystyle\sum_{p=1}^{N}\lambda_p = 1,\\[2mm]
\boldsymbol{\lambda}\geqq\boldsymbol{0},\quad \boldsymbol{S}\geqq\boldsymbol{0}
\end{cases}
$$

的最优值 $V_{\mathrm{F\text{-}DD}}=0$.

证明　在规划问题 (P), (D) 和 (F-VP) 中, 令

$$
\boldsymbol{R}^{(p)} = \left(\sum_{j=1}^{n}r_{1j}^{(p)}v_j\bigg/\sum_{j=1}^{n}r_{1j}^{(p)},\cdots,\sum_{j=1}^{n}r_{mj}^{(p)}v_j\bigg/\sum_{j=1}^{n}r_{mj}^{(p)}\right)^{\mathrm{T}},
$$

$$\boldsymbol{R}^{(p_0)} = \left(\sum_{j=1}^{n} r_{1j}^{(p_0)} v_j \bigg/ \sum_{j=1}^{n} r_{1j}^{(p_0)}, \cdots, \sum_{j=1}^{n} r_{mj}^{(p_0)} v_j \bigg/ \sum_{j=1}^{n} r_{mj}^{(p_0)} \right)^{\mathrm{T}},$$

并由引理 9.1 的结论可知

$\boldsymbol{R}^{(p_0)}$ 在 LDT 上达到 Pareto 有效当且仅当 (F-DD) 的最优值 $V_{\text{F-DD}} = 0$,

当且仅当下面的线性规划问题 (PF-D) 的最优解中存在 $\boldsymbol{a} > 0$, 并且 $V_{\text{F-D}} = 0$:

$$(\text{PF-D}) \begin{cases} \max \sum_{i=1}^{m} \left(\sum_{j=1}^{n} r_{ij}^{(p_0)} v_j \bigg/ \sum_{j=1}^{n} r_{ij}^{(p_0)} \right) a_i + \delta = V_{\text{PF-D}}, \\ \text{s.t.} \sum_{i=1}^{m} \left(\sum_{j=1}^{n} r_{ij}^{(p)} v_j \bigg/ \sum_{j=1}^{n} r_{ij}^{(p)} \right) a_i + \delta \leqq 0, \quad p = 1, 2, \cdots, N, \\ a_i \geqq 0, \quad i = 1, 2, \cdots, m. \end{cases}$$

可以证明线性规划问题 (F-D) 与 (PF-D) 之间存在以下关系:

若 $\bar{\delta}, \bar{a}_i\ (i = 1, 2, \cdots, m)$ 是 (PF-D) 的最优解, 则

$$-\bar{\delta} \bigg/ \sum_{j=1}^{m} \bar{a}_j, \quad \bar{a}_i \bigg/ \sum_{j=1}^{m} \bar{a}_j, i = 1, 2, \cdots, m$$

是 (F-D) 的最优解.

反之, 若 $\bar{\varphi}, \bar{a}_i\ (i = 1, 2, \cdots, m)$ 是 (F-D) 的最优解, 则 $-\bar{\varphi}, \bar{a}_i\ (i = 1, 2, \cdots, m)$ 是 (PF-D) 的最优解. 由 F-DEA 有效的定义易知结论成立. 证毕

分析 (F-D) 模型可进一步得到以下结论:

定理 9.3　若 $\bar{a}, \bar{\varphi}$ 是 (F-D) 的一个最优解, 则必存在某一 $p(1 \leqq p \leqq N)$, 使得

$$\bar{\varphi} = \sum_{i=1}^{m} \left(\sum_{j=1}^{n} r_{ij}^{(p)} v_j \bigg/ \sum_{j=1}^{n} r_{ij}^{(p)} \right) \bar{a}_i.$$

证明　(反证法) 若不然, 令

$$\bar{\varphi}_1 = \max_{1 \leqq p \leqq N} \left(\bar{\varphi} - \sum_{i=1}^{m} \left(\sum_{j=1}^{n} r_{ij}^{(p)} v_j \bigg/ \sum_{j=1}^{n} r_{ij}^{(p)} \right) \bar{a}_i \right),$$

由约束条件知 $\bar{\varphi}_1 > 0$.

可以验证, $\bar{a}, \bar{\varphi} - \bar{\varphi}_1$ 是 (F-D) 的一个可行解, 并且

$$(\bar{\varphi} - \bar{\varphi}_1) - \sum_{i=1}^{m} \left(\sum_{j=1}^{n} r_{ij}^{(p_0)} v_j \bigg/ \sum_{j=1}^{n} r_{ij}^{(p_0)} \right) \bar{a}_i < \bar{\varphi} - \sum_{i=1}^{m} \left(\sum_{j=1}^{n} r_{ij}^{(p_0)} v_j \bigg/ \sum_{j=1}^{n} r_{ij}^{(p_0)} \right) \bar{a}_i,$$

这与 $\bar{a}, \bar{\varphi}$ 是 (F-D) 的最优解矛盾. 证毕.

因为 $R_i^{(p)}$ 是决策单元 p 的单项指标 i 的评价值, a_i 是指标 i 的权重, 这样由加权法可得决策单元 p 的总评价值为

$$\sum_{i=1}^{m} R_i^{(p)} a_i = \sum_{i=1}^{m} \left(\sum_{j=1}^{n} r_{ij}^{(p)} v_j \Big/ \sum_{j=1}^{n} r_{ij}^{(p)} \right) a_i.$$

因此, 由定理 9.2 和定理 9.3 可知, (F-D) 模型本身也具有一定的含义, 它表示了从最有利于被评价单元的角度选择一组权重, 使得被评价单元与最佳单元的差距最小, 并且当决策单元 p 为 F-DEA 有效时, 这一差距为 0.

定理 9.4 若决策单元 p_0 不是 F-DEA 有效的, $\bar{\lambda}, \bar{S}$ 为 (F-DD) 的最优解, 则它的投影

$$\boldsymbol{R}^{(p_0)} + \bar{\boldsymbol{S}}$$

为 F-DEA 有效.

证明 若 $\bar{\lambda}, \bar{S}$ 为 (F-DD) 的最优解, 令

$$\bar{\boldsymbol{R}} = \boldsymbol{R}^{(p_0)} + \bar{\boldsymbol{S}},$$

应用引理 9.1 的结论, 类似于定理 9.2 可以证明, $\bar{\boldsymbol{R}}$ 为 (F-VP) 的 Pareto 有效解, 因此, 由 F-DEA 有效的定义知, $\bar{\boldsymbol{R}}$ 对应的单元为 F-DEA 有效. 证毕

通过以上讨论, 可以对模糊综合评判中的无效单元进行以下分析.

9.2 用于模糊综合评判结果无效原因的分析方法

在模糊综合评判过程中, 向量

$$\boldsymbol{B}^{(p_0)} = \left(b_1^{(p_0)}, b_2^{(p_0)}, \cdots, b_n^{(p_0)} \right) = (a_1^0, a_2^0, \cdots, a_m^0) \begin{bmatrix} r_{11}^{(p_0)} & \cdots & r_{1n}^{(p_0)} \\ \vdots & & \vdots \\ r_{m1}^{(p_0)} & \cdots & r_{mn}^{(p_0)} \end{bmatrix}$$

给出了考虑所有因素的影响时, 决策单元 p_0 对评价集中各元素的隶属情况. 同时, 由加权平均法即可得到它的综合评判结果为

$$V^{(p_0)} = \sum_{j=1}^{n} b_j^{(p_0)} v_j.$$

在某些情况下, 当决策单元 p_0 的模糊综合评判结果并不理想时, 可能下列信息更为重要, 即决策单元较差的原因是什么, 应如何进行调整, 调整后预计的结果怎样. 这可以通过决策单元的 F-DEA 有效性分析给出.

1. 决策单元较差的原因

若应用 (F-D) 模型进行计算, 则决策单元 p_0 为 F-DEA 无效, 于是由 F-DEA 有效的定义可知, 存在 $(R_1, \cdots, R_m)^{\mathrm{T}} \in \mathrm{LDT}$, 使得

$$\left(R_1^{(p_0)}, \cdots, R_m^{(p_0)} \right)^{\mathrm{T}} \leqslant (R_1, \cdots, R_m)^{\mathrm{T}}.$$

这表明决策单元 p_0 的整体性能还没有达到 Pareto 有效的状态, 由定理 9.4 知, 与一组可能的综合指标 $\boldsymbol{R}^{(p_0)} + \bar{\boldsymbol{S}}$ 相比, 它较差的原因主要表现在集合

$$I = \{i | \bar{s}_i \neq 0\}$$

中指标的性能没有达到比较理想的程度, 因此, 这些方面还有待于进一步提高.

2. 决策单元调整的方向

由上述分析可见, 若决策单元 p_0 为 F-DEA 无效, 于是由定理 9.4 知

$$\boldsymbol{R}^{(p_0)} + \bar{\boldsymbol{S}} \in \mathrm{LDT}$$

且

$$\left(R_1^{(p_0)}, \cdots, R_m^{(p_0)} \right)^{\mathrm{T}} \leqslant \boldsymbol{R}^{(p_0)} + \bar{\boldsymbol{S}}.$$

这表明决策单元 p_0 各项指标的整体性能仍有提高的可能性和必要性. 显然, 决策单元达到有效的一个可行途径就是把评价值由 $\boldsymbol{R}^{(p_0)}$ 提高为 $\boldsymbol{R}^{(p_0)} + \bar{\boldsymbol{S}}$, 在满足前面公理化假设的前提下, 这种调整是可行的, 并且从目前观察到的决策单元来看, 通过这种调整后, 各项指标的性能不可能再提高, 除非降低某些指标的性能.

3. 结果的预测

假设应用模糊综合评判方法已经确定了各指标的权重为

$$(a_1^0, a_2^0, \cdots, a_m^0) \geqq \boldsymbol{0}$$

且 $\sum_{i=1}^{m} a_i^0 = 1$, 那么还可以进一步估计通过这样的调整后它的评价值可能提高的程度, 即综合性能提高的可行幅度.

对决策单元 p_0 的各单项指标评价值进行加权处理, 则得到调整前后总的评价值 $L_{\text{前}}$ 和 $L_{\text{后}}$ 分别为

$$L_{\text{前}} = \sum_{i=1}^{m} \left(\sum_{j=1}^{n} r_{ij}^{(p_0)} v_j \bigg/ \sum_{j=1}^{n} r_{ij}^{(p_0)} \right) a_i^0,$$

$$L_{\text{后}} = \sum_{i=1}^{m} \left(\left(\sum_{j=1}^{n} r_{ij}^{(p_0)} v_j \bigg/ \sum_{j=1}^{n} r_{ij}^{(p_0)} \right) + \bar{s}_i \right) a_i^0.$$

由上式可得

$$\max_{1 \leqq j \leqq n} v_j \geqq L_{\text{后}} \geqq L_{\text{前}} \geqq \min_{1 \leqq j \leqq n} v_j.$$

因此, 必存在 v_p, v_q, 使得

$$v_p = \min\{v_j | v_j \geqq L_{\text{后}}\}, \quad v_q = \max\{v_j | v_j \leqq L_{\text{前}}\},$$

故得

$$v_p \geqq L_{\text{后}} \geqq L_{\text{前}} \geqq v_q.$$

这样就可以对调整前后的评价结果给出大致的估计. 当然, 为了得到比较可靠信息, 还必须根据具体情况进行进一步的分析和论证.

通过上述结论可见, (F-D) 模型具有以下优点: 首先, 对模糊综合评判结果较差的单元可以通过 DEA 有效前沿面的理论提供进一步改进信息和完善的策略. 其次, 应用 (F-D) 模型不必事先确定权重, 并且决策单元的有效性不依赖于模糊综合评判的评价集中元素大小, 因而提高了结果的客观性. 另外, (F-D) 模型还具有模型简单、理论完备、易于应用等特点.

9.3 带有权重约束的模糊 DEA 模型

对于 (F-D) 模型中的权重并没有限制, 但在许多实际问题中, 为了体现各指标间的相对重要程度和制约关系, 还要对权重加以限制. 然而, 想确切地给出权重的大小是比较困难的, 但根据事件本身的情况以及定性分析的结果, 却可以得到权重间的一些定量或定性关系. 假设它们可以用线性不等式 $Ca^{\mathrm{T}} \geqq b^0$ 来表示, 那么 (F-D) 模型的一般形式可表示如下:

$$(\text{GF-D}) \begin{cases} \min & \varphi - \sum_{i=1}^{m} \left(\sum_{j=1}^{n} r_{ij}^{(p_0)} v_j \bigg/ \sum_{j=1}^{n} r_{ij}^{(p_0)} \right) a_i = V_{\text{GF-D}}, \\ \text{s.t.} & \sum_{i=1}^{m} \left(\sum_{j=1}^{n} r_{ij}^{(p)} v_j \bigg/ \sum_{j=1}^{n} r_{ij}^{(p)} \right) a_i \leqq \varphi, \quad p = 1, 2, \cdots, N, \\ & Ca^{\mathrm{T}} \geqq b^0, \\ & a \geqq \mathbf{0}, \end{cases}$$

其中

$$a = (a_1, a_2, \cdots, a_m)$$

为一组变量, $\boldsymbol{C}_{n_1 \times m}$ 为系数矩阵,

$$\boldsymbol{b}^0 = (b_1^0, \cdots, b_{n_1}^0)$$

为常向量.

记

$$W = \left\{ (\lambda_1, \cdots, \lambda_{N+n_1}, s_1, \cdots, s_m) \left| \sum_{p=1}^{N} \left(\sum_{j=1}^{n} r_{ij}^{(p)} v_j \middle/ \sum_{j=1}^{n} r_{ij}^{(p)} \right) \lambda_p - \sum_{j=1}^{n_1} c_{ji} \lambda_{N+j} - s_i = \right. \right.$$
$$\left. \sum_{j=1}^{n} r_{ij}^{(p_0)} v_j \middle/ \sum_{j=1}^{n} r_{ij}^{(p_0)}, \sum_{p=1}^{N} \lambda_p = 1, \lambda_p \geqq 0, s_i \geqq 0, p = 1, \cdots, N+n_1, i = 1, 2, \cdots, m \right\},$$

这样, (GF-D) 的对偶问题可表示为

$$(\text{GF-DD}) \begin{cases} \max \quad \sum_{j=1}^{n_1} b_j^0 \lambda_{N+j} = V_{\text{GF-DD}}, \\ \text{s.t.} \quad (\lambda_1, \cdots, \lambda_{N+n_1}, s_1, \cdots, s_m) \in W. \end{cases}$$

定义 9.2　对于某一决策单元 p_0, 若线性规划 (GF-D) 的最优解中存在 $\boldsymbol{a} > \boldsymbol{0}$, 并且 $V_{\text{GF-D}} = 0$, 则称决策单元 p_0 为 GF-DEA 有效.

利用 (GF-D) 判断决策单元的 GF-DEA 有效性不太容易. 对它的对偶规划引入非阿基米德无穷小量后就可以得到一种比较简单的判定决策单元 GF-DEA 有效性的方法, 先给出如下引理:

引理 9.2[7]　假设对任意 $\boldsymbol{x} \in R$ 均有 $\boldsymbol{d}^{\mathrm{T}} \boldsymbol{x} \geqq 0$, 其中 (不失一般性)

$$R = \{ \boldsymbol{x} | \boldsymbol{A} \boldsymbol{x} = \boldsymbol{b}, \boldsymbol{x} \geqq \boldsymbol{0} \}.$$

考虑线性规划问题

$$(\text{GH1}) \begin{cases} \min \quad \boldsymbol{c}^{\mathrm{T}} \boldsymbol{x}, \\ \text{s.t.} \quad \boldsymbol{A} \boldsymbol{x} = \boldsymbol{b}, \\ \quad\quad \boldsymbol{x} \geqq \boldsymbol{0}, \end{cases}$$

若其最优解的集合为 R^*, 则存在 $\bar{\varepsilon} > 0$, 对于任意 $\varepsilon \in (0, \bar{\varepsilon})$, 线性规划问题

$$(\text{GH2}) \begin{cases} \min \quad \boldsymbol{c}^{\mathrm{T}} \boldsymbol{x} - \varepsilon \cdot \boldsymbol{d}^{\mathrm{T}} \boldsymbol{x}, \\ \text{s.t.} \quad \boldsymbol{A} \boldsymbol{x} = \boldsymbol{b}, \\ \quad\quad \boldsymbol{x} \geqq \boldsymbol{0} \end{cases}$$

的最优解 (顶点) 也是下面的线性规划问题的最优解:

$$(\text{GH3}) \begin{cases} \max \quad \boldsymbol{d}^{\mathrm{T}} \boldsymbol{x}, \\ \text{s.t.} \quad \boldsymbol{x} \in R^*. \end{cases}$$

定理 9.5 设 ε 是非阿基米德无穷小量, 若线性规划问题 (GD$_S$) 的最优值为 0, 并且对于最优解 $\boldsymbol{\lambda}^0, \boldsymbol{s}^0$ 有 $\boldsymbol{s}^0 = \boldsymbol{0}$, 则决策单元 p_0 为 GF-DEA 有效,

$$(\text{GD}_\text{S}) \begin{cases} \min & \left(-\varepsilon \sum_{j=1}^{m} s_i - \sum_{j=1}^{n_1} b_j^0 \lambda_{N+j} \right) = V_{\text{GD}_\text{S}}, \\ \text{s.t.} & (\lambda_1, \cdots, \lambda_{N+n_1}, s_1, \cdots, s_m) \in W. \end{cases}$$

证明 (1) 显然, 由线性规划的松紧定理及紧松定理 [7] 易知, 决策单元 p_0 为 GF-DEA 有效当且仅当 (GF-DD) 的最优值为 0, 并且对它的任意最优解 $\boldsymbol{\lambda}^*, \boldsymbol{s}^*$ 都有 $\boldsymbol{s}^* = \boldsymbol{0}$.

(2) 令

$$\boldsymbol{d} = (\underbrace{0, \cdots, 0}_{N+n_1}, \underbrace{\varepsilon, \cdots, \varepsilon}_{m}), \quad \boldsymbol{x} = (\lambda_1, \cdots, \lambda_{N+n_1}, s_1, \cdots, s_m),$$

这样可以将 (GD$_S$) 化成引理 9.2 中 (GH2) 的形式, 对于 (GF-DD) 的任一可行解 $\boldsymbol{x}$, 由于 $\boldsymbol{d}, \boldsymbol{x}$ 非负, 故有

$$\boldsymbol{d}^\text{T} \boldsymbol{x} \geqq 0.$$

由引理 9.2 知, (GD$_S$) 的最优解 $\boldsymbol{\lambda}^0, \boldsymbol{s}^0$ 也是 (GH4) 的最优解,

$$(\text{GH4}) \begin{cases} \max & \boldsymbol{d}^\text{T} \boldsymbol{x}, \\ \text{s.t.} & \boldsymbol{x} \in \bar{R}, \end{cases}$$

其中 $\bar{R}$ 为线性规划 (GF-DD) 的最优解集合.

若 $\boldsymbol{s}^0 = \boldsymbol{0}$, 则 (GH4) 的最优值也为 0. 由此可知, 对 (GF-DD) 的每一个最优解 $\boldsymbol{\lambda}^*, \boldsymbol{s}^*$ 都有 $\boldsymbol{s}^* = \boldsymbol{0}$; 否则, 它与 (GH4) 的最优值为 0 矛盾. 由 (1) 知, 决策单元 p_0 为 GF-DEA 有效. 证毕.

9.4 应用举例

9.4.1 F-D 方法在方案评价与择优中的应用

在某平台的安全设计过程中共有 5 种备选方案, 其中对每种可行方案都已经进行了模糊综合评判. 在此基础上, 可以从所有备选方案的评判矩阵出发, 以单项指标性能对评价集的隶属情况为基础来考察每个方案的指标整体性能是否达到了有效状态.

假设每种方案有三个评价指标: 人员安全状况、资产安全状况以及环境保护状况. 应用公式

$$R_i^{(p)} = \sum_{j=1}^{n} r_{ij}^{(p)} v_j \Big/ \sum_{j=1}^{n} r_{ij}^{(p)}, \quad i = 1, 2, 3, p = 1, \cdots, 5$$

已算得各方案对应的 $R_i^{(p)}$ 如表 9.1 所示.

表 9.1　方案对应的 $R_i^{(p)}$ 的取值情况

决策单元	1	2	3	4	5
人员安全指数	0.794	0.632	0.802	0.748	0.693
财产安全指数	0.680	0.413	0.457	0.650	0.540
环境安全指数	0.875	0.865	0.825	0.815	0.745

应用 (F-DD) 进行计算, 得到以下计算结果 (表 9.2):

表 9.2　变量 s 以及最优值 $V_{\text{F-DD}}$ 的取值情况

决策单元	1	2	3	4	5
s_1	0.00000	1.6200×10^{-1}	0.00000	4.6000×10^{-1}	1.0100×10^{-1}
s_2	0.00000	2.6700×10^{-1}	0.00000	3.0000×10^{-2}	1.4000×10^{-1}
s_3	0.00000	1.0000×10^{-2}	0.00000	6.0000×10^{-2}	1.3000×10^{-1}
$V_{\text{F-DD}}$	0.00000	4.3900×10^{-1}	0.00000	1.3600×10^{-1}	3.7100×10^{-1}

从计算结果来看, 方案 1 和方案 3 为 F-DEA 有效单元, 这表明方案 1 和方案 3 可以使各项指标的性能达到 Pareto 有效, 而其他方案不可能比这两种方案更有效.

9.4.2　F-D 方法在方案改进中的应用

在生产过程中发现某一平台的安全性需要进一步提高, 模糊综合评判的结果是较差. 为此, 需要借鉴其他同类平台的信息, 找出较差的原因, 并发现进一步改进的可能性.

为方便起见, 假设被评价平台为单元 4. 另外, 还有 4 种实际模型 (决策单元 1, 2, 3, 5) 可供参考, 应用 (F-DD) 模型计算的结果如表 9.1 和表 9.2 所示.

从表 9.2 的计算情况来看, 决策单元 4 对应的 s_1, s_2, s_3 均不为 0, 这表明人员安全性、财产安全性以及环境安全性都没有达到有效的状态, 仍需进一步提高. 当将平台的人员安全指数、财产安全指数和环境安全指数分别提高到

$$\left(R_1^{(p)} + s_1, R_2^{(p)} + s_2, R_3^{(p)} + s_3 \right) = (0.794, 0.68, 0.875)$$

时, 平台的综合安全指数将达到 Pareto 有效状态, 即将三项指标性能指数分别提高 6.150%, 4.615%, 7.362% 是一个可供参考的目标.

从上述分析可见, F-D 方法不仅可以发现平台安全性较差的原因, 而且还可能提供一些有效、可行的建议供决策者参考.

9.5 结 束 语

上面讨论的 F-DEA 有效性问题具有比较广泛的应用领域, 它不仅对模糊综合评判方法的应用作了必要的补充, 而且还能增强模糊综合评判方法的整体性与系统性, 同时也为应用 DEA 方法评价一类模糊性问题提供了有效的思路和办法. 对该类问题的深入研究将有助于模糊综合评判方法与 DEA 方法的进一步结合与发展.

参 考 文 献

[1] 马占新, 任慧龙, 戴仰山. 模糊综合评判方法的进一步分析[J]. 模糊系统与数学, 2001, 15(3): 61–68

[2] Zadeh L A. Fuzzy sets [J]. Information and Control, 1965, (8): 338–353

[3] 杨松林. 工程模糊论方法及其应用 [M]. 北京: 国防工业出版社, 1996

[4] Charnes A, Cooper W W, Rhodes E. Measuring the efficiency of decision making units [J]. European Journal of Operational Research, 1978, 2(6): 429–444

[5] 魏权龄. 评价相对有效的 DEA 方法 [M]. 北京: 中国人民大学出版社, 1988

[6] 何静. 只有输出 (入) 的数据包络分析及其应用 [J]. 系统工程学报, 1995, 10(2): 48–55

[7] 魏权龄, 王日爽, 徐兵. 数学规划引论 [M]. 北京: 北京航空航天大学出版社, 1991

第 10 章　广义 DEA 方法与组合效率分析

联合、竞争与重组是人类社会的基本活动, 本章针对系统内部同类单元的个体联合型组合、群体竞争型组合以及群体内部的重组三类问题进行了系统研究, 并给出了相应的评价模型和评价方法, 主要工作分为以下几个方面: ① 针对个体联合型组合问题, 给出了评价个体联合有效性的模型和方法, 并进一步探讨了能够反映决策者偏好的评价模型. ② 针对竞争型组合效率评价问题, 给出了一套能够分别反映集群整体效率、局部效率以及个体对整体效率影响程度的指标和相应的计算公式, 进而给出了用于集群内部某些特殊单元群无效原因分析、有效状态预测以及整体优化的定量方法. ③ 构造了集群投入–产出效率分析表, 通过该表给出了一类基于样本数据评价集群重组效率、优化重组方案的非参数方法, 并探讨了该方法在国有企业战略重组中的应用. 本章内容主要取材于文献 [1]∼[4].

10.1　个体联合型组合效率评价方法

联合与竞争问题存在于经济和社会的各个领域. 在新形势下, 许多重要的经济和社会问题 (如国有企业战略重组、区域经济整体调控、企业集群融合与发展等) 迫切要求组合有效性的评价理论与评价方法创新. 从已有的研究来看 [5∼8], ① 通过某些单项指标进行分析仅能反映组合单元的某一方面状况, 而不能反映其综合特征. ② 依赖于效用函数或确定权重的评价方法, 常常由于被评价系统过于复杂而难以找到准确的函数关系或确定的权重大小, 而把 DEA 方法 [9,10] 的基本思想用于评价组合有效性问题具有独特优势. 首先, 由于 DEA 方法不必事先确定指标权重和显式关系, 模型简单、理论完备, 更适合复杂系统的评价问题. 其次, 大量实践证明, 应用 DEA 方法获得的评价结果能够反映大规模统计的结果, 利用样本单元的信息不仅能够提供有效性的评价结果, 而且还能找出组合无效的原因和改进的方向. 因此, 针对系统内部同类单元的联合问题, 首先, 给出了一类基于样本数据评价组合有效性的非参数模型和方法, 并探讨了评价组合有效性模型的性质和求解方法. 然后, 分析了外界条件变化对评价结果的影响, 探讨了组合有效性概念与相应的多目标规划 Pareto 有效解之间的关系, 并从多目标规划和生产函数理论出发对组合有效性含义进行了解释. 最后, 为了进一步在模型中反映决策者的偏好, 给出了带有权重约束的评价组合有效性模型, 并探讨了其相关性质.

10.1.1 评价组合有效性模型及其性质

个体常常联合一定区域内的其他成员, 以谋求规模效应. 在许多情况下, 共同体的形成常常要借鉴成功集团的经验并带有其某些特征. 例如, 在组建企业集团时, 一般要向成功的试点集团或其他一些知名的优秀企业学习, 吸收他们的成功经验, 使新组建的集团具有优秀企业的特点.

假设有 n^* 个同类决策单元是公认的优秀单元, 每个单元都可由 m 种输入和 s 种输出刻画出它们生产的基本特征, 并设 x_{ij}^* 表示第 j 个决策单元对第 i 种类型的 "投入量", y_{rj}^* 表示第 j 个决策单元对第 r 种类型输出的 "产出量", 其中

$$\boldsymbol{x}_j^* = (x_{1j}^*, x_{2j}^*, \cdots, x_{mj}^*)^{\mathrm{T}} > \boldsymbol{0}, \quad \boldsymbol{y}_j^* = (y_{1j}^*, y_{2j}^*, \cdots, y_{sj}^*)^{\mathrm{T}} > \boldsymbol{0}, \quad j = 1, 2, \cdots, n^*.$$

以下从 DEA 方法 [11] 的基本思想出发, 采用样本单元来构造样本生产可能集 T 来反映优秀单元的投入产出关系, 根据组合单元的各种要素配置在样本数据包络面的状况来分析组合的有效性质.

令

$$T^* = \left\{ (\boldsymbol{x}_j^*, \boldsymbol{y}_j^*) \,|\, j = 1, 2, \cdots, n^* \right\},$$

称 T^* 为样本单元集.

根据 DEA 方法构造生产可能集 [11,12] 的思想, 样本单元确定的生产可能集 T 可表示如下:

$$T = \left\{ (\boldsymbol{x}, \boldsymbol{y}) \,\middle|\, \boldsymbol{x} \geqq \sum_{j=1}^{n^*} \boldsymbol{x}_j^* \lambda_j, \boldsymbol{y} \leqq \sum_{j=1}^{n^*} \boldsymbol{y}_j^* \lambda_j, \delta \sum_{j=1}^{n^*} \lambda_j = \delta, \lambda_j \geqq 0, j = 1, 2, \cdots, n^* \right\}.$$

如果某一单元 $(\boldsymbol{x}_0, \boldsymbol{y}_0)$ 计划联合区域内的若干个单元组成集团, 就共同体的组成来看, 单元 $(\boldsymbol{x}_0, \boldsymbol{y}_0)$ 联合哪些个体才能组成更加有效的共同体呢?

以下假设另有可以联合的单元 n 个, 第 j 个单元的输入量为

$$\boldsymbol{x}_j = (x_{1j}, x_{2j}, \cdots, x_{mj})^{\mathrm{T}},$$

输出量为

$$\boldsymbol{y}_j = (y_{1j}, y_{2j}, \cdots, y_{sj})^{\mathrm{T}},$$

并且

$$(\boldsymbol{x}_j, \boldsymbol{y}_j) > \boldsymbol{0}.$$

对于某一组合

$$A \subseteq \{1, 2, \cdots, n\},$$

它的输入输出指标值可以用以下表达式:

$$\left(\boldsymbol{x}_0 + \sum_{k \in A} \boldsymbol{x}_k, \boldsymbol{y}_0 + \sum_{k \in A} \boldsymbol{y}_k\right)$$

进行估计, 则给出组合有效性的定义如下:

定义 10.1　如果不存在 $(\boldsymbol{x}, \boldsymbol{y}) \in T$, 使得

$$\boldsymbol{x}_0 + \sum_{k \in A} \boldsymbol{x}_k \geqq \boldsymbol{x}, \quad \boldsymbol{y}_0 + \sum_{k \in A} \boldsymbol{y}_k \leqq \boldsymbol{y}$$

且至少有一个不等式严格成立, 则称组合 A 为有效组合 (SG).

假设目前已知的优秀企业有三个, 分别为 A, B, C, 某地区有三个同类型的企业 D, E, F, 为简单起见, 假设决策指标仅有投入资金与产出利润. 各指标数据如表 10.1 所示.

表 10.1　决策单元与样本单元的输入输出数据

企业名称	A	B	C	D	E	F
投入资金	1	4	8	2	3	2
获得利润	3	8	10	2	5	4

若企业 D 想联合同一地域内的其他企业以形成规模效益, 那么企业 D 应采取什么方案呢?

首先, D 的联合方案只有 4 种:

(1) 不联合任何企业;

(2) 只联合企业 E;

(3) 只联合企业 F;

(4) 同时联合企业 E, F.

图 10.1 中的曲线为优秀决策单元所确定的生产前沿面, 它把由投资、利润确定的平面分成了内外两部分, 曲线内部即为公认的优秀决策单元 (也就是样本单元) 确定的生产可能集. 从图 10.1 可见, 方案 (1)~(3) 所构成的组合单元以其投入量所获得的产出量均未达到有效前沿面, 而方案 (4) 的产出值位于有效前沿面上方, 根

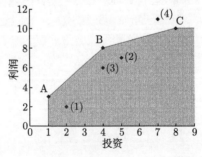

图 10.1　组合方案在前沿面的分布状况

据定义 10.1 知, 方案 (4) 为有效组合. 这表明企业 D 只有同时联合企业 E 和 F 后才能组成高效的企业集团.

从上述例子可见, 上述方法实际上是利用样本单元确定参照集, 从多目标规划的角度来分析组合方案的有效性问题. 如果样本单元确定的生产可能集中没有单元比组合单元的投入产出关系更有效, 则认为这种组合是有效的, 并且对于无效的组合, 还可以通过其在样本数据包络面上的投影情况来发现组合无效的原因.

那么, 如何应用线性规划模型对组合有效性进行判断, 并且利用样本单元形成的有效生产前沿面来对无效组合给出改进的信息呢?

事实上, 与样本单元形成的生产可能集 T 相对应的判断组合有效性的规划模型为 (DGT).

$$
\text{(DGT)} \begin{cases}
\min \quad \theta = V_{\mathrm{D}_1}, \\
\text{s.t.} \quad \left(\boldsymbol{x}_0 + \sum_{k \in A} \boldsymbol{x}_k \right) \theta - \sum_{j=1}^{n^*} \boldsymbol{x}_j^* \lambda_j \geqq \boldsymbol{0}, \\
\qquad - \left(\boldsymbol{y}_0 + \sum_{k \in A} \boldsymbol{y}_k \right) + \sum_{j=1}^{n^*} \boldsymbol{y}_j^* \lambda_j \geqq \boldsymbol{0}, \\
\qquad \delta \sum_{j=1}^{n^*} \lambda_j = \delta, \\
\qquad \lambda_j \geqq 0, \quad j = 1, 2, \cdots, n^*,
\end{cases}
$$

显然, 若

$$
\left(\boldsymbol{x}_0 + \sum_{k \in A} \boldsymbol{x}_k, \boldsymbol{y}_0 + \sum_{k \in A} \boldsymbol{y}_k \right) \notin T,
$$

则 (DGT) 不存在可行解. 这不仅不利于利用计算机进行编程计算, 同时, 也给进一步研究带来不便. 因此, 以下将样本单元形成的生产可能集 T 扩展为 T_A, 它是由样本单元和正在被评价的组合单元生成的. 通过集合 T_A 可以给出修订的模型 (DSG), 应用该模型不仅可以判断组合的有效性, 给出组合单元在样本前沿面上的投影, 而且该模型总能存在最优解.

$$
\text{(DSG)} \begin{cases}
\min \quad \theta = V_{\mathrm{D}}, \\
\text{s.t.} \quad \left(\boldsymbol{x}_0 + \sum_{k \in A} \boldsymbol{x}_k \right) (\theta - \lambda_0) - \sum_{j=1}^{n^*} \boldsymbol{x}_j^* \lambda_j \geqq \boldsymbol{0}, \\
\qquad \left(\boldsymbol{y}_0 + \sum_{k \in A} \boldsymbol{y}_k \right) (\lambda_0 - 1) + \sum_{j=1}^{n^*} \boldsymbol{y}_j^* \lambda_j \geqq \boldsymbol{0}, \\
\qquad \delta \sum_{j=0}^{n^*} \lambda_j = \delta, \\
\qquad \lambda_j \geqq 0, \quad j = 0, 1, \cdots, n^*.
\end{cases}
$$

若假设

$$T_A = \left\{ (\boldsymbol{x}, \boldsymbol{y}) \,\middle|\, \boldsymbol{x} \geqq \left(\boldsymbol{x}_0 + \sum_{k \in A} \boldsymbol{x}_k \right) \lambda_0 + \sum_{j=1}^{n^*} \boldsymbol{x}_j^* \lambda_j, \boldsymbol{y} \leqq \left(\boldsymbol{y}_0 + \sum_{k \in A} \boldsymbol{y}_k \right) \lambda_0 + \sum_{j=1}^{n^*} \boldsymbol{y}_j^* \lambda_j, \right.$$

$$\left. \delta \sum_{j=0}^{n^*} \lambda_j = \delta, \lambda_j \geqq 0, j = 0, 1, \cdots, n^* \right\},$$

则对于多目标规划

$$(\text{VP}) \begin{cases} V - \min(x_1, \cdots, x_m, -y_1, \cdots, -y_s), \\ \text{s.t.} \quad (\boldsymbol{x}, \boldsymbol{y}) \in T_A, \end{cases}$$

有以下结论:

定理 10.1　组合 A 是有效组合 (SG) 当且仅当 $\left(\boldsymbol{x}_0 + \sum_{k \in A} \boldsymbol{x}_k, \boldsymbol{y}_0 + \sum_{k \in A} \boldsymbol{y}_k \right)$ 是多目标规划 (VP) 的 Pareto 有效解.

证明　$\Leftarrow$　若 $\left(\boldsymbol{x}_0 + \sum_{k \in A} \boldsymbol{x}_k, \boldsymbol{y}_0 + \sum_{k \in A} \boldsymbol{y}_k \right)$ 为多目标规划 (VP) 的 Pareto 有效解, 假设组合 A 不是有效组合 (SG), 则存在 $(\boldsymbol{x}, \boldsymbol{y}) \in T$, 使得

$$\boldsymbol{x}_0 + \sum_{k \in A} \boldsymbol{x}_k \geqq \boldsymbol{x}, \quad \boldsymbol{y}_0 + \sum_{k \in A} \boldsymbol{y}_k \leqq \boldsymbol{y}$$

且至少有一个不等式严格成立. 由 T 的定义可知, 存在 $\lambda_j \geqq 0 \; (j = 1, \cdots, n^*)$, 使得

$$\boldsymbol{x}_0 + \sum_{k \in A} \boldsymbol{x}_k \geqq \sum_{j=1}^{n^*} \boldsymbol{x}_j^* \lambda_j, \quad \boldsymbol{y}_0 + \sum_{k \in A} \boldsymbol{y}_k \leqq \sum_{j=1}^{n^*} \boldsymbol{y}_j^* \lambda_j, \quad \delta \sum_{j=1}^{n^*} \lambda_j = \delta$$

且至少有一个不等式严格成立. 若令 $\lambda_0 = 0$, 则显然

$$\left(\boldsymbol{x}_0 + \sum_{k \in A} \boldsymbol{x}_k, \boldsymbol{y}_0 + \sum_{k \in A} \boldsymbol{y}_k \right) \in T_A,$$

并且不是 (VP) 的 Pareto 有效解. 矛盾!

$\Rightarrow$　若组合 A 是有效组合 (SG), 假设 $\left(\boldsymbol{x}_0 + \sum_{k \in A} \boldsymbol{x}_k, \boldsymbol{y}_0 + \sum_{k \in A} \boldsymbol{y}_k \right)$ 不是规划 (VP) 的 Pareto 有效解, 则存在 $(\boldsymbol{x}, \boldsymbol{y}) \in T_A$, 使得

$$\boldsymbol{x} \leqq \left(\boldsymbol{x}_0 + \sum_{k \in A} \boldsymbol{x}_k \right), \quad \boldsymbol{y} \geqq \left(\boldsymbol{y}_0 + \sum_{k \in A} \boldsymbol{y}_k \right)$$

且至少有一个不等式严格成立. 由 T_A 的定义可知, 存在

$$\delta \sum_{j=0}^{n} \lambda_j = \delta, \quad \lambda_j \geqq 0, \quad j = 0, 1, \cdots, n^*,$$

使得以下结论成立:

$$\begin{cases} \left(\boldsymbol{x}_0 + \sum_{k \in A} \boldsymbol{x}_k \right) \lambda_0 + \sum_{j=1}^{n^*} \boldsymbol{x}_j^* \lambda_j \leqq \left(\boldsymbol{x}_0 + \sum_{k \in A} \boldsymbol{x}_k \right), \\ \left(\boldsymbol{y}_0 + \sum_{k \in A} \boldsymbol{y}_k \right) \lambda_0 + \sum_{j=1}^{n^*} \boldsymbol{y}_j^* \lambda_j \geqq \left(\boldsymbol{y}_0 + \sum_{k \in A} \boldsymbol{y}_k \right) \end{cases} \quad (10.1)$$

且至少有一个不等式严格成立. 下证 $\lambda_0 < 1$.

假设 $\lambda_0 \geqq 1$, 由于

$$\boldsymbol{0} \leqq \sum_{j=1}^{n^*} \boldsymbol{x}_j^* \lambda_j \leqq \left(\boldsymbol{x}_0 + \sum_{k \in A} \boldsymbol{x}_k \right) (1 - \lambda_0) \leqq \boldsymbol{0},$$

故

$$\sum_{j=1}^{n^*} \boldsymbol{x}_j^* \lambda_j = \boldsymbol{0}, \quad \left(\boldsymbol{x}_0 + \sum_{k \in A} \boldsymbol{x}_k \right) (1 - \lambda_0) = \boldsymbol{0}.$$

由于

$$\lambda_j \geqq 0, \boldsymbol{x}_j^* > \boldsymbol{0}, \quad j = 1, \cdots, n^*,$$

因此,

$$\lambda_j = 0, j = 1, \cdots, n^*, \quad \lambda_0 = 1.$$

这与结论 (10.1) 至少有一个不等式严格成立矛盾!

由于 $\lambda_0 < 1$, 故

$$1 - \lambda_0 > 0.$$

因此,

$$\delta \sum_{j=1}^{n} \frac{\lambda_j}{1 - \lambda_0} = \delta, \quad \frac{\lambda_j}{1 - \lambda_0} \geqq 0, j = 1, \cdots, n^*.$$

由 (10.1) 可知

$$\sum_{j=1}^{n^*} \boldsymbol{x}_j^* \frac{\lambda_j}{1 - \lambda_0} \leqq \boldsymbol{x}_0 + \sum_{k \in A} \boldsymbol{x}_k, \quad \sum_{j=1}^{n^*} \boldsymbol{y}_j^* \frac{\lambda_j}{1 - \lambda_0} \geqq \boldsymbol{y}_0 + \sum_{k \in A} \boldsymbol{y}_k$$

且至少有一个不等式严格成立, 故得

$$\left(\boldsymbol{x}_0 + \sum_{k \in A} \boldsymbol{x}_k, \ \boldsymbol{y}_0 + \sum_{k \in A} \boldsymbol{y}_k \right) \in T,$$

并且组合 A 不是有效组合, 这与已知矛盾! 证毕.

根据定理 10.1 的结论, 类似于文献 [9] 中的相关证明, 不难得到以下结论:

定理 10.2 组合 A 是有效组合 (SG) 当且仅当 (DSG) 的最优值 $V_\mathrm{D} = 1$, 并且对它的每一个最优解都满足

$$\left(\boldsymbol{x}_0 + \sum_{k \in A} \boldsymbol{x}_k \right) (1 - \lambda_0) - \sum_{j=1}^{n^*} \boldsymbol{x}_j^* \lambda_j = \boldsymbol{0},$$

$$\left(\boldsymbol{y}_0 + \sum_{k \in A} \boldsymbol{y}_k \right) (\lambda_0 - 1) + \sum_{j=1}^{n^*} \boldsymbol{y}_j^* \lambda_j = \boldsymbol{0}.$$

线性规划 (DSG) 的对偶规划为 (SG), 由线性规划的对偶理论和松紧定理[7] 可知, 以下结论成立:

$$(\mathrm{SG}) \begin{cases} \max & \boldsymbol{\mu}^\mathrm{T} \left(\boldsymbol{y}_0 + \sum_{k \in A} \boldsymbol{y}_k \right) + \delta u_0 = V_{\mathrm{P}_1}, \\ \mathrm{s.t.} & \boldsymbol{\omega}^\mathrm{T} \boldsymbol{x}_j^* - \boldsymbol{\mu}^\mathrm{T} \boldsymbol{y}_j^* - \delta u_0 \geqq 0, \quad j = 1, 2, \cdots, n^*, \\ & \boldsymbol{\omega}^\mathrm{T} \left(\boldsymbol{x}_0 + \sum_{k \in A} \boldsymbol{x}_k \right) - \boldsymbol{\mu}^\mathrm{T} \left(\boldsymbol{y}_0 + \sum_{k \in A} \boldsymbol{y}_k \right) - \delta u_0 \geqq 0, \\ & \boldsymbol{\omega}^\mathrm{T} \left(\boldsymbol{x}_0 + \sum_{k \in A} \boldsymbol{x}_k \right) = 1, \\ & \boldsymbol{\omega} \geqq \boldsymbol{0}, \ \boldsymbol{\mu} \geqq \boldsymbol{0}, \end{cases}$$

$$(\mathrm{S}) \begin{cases} \max & \boldsymbol{\mu}^\mathrm{T} \left(\boldsymbol{y}_0 + \sum_{k \in A} \boldsymbol{y}_k \right) + \delta u_0 = V_\mathrm{P}, \\ \mathrm{s.t.} & \boldsymbol{\omega}^\mathrm{T} \boldsymbol{x}_j^* - \boldsymbol{\mu}^\mathrm{T} \boldsymbol{y}_j^* - \delta u_0 \geqq 0, \quad j = 1, \cdots, n^*, \\ & \boldsymbol{\omega}^\mathrm{T} \left(\boldsymbol{x}_0 + \sum_{k \in A} \boldsymbol{x}_k \right) = 1, \\ & \boldsymbol{\omega} \geqq \boldsymbol{0}, \boldsymbol{\mu} \geqq \boldsymbol{0}. \end{cases}$$

定理 10.3 组合 A 为有效组合 (SG) 当且仅当规划 (SG) 存在最优解 $(\boldsymbol{\omega}^0, \boldsymbol{\mu}^0, u_0^0)$, 满足

$$\boldsymbol{\omega}^0 > \boldsymbol{0}, \quad \boldsymbol{\mu}^0 > \boldsymbol{0}, \quad V_{\mathrm{P}_1} = 1.$$

定理 10.4　组合 A 为有效组合 (SG) 当且仅当规划 (S) 存在可行解 $(\boldsymbol{\omega}^0, \boldsymbol{\mu}^0, u_0^0)$,
满足

$$\boldsymbol{\omega}^0 > 0, \quad \boldsymbol{\mu}^0 > 0, \quad V_{\mathrm{P}} \geqq 1.$$

证明　若组合 A 为有效组合 (SG), 由于 (SG) 的可行解都是 (S) 的可行解, 因此, 根据定理 10.3 易知, (S) 存在可行解 $(\boldsymbol{\omega}^0, \boldsymbol{\mu}^0, u_0^0)$, 满足

$$\boldsymbol{\omega}^0 > 0, \quad \boldsymbol{\mu}^0 > 0, \quad V_{\mathrm{P}} = 1.$$

若规划 (S) 存在可行解 $(\boldsymbol{\omega}^0, \boldsymbol{\mu}^0, u_0^0)$, 满足

$$\boldsymbol{\omega}^0 > 0, \quad \boldsymbol{\mu}^0 > 0, \quad V_{\mathrm{P}} \geqq 1,$$

令

$$\boldsymbol{\omega}^1 = \boldsymbol{\omega}^0, \quad \boldsymbol{\mu}^1 = \frac{\boldsymbol{\mu}^0}{V_{\mathrm{P}}}, \quad u_0^1 = \frac{u_0^0}{V_{\mathrm{P}}},$$

则显然

$$\boldsymbol{\omega}^1 > 0, \quad \boldsymbol{\mu}^1 > 0, \quad \boldsymbol{\omega}^{1\mathrm{T}} \left(\boldsymbol{x}_0 + \sum_{k \in A} \boldsymbol{x}_k \right) = 1.$$

由于

$$\boldsymbol{\omega}^{1\mathrm{T}} \boldsymbol{x}_j^* - \boldsymbol{\mu}^{1\mathrm{T}} \boldsymbol{y}_j^* - \delta u_0^1 = \left(1 - \frac{1}{V_{\mathrm{P}}} \right) \boldsymbol{\omega}^{0\mathrm{T}} \boldsymbol{x}_j^* + \frac{1}{V_{\mathrm{P}}} \left(\boldsymbol{\omega}^{0\mathrm{T}} \boldsymbol{x}_j^* - \boldsymbol{\mu}^{0\mathrm{T}} \boldsymbol{y}_j^* - \delta u_0^0 \right) \geqq 0,$$

$$\boldsymbol{\mu}^{1\mathrm{T}} \left(\boldsymbol{y}_0 + \sum_{k \in A} \boldsymbol{y}_k \right) + \delta u_0^1 = \frac{1}{V_{\mathrm{P}}} \left(\boldsymbol{\mu}^{0\mathrm{T}} \left(\boldsymbol{y}_0 + \sum_{k \in A} \boldsymbol{y}_k \right) + \delta u_0^0 \right) = 1,$$

因此, $\boldsymbol{\omega}^1, \boldsymbol{\mu}^1, u_0^1$ 是 (SG) 的可行解且相应的目标函数值 $V_{\mathrm{P}_1} = 1$, 而对 (SG) 的任一可行解 $\boldsymbol{\omega}, \boldsymbol{\mu}, u_0$ 均有目标函数值

$$V_{\mathrm{P}_1} = \boldsymbol{\mu}^{\mathrm{T}} \left(\boldsymbol{y}_0 + \sum_{k \in A} \boldsymbol{y}_k \right) + \delta u_0 \leqq \boldsymbol{\omega}^{\mathrm{T}} \left(\boldsymbol{x}_0 + \sum_{k \in A} \boldsymbol{x}_k \right) = 1,$$

故 $\boldsymbol{\omega}^1, \boldsymbol{\mu}^1, u_0^1$ 是 (SG) 的最优解, 并且最优值 $V_{\mathrm{P}_1} = 1$. 证毕.

10.1.2　评价组合有效性模型的变换性质

评价组合有效性模型是根据已有优秀决策单元作为样本单元来确定样本生产可能集的, 当样本单元较少时, 对生产函数作线性逼近可能误差较大. 如果对数据作一些调整转换 (如将对实际前沿生产函数的局部线性逼近改为 Cobb-Douglas 生产函数的局部逼近), 就可能会使生产前沿面的逼近更能反映生产实际. 那么, 变换前后决策单元的组合有效性的变化会服从什么规律呢?

另外, 在市场经济条件下, 市场情况在不断发生变化, 那么随着市场情况的变化, 原有的评价结果是否还存在合理性呢?

针对这些问题, 以下给出了评价组合有效性模型的变换性质.

设 $(\boldsymbol{x}, \boldsymbol{y})$ 是某一决策单元的输入输出量, $f(\boldsymbol{x}) = (f_1(\boldsymbol{x}), \cdots, f_m(\boldsymbol{x}))$, $g(\boldsymbol{y}) = (g_1(\boldsymbol{y}), \cdots, g_s(\boldsymbol{y}))$ 是变换后决策单元新的输入输出量, 则数据变换后的 (SG) 模型为

$$(\text{H-SG}) \begin{cases} \max \quad \boldsymbol{\mu}^{\mathrm{T}} g\left(\boldsymbol{y}_0 + \sum_{k \in A} \boldsymbol{y}_k\right) + \delta u_0 = V_{\mathrm{P}_1}, \\ \text{s.t.} \quad \boldsymbol{\omega}^{\mathrm{T}} f(\boldsymbol{x}_j^*) - \boldsymbol{\mu}^{\mathrm{T}} g(\boldsymbol{y}_j^*) - \delta u_0 \geqq 0, \quad j = 1, 2, \cdots, n^*, \\ \quad \boldsymbol{\omega}^{\mathrm{T}} f\left(\boldsymbol{x}_0 + \sum_{k \in A} \boldsymbol{x}_k\right) - \boldsymbol{\mu}^{\mathrm{T}} g\left(\boldsymbol{y}_0 + \sum_{k \in A} \boldsymbol{y}_k\right) - \delta u_0 \geqq 0, \\ \quad \boldsymbol{\omega}^{\mathrm{T}} f\left(\boldsymbol{x}_0 + \sum_{k \in A} \boldsymbol{x}_k\right) = 1, \\ \quad \boldsymbol{\omega} \geqq \boldsymbol{0}, \boldsymbol{\mu} \geqq \boldsymbol{0}. \end{cases}$$

由文献 [2] 中的定理不难得到如下结论:

定理 10.5　若 $f_i(\boldsymbol{x}), g_j(\boldsymbol{y})$ 是 $\mathbf{R}^+$ (正实数域) 上的严格单调上升函数, 并且它们的函数值都大于等于零, $i = 1, 2, \cdots, m, j = 1, 2, \cdots, s, \delta = 1$, 则

(1) 当 $f_i(\boldsymbol{x})$ 是凸函数且 $g_j(\boldsymbol{y})$ 是凹函数时, 上述变换将有效组合 (SG) 变换成有效组合 (SG);

(2) 当 $f_i(\boldsymbol{x})$ 是凹函数且 $g_j(\boldsymbol{y})$ 是凸函数时, 上述变换将无效组合 (SG) 变换成无效组合 (SG);

(3) 当 $f_i(\boldsymbol{x}), g_j(\boldsymbol{y})$ 是线性函数时, 上述变换将保持各决策单元变换前的组合 (SG) 有效性不变.

10.1.3　权重受限的评价组合有效性模型

对某种组合 A (其中 $A \subseteq \{1, 2, \cdots, n\}$), 设权重之间存在如下关系:

$$\boldsymbol{\omega}^{\mathrm{T}} \boldsymbol{a}_i + \boldsymbol{\mu}^{\mathrm{T}} \bar{\boldsymbol{a}}_i \geqq b_i, \quad i = 1, 2, \cdots, p,$$

其中

$$\boldsymbol{a}_i = (a_{i1}, a_{i2}, \cdots, a_{im})^{\mathrm{T}}, \quad \bar{\boldsymbol{a}}_i = (a_{i,m+1}, a_{i,m+2}, \cdots, a_{i,m+s})^{\mathrm{T}}, \quad i = 1, 2, \cdots, p,$$
$$\boldsymbol{b} = (b_1, b_2, \cdots, b_p)^{\mathrm{T}}$$

为一组常向量, 则评价组合有效性的模型为

$$
(\text{QSG})\begin{cases}
\max\quad \boldsymbol{\mu}^{\mathrm{T}}\left(\boldsymbol{y}_0+\sum_{k\in A}\boldsymbol{y}_k\right)+\delta u_0=V_{\mathrm{P}},\\[2mm]
\text{s.t.}\quad \boldsymbol{\omega}^{\mathrm{T}}\left(\boldsymbol{x}_0+\sum_{k\in A}\boldsymbol{x}_k\right)-\boldsymbol{\mu}^{\mathrm{T}}\left(\boldsymbol{y}_0+\sum_{k\in A}\boldsymbol{y}_k\right)-\delta u_0\geqq 0,\\[2mm]
\qquad \boldsymbol{\omega}^{\mathrm{T}}\boldsymbol{x}_j^*-\boldsymbol{\mu}^{\mathrm{T}}\boldsymbol{y}_j^*-\delta u_0\geqq 0,\quad j=1,2,\cdots,n^*,\\[2mm]
\qquad \boldsymbol{\omega}^{\mathrm{T}}\left(\boldsymbol{x}_0+\sum_{k\in A}\boldsymbol{x}_k\right)=1,\\[2mm]
\qquad \boldsymbol{\omega}^{\mathrm{T}}\boldsymbol{a}_i+\boldsymbol{\mu}^{\mathrm{T}}\bar{\boldsymbol{a}}_i\geqq b_i,\quad i=1,2,\cdots,p,\\[2mm]
\qquad \boldsymbol{\omega}\geqq \mathbf{0},\boldsymbol{\mu}\geqq \mathbf{0}.
\end{cases}
$$

定义 10.2 若规划 (QSG) 的最优解中存在

$$
\boldsymbol{\omega}^0>\mathbf{0},\quad \boldsymbol{\mu}^0>\mathbf{0},\quad V_{\mathrm{P}}=1,
$$

则称组合 A 为一个有效组合 (QSG).

规划问题 (QSG) 的对偶规划为

$$
(\text{DQSG})\begin{cases}
\min\quad \left(\theta-\sum_{j=1}^{p}b_jz_j\right)=V_{\mathrm{D}},\\[2mm]
\text{s.t.}\quad \sum_{j=1}^{n^*}x_{ij}^*\lambda_j+\sum_{j=1}^{p}a_{ji}z_j+s_i^-=(\theta-\lambda_0)\left(x_{i0}+\sum_{k\in A}x_{ik}\right),\quad i=1,2,\cdots,m,\\[2mm]
\qquad \sum_{j=1}^{n^*}y_{rj}^*\lambda_j-\sum_{j=1}^{p}a_{jr+m}z_j-s_r^+=(1-\lambda_0)\left(y_{r0}+\sum_{k\in A}y_{rk}\right),\quad r=1,2,\cdots,s,\\[2mm]
\qquad \delta\sum_{j=0}^{n^*}\lambda_j=\delta,\\[2mm]
\qquad \boldsymbol{\lambda}\geqq \mathbf{0},\ \boldsymbol{z}\geqq \mathbf{0},\ \boldsymbol{s}^-\geqq \mathbf{0},\ \boldsymbol{s}^+\geqq \mathbf{0},
\end{cases}
$$

其中

$$
\boldsymbol{\lambda}=(\lambda_0,\cdots,\lambda_{n^*})^{\mathrm{T}},\quad \boldsymbol{s}^-=(s_1^-,\cdots,s_m^-)^{\mathrm{T}},\boldsymbol{s}^+=(s_1^+,\cdots,s_s^+)^{\mathrm{T}}.
$$

由线性规划的对偶理论和 "紧松定理"[13] 可知, 以下结论成立:

定理 10.6 若 (DQSG) 的最优值 $V_{\mathrm{D}}=1$, 并且它的每个最优解 $\boldsymbol{\lambda}^0=(\lambda_0^0,\lambda_1^0,\cdots,\lambda_{n^*}^0)^{\mathrm{T}}$, $\boldsymbol{s}^{-0}$, $\boldsymbol{s}^{+0}$, θ^0 都有 $\boldsymbol{s}^{-0}=\mathbf{0}$, $\boldsymbol{s}^{+0}=\mathbf{0}$, 则组合 A 为一个有效组合 (QSG).

10.1.4 组合有效性的判定方法

无论是利用线性规划 (QSG), 还是利用线性规划 (DQSG), 判断组合方案 A 的有效性都不太容易. 这个问题可通过引入非阿基米德无穷小量解决, 对 (DQSG) 模型引入非阿基米德无穷小量 ε, 得到带有非阿基米德无穷小量的模型 ($\mathrm{D_S}$), 就可以应用下面的定理 10.7 去判断决策单元的组合有效性.

引理 10.1[13] 假设对任意 $x \in R$ 均有 $d^{\mathrm{T}} x \geqq 0$, 其中 (不失一般性)

$$R = \{x | Ax = b, x \geqq 0\},$$

考虑线性规划问题

$$(\mathrm{GH1}) \begin{cases} \min & c^{\mathrm{T}} x, \\ \text{s.t.} & Ax = b, \\ & x \geqq 0. \end{cases}$$

若其最优解集合为 R^*, 则存在 $\bar{\varepsilon} > 0$, 对于任意 $\varepsilon \in (0, \bar{\varepsilon})$, 线性规划问题

$$(\mathrm{GH2}) \begin{cases} \min & c^{\mathrm{T}} x - \varepsilon \cdot d^{\mathrm{T}} x, \\ \text{s.t.} & Ax = b, \\ & x \geqq 0 \end{cases}$$

的最优解 (顶点) 也是下面的线性规划问题的最优解:

$$(\mathrm{GH3}) \begin{cases} \max & d^{\mathrm{T}} x, \\ \text{s.t.} & x \in R^*. \end{cases}$$

于是对于模型

$$(\mathrm{D_S}) \begin{cases} \min & \left(\theta - \varepsilon \left(\bar{e}^{\mathrm{T}} s^- + e^{\mathrm{T}} s^+ \right) - \sum_{j=1}^{p} b_j z_j \right) = V_{\mathrm{D_S}}, \\ \text{s.t.} & \sum_{j=1}^{n^*} x_{ij}^* \lambda_j + \sum_{j=1}^{p} a_{ji} z_j + s_i^- = (\theta - \lambda_0) \left(x_{i0} + \sum_{k \in A} x_{ik} \right), \quad i = 1, 2, \cdots, m, \\ & \sum_{j=1}^{n^*} y_{rj}^* \lambda_j - \sum_{j=1}^{p} a_{jr+m} z_j - s_r^+ = (1 - \lambda_0) \left(y_{r0} + \sum_{k \in A} y_{rk} \right), \quad r = 1, 2, \cdots, s, \\ & \delta \sum_{j=0}^{n^*} \lambda_j = \delta, \\ & \lambda \geqq 0, \; z \geqq 0, \; s^- \geqq 0, \; s^+ \geqq 0, \end{cases}$$

有以下结论:

定理 10.7 设 ε 是非阿基米德无穷小量, 若线性规划问题 (D_S) 的最优解 $\boldsymbol{\lambda}^0$, $\boldsymbol{z}^0$, $\boldsymbol{s}^{-0}$, $\boldsymbol{s}^{+0}$, θ^0 满足 $V_{D_S} = 1$ 且

$$\boldsymbol{s}^{-0} = \boldsymbol{0}, \quad \boldsymbol{s}^{+0} = \boldsymbol{0},$$

则组合 A 为有效组合 (QSG), 其中

$$\bar{\boldsymbol{e}}^{\mathrm{T}} = (1, 1, \cdots, 1) \in E^m, \quad \boldsymbol{e}^{\mathrm{T}} = (1, 1, \cdots, 1) \in E^s,$$

ε 为小于任何正数且大于零的数 (称为非阿基米德无穷小量).

证明 令

$$\boldsymbol{x} = (\theta_1, \theta_2, \lambda_0, \cdots, \lambda_{n^*}, z_1, \cdots, z_p, s_1^-, \cdots, s_m^-, s_1^+, \cdots, s_s^+)^{\mathrm{T}},$$

$$\theta = \theta_1 - \theta_2, \quad \theta_1, \theta_2 \geqq 0, \quad \boldsymbol{d} = (\underbrace{0, \cdots, 0}_{n^*+p+3}, \underbrace{\varepsilon, \cdots, \varepsilon}_{m+s})^{\mathrm{T}},$$

$$\boldsymbol{c} = (1, -1, \underbrace{0, \cdots, 0}_{n^*+1}, -b_1, \cdots, -b_p, \underbrace{0, \cdots, 0}_{m+s})^{\mathrm{T}},$$

并设 R 是 (DQSG) 的可行解集. 若 $\boldsymbol{x} \in R$, 则有

$$\boldsymbol{d}^{\mathrm{T}} \boldsymbol{x} \geqq 0.$$

若 $\boldsymbol{\lambda}^0$, $\boldsymbol{z}^0$, $\boldsymbol{s}^{-0}$, $\boldsymbol{s}^{+0}$, θ^0 是 (D_S)(即 (GH2)) 的最优解, 并且

$$V_{D_S} = 1, \quad \boldsymbol{s}^{-0} = \boldsymbol{0}, \quad \boldsymbol{s}^{+0} = \boldsymbol{0},$$

则由引理 10.1 知, $\boldsymbol{\lambda}^0$, $\boldsymbol{z}^0$, $\boldsymbol{s}^{-0}$, $\boldsymbol{s}^{+0}$, θ^0 是 (GH3) 的最优解, 并且最优值为 0. 由此可知, (DQSG)(即 (GH1)) 的每一最优解都有

$$\boldsymbol{s}^- = \boldsymbol{0}, \quad \boldsymbol{s}^+ = \boldsymbol{0};$$

否则, 它与 (GH3) 的最优值为 0 矛盾. 由定理 10.6 知, 组合 A 为有效组合 (QSG).

同理可得到没有权重约束的评价组合有效性的非阿基米德无穷小模型及组合有效性判定方法.

推论 10.1 设 ε 是非阿基米德无穷小量, 线性规划问题 $(\tilde{D}_S)$ 的最优解为 $\boldsymbol{\lambda}^0, \boldsymbol{s}^{-0}, \boldsymbol{s}^{+0}, \theta^0$, 满足

$$\theta^0 = 1, \quad \boldsymbol{s}^{-0} = \boldsymbol{0}, \quad \boldsymbol{s}^{+0} = \boldsymbol{0},$$

则组合 A 为有效组合 (SG).

$$(\tilde{D}_S)\begin{cases} \min & (\theta - \varepsilon (\bar{e}^T s^- + e^T s^+)) = V_{\tilde{D}}, \\ \text{s.t.} & \sum_{j=1}^{n^*} x_{ij}^* \lambda_j + s_i^- = (\theta - \lambda_0)\left(x_{i0} + \sum_{k \in A} x_{ik}\right), \quad i = 1, 2, \cdots, m, \\ & \sum_{j=1}^{n^*} y_{rj}^* \lambda_j - s_r^+ = (1 - \lambda_0)\left(y_{r0} + \sum_{k \in A} y_{rk}\right), \quad r = 1, 2, \cdots, s, \\ & \delta \sum_{j=0}^{n^*} \lambda_j = \delta, \\ & \lambda \geqq 0, \ s^- \geqq 0, \ s^+ \geqq 0. \end{cases}$$

判定决策单元的组合有效性 (SG), 也可由如下目标规划方法实现:

定理 10.8　组合 A 为有效组合 (SG) 的充分必要条件是规划 (D_g) 的最优值 $V_{D_g} = 0$.

$$(D_g)\begin{cases} \max & (\bar{e}^T s^- + e^T s^+) = V_{D_g}, \\ \text{s.t.} & \sum_{j=1}^{n^*} x_{ij}^* \lambda_j + s_i^- = (1 - \lambda_0)\left(x_{i0} + \sum_{k \in A} x_{ik}\right), \quad i = 1, 2, \cdots, m, \\ & \sum_{j=1}^{n^*} y_{rj}^* \lambda_j - s_r^+ = (1 - \lambda_0)\left(y_{r0} + \sum_{k \in A} y_{rk}\right), \quad r = 1, 2, \cdots, s, \\ & \delta \sum_{j=0}^{n^*} \lambda_j = \delta, \\ & \lambda \geqq 0, \ z \geqq 0, \ s^- \geqq 0, \ s^+ \geqq 0. \end{cases}$$

10.1.5　应用举例

假设某地区有 10 家同类型的工业企业, 他们都有进行联合重组的意愿, 从生产有效性角度来看 NPLA 和 PECPLA 是否应该联合, 若联合将对哪方更有利. 为简单起见, 仅选取了三个评价指标, 各指标数据如表 10.2 所示.

表 10.2　某地区 10 家同类型的工业企业部分生产指标数据

编号	1	2	3	4	5	6	7	8	9	10
企业名称	FEPLA	NPLA	TPLA	FCGPLA	NCPLA	FPLA	ACCPLA	YFYPPLA	WPLA	PECPLA
税前纯利	2410	6003	405	5805	4328	4480	4139	368	1726	23939
员工人数	8463	14139	11612	7771	6161	5124	1176	4200	1590	5810
资金投入	49949	49537	48709	43155	34714	34299	28718	25242	22620	21762

对于企业 FPLA 和 PECPLA, 联合的后果可分为 4 种:

(1) 联合对双方均无利;

(2) 联合只对 FPLA 有利;

(3) 联合只对 PECPLA 有利;

(4) 联合同时对双方有利,

那么, 对于企业 FPLA 应采取什么方案呢?

在评价组合有效性问题时, 样本集合可依据决策目标的不同而确定. 如果在本案例中选取企业 7, 9, 10 为样本单元, 假设企业的组合满足规模可变, 应用 $(\tilde{D}_S)$ 模型对 4 种情况进行分析, 计算结果如表 10.3 所示.

表 10.3   各种方案的评价结果

方 案	θ	s_1^-	s_2^-	s_1^+
FPLA 不联合 PECPLA	0.64920	0.00000	0.00000	6386.51727
PECPLA 不联合 FPLA	1.00000	0.00000	0.00000	0.00000
FPLA 与 PECPLA 联合	1.00000	0.00000	0.00000	0.00000

应用 $(\tilde{D}_S)$ 模型进行评价的结果表明, 两个企业联合可能创造的产出效率可以达到目前优秀单元在同样的资产和人力下的生产水平. 不联合或联合企业 FPLA 对于企业 PECPLA 来说均会产生较好的效果, 但对于企业 FPLA, 联合企业 PECPLA 的效果会更好.

总之, DEA 方法是评价一组具有多输入多输出单元有效性的有效方法. 本章给出的模型继承了 DEA 方法的许多优点, 具有比较好的性质. 它不仅能判断组合单元在优秀企业确定的生产前沿面的可能状态, 而且还能提供无效组合企业无效的原因和需要改进的方面, 因而上述工作能够为集团的组建和发展提供一定的理论支持, 并对集团组建的科学化、效率化具有一定的意义.

10.2   集群竞争环境与竞争性组合效率评价方法

竞争与联合问题广泛存在于经济和社会发展的各个层面, 对它的研究一直是管理科学和经济学研究的重点之一. 尤其在中国加入世贸组织以后, 来自国内外参与市场竞争的因素变得越来越多, 竞争的广度和深度不断加大, 对国内市场的冲击也进一步加深. 因此, 对于企业而言, 如何正确估计群体效率状况, 如何有效判断复杂条件下的竞争环境, 如何通过有效联合来达到提升自身实力、抑制竞争对手的目的, 这些问题都将成为企业关注的热点. 另一方面, 激烈的竞争也有可能导致一系列负面影响, 如价格战、恶意收购等情况的发生. 对于市场的监管者而言, 掌握复杂环境下的地区企业群落整体态势也是实现有效调控的基本前提.

从已有的一些评价方法来看, 通过某些单项指标进行分析的方法仅能反映群体效率某一方面的状况, 而不能反映其综合特征. 依赖于效用函数或确定权重的评价方法, 常常由于被评价系统过于复杂而难以找到准确的函数关系或确定的权重大小. 作为一种非参数方法, DEA 方法 [11] 在评价生产有效性问题上却独具优势. 它不仅可以有效克服上述困难, 而且还能给出问题无效的原因, 因而得到广泛的应用和发展 [14,15]. 但由于传统的 DEA 方法无法将被评价对象与评价标准分离 [10], 所以在利用样本单元评价基于竞争目的的组合效率问题时也遇到了无法回避的困难. 因此, 以下针对竞争环境分析与竞争性组合效率评价问题. 首先, 给出了用于描述集群成员有效性度量的一种非参数方法 (Sam-DEA), 分析了集群成员相对于样本单元有效性的含义. 然后, 根据决策单元在竞争中的地位不同, 定义了集群的核心单元集、目标单元集和竞争单元集等概念, 并以 Sam-DEA 方法输出的信息为基础, 给出了能够分别反映群体整体效率、局部效率以及个体对整体效率影响程度的指标和相应的计算公式, 进而通过应用这些指标和公式提供的信息, 分别给出了用于上述几类单元群的整体效率分析、无效原因分析、有效状态预测以及整体优化的定量方法. 最后, 提出了基于竞争目的的组合方案有效性评价与优化方法, 探讨了该方法在基于竞争目的的企业联合中的应用.

作为复杂系统群体效率分析的一种非参数方法, 这些结论不仅将传统 DEA 方法提供信息的方式由仅能依据决策单元自身扩展到可以依据任何比较对象的情况. 同时, 也是 DEA 方法在评价群体组合效率上的一种尝试. 另外, 尽管这些结论是以企业重组为背景提出的, 但从方法上具有一般性.

10.2.1   竞争型组合问题描述与集群成员的效率度量

假设在某一区域内参与某种竞争的决策单元有 n 个, 它们的特征可由 m 种输入和 q 种输出表示出来, 其中第 j 个决策单元的输入输出指标值分别为

$$\boldsymbol{x}_j = (x_{1j}, x_{2j}, \cdots, x_{mj})^{\mathrm{T}}$$

和

$$\boldsymbol{y}_j = (y_{1j}, y_{2j}, \cdots, y_{qj})^{\mathrm{T}},$$

其中

$$(\boldsymbol{x}_j, \boldsymbol{y}_j) > \boldsymbol{0}.$$

令

$$T_{\mathrm{DMU}} = \{\mathrm{DMU}_j | j = 1, 2, \cdots, n\},$$

称为决策单元集群.

假设在该集群中, 有几个单元准备通过联合其他单元的方式来提高自身效率、制约竞争对手, 从而提高自身对该区域内市场占有和掌控的程度. 例如, 在中国加

入世界贸易组织后, 为了应对来自于国内外的竞争, 大量中小企业就曾通过联合、兼并、重组等办法来扩大企业规模、提高整体效率.

为了便于描述竞争环境与组合效率问题, 以下首先将决策单元集群分成核心单元集 (Co)、目标单元集 (Go)、竞争单元集 (Cp)、中立单元集 (Ne) 4 个部分, 各部分的关系如图 10.2 所示,

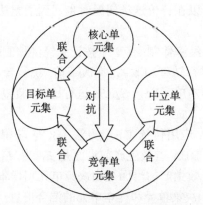

图 10.2　决策单元群中各单元的关系图

核心单元集: 核心单元是整个联合方案的发起者, 也是未来联合体的核心成员;

竞争单元集: 是核心单元竞争对象的集合;

目标单元集: 是核心单元准备联合的候选决策单元的集合;

中立单元集: 是核心单元没有纳入考虑范围的决策单元的集合.

为方便起见, 将决策单元集群中单元的序号按核心单元、竞争单元、目标单元、中立单元的顺序排列, 并令

$$\mathrm{Co} = \{\mathrm{DMU}_1, \cdots, \mathrm{DMU}_h\}, \quad \mathrm{Cp} = \{\mathrm{DMU}_{h+1}, \cdots, \mathrm{DMU}_t\},$$

$$\mathrm{Go} = \{\mathrm{DMU}_{t+1}, \cdots, \mathrm{DMU}_k\}, \quad \mathrm{Ne} = \{\mathrm{DMU}_{k+1}, \cdots, \mathrm{DMU}_n\},$$

其中

$$1 \leqq h < t < k \leqq n, \quad \mathrm{Co} \cup \mathrm{Cp} \cup \mathrm{Go} \cup \mathrm{Ne} = T_{\mathrm{DMU}}.$$

在分析集群整体竞争环境及其组合方案的有效性时, 假设决策者事先选择了 $\bar{n}$ 个样本单元或样本点作为效率评价的参照, 其中第 j 个样本单元 (SDMU_j) 的输入输出指标值分别为

$$\bar{\boldsymbol{x}}_j, \bar{\boldsymbol{y}}_j, \quad \bar{\boldsymbol{x}}_j, \bar{\boldsymbol{y}}_j > \boldsymbol{0}.$$

例如, 在中国国企改革过程中, 就曾经首先进行企业试点工作, 在试点成功之后, 将拟改造企业与获得成功的试点企业进行比较分析, 从而为新集团的组建提供建议和样板.

那么, 如何通过 $\bar{n}$ 个样本单元的指标数据从定量的角度为群体竞争环境分析以及组合效率评价提供有效的信息呢? 以下给出了一种基于广义 DEA 理论的评价方法 (Sam-DEA).

DEA 方法是美国著名运筹学家 Charnes 和 Cooper 首先提出的一种效率评价方法, 它在评价生产有效性方面具有独特的优势, 但由于 DEA 方法无法将被评价对象与参照对象分离, 所以在评价这类问题时也遇到了无法回避的困难, 这可以从以下例子中得到说明:

例如, 为了适应市场经济体制, 有 4 个按计划经济体制配置的企业 (决策单元) M_1, M_2, M_3, M_4 准备进行转型和改革, 在改革前, 决策者希望将这些企业与先前成功转型的三个企业 (样本单元) S_1, S_2, S_3 进行比较, 希望从中发现企业改革的模式和值得借鉴的经验.

从图 10.3 可以看出, 应用传统 DEA 方法 (BC^2) 获得的生产可能集是 $B, A,$ S_2, M_1, M_2 围成的区域, DEA 有效生产前沿面是 F_1. 从 F_1 的构成可以看出, 应用传统 DEA 方法得到的有效生产前沿面是由决策单元和样本单元混合构成的. 这表明决策者只能获得相对于决策单元和样本单元的混合信息, 而无法得到相对于样本数据包络面 F_2 的信息, 即无法获得与先前成功转型企业的比较信息.

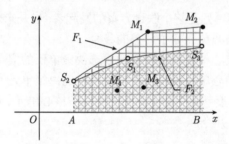

图 10.3　决策单元在生产可能集中的分布

为了解决 DEA 方法的这一弱点, 以下首先给出了一种能够依据样本单元来度量集群成员有效性程度的非参数方法 (Sam-DEA).

根据样本单元满足的生产条件不同, 应用传统 DEA 方法构造生产可能集的理论 [11,12,16,17], 样本单元确定的生产可能集 $\bar{T}$ 可用统一的形式表示如下:

$$\bar{T} = \left\{ (\boldsymbol{x}, \boldsymbol{y}) \left| \sum_{j=1}^{\bar{n}} \bar{\boldsymbol{x}}_j \lambda_j \leqq \boldsymbol{x}, \ \sum_{j=1}^{\bar{n}} \bar{\boldsymbol{y}}_j \lambda_j \geqq \boldsymbol{y}, \right. \right.$$

$$\left. \delta_1 \left(\sum_{j=1}^{\bar{n}} \lambda_j - \delta_2 (-1)^{\delta_3} \lambda_0 \right) = \delta_1, \boldsymbol{\lambda} = (\lambda_0, \lambda_1, \cdots, \lambda_{\bar{n}})^{\mathrm{T}} \geqq \boldsymbol{0} \right\},$$

其中 $\delta_1, \delta_2, \delta_3$ 为取值 0 或 1 的参数.

对于某个决策单元 DMU_j, 若样本单元确定的生产可能集中没有哪个单元的生产状况比 DMU_j 更好, 则称 DMU_j 为有效的, 即在不增加投入的情况下, 样本生产可能集中没有哪个单元的产出优于 DMU_j 的产出; 或者在不减少产出的情况下, 样本生产可能集中没有哪个单元的投入比 DMU_j 的投入更少. 这样就可以给出以下有效性的定义:

定义 10.3 对于某个决策单元 DMU_j, 若不存在 $(\boldsymbol{x},\boldsymbol{y}) \in \bar{T}$, 使得

$$\boldsymbol{x} \leqq \boldsymbol{x}_j, \quad \boldsymbol{y} \geqq \boldsymbol{y}_j,$$

且至少有一个不等式严格成立, 则称决策单元 DMU_j 相对于样本单元为有效的, 简称 Sam-DEA 有效; 反之, 称为 Sam-DEA 无效.

对于一个 Sam-DEA 无效的决策单元而言, 如何通过样本有效前沿面来找出其无效的原因并给出其改进的可能方向呢? 同时, 如何利用样本前沿面对决策单元的效率进行度量呢? 这可以通过以下的定理 10.10("投影" 定理) 和定理 10.11 来实现. 为了证明这两个定理, 首先需要证明对某个决策单元 DMU_p, 以下结论成立:

$$(\mathrm{VP}_p)\begin{cases} V - \max(-x_1,\cdots,-x_m,y_1,\cdots,y_q), \\ \mathrm{s.t.} \quad (\boldsymbol{x},\boldsymbol{y}) \in \bar{T}_p, \end{cases}$$

其中

$$\bar{T}_p = \left\{ (\boldsymbol{x},\boldsymbol{y}) \left| \sum_{j=1}^{\bar{n}} \bar{\boldsymbol{x}}_j \lambda_j + \lambda_{\bar{n}+1} \boldsymbol{x}_p \leqq \boldsymbol{x}, \sum_{j=1}^{\bar{n}} \bar{\boldsymbol{y}}_j \lambda_j + \lambda_{\bar{n}+1} \boldsymbol{y}_p \geqq \boldsymbol{y}, \right. \right.$$
$$\left. \delta_1 \left(\sum_{j=1}^{\bar{n}+1} \lambda_j - \delta_2 (-1)^{\delta_3} \lambda_0 \right) = \delta_1, \ (\lambda_0, \lambda_1, \cdots, \lambda_{\bar{n}+1})^{\mathrm{T}} \geqq \boldsymbol{0} \right\}.$$

定理 10.9 决策单元 DMU_p 为 Sam-DEA 有效当且仅当 $(\boldsymbol{x}_p, \boldsymbol{y}_p)$ 为 (VP_p) 的 Pareto 有效解.

证明 $\Leftarrow$ (反证法) 若决策单元 DMU_p 不为 Sam-DEA 有效, 则由定义 10.3 知, 存在 $(\boldsymbol{x},\boldsymbol{y}) \in \bar{T}$, 使得

$$(-\boldsymbol{x}_p, \boldsymbol{y}_p) \leqslant (-\boldsymbol{x}, \boldsymbol{y}).$$

又由于 $(\boldsymbol{x},\boldsymbol{y}) \in \bar{T}$, 故存在

$$\bar{\boldsymbol{\lambda}} = (\bar{\lambda}_0, \bar{\lambda}_1, \cdots, \bar{\lambda}_{\bar{n}})^{\mathrm{T}} \geqq \boldsymbol{0},$$

使得

$$\boldsymbol{x}_p \geqq \sum_{j=1}^{\bar{n}} \bar{\boldsymbol{x}}_j \bar{\lambda}_j, \quad \boldsymbol{y}_p \leqq \sum_{j=1}^{\bar{n}} \bar{\boldsymbol{y}}_j \bar{\lambda}_j, \quad \delta_1 \left(\sum_{j=1}^{\bar{n}} \bar{\lambda}_j - \delta_2 (-1)^{\delta_3} \bar{\lambda}_0 \right) = \delta_1$$

且至少有一个不等式严格成立. 若令 $\bar{\lambda}_{\bar{n}+1} = 0$, 则

$$(\boldsymbol{x}_p, \boldsymbol{y}_p), \quad \left(\sum_{j=1}^{\bar{n}} \bar{\boldsymbol{x}}_j \bar{\lambda}_j, \sum_{j=1}^{\bar{n}} \bar{\boldsymbol{y}}_j \bar{\lambda}_j \right) \in \bar{T}_p,$$

故 $(\boldsymbol{x}_p, \boldsymbol{y}_p)$ 不是多目标规划 (VP_p) 的 Pareto 有效解, 矛盾.

　　$\Rightarrow$　(反证法) 若 $(\boldsymbol{x}_p, \boldsymbol{y}_p)$ 不是 (VP_p) 的 Pareto 有效解, 则存在 $(\boldsymbol{x}, \boldsymbol{y}) \in \bar{T}_p$, 使得

$$(-\boldsymbol{x}_p, \boldsymbol{y}_p) \leqslant (-\boldsymbol{x}, \boldsymbol{y}).$$

又由于 $(\boldsymbol{x}, \boldsymbol{y}) \in \bar{T}_p$, 故存在

$$(\tilde{\lambda}_0, \tilde{\lambda}_1, \cdots, \tilde{\lambda}_{\bar{n}+1})^{\mathrm{T}} \geqq \boldsymbol{0},$$

使得

$$\begin{cases} \boldsymbol{x}_p \geqq \boldsymbol{x}_p \tilde{\lambda}_{\bar{n}+1} + \sum_{j=1}^{\bar{n}} \bar{\boldsymbol{x}}_j \tilde{\lambda}_j, \\ \boldsymbol{y}_p \leqq \boldsymbol{y}_p \tilde{\lambda}_{\bar{n}+1} + \sum_{j=1}^{\bar{n}} \bar{\boldsymbol{y}}_j \tilde{\lambda}_j, \\ \delta_1 \left(\sum_{j=1}^{\bar{n}+1} \tilde{\lambda}_j - \delta_2 (-1)^{\delta_3} \tilde{\lambda}_0 \right) = \delta_1 \end{cases} \tag{10.2}$$

且其中至少有一个不等式严格成立. 下证 $\tilde{\lambda}_{\bar{n}+1} < 1$.

　　假设 $\tilde{\lambda}_{\bar{n}+1} > 1$, 由 (10.2) 知

$$-\sum_{j=1}^{\bar{n}} \bar{\boldsymbol{x}}_j \tilde{\lambda}_j \geqq \boldsymbol{x}_p (\tilde{\lambda}_{\bar{n}+1} - 1) > \boldsymbol{0},$$

这与

$$\sum_{j=1}^{\bar{n}} \bar{\boldsymbol{x}}_j \tilde{\lambda}_j \geqq \boldsymbol{0}$$

矛盾.

　　若 $\tilde{\lambda}_{\bar{n}+1} = 1$, 则与 (10.2) 中至少有一个不等式严格成立矛盾. 因此, $\tilde{\lambda}_{\bar{n}+1} < 1$. 令

$$\hat{\lambda}_j = \frac{\tilde{\lambda}_j}{1 - \tilde{\lambda}_{\bar{n}+1}},$$

由 (10.2) 可知

$$\boldsymbol{x}_p \geqq \sum_{j=1}^{\bar{n}} \bar{\boldsymbol{x}}_j \hat{\lambda}_j \quad \boldsymbol{y}_p \leqq \sum_{j=1}^{\bar{n}} \bar{\boldsymbol{y}}_j \hat{\lambda}_j, \quad \delta_1 \left(\sum_{j=1}^{\bar{n}} \hat{\lambda}_j - \delta_2 (-1)^{\delta_3} \hat{\lambda}_0 \right) = \delta_1,$$

且其中至少有一个不等式严格成立. 由于

$$\left(\sum_{j=1}^{\bar{n}} \bar{\boldsymbol{x}}_j \hat{\lambda}_j, \sum_{j=1}^{\bar{n}} \bar{\boldsymbol{y}}_j \hat{\lambda}_j\right) \in \bar{T},$$

故决策单元 DMU_p 为 Sam-DEA 无效, 矛盾. 证毕

由于 (VP_p) 在形式上经过简单的变量替换就可以转化成 DEA 模型的形式, 因此, 根据 DEA 相关理论 [13], 很容易得到以下定理 10.10 和定理 10.11 成立:

考虑下面两个线性规划模型:

$$(\mathrm{D\text{-}Sam}) \begin{cases} \max & \bar{\boldsymbol{e}}^{\mathrm{T}} \boldsymbol{s}^- + \boldsymbol{e}^{\mathrm{T}} \boldsymbol{s}^+, \\ \mathrm{s.t.} & \displaystyle\sum_{j=1}^{\bar{n}} \bar{\boldsymbol{x}}_j \lambda_j + \boldsymbol{s}^- = (1 - \lambda_{\bar{n}+1}) \boldsymbol{x}_p, \\ & \displaystyle\sum_{j=1}^{\bar{n}} \bar{\boldsymbol{y}}_j \lambda_j - \boldsymbol{s}^+ = (1 - \lambda_{\bar{n}+1}) \boldsymbol{y}_p, \\ & \delta_1 \left(\displaystyle\sum_{j=1}^{\bar{n}+1} \lambda_j - \delta_2 (-1)^{\delta_3} \lambda_0\right) = \delta_1, \\ & \lambda_j \geqq 0, \quad j = 0, 1, \cdots, \bar{n}+1, \\ & \boldsymbol{s}^- \geqq \boldsymbol{0}, \boldsymbol{s}^+ \geqq \boldsymbol{0}, \end{cases}$$

$$(\mathrm{D_M}) \begin{cases} \min & \theta = V_{\mathrm{M}}, \\ \mathrm{s.t.} & \displaystyle\sum_{j=1}^{\bar{n}} \bar{\boldsymbol{x}}_j \lambda_j \leqq (\theta - \lambda_{\bar{n}+1}) \boldsymbol{x}_p, \\ & \displaystyle\sum_{j=1}^{\bar{n}} \bar{\boldsymbol{y}}_j \lambda_j \geqq (1 - \lambda_{\bar{n}+1}) \boldsymbol{y}_p, \\ & \delta_1 \left(\displaystyle\sum_{j=1}^{\bar{n}+1} \lambda_j - \delta_2 (-1)^{\delta_3} \lambda_0\right) = \delta_1, \\ & \lambda_j \geqq 0, \quad j = 0, 1, \cdots, \bar{n}+1, \end{cases}$$

其中,

$$\boldsymbol{e} = (1, 1, \cdots, 1)^{\mathrm{T}} \in E_+^q, \quad \bar{\boldsymbol{e}} = (1, 1, \cdots, 1)^{\mathrm{T}} \in E_+^m,$$

$\boldsymbol{s}^-, \boldsymbol{s}^+$ 分别为松弛变量和剩余变量.

定理 10.10(投影定理) 若决策单元 DMU_p 为 Sam-DEA 无效, $\boldsymbol{s}^{-0}, \boldsymbol{s}^{+0} \geqq \boldsymbol{0}, \lambda_j \geqq 0$ $(j = 0, 1, \cdots, \bar{n}+1)$ 是规划 (D-Sam) 的最优解, 则 $(\boldsymbol{x}_p - \boldsymbol{s}^{-0}, \boldsymbol{y}_p + \boldsymbol{s}^{+0})$ 为 Sam-DEA 有效.

定理 10.11　　决策单元 DMU_p 是 Sam-DEA 有效的当且仅当规划 $(\mathrm{D_M})$ 的最优值等于 1, 并且对它的每个最优解 $\boldsymbol{\lambda}^0 = (\lambda_0^0, \lambda_1^0, \cdots, \lambda_{\bar{n}+1}^0)^{\mathrm{T}}, \theta^0$ 都有

$$\sum_{j=1}^{\bar{n}} \bar{\boldsymbol{x}}_j \lambda_j^0 = (\theta^0 - \lambda_{\bar{n}+1}^0)\boldsymbol{x}_p, \quad \sum_{j=1}^{\bar{n}} \bar{\boldsymbol{y}}_j \lambda_j^0 = (1 - \lambda_{\bar{n}+1}^0)\boldsymbol{y}_p.$$

由定理 10.10 可知, 若决策单元 DMU_p 不为 Sam-DEA 有效, 则 $\boldsymbol{s}^{-0}$ 和 $\boldsymbol{s}^{+0}$ 至少有一个非零. 此时,

$$(\boldsymbol{x}_p - \boldsymbol{s}^{-0}, \boldsymbol{y}_p + \boldsymbol{s}^{+0}) \in \bar{T}$$

且为 Sam-DEA 有效. 由此可知, 决策单元 DMU_p 的整体特征没有达到 Sam-DEA 有效状态的原因主要表现在其特征指标还有改进的可能性, 改进的方向和空间可用 $\boldsymbol{s}^{-0}$ 和 $\boldsymbol{s}^{+0}$ 刻画, 并且根据 "投影" 定理, 调整后的状态 $(\boldsymbol{x}_p - \boldsymbol{s}^{-0}, \boldsymbol{y}_p + \boldsymbol{s}^{+0})$ 为有效状态.

作为决策单元效率的一种度量尺度, 定理 10.11 中给出的 θ 值的大小直接描述了决策单元相对于样本单元的效率情况.

例如, 在图 10.4 中, 针对 $\sum\limits_{j=1}^{\bar{n}} \lambda_j = 1$ 的情况, 以双投入、单产出为坐标, 在投入–产出空间上标出若干个样本点, 并将它们投影到投入平面上, 同时假设所有单元的输出值相等, 将样本单元 1~5 按顺序连接后, 形成的 "最小凸包" 构成了样本生产最小投入面.

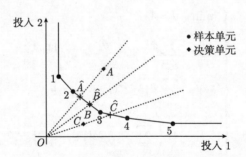

图 10.4　决策单元效率与样本生产可能集

A, B, C 表示三个决策单元, 设射线 OA, OB, OC 与样本生产最小投入面的交点分别为 $\hat{A}, \hat{B}, \hat{C}$. 用比值 $\dfrac{O\hat{A}}{OA}, \dfrac{O\hat{B}}{OB}, \dfrac{O\hat{C}}{OC}$ 来度量决策单元 A, B, C 的有效性, 有下面的结论:

(1) 由于 $\dfrac{O\hat{A}}{OA} < 1$, 说明至少存在一个样本单元 $\hat{A}$ 的生产状态优于 A;

(2) 由于 $\dfrac{O\hat{B}}{OB} = 1$, 说明 B 的生产状态和样本单元集中的某个有效状态具有相

同的效率.

(3) 由于 $\dfrac{O\hat{C}}{OC} > 1$, 说明 C 的生产状态至少优于样本单元集中的一个有效单元 $\hat{C}$.

通过上面的讨论可知, 在某种意义下, θ 作为决策单元效率的一种度量尺度, 反映了决策单元投入产出和有效样本单元投入产出比较的情况.

10.2.2 基于样本评价集群竞争环境与组合效率的方法

传统的 DEA 方法只能评价决策单元的个体效率, 如何应用该方法评价决策单元群体效率问题还是一项新的、具有探索性的工作. 以下从广义 DEA 方法 (Sam-DEA) 出发, 对群体组合效率评价与竞争环境分析问题进行了研究.

1. 用于集群效率分析的指标和计算公式

对竞争环境的正确分析与认识是决策者制定竞争策略的根本保证, 下面以模型 (D-Sam) 和 (D_M) 输出的信息为基础, 提出了一组用于分析集群中某一子群 ST 效率状况的指标和相应的计算公式, 为简单起见, 不妨设

$$ST = \{DMU_1, \cdots, DMU_h\}.$$

假设对第 j 个决策单元应用模型 (D-Sam) 进行计算, 得到的最优解为

$$\boldsymbol{s}_j^- = (s_{1j}^-, s_{2j}^-, \cdots, s_{mj}^-)^T, \quad \boldsymbol{s}_j^+ = (s_{1j}^+, s_{2j}^+, \cdots, s_{qj}^+)^T, \quad \boldsymbol{\lambda}.$$

应用模型 (D_M) 进行分析, 得到的最优值为 θ_j ($j = 1, 2, \cdots, h$), 则有以下指标和计算公式:

(1) 决策单元指标相差值 ($\boldsymbol{s}_j^-, \boldsymbol{s}_j^+$). 若决策单元 DMU_j 为 Sam-DEA 无效, 则由定理 10.10 可知, ($\boldsymbol{x}_j - \boldsymbol{s}_j^-, \boldsymbol{y}_j + \boldsymbol{s}_j^+$) 为 Sam-DEA 有效, 由于

$$(\boldsymbol{x}_j - \boldsymbol{s}_j^-, \boldsymbol{y}_j + \boldsymbol{s}_j^+) \in \bar{T},$$

这表明它是样本单元可以达到的状态. 由于

$$\boldsymbol{x}_j - \boldsymbol{s}_j^- \leqq \boldsymbol{x}_j, \quad \boldsymbol{y}_j + \boldsymbol{s}_j^+ \geqq \boldsymbol{y}_j,$$

因此, 指标值 ($\boldsymbol{s}_j^-, \boldsymbol{s}_j^+$) 一方面指出了决策单元 DMU_j 和样本单元刻画的有效生产状态相比存在的差距, 同时, 也指出了 DMU_j 改进的方向和可能的尺度.

(2) 决策单元指标改进度 ($\boldsymbol{R}_j^-, \boldsymbol{R}_j^+$),

$$\boldsymbol{R}_j^- = (s_{1j}^-/x_{1j}, s_{2j}^-/x_{2j}, \cdots, s_{mj}^-/x_{mj}) \times 100\%,$$

$$\boldsymbol{R}_j^+ = (s_{1j}^+/y_{1j}, s_{2j}^+/y_{2j}, \cdots, s_{qj}^+/y_{qj}) \times 100\%,$$

这两个指标主要反映决策单元 DMU_j 达到有效状态在输入输出指标上需要改进的比例.

(3) 决策单元效率值 (θ_j). 作为决策单元效率的一种度量, θ_j 表明了在保持产出 $\boldsymbol{y}_j$ 不变的前提下, 决策单元 DMU_j 将投入 $\boldsymbol{x}_j$ 的各分量按同一比例减少的可能尺度.

(4) 决策单元相差值 (L_j^-, L_j^+). 决策单元输入相差值

$$L_j^- = \sum_{i=1}^m v_i s_{ij}^-,$$

决策单元产出相差值

$$L_j^+ = \sum_{r-1}^q u_r s_{rj}^+,$$

其中 v_i 为第 i 个输入指标对应的权重, u_r 为第 r 个输出指标对应的权重, 这两个指标主要反映了决策单元 DMU_j 与样本单元刻画的有效状态在输入和输出总量上存在的差距.

(5) 指标相差值的单元影响度 (l_{ij}^-, l_{rj}^+),

$$l_{ij}^- = \frac{v_i s_{ij}^-}{L_j^-} \times 100\%, \quad l_{rj}^+ = \frac{u_r s_{rj}^+}{L_j^+} \times 100\%,$$

主要反映了决策单元 DMU_j 在第 i 种输入和第 r 种输出上的不合理对该单元总体效率的影响程度.

(6) 子群 ST 的群体指标相差值 (P_i^-, P_r^+). 决策单元群在输入指标 i 上相对于样本前沿面的相差值

$$P_i^- = \sum_{j=1}^h g_j s_{ij}^-,$$

其中 g_j 为第 j 个决策单元的权重. 决策单元群在产出指标 r 上相对于样本前沿面的相差值

$$P_r^+ = \sum_{j=1}^h g_j s_{rj}^+.$$

这两个指标给出了决策单元群 ST 与样本决策单元刻画的有效状态之间在每个投入指标和产出指标上存在的差距.

(7) 指标相差值的群体影响度 (P_{ij}^-, P_{rj}^+). 在投入指标 i 上, 子群 ST 中的某一决策单元 DMU$_j$ 的相差值占整个子群相差值的百分比

$$P_{ij}^- = \frac{g_j s_{ij}^-}{P_i^-} \times 100\%.$$

在输出指标 r 上, DMU$_j$ 的相差值占整个决策单元群相差值的百分比

$$P_{rj}^+ = \frac{g_j s_{rj}^+}{P_r^+} \times 100\%.$$

这两个指标主要反映了在某一输入或输出指标上, 决策单元 DMU$_j$ 的无效性对整个决策单元群 ST 效率的影响程度.

另外, 还可以计算决策单元各指标值在群体内部占有的比重, 并与上述效率指标一起进行联合分析.

2. 基于效率的集群竞争环境分析方法

以下应用上小节的指标体系, 给出了核心单元集 (Co)、目标单元集 (Go)、竞争单元集 (Cp)、中立单元集 (Ne) 对应的计算公式, 通过这些公式可以给出这 4 类单元群的整体效率状况评价方法、无效原因分析方法以及可能达到的有效状态的预测方法. 有关指标的计算公式如表 10.4 所示.

表 10.4　决策单元效率特征指标的计算公式与投入–产出效率分析表

集合名称	核心单元集 (Co)	竞争单元集 (Cp)	目标单元集 (Go)	中立单元集 (Ne)
集合属性	是整个联合方案的设计者	是核心单元的竞争对象	是核心单元联合的候选对象	是核心单元不予考虑的单元
集合成员	DMU$_1, \cdots,$ DMU$_h$	DMU$_{h+1}, \cdots,$ DMU$_t$	DMU$_{t+1}, \cdots,$ DMU$_k$	DMU$_{k+1}, \cdots,$ DMU$_n$
单元指标相差值	$\boldsymbol{s}_j^-, \boldsymbol{s}_j^+$ $(1 \leqq j \leqq h)$	$\boldsymbol{s}_j^-, \boldsymbol{s}_j^+$ $(h+1 \leqq j \leqq t)$	$\boldsymbol{s}_j^-, \boldsymbol{s}_j^+$ $(t+1 \leqq j \leqq k)$	$\boldsymbol{s}_j^-, \boldsymbol{s}_j^+$ $(k+1 \leqq j \leqq n)$
单元指标改进度	$\boldsymbol{R}_j^-, \boldsymbol{R}_j^+$ $(1 \leqq j \leqq h)$	$\boldsymbol{R}_j^-, \boldsymbol{R}_j^+$ $(h+1 \leqq j \leqq t)$	$\boldsymbol{R}_j^-, \boldsymbol{R}_j^+$ $(t+1 \leqq j \leqq k)$	$\boldsymbol{R}_j^-, \boldsymbol{R}_j^+$ $(k+1 \leqq j \leqq n)$
单元效率值	$\theta_j (1 \leqq j \leqq h)$	$\theta_j (h+1 \leqq j \leqq t)$	$\theta_j (t+1 \leqq j \leqq k)$	$\theta_j (k+1 \leqq j \leqq n)$
单元相差值	L_j^-, L_j^+ $(1 \leqq j \leqq h)$	L_j^-, L_j^+ $(h+1 \leqq j \leqq t)$	L_j^-, L_j^+ $(t+1 \leqq j \leqq k)$	L_j^-, L_j^+ $(k+1 \leqq j \leqq n)$
群体指标相差值	$P_i^- = \sum\limits_{j=1}^{h} g_j s_{ij}^-,$ $P_r^+ = \sum\limits_{j=1}^{h} g_j s_{rj}^+$ $(1 \leqq i \leqq m,$ $1 \leqq r \leqq q)$	$P_i^- = \sum\limits_{j=h+1}^{t} g_j s_{ij}^-,$ $P_r^+ = \sum\limits_{j=h+1}^{t} g_j s_{rj}^+$ $(1 \leqq i \leqq m,$ $1 \leqq r \leqq q)$	$P_i^- = \sum\limits_{j=t+1}^{k} g_j s_{ij}^-,$ $P_r^+ = \sum\limits_{j=t+1}^{k} g_j s_{rj}^+$ $(1 \leqq i \leqq m,$ $1 \leqq r \leqq q)$	$P_i^- = \sum\limits_{j=k+1}^{n} g_j s_{ij}^-,$ $P_r^+ = \sum\limits_{j=k+1}^{n} g_j s_{rj}^+$ $(1 \leqq i \leqq m,$ $1 \leqq r \leqq q)$

集合名称	核心单元集 (Co)	竞争单元集 (Cp)	目标单元集 (Go)	中立单元集 (Ne)
指标相差值的单元影响度	$l_{ij}^- = \dfrac{v_i s_{ij}^-}{L_j^-},$ $l_{rj}^+ = \dfrac{u_r s_{rj}^+}{L_j^+}$ $(1 \le i \le m,$ $1 \le r \le q,$ $1 \le j \le h)$	$l_{ij}^- = \dfrac{v_i s_{ij}^-}{L_j^-},$ $l_{rj}^+ = \dfrac{u_r s_{rj}^+}{L_j^+}$ $(1 \le i \le m,$ $1 \le r \le q,$ $h+1 \le j \le t)$	$l_{ij}^- = \dfrac{v_i s_{ij}^-}{L_j^-},$ $l_{rj}^+ = \dfrac{u_r s_{rj}^+}{L_j^+}$ $(1 \le i \le m,$ $1 \le r \le q,$ $t+1 \le j \le k)$	$l_{ij}^- = \dfrac{v_i s_{ij}^-}{L_j^-},$ $l_{rj}^+ = \dfrac{u_r s_{rj}^+}{L_j^+}$ $1 \le i \le m,$ $1 \le r \le q,)$ $k+1 \le j \le n)$
指标相差值的群体影响度	$P_{ij}^- = \dfrac{g_j s_{ij}^-}{P_i^-},$ $P_{rj}^+ = \dfrac{g_j s_{rj}^+}{P_r^+}$ $(1 \le i \le m,$ $1 \le r \le q,$ $1 \le j \le h)$	$P_{ij}^- = \dfrac{g_j s_{ij}^-}{P_i^-},$ $P_{rj}^+ = \dfrac{g_j s_{rj}^+}{P_r^+}$ $(1 \le i \le m,$ $1 \le r \le q,$ $h+1 \le j \le t)$	$P_{ij}^- = \dfrac{g_j s_{ij}^-}{P_i^-},$ $P_{rj}^+ = \dfrac{g_j s_{rj}^+}{P_r^+}$ $(1 \le i \le m,$ $1 \le r \le q,$ $t+1 \le j \le k)$	$P_{ij}^- = \dfrac{g_j s_{ij}^-}{P_i^-},$ $P_{rj}^+ = \dfrac{g_j s_{rj}^+}{P_r^+}$ $(1 \le i \le m,$ $1 \le r \le q,$ $k+1 \le j \le n)$

通过对上述指标数据进行分析和计算, 使决策者可以从个体与整体两个方面把握自身的效率状况与个体所处集群的整体态势. 这主要表现在以下几个方面:

(1) 上述数据可以给出集群中个体成员的效率状况以及无效的原因, 并预测个体单元的有效状态和调整的可行方向.

(2) 通过综合指标可以把握决策单元子群的效率状况、找出集群无效原因以及个体行为对整个子群的影响程度. 同时, 应用这些方法还能预测子群的有效状态, 这有助于发现集群发展的可行趋势.

因此, 这些指标和计算公式对决策者正确认识自身效率、有效优化单元结构、合理定位自身所处竞争环境并制定相应竞争与联合策略都可以提供许多有用的信息.

3. 组合方案的有效性评价方法

竞争是自然界和人类社会普遍存在的一种最基本的活动规律, 如自然界中的生存斗争, 人类社会中企业的市场竞争、人才竞争、科技竞争等. 在竞争过程中, 决策者常常通过联合、兼并以及重组等方式来增强实力、优化结构, 从而达到提升自我、抑制对手的目的. 那么, 如何利用样本单元评价基于竞争目的的组合效率问题呢?

下面主要讨论对于核心单元集中的成员, 应该联合目标单元集中的哪些成员才能形成针对竞争单元的相对优势问题.

假设决策者根据实际情况已经确定了联合方案的集合为

$$S = \{U_1, U_2, \cdots, U_M\},$$

其中

$$U_i = \{\mathrm{DMU}_{i_1}, \mathrm{DMU}_{i_2}, \cdots, \mathrm{DMU}_{i_{M_i}}\} \subseteq \mathrm{Go},$$

则有以下分析方法:

1) 基于效率值的关键集团法

决策者从打造集群核心竞争力出发, 主要从大型集团的角度来考察联合与竞争的关系, 并以自身关键集团与竞争对象中关键集团的平均效率指数差距拉大为竞争目标, 则有下面的关键集团效率法:

$$F = \max_{1 \leqq i \leqq M} \left(\frac{1}{|\mathrm{Cor}_i|} \sum_{j \in \mathrm{Cor}_i} g_j \theta_j - \frac{1}{|\mathrm{Com}|} \sum_{j \in \mathrm{Com}} g_j \theta_j \right),$$

其中 Cor_i 为 $\mathrm{Co} \cup U_i$ 中的关键单元的集合, Com 为 Cp 中的关键单元的集合.

2) 基于效率值的加权平均效率法

决策者把新组建的联合集团与竞争单元集分别作为一个整体, 把拉大两个整体的效率差距作为联合的目标, 并以各单元效率的加权平均值作为每个整体效率的大小, 则有下面的平均效率法:

$$F = \max_{1 \leqq i \leqq M} \left(\frac{1}{|\mathrm{Co} \cup U_i|} \sum_{j \in \mathrm{Co} \cup U_i} g_j \theta_j - \frac{1}{|\mathrm{Cp}|} \sum_{j \in \mathrm{Cp}} g_j \theta_j \right).$$

这里方案 F 是使联合体单元的加权平均效率指数与竞争集团单元的加权平均效率指数差距最大的一种方案.

4. 组合方案的优化模型

如果决策者选择了某一组合方案 $\mathrm{Co} \cup U_i$, 则决策者可以通过重组企业资源和改造企业结构等方式来优化组合后的新集团, 那么组合后的新集团优化的方向和可能达到的理想状态怎样呢? 应用 (CO) 模型

$$(\mathrm{CO}) \begin{cases} \max & \bar{e}^{\mathrm{T}} s^- + e^{\mathrm{T}} s^+, \\ \mathrm{s.t.} & \displaystyle\sum_{j=1}^{\bar{n}} \bar{x}_j \lambda_j + s^- = (1 - \lambda_{\bar{n}+1}) \sum_{\mathrm{DMU}_p \in \mathrm{Co} \cup U_i} x_p, \\ & \displaystyle\sum_{j=1}^{\bar{n}} \bar{y}_j \lambda_j - s^+ = (1 - \lambda_{\bar{n}+1}) \sum_{\mathrm{DMU}_p \in \mathrm{Co} \cup U_i} y_p, \\ & \delta_1 \left(\displaystyle\sum_{j=1}^{\bar{n}+1} \lambda_j - \delta_2 (-1)^{\delta_3} \lambda_0 \right) = \delta_1, \\ & \lambda_j \geqq 0, \quad j = 0, 1, \cdots, \bar{n} + 1, \\ & s^- \geqq \mathbf{0}, \ s^+ \geqq \mathbf{0}. \end{cases}$$

可以得到以下结论:

相差值 s^-, s^+ 指出了新组合单元和样本单元刻画的有效生产状态相比存在的差距, 指出了该组合方案改进的方向和可能的尺度.

10.2.3　竞争环境与组合效率评价方法的应用研究

假设某地区有 8 家运输公司, 分别为当地东、中、西 3 个行政区的 13 个网点提供运输服务 (图 10.5), 其中该地区规模最大的公司 —— 公司 3 在地区竞争中效益不断降低, 利润逐年下降, 公司决策者通过市场分析后发现, 本公司的竞争压力主要来源于公司 2 和公司 5 的竞争.

为了应对来自于地区内部和外部的竞争压力, 公司 3 与其同盟者 (公司 1) 一起决定通过联合、兼并和重组业务资源等办法与其他企业联盟, 进而达到扩大群体规模、提高竞争能力, 并对龙头公司 2 产生相对制约的目的. 于是公司 3 决定与公司 1 一起在 3 区和 4 区至少联合一个公司, 并使得联合后, 新集团的效率相对于剩余公司更具有优势.

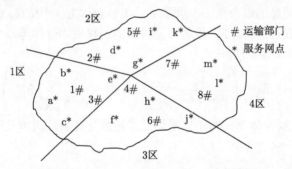

图 10.5　运输公司和服务网点的地理分布图

在联合前, 公司领导根据实际情况, 选择了 6 家国内明星示范运输企业作为参照, 准备对该地区 8 家企业的效率状况、竞争环境以及拟采取的联合方案进行全面的分析和评价.

目前, 运输公司和服务网点的合作关系如表 10.5 所示, 各公司的生产和年利润情况如表 10.6 所示, 6 家明星企业的指标数据如表 10.7 所示.

表 10.5　运输公司和服务网点的合作关系

公司编号 \ 网点编号		西　区				中　区					东　区		
		a	b	c	d	e	f	g	h	i	j	k	l	m
西区	1	+	+	+	−	−	+	+	+	−	−	+	−	−
	2	−	−	−	+	−	+	+	−	+	+	+	+	+
	3	+	−	+	+	−	−	+	+	−	−	+	+	+
中区	4	+	−	−	−	+	−	+	+	−	−	−	−	+
	5	+	−	−	−	+	−	+	−	+	−	−	−	−
	6	−	−	−	−	+	−	+	−	+	−	−	−	−
东区	7	−	−	−	+	+	−	+	−	+	+	+	+	+
	8	+	+	−	−	+	+	+	−	+	+	+	+	+

注: 其中 "+" 表示运输公司与服务网点存在服务关系, "−" 表示它们之间不存在服务关系.

表 10.6   8 个公司的指标数据及效率指标值　　　　　(单位: 万元)

公司序号	资金投入指数	工作人员投资指数	运输车辆投资指数	利润总额
1	21.14	16	13	13.71
2	58.05	36	12	50.51
3	70.32	39	12	43.53
4	22.4	25	10	21.8
5	20.21	27	10	16.87
6	24.32	30	9	16.75
7	29.5	21	10	18.74
8	18.34	19	17	18.05

表 10.7   样本企业的指标数据　　　　　(单位: 万元)

样本企业序号	资金投入指数	工作人员投资指数	运输车辆投资指数	利润总额
1	44.34	23	9	26.77
2	60.12	26	12	44.02
3	24.98	19	7	19.34
4	33.45	20	6	20.46
5	18.87	16	5	11.29
6	29.32	21	13	14.57

1. 决策者所处竞争环境分析

根据决策者目标, 可将该区域内的 8 家公司分成以下几个部分: 决策的主体 (Co) 为{公司 1, 公司 3}, 决策者竞争的对象 (Cp) 为{公司 2, 公司 5}, 决策者联合的对象 (Go) 为{公司 4, 公司 6, 公司 7, 公司 8}. 针对决策主体单元群、竞争单元群和拟联合单元群, 应用表 10.4 中的公式可算得各指标数据如表 10.8 和表 10.9 所示.

1) 决策者与竞争对手之间的比较分析

从表 10.8 中的计算结果可以看出

(1) 从生产的有效性状况来看, 在决策主体单元中, 公司 1 的生产有效, 公司 3 的生产无效, 而在竞争单元集中, 公司 2 和公司 5 的生产均有效. 公司 3 生产无效的原因主要表现在资金利用和人员效率低下, 如果在保持获得的利润不变的情况下, 能够将资金的使用降低 15.5%, 工作人员投资指数减少 33.69%, 公司的生产才能达到有效状态.

(2) 从决策者与竞争对手之间的整体结构上来看, 决策主体单元群分布在 1 区, 竞争单元群分布在 2 区, 两个竞争群体之间在规模上基本相当, 除人员投资指数外, 决策主体单元群在其他两项投入指标上均高于竞争对象, 但其利润却只是竞争对象的 85%. 决策主体单元群无效性主要是公司 3 的低效率导致的. 由于公司 3 的资金总额、工作人员投资指数、获得的利润额三项指标均占决策主体单元群 70% 以上的份额, 因此, 对公司 3 的改造是提升整个决策主体单元群效率的关键.

表 10.8　核心单元与竞争单元指标相差值及单元指标占各自群体比重

单元类 \ 指标	核心单元集 Co						竞争单元集 Cp					
	公司 1		公司 3		总量		公司 2		公司 5		总量	
	指标比重/%	相差值	指标比重/%	相差值	指标值	相差值	指标比重/%	相差值	指标比重/%	相差值	指标值	相差值
资金投入指数	23.11	0	76.89	10.90	91.46	10.90	74.18	0	25.82	0	78.26	0
工作人员投资指数	29.09	0	70.91	13.14	55	13.14	57.14	0	42.86	0	63	0
运输车辆投资指数	52	0	48	0.10	25	0.10	54.55	0	45.45	0	22	0
利润总额	23.95	0	76.05		57.24		74.96	0	25.04	0	67.38	0
效率值	1		0.99				1		1			

表 10.9　目标单元指标相差值及单元指标占群体比重

单元类 \ 指标	目标单元集 Co									
	公司 4		公司 6		公司 7		公司 8		总量	
	指标比重/%	相差值	指标比重/%	相差值	指标比重/%	相差值	指标比重/%	相差值	指标值	相差值
资金投入指数	23.69	0	25.72	1.31	31.20	4.98	19.40	0	94.56	6.29
工作人员投资指数	26.32	0	31.58	11.97	22.11	2.22	20.00	0	95	14.19
运输车辆投资指数	21.74	0	19.57	2.64	21.74	3.15	36.96	0	46	5.79
利润总额	28.94	0	22.23	0	24.87	0	23.96	0	75.34	0
效率值	1		0.95		0.88		1			

　　由于这里的决策主体单元群与竞争单元群的构成比较简单, 因此, 不再对其他效率特征指标进一步分析和计算.

　　2) 决策者联合对象的整体状况分析

　　从表 10.9 中的计算结果可以看出

　　(1) 从生产有效性状况来看, 在目标单元群中, 公司 4, 公司 8 的生产有效, 公司 6, 公司 7 的生产无效, 它们的有效性次序为

$$公司\ 4, 公司\ 8 > 公司\ 6 > 公司\ 7,$$

其中公司 6 无效的原因主要表现在人员效率和运输车辆效率过低. 如果在保持获得的利润不变的情况下, 能够将工作人员投资指数减少 39.9%, 运输车辆投资指数

减少 29.33%, 公司 6 的生产才能达到有效状态. 公司 7 无效的原因主要表现在资金使用效率、人员效率和运输车辆效率都比较低. 在保持获得的利润不变的情况下, 如果能够将资金投入减少 16.9%, 工作人员投资指数减少 10.57%, 运输车辆投资指数减少 31.5%, 公司 7 的生产才能达到有效状态.

(2) 从目标单元群的结构分布来看, 目标单元分布在 3 区和 4 区, 这两个区覆盖了整个市场大约一半的面积. 在这两个区内的目标单元数量相同, 有效和无效单元的数量也相同, 并且各单元在规模上相差不大.

2. 组合方案的有效性评价

假设公司 1, 公司 3 的决策者为了与公司 2, 公司 5 进行竞争, 准备在 3 区和 4 区至少联合一个公司, 联合的初期准备不采取实质性的组合与兼并, 先采取一种同盟的方式联合, 那么根据决策者的意愿, 可供选择的组合方案有如下几种 (表 10.10).

表 10.10 公司 1, 公司 3 准备采取的联合方案

方案	1	2	3	4	5	6	7	8	9
新组合集团名称	DMU_{47}	DMU_{67}	DMU_{48}	DMU_{68}	DMU_{478}	DMU_{678}	DMU_{467}	DMU_{468}	DMU_{4678}
新集团单元编号	1, 3, 4, 7	1, 3, 6, 7	1, 3, 4, 8	1, 3, 6, 8	1, 3, 4, 7, 8	1, 3, 6, 7, 8	1, 3, 4, 6, 7	1, 3, 4, 6, 8	1, 3, 4, 6, 7, 8

1) 关键集团效率法

如果决策者认为{公司 1, 公司 3}和{公司 2, 公司 5}是该地区的两大集团,

$$(g_1, g_2, \cdots, g_8) = (1, 2, 3, 1, 1, 1, 1, 1),$$

而联合的目标在于缩小新集团与竞争集团中大型单元之间的平均效率差距, 那么根据关键集团效率法,

$$F = \max\{-0.5375, -0.55, -0.5075, -0.52, -0.63, -0.64, -0.64, -0.616, -0.7\}$$
$$= -0.5075,$$

可得组合方案 3 是最优方案, 即公司 1, 公司 3, 公司 4, 公司 8 构成一个集团, 其中 $F < 0$ 表示联盟后的集团效率还低于主要竞争对象.

2) 加权平均效率法

如果决策者联合其他单元的目标在于缩小新集团与竞争集团之间的平均效率差距, 则有

$$F = \max\{-0.0375, -0.05, -0.0075, -0.02, -0.13, -0.14, -0.14, -0.116, -0.2\}$$
$$= -0.0075.$$

计算结果表明组合方案 3 是最优方案, 即公司 1, 公司 3, 公司 4, 公司 8 构成一个集团. 由于 $F < 0$, 表明联盟后的集团效率与竞争对象的效率之间还存在差距, 但这种差距并不大.

3. 组合方案的优化分析

决策者如果采纳组合方案 3, 即将公司 1, 公司 3, 公司 4, 公司 8 组合, 形成一个新的集团, 那么新构成的集团在进行资源重组、资源配置方面需要如何进行调整呢?

(1) 从新集团的每个成员无效性的累计来看, 如果把整个集团的资金投入指数减少 10.90, 工作人员投资指数减少 13.14, 运输车辆投资指数减少 0.10, 则整个集团即可达到比较理想的状态.

(2) 从新集团的整体投入产出来看, 应用模型 (CO) 进行计算, 得到

$$s_1^- = 0, \quad s_2^- = 0, \quad s_3^- = 0, \quad s_1^+ = 0,$$

结果表明从整体上来看, 采纳组合方案 3 构成的新集团是有效的.

10.3　集群重组型组合效率评价方法

对集群相关问题的研究一直是经济学和管理学关注的焦点, 特别是在中国加入世界贸易组织以后, 面对国外大企业集团的强大竞争, 中国企业的联合与重组成为未来企业发展的必然趋势. 近年来, 中国产业集群化发展的特征不断突出、新的产业集群不断涌现, 如何有效提高集群的整体效率, 以应对快速发展的国内和国际环境已经成为决策者特别关注的问题. 通过应用 "中国期刊全文数据库" (http://www.cnki.net) 进行 "主题" 检索发现, 在 1994~2007 年, 与 "集群" 有关的论文已经超过10000 篇, 但 "主题" 与 "集群重组" 有关的论文不足 80 篇, 其中从定量角度来研究的论文更少 [18~20], 那么, 如何充分利用丰富的数据资源来获得企业集群评价与重组的信息呢? 以下首先给出依据参考样本对集群成员效率度量的方法, 进而构造了集群投入–产出效率分析表, 通过该表分别给出了用于集群整体效率分析、集群无效原因分析、集群有效状态预测. 然后, 定义了集群内部决策单元重组有效性的概念, 给出了一类基于样本数据评价集群重组效率、优化重组方案的非参数方法. 最后, 探讨了该方法在国有企业战略重组中的应用, 上述方法不仅模型简单、理论完备, 而且还可以克服确定指标间权重大小和某些定量关系的困难, 应用该方法不仅可以评价集群及其重组方案的有效性, 而且还能分析其无效的原因和调整的方向, 并能进一步预测集群效率可能提高的空间. 它在产业集群融合与发展、国有企业战

略重组等许多重要问题中都有广阔的应用前景. 当然, 这里的研究还比较基础, 进一步的研究还可以考虑与博弈论的结合等.

10.3.1 集群中个体成员的效率度量方法

集群效率综合评估的一个中心任务就是给出集群整体效率水平、分析集群无效原因, 并提出可行的改进方向和大致尺度. 以下在文献 [2] 的基础上给出集群中个体成员的效率度量方法, 然后, 以此为基础, 构造集群投入–产出效率分析表. 最后, 应用该表给出用于集群整体效率分析、集群无效原因分析、集群有效状态预测的方法. 相比较而言, 文献 [2] 评价的目标是一个单元如何联合 "外部" 单元来提升 "个体效率", 而这里的研究目标是一个群体如何通过 "内部" 的重组来提升 "群体效率", 因而它们研究的问题是不同的.

一定区域内的若干同类单元常常由于某种原因或为了某种目的形成一个群体. 假设一个集群内共有 n 个决策单元, 它们的特征可由 m 种输入和 s 种输出表示出来, 其中第 j 个决策单元 (DMU_j) 的输入输出指标值分别为 $\boldsymbol{x}_j, \boldsymbol{y}_j$. 令

$$T_{\mathrm{DMU}} = \{\mathrm{DMU}_j | j = 1, 2, \cdots, n\},$$

称为决策单元集群,

为了评价自身集群相对于其他集群的效率状况, 决策者选择了一些优秀单元 (以下通称为样本单元) 作为比较的对象来进行分析, 假设决策者选择的样本单元有 $\bar{n}$ 个, 其中第 j 个样本单元 (SDMU_j) 的输入输出指标值为 $\bar{\boldsymbol{x}}_j, \bar{\boldsymbol{y}}_j$, 令

$$T^* = \{\mathrm{SDMU}_j | j = 1, 2, \cdots, \bar{n}\},$$

称为样本单元集.

以下首先应用 DEA 方法 [11,12,16,17] 构造生产可能集的基本原理来确定 "样本参照集", 然后从多目标规划 Pareto 有效的角度来分析集群成员的有效性问题. 如果 "样本参照集" 中没有单元比被评价成员的投入产出关系更有效, 则认为该成员是有效的.

例如, 在图 10.6 中, S_2 所在的直线为样本单元 S_1, S_2, S_3 所确定的生产前沿面, 它把投入产出平面分成了内、外两部分, 其中阴影部分为样本单元确定的生产可能集. 从图 10.6 可见, 集群成员 M_2, M_3 是无效的, 即以其各自的投入量所获得的产出量均未达到样本单元确定的有效产出, 而集群成员 M_1 为有效成员, 因为 M_1 的产出高于样本单元确定的有效产出. 对于其他情况 (图 10.7~ 图 10.9) 可类似讨论.

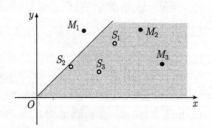

图 10.6 集群成员与样本可能集 $\bar{T}_{\mathrm{C^2R}}$

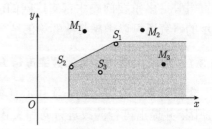

图 10.7 集群成员与样本可能集 $\bar{T}_{\mathrm{BC^2}}$

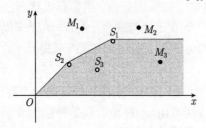

图 10.8 集群成员与样本可能集 $\bar{T}_{\mathrm{FG}}$

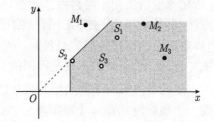

图 10.9 集群成员与样本可能集 $\bar{T}_{\mathrm{ST}}$

事实上, 关于集群个体成员的效率度量问题, 文献 [2] 已经对规模效率不变、规模效率可变的情况进行了讨论, 这里进一步把这一结论推广到非规模收益递增、非规模收益递减的情况, 由于对它们的讨论类同, 这里不再赘述, 仅给出最后结论.

根据样本单元满足的生产条件不同, 样本生产可能集 $\bar{T}$ 可用统一的形式表示如下:

$$\bar{T} = \left\{ (\boldsymbol{x}, \boldsymbol{y}) \left| \sum_{j=1}^{\bar{n}} \bar{\boldsymbol{x}}_j \lambda_j \leqq \boldsymbol{x}, \sum_{j=1}^{\bar{n}} \bar{\boldsymbol{y}}_j \lambda_j \geqq \boldsymbol{y}, \right. \right.$$

$$\left. \delta_1 \left(\sum_{j=1}^{\bar{n}} \lambda_j - \delta_2 (-1)^{\delta_3} \lambda_0 \right) = \delta_1, \boldsymbol{\lambda} = (\lambda_0, \lambda_1, \cdots, \lambda_{\bar{n}})^{\mathrm{T}} \geqq \boldsymbol{0} \right\},$$

其中 $\delta_1, \delta_2, \delta_3$ 为取值 0 或 1 的参数 (详细情况参见文献 [10]).

定义 10.4 对于某个决策单元 DMU_j, 若不存在 $(\boldsymbol{x}, \boldsymbol{y}) \in \bar{T}$, 使得

$$\boldsymbol{x} \leqq \boldsymbol{x}_j, \quad \boldsymbol{y} \geqq \boldsymbol{y}_j$$

且至少有一个不等式严格成立, 则称决策单元 DMU_j 相对于样本单元为有效的, 简称 CSam-DEA 有效; 反之, 称为 CSam-DEA 无效.

对于多目标规划问题

$$(\mathrm{VP_M}) \begin{cases} V - \max(-x_1, \cdots, -x_m, y_1, \cdots, y_s), \\ \mathrm{s.t.} \quad (\boldsymbol{x}, \boldsymbol{y}) \in \bar{T}_M, \end{cases}$$

其中

$$\bar{T}_M = \left\{ (\boldsymbol{x}, \boldsymbol{y}) \left| \sum_{j=1}^{\bar{n}} \bar{\boldsymbol{x}}_j \lambda_j + \lambda_{\bar{n}+1} \boldsymbol{x}_p \leqq \boldsymbol{x}, \sum_{j=1}^{\bar{n}} \bar{\boldsymbol{y}}_j \lambda_j + \lambda_{\bar{n}+1} \boldsymbol{y}_p \geqq \boldsymbol{y}, \right. \right.$$

$$\left. \delta_1 \left(\sum_{j=1}^{\bar{n}+1} \lambda_j - \delta_2 (-1)^{\delta_3} \lambda_0 \right) = \delta_1, (\lambda_0, \lambda_1, \cdots, \lambda_{\bar{n}+1})^{\mathrm{T}} \geqq \boldsymbol{0} \right\},$$

有以下结论:

定理 10.12 决策单元 DMU_p 为 CSam-DEA 有效当且仅当 $(\boldsymbol{x}_p, \boldsymbol{y}_p)$ 为 $(\mathrm{VP_M})$ 的 Pareto 有效解.

若决策单元 DMU_p 不为 CSam-DEA 有效, 那么如何通过样本有效前沿面来找出其无效的原因以及可能的改进方向呢? 这可以通过以下 "投影" 定理来实现:

考虑下面的规划模型 (D-Sam) 和 $(\mathrm{D_M})$, 有以下结论:

$$(\text{D-Sam}) \begin{cases} \max & \bar{\boldsymbol{e}}^{\mathrm{T}} \boldsymbol{s}^- + \boldsymbol{e}^{\mathrm{T}} \boldsymbol{s}^+, \\ \text{s.t.} & \sum_{j=1}^{\bar{n}} \bar{\boldsymbol{x}}_j \lambda_j + \boldsymbol{s}^- = (1 - \lambda_{\bar{n}+1}) \boldsymbol{x}_p, \\ & \sum_{j=1}^{\bar{n}} \bar{\boldsymbol{y}}_j \lambda_j - \boldsymbol{s}^+ = (1 - \lambda_{\bar{n}+1}) \boldsymbol{y}_p, \\ & \delta_1 \left(\sum_{j=1}^{\bar{n}+1} \lambda_j - \delta_2 (-1)^{\delta_3} \lambda_0 \right) = \delta_1, \\ & \lambda_j \geqq 0, \quad j = 0, 1, \cdots, \bar{n}+1, \\ & \boldsymbol{s}^- \geqq \boldsymbol{0}, \ \boldsymbol{s}^+ \geqq \boldsymbol{0}, \end{cases}$$

$$(\mathrm{D_M}) \begin{cases} \min & \theta = V_{\mathrm{M}}, \\ \text{s.t.} & \sum_{j=1}^{\bar{n}} \bar{\boldsymbol{x}}_j \lambda_j \leqq (\theta - \lambda_{\bar{n}+1}) \boldsymbol{x}_p, \\ & \sum_{j=1}^{\bar{n}} \bar{\boldsymbol{y}}_j \lambda_j \geqq (1 - \lambda_{\bar{n}+1}) \boldsymbol{y}_p, \\ & \delta_1 \left(\sum_{j=1}^{\bar{n}+1} \lambda_j - \delta_2 (-1)^{\delta_3} \lambda_0 \right) = \delta_1, \\ & \lambda_j \geqq 0, \quad j = 0, 1, \cdots, \bar{n}+1, \end{cases}$$

其中,

$$\boldsymbol{e} = (1, \cdots, 1)^{\mathrm{T}} \in E_+^s, \quad \bar{\boldsymbol{e}} = (1, \cdots, 1)^{\mathrm{T}} \in E_+^m,$$

$\boldsymbol{s}^-, \boldsymbol{s}^+$ 分别为剩余变量和松弛变量.

定理 10.13(投影定理)　若决策单元 DMU$_p$ 为 CSam-DEA 无效, s^{-0}, s^{+0}, $\lambda_j^0 \geqq 0$ $(j = 0, 1, \cdots, \bar{n} + 1)$ 是规划 (D-Sam) 的最优解, 则 $(x_p - s^{-0}, y_p + s^{+0})$ 为 CSam-DEA 有效.

由定理 10.13 的结论及证明过程可知, 若决策单元 DMU$_j$ 不为 CSam-DEA 有效, 则 s^{-0} 和 s^{+0} 至少有一个非零. 此时,

$$(x_p - s^{-0}, y_p + s^{+0}) \in \bar{T}$$

且

$$(-x_p + s^{-0}, y_p + s^{+0}) \geqslant (-x_p, y_p).$$

这表明决策单元 DMU$_p$ 的整体特征没有达到 Pareto 有效状态. 它无效的原因主要表现在其特征指标还有改进的可能性, 改进的方向和空间可用 s^{-0} 和 s^{+0} 来刻画, 并且根据 "投影" 定理, 调整后的指标值 $(x_p - s^{-0}, y_p + s^{+0})$ 为 CSam-DEA 有效.

定理 10.14　决策单元 DMU$_p$ 是 CSam-DEA 有效的当且仅当规划 (D$_\text{M}$) 的最优值 $V_\text{M} = 1$, 并且对它的每个最优解 $\boldsymbol{\lambda}^0 = (\lambda_0^0, \lambda_1^0, \cdots, \lambda_{\bar{n}+1}^0)^\text{T}$, θ^0 都有

$$\sum_{j=1}^{\bar{n}} \bar{x}_j \lambda_j^0 = (\theta^0 - \lambda_{\bar{n}+1}^0) x_p, \quad \sum_{j=1}^{\bar{n}} \bar{y}_j \lambda_j^0 = (1 - \lambda_{\bar{n}+1}^0) y_p.$$

在某种意义下, θ 作为决策单元效率的一种度量尺度, 反映了决策单元投入产出和有效样本单元投入产出比较的情况.

10.3.2　集群现状分析与整体优化方法

集群效率是衡量集群发展质量的一个重要标志, 是集群整体竞争力的重要体现. 以下通过 "集群效率分析表" 的构造, 不仅可以分析集群内部资源配置的合理性, 而且还能发现资源调整和重组的有利信息.

1. 集群整体效率分析表的构造

对于决策单元集群

$$T_\text{DMU} = \{\text{DMU}_j | j = 1, 2, \cdots, n\}$$

中的第 k 个成员, 应用模型 (D-Sam) 进行分析, 得到对应的 (D-Sam) 模型的最优解是 $s^{k-}, s^{k+}, \lambda_j^k \geqq 0$ $(j = 0, 1, \cdots, \bar{n} + 1)$. 若决策单元 DMU$_k$ 不是 CSam-DEA 有效的, 则由定理 10.13 的结论可知, 决策单元无效的原因主要表现在集合

$$I^k = \{i | s_i^{k-} \neq 0\} \cup \{j | s_j^{k+} \neq 0\}$$

中的特征指标与样本单元相比还有一定的差距. 如果决策单元 DMU_k 的投入产出值改进为 $(\boldsymbol{x}_k - \boldsymbol{s}^{k-}, \boldsymbol{y}_k + \boldsymbol{s}^{k+})$, 则可达到有效状态. 因此, 通过对集群中每个单元的优化, 就可以实现对集群整体的优化.

应用上述信息, 可以给出集群的投入产出效率分析表 (表 10.11, 表 10.12).

表 10.11　集群投入效率分析表

指标权重　＼　成员权重		成员 1 l_1	成员 2 l_2	$\cdots$	成员 n l_n	集群相差值
投入指标 1	v_1	s_1^{1-}	s_1^{2-}	$\cdots$	s_1^{n-}	$\sum\limits_{i=1}^{n} l_i s_1^{i-}$
$\vdots$	$\vdots$	$\vdots$	$\vdots$		$\vdots$	$\vdots$
投入指标 m	v_m	s_m^{1-}	s_m^{2-}	$\cdots$	s_m^{n-}	$\sum\limits_{i=1}^{n} l_i s_m^{i-}$
成员相差值		$\sum\limits_{j=1}^{m} v_j s_j^{1-}$	$\sum\limits_{j=1}^{m} v_j s_j^{2-}$	$\cdots$	$\sum\limits_{j=1}^{m} v_j s_j^{n-}$	$\sum\limits_{i=1}^{n}\sum\limits_{j=1}^{m} l_i v_j s_j^{i-}$

表 10.12　集群产出效率分析表

指标权重　＼　成员权重		成员 1 l_1	成员 2 l_2	$\cdots$	成员 n l_n	集群相差值
产出指标 1	u_1	s_1^{1+}	s_1^{2+}	$\cdots$	s_1^{n+}	$\sum\limits_{i=1}^{n} l_i s_1^{i+}$
$\vdots$	$\vdots$	$\vdots$	$\vdots$		$\vdots$	$\vdots$
产出指标 s	u_s	s_s^{1+}	s_s^{2+}	$\cdots$	s_s^{n+}	$\sum\limits_{i=1}^{n} l_i s_s^{i+}$
成员相差值		$\sum\limits_{j=1}^{s} u_j s_j^{1+}$	$\sum\limits_{j=1}^{s} u_j s_j^{2+}$	$\cdots$	$\sum\limits_{j=1}^{s} u_j s_j^{n+}$	$\sum\limits_{i=1}^{n}\sum\limits_{j=1}^{s} l_i u_j s_j^{i+}$
成员效率值		θ^1	θ^2	$\cdots$	θ^n	$\sum\limits_{i=1}^{n} l_i \theta^i$

应用表 10.11 可以得到许多有用的信息, 如

(1) 每个集群成员在各输入指标上比相应有效状态多投入的量;

(2) 整个集群各输入指标的累计差距;

(3) 每个集群成员在投入上的总差距;

(4) 上述各种差距在集群中所占比例和影响程度分析等.

应用表 10.12 同样可以得到许多有用的信息, 如

(1) 集群成员各产出指标与其有效状态之间存在的差距;

(2) 整个集群各产出指标的累计差距;

(3) 集群每个成员在产出上的总差距;

(4) 上述各种差距在集群中所占比例和影响程度分析等.

总之, 集群投入–产出效率分析表反映了集群与样本单元刻画的有效状态相比存在的差距, 揭示了影响集群投入–产出不合理因素的结构分布和可能尺度, 同时, 为评估集群成员及其变化对整个集群产生影响找到了定量分析方法.

2. 集群整体效率的度量方法

1) 关键集团效率法

如果决策者从打造集群核心竞争力出发, 从战略上调整集群的结构和布局, 着力构建实力雄厚、竞争力强的大型和特大型集团, 使之成为集群的支柱和参与竞争的主要力量. 决策者认为, 如果这些 "关键集团" 的效率达到或超过了预定的水平, 则认为集群实现了预期目标, 这时可以定义以下集群有效性的概念:

定义 10.5　假设决策单元集群

$$T_{\mathrm{DMU}} = \{\mathrm{DMU}_j | j = 1, 2, \cdots, n\}$$

的关键集团的集合为 T_S, 其中 $T_S \subseteq T_{\mathrm{DMU}}$, a 为正常数, 表示关键集团效率的有效标准. 若对任何 $\mathrm{DMU}_k \in T_S$ 都有模型 $(\mathrm{D_M})$ 的最优值大于或等于 a, 则称集群 T_{DMU} 为主元型有效集群.

2) 加权平均效率法

如果集群中各集团对整个集群的贡献不同, 决策者准备根据各集团的贡献大小来考察集群整体效率, 则有如下定义:

定义 10.6　假设决策单元集群为

$$T_{\mathrm{DMU}} = \{\mathrm{DMU}_j | j = 1, 2, \cdots, n\},$$

其中 a 为正常数, 表示集群整体效率有效的标准, α_j 表示决策单元 DMU_j 在整个集群中的重要程度, V_{DMU_j} 表示 DMU_j 对应的模型 $(\mathrm{D_M})$ 的最优值. 若

$$0 \leqq \alpha_j \leqq 1, \sum_{j=1}^{n} \alpha_j = 1, \sum_{j=1}^{n} \alpha_j V_{\mathrm{DMU}_j} \geqq a,$$

则称集群 T_{DMU} 为平均型有效集群.

特别地,

(1) 当决策者认为集群中各集团的地位平等时, 则有

$$\alpha_j = \frac{1}{n}, \quad j = 1, 2, \cdots, n;$$

(2) 当决策者认为关键集团效率在集群重组中起决定性作用而不必考虑非关键集团时, 可取非关键集团的权重为 0.

10.3.3 集群重组方案有效性的分析方法

重组是自然界最基本的活动规律之一, 决策者常常通过重组集群资源来提升集群的效率和竞争力. 例如, 加入世界贸易组织以后, 国有企业就采取了强强联合、战略重组等一系列举措来增强国有企业整体参与国内外市场的能力. 为了降低改革风险, 企业群在重组过程中, 常常将重组方案与某些改革成功的先例进行比较. 在评价集群重组方案的过程中, 重组方案有效性状况、无效重组方案不足的原因以及改进的策略等都是决策者比较关心的问题. 应用上述样本 DEA 方法 (Sam-DEA) 不仅可以有效地分析这些问题, 同时还能度量集群重组方案有效的程度、预测组合方案整体优化的方法和尺度.

1. 集群重组方案有效性的度量方法

因为集群重组的目的和任务不同, 因此, 决策者对集群重组效率评价的标准也可能不同. 以下针对几种典型情况给出了集群重组方案有效性度量的几种方法.

1) 关键集团效率法

决策者从打造集群核心竞争力出发, 从战略上重组集群的优势资源, 着力构建实力雄厚、竞争力强的大型集团, 使之成为集群的支柱和参与竞争的主要力量. 决策者认为, 只要这些 "关键集团" 的效率能够达到预定水平, 就可以认为集群实现了重组目标, 这时可以给出如下方法:

假设根据决策者目标已经确定出的集群重组方案集合为

$$S = \{L_1, L_2, \cdots, L_M\},$$

对集群 T_{DMU} 的某一个重组方案

$$L_i = \{C_1, C_2, \cdots, C_p\},$$

若

$$C_i \subseteq T_{\mathrm{DMU}}, 1 \leqq i \leqq p, \quad \bigcup_{i=1}^{p} C_i = T_{\mathrm{DMU}}, \quad C_i \cap C_j = \varnothing, \ i \neq j,$$

则 $C_1, C_2, \cdots, C_p$ 构成了 T_{DMU} 的一个分划.

由此可知, 决策单元群的重组方案和决策单元集的分划集之间存在一一对应关系, 而集群的一组可实现的重组方案集事实上就是决策单元集分划集的一个子集.

定义 10.7 假设集群的某种重组方案 L_i 对应的 T_{DMU} 的分划为 $\{C_1^i, C_2^i, \cdots, C_{q_i}^i\}$, 重组后的关键集团集合为 $\bar{L}_i$, 其中

$$\bar{L}_i \subseteq \{C_1^i, C_2^i, \cdots, C_{q_i}^i\},$$

a 为正常数, 表示关键集团效率的有效标准, $V_{C_j^i}$ 为集团 C_j^i 对应的规划 $(\mathrm{D_M})$ 的最优值. 若 $\forall C_j^i \in \bar{L}_i$ 都有

$$V_{C_j^i} \geqq a,$$

则称方案 L_i 为主元型有效重组方案.

主元型有效重组方案表明, 当集群采用某种方式重组后, 如果关键集团的效率都不小于决策者给定的标准 a, 即关键集团的效率水平达到了预定的水平, 则认为该重组可以成为备选方案.

2) 加权平均效率法

对于某一重组方案, 决策者准备根据重组后各集团的贡献大小来考察集群的重组效率. 如果重组后集群的总效率达到了预期标准, 即认为该重组方案可以作为备选方案. 这时有如下定义:

定义 10.8　假设集群的某种重组方案 L_i 对应的 T_{DMU} 分划为

$$L_i = \left\{ C_1^i, C_2^i, \cdots, C_{q_i}^i \right\},$$

其中 a 为正常数, 表示集群整体效率有效的标准, α_j 表示集团 C_j^i 在整个集群中的重要程度. 若

$$0 \leqq \alpha_j \leqq 1, \sum_{j=1}^{q_i} \alpha_j = 1, \sum_{j=1}^{q_i} \alpha_j V_{C_j^i} \geqq a,$$

则称重组方案 L_i 为平均型有效重组方案.

特别地, 当决策者认为重组后集群中各集团的地位平等时, 则有

$$\alpha_j = \frac{1}{q_i}, \quad j = 1, 2, \cdots, q_i;$$

当决策者认为关键集团效率在集群重组中起决定性作用而不必考虑非关键集团时, 可取非关键集团的权重为 0.

3) 最优综合效率法

当考察集群重组效率时, 决策者仅以所有重组方案中整体效率最高的方案作为选择的对象, 则有如下定义 (这里效率函数采用加权平均值, 其他情况类似可得):

定义 10.9　假设决策单元群 T_{DMU} 的所有重组方案对应的分划集合为 P-DMUs, 对于某个重组方案 L_0, 如果满足

$$\sum_{C_j^0 \in L_0} \alpha_j^0 V_{C_j^0} = \max \left\{ \sum_{C_j^i \in L_i} \alpha_j^i V_{C_j^i} \,\middle|\, L_i \in \text{P-DMUs} \right\},$$

则称重组方案 L_0 为有效重组方案.

2. 有效重组方案的优化分析

决策者出于某种原因, 可能会对某个无效重组方案更加重视, 或者还希望继续提高某个有效重组方案中部分集团的效率. 这时, 可以首先预测出重组后每个个体单元的输入输出指标值, 然后再应用 10.3.2 小节 1 中的集群效率分析表进行分析. 这实际上又可以归结为对一个新的集群优化分析问题, 这里不再赘述.

10.3.4 重组有效性分析方法在国有企业战略重组中的应用

假设某地区有一家国有运输企业, 该企业下设 8 个运输分公司, 为当地东、中、西 3 个行政区的 13 个网点提供运输服务, 其中公司 2 和公司 3 是该企业的骨干公司. 原来企业对各公司的管理实行自主经营、自负盈亏. 入世后, 企业希望通过整合资源、优化配置以提高企业的整体效益. 运输公司和服务网点的地理分布如图 10.10 所示.

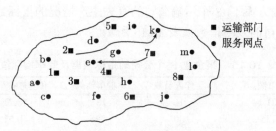

图 10.10 运输公司和服务网点的地理分布图

目前, 运输公司和服务网点的合作关系如表 10.13 所示, 其中 "+" 表示运输公司与服务网点存在服务关系, "–" 表示运输公司与服务网点不存在服务关系.

表 10.13 运输公司和服务网点的合作关系

公司编号 \ 网点编号		西区				中区						东区		
		a	b	c	d	e	f	g	h	i	j	k	l	m
西区	1	+	+	+	–	–	+	+	+	–	–	+	–	–
	2	–	–	+	–	–	+	+	+	–	+	+	+	+
	3	+	–	+	+	–	–	+	–	–	–	+	+	+
中区	4	–	–	–	+	+	–	+	–	–	+	–	–	+
	5	–	–	–	+	+	–	+	–	+	+	–	–	–
	6	–	–	–	–	–	+	+	+	–	–	+	+	–
东区	7	–	–	–	+	+	+	–	–	–	+	+	+	+
	8	+	+	+	–	–	+	+	+	–	–	+	+	–

运输时间的长短是影响运输企业经营效率的一个重要因素. 从目前情况来看, 该企业并没有选择最适合的运输公司为特定的网点提供运输服务 (如公司 2 选择了为网点 k 服务, 而没有选择网点 e; 公司 7 选择了为网点 e 服务, 而没有选择网

点 g 等), 从而加大了单位运输费用.

决策者根据实际情况, 选择了 6 家同类样板运输公司作为参照, 准备对 8 家公司及其重组方案进行分析, 这 6 家公司的指标数据如表 10.14 所示.

表 10.14　样本公司的指标数据

样本企业序号	资金总额/万元	工作人员数	运输车辆数	利润总额/万元
1	44.34	23	9	26.77
2	60.12	26	12	35.02
3	24.98	19	7	19.34
4	33.45	20	6	20.46
5	18.87	16	5	11.29
6	29.32	21	13	14.57

1) 运输公司群的整体效益分析

在原有的运输方案下, 8 个运输公司的有关生产情况的指标数据以及应用模型 (D_M) 算得的各公司的效率指数如表 10.15 所示.

表 10.15　某企业 8 个公司的指标数据及效率指标值

公司序号	资金总额/万元	工作人员数	运输车辆数	利润总额/万元	θ 值
1	21.14	16	13	13.71	1.00000
2	58.05	36	12	50.51	1.00000
3	70.32	39	12	26.53	0.70845
4	22.4	25	10	21.8	1.00000
5	20.21	27	10	16.87	1.00000
6	24.32	30	9	16.75	0.94631
7	29.5	21	10	18.74	0.89411
8	18.34	19	17	18.05	1.00000

(1) 若在关键集团效率法中取

$$a = 0.9, \quad T_{\text{DMU}} = \{1, 2, 3, 4, 5, 6, 7, 8\}, \quad T_S = \{2, 3\},$$

由于该集群中骨干公司 3 的效率指数 0.70845<0.9, 因此, 该公司集群不是主元型有效集群.

(2) 若在加权平均效率法中取 $a=0.9$, 8 个公司在集群中所占的权重比例为 (0.1, 0.2, 0.3, 0.1, 0.1, 0.1, 0.1, 0.1), 则得集群效率值为 0.996577. 由于集群的效率值大于 0.9, 因此, 该企业集群为平均型有效集群.

2) 公司集群的效率分析和整体优化

对于决策单元集群, 应用模型 (D-Sam) 进行计算, 则可以得到以下效率分析表 (表 10.16).

表 10.16 8 个运输公司投入–产出效率分析表

指标	企业 1	企业 2	企业 3	企业 4	企业 5	企业 6	企业 7	企业 8	集群相差值
资金总额相差值	0	0	29.23	0	0	1.306	4.975	0	35.511
工作人员数相差值	0	0	16.79	0	0	11.96	2.22	0	30.97
运输车辆数相差值	0	0	2.707	0	0	2.643	3.149	0	8.499
利润总额相差值	0	0	0	0	0	0	0	0	0

从表 10.16 中的计算结果可以看出, 整个公司群中公司 3, 公司 6, 公司 7 的生产是无效的, 这几个公司无效的原因均表现在三个投入指标的利用效率过低. 例如, 骨干公司 3 的资金投入超过理想状态 29.23 万元, 工作人员投入超过理想状态大约 17 人, 运输车辆超过理想状态大约 3 辆. 如果在产出不变的情况下, 将这几项指标的使用量分别降低到原来的 58%, 57%, 77%, 企业 3 的生产才能达到有效状态.

从整个企业群的生产状态来看, 资金投入超过理想状态 35.511 万元, 工作人员投入超过理想状态大约 31 人, 运输车辆超过理想状态大约 8 辆, 其中集群资金投入无效主要是公司 3 的资金利用效率较差造成的, 集群工作人员无效主要是公司 3 和公司 6 对人员配置的不合理造成的.

3) 运输公司群的重组方案评价

为了降低成本、提高效率, 该企业决定对现有 8 个运输公司采用就近原则进行分组后重新组合. 根据实际情况, 企业最终确定了 4 种可实现的重组候选方案, 分组情况如图 10.11~ 图 10.14 所示.

图 10.11 重组候选方案 A

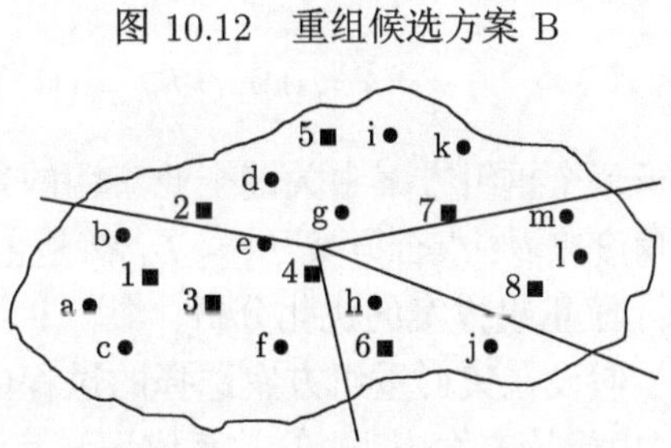

图 10.12 重组候选方案 B

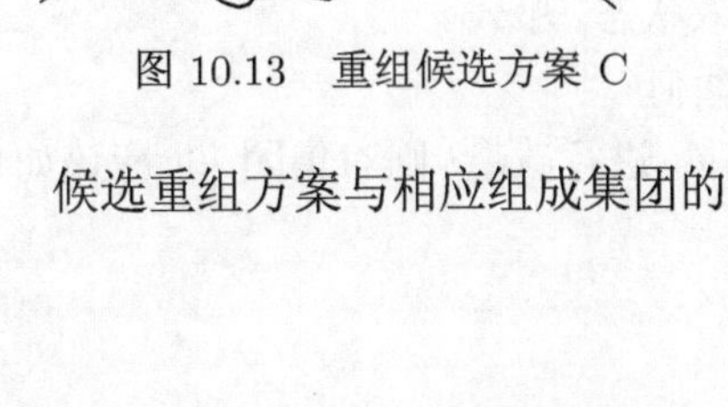

图 10.13 重组候选方案 C

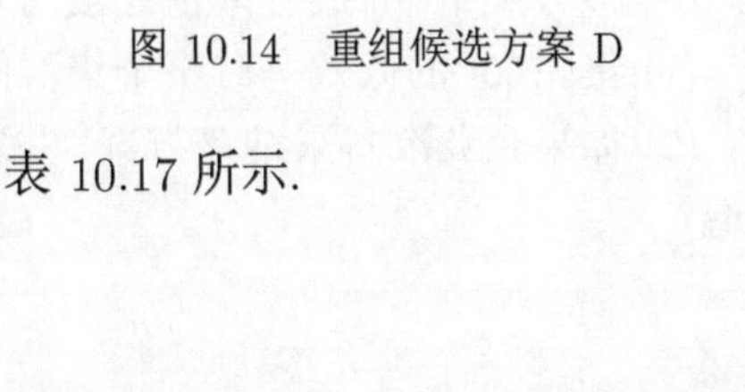

图 10.14 重组候选方案 D

候选重组方案与相应组成集团的关系如表 10.17 所示.

表 10.17　候选重组方案及相应集团

方案	集团 1	集团 2	集团 3	集团 4	集团 5
L_1	[1, 2, 3]	[5, 7]	[8]	[6]	[4]
L_2	[1, 2, 3]	[5, 7]	[8]	[4, 6]	—
L_3	[1, 2, 3]	[5]	[7, 8]	[4, 6]	—
L_4	[1, 3, 4]	[2, 5, 7]	[8]	[6]	—

注: 括号内的数字表示组成该集团的公司编号.

　　根据候选组合方案, 以 6 家同类样板运输企业为参照进行评价, 6 家公司的指标数据如表 10.14 所示.

　　根据实际情况估算得到的各公司合并后相关生产数据以及应用模型 (D_M) 算得的各组合集团的效率指数如表 10.18 所示.

表 10.18　候选重组方案中相应集团的生产状况预测数据及效率值

集团序号	资金总额/万元	工作人员数	运输车辆数	利润总额/万元	θ 值
[1, 2, 3]	149.51	91	37	99.825	1.00000
[1, 3, 4]	113.86	80	35	68.244	1.00000
[2, 5, 7]	107.76	84	32	94.732	1.00000
[4, 6]	46.72	55	19	42.405	1.00000
[5, 7]	49.71	48	20	39.171	1.00000
[7, 8]	47.84	40	27	40.469	1.00000
[4]	22.4	25	10	21.8	1.00000
[5]	20.21	27	10	16.87	1.00000
[6]	24.32	30	9	16.75	0.94631
[8]	18.34	19	17	18.05	1.00000

　　从组合方案来看, 组合集团 [1, 2, 3], [1, 3, 4], [2, 5, 7] 规模较大, 组合集团 [4, 6], [5, 7], [7, 8] 规模适中, 集团 [4], [5], [6], [8] 规模相对较小.

　　若在关键集团效率法中取

$$a = 0.9, \quad T_S = \{[1,\ 2,\ 3],\ [1,\ 3,\ 4],\ [2,\ 5,\ 7]\},$$

由于每个重组方案中关键企业集团的效率指数均为 $1 > 0.9$, 因此, 从关键集团的效率角度来看, 组合方案 $L_1 \sim L_4$ 都是主元型有效组合.

　　4) 重组方案的优化分析

　　假设在集群重组方案选择的过程中, 决策者对方案 L_4 具有很高的倾向性. 然而, 由于该方案中 [6] 的效率值还没有达到有效状态, 那么

　　(1) 集团 [6] 的低效率对整个集群的影响如何?

　　(2) 如果企业准备采纳该方案, 并对集团 [6] 进行改造, 则对集团 [6] 应该如何改造?

应用模型 (D-Sam) 进行计算, 得到

$$s_1^- = 1.306, \quad s_2^- = 11.96, \quad s_3^- = 2.643, \quad s_1^+ = 0.$$

结果表明, 把集团 [6] 改造成有效集团, 企业需要在保持集团 [6] 产出不变的情况下, 使其资金少投入 1.306 万元, 工作人员减少约 12 人, 运输车辆减少约 3 辆. 这些量分别占集群资金投入、工作人员数量、运输车辆投入的 0.49%, 5.63%, 3.23%, 这也是由于集团 [6] 生产的无效性导致集群在投入方面的增加值.

10.4 结 束 语

近年来, 中国企业集群化发展的趋势越来越明显, 许多新的产业集群不断产生. 在中国企业面临来自于国内外激烈市场竞争的情况下, 对该类问题的探讨显得十分重要. 一个企业或企业群如何准确确定联合的对象, 如何正确分析和把握竞争对手和竞争环境, 如何有效整合自身资源、实现企业群内部的重组与优化已成为企业管理者关注的焦点.

应用广义 DEA 方法评价企业竞争环境和有效组合问题是一项新的具有探索性的工作, 这些工作对于当前产业集群融合与发展、国有企业战略重组、宏观经济整体调控等许多热点和难点问题都具有应用的可能性. 当然, 现在的工作还是初步的, 有待于进一步完善和发展. 同时, 尽管本章是以企业重组为背景提出的, 但从方法上具有一般性, 也可应用于其他组合问题.

同时, 这里给出的方法是一种比较特殊的组合形式, 它可以推广到更一般的形式. 本章主要是介绍基于广义 DEA 方法的组合有效性评价思想和方法, 有关一般形式的模型请参见文献 [21].

参 考 文 献

[1] Ma Z X, Zhou D S, Tang H W. Research on the method for evaluating the combination efficiency of energy enterprises[C]. *In*: Yang D L, Liu F, Alex W, et al. Proceedings of 1999 International Conference on Improving Management through University Industry Partnership. Dalian: Dalian University of Technology Press, 1999: 559–565

[2] 马占新, 张海娟. 用于组合有效性综合评价的非参数方法研究 [J]. 系统工程与电子技术, 2006, 28(5): 699–703, 787

[3] 马占新. 竞争环境与组合效率综合评价的非参数方法研究 [J]. 控制与决策, 2008, 23 (4): 420–424, 430

[4] Ma Z X, Xing J. A Non-parametric Method for Evaluating Reorganization Efficiency of an Enterprise Group[C]. 2009 International Conference on Engineering Management and Service Sciences, IEEE, 2009

[5] 李连富. 企业竞争的数学模型 [C]. 见：东北运筹编委会，东北工业与应用数学编委会，东北运筹与应用数学. 大连：大连理工大学出版社, 1996: 168–170

[6] 吴健中, 汤澄. 我国企业横向控股兼并行为的经济学分析 [J]. 系统工程学报, 1997, 12(3): 82–88

[7] 黄登仕, 刘纪纯, 湛垦华等. 竞争与合作共存的非线性模型 [J]. 系统工程, 1995, 13(5): 1–8

[8] 陈蔓生, 张正堂. 企业竞争力的模糊综合评价探讨 [J]. 数量经济技术经济研究, 1999, (1): 56–59

[9] 马占新. 一种基于样本前沿面的综合评价方法 [J]. 内蒙古大学学报, 2002, 33(6): 606–610

[10] 马占新. 样本数据包络面的研究与应用 [J]. 系统工程理论与实践, 2003, (12): 32–37

[11] Charnes A, Cooper W W, Rhodes E. Measuring the efficiency of decision making units[J]. European Journal of Operational Research, 1978, 6(2): 429–444

[12] Banker R D, Charnes A, Cooper W W. Some models for estimating technical and scale inefficiencies in data envelopment analysis [J]. Management Science, 1984, 30(9): 1078–1092

[13] 魏权龄. 数据包络分析 [M]. 北京：科学出版社, 2004

[14] Cooper W W, Seiford L M, Thanassoulis E, et al. DEA and its uses in different countries[J]. European Journal of Operational Research, 2004, 154(2): 337–344

[15] 马占新. 数据包络分析方法的研究进展 [J]. 系统工程与电子技术, 2002, 24(3): 42–46

[16] Färe R, Grosskopf S. A nonparametric cost approach to scale efficiency[J]. Journal of Economics, 1985, 87(4): 594–604

[17] Seiford L M. Thrall R M. Recent Development in DEA: The Mathematical Programming Approach to Frontier Analysis[J]. Journal of Economics, 1990, 46(1-2): 7–38

[18] 王跃进. 我国医药行业重组的动因、特征和趋势 [J]. 经济理论与经济管理, 2004, (2): 22–26

[19] 史东明. 我国中小企业集群的效率改进 [J]. 中国工业经济, 2003, (2): 71–76

[20] 张学华, 邬爱其. 产业集群演进阶段的定量判定方法研究 [J]. 工业技术经济, 2006, 25(04): 116–118

[21] 马占新. 数据包络分析模型与方法 [M]. 北京：科学出版社, 2010

第11章 广义 DEA 方法与风险评估

首先, 应用广义数据包络分析思想, 给出了 n 维空间中极大风险曲面、极小风险曲面以及可接受风险曲面的概念, 进而推广了传统的 F-N 曲线分析方法. 主要结论为①依据极大风险曲面、极小风险曲面给出了一种多目标多准则的定量风险分析方法 (M-RE). ②应用可接受风险曲面给出了一种依据样本前沿面移动划分可行集的算法 (MSF), 并将 MSF 方法应用于多风险区域分划以及同类单元综合风险评估 (FSA) 等问题中. ③针对风险降低的三种策略, 给出了一种用于评价降低风险措施有效性的非参数方法. 上述方法不仅能对决策单元的风险状况进行排序和评价, 而且还能根据被评价单元在极大风险曲面和极小风险曲面上的投影, 预测极大风险或给出决策单元可能降低到的极小风险层次. 本章内容主要取材于文献 [1]~[3].

11.1 基于经验数据评价系统风险的广义 DEA 方法

在现代经济和社会发展过程中, 系统的安全性与风险性一直都受到广泛关注. 随着现代科学技术的迅速发展, 安全生产已经被提到了一个十分重要的位置. 特别是对于一些较复杂的多风险系统, 综合风险分析的好坏直接关系到生命、财产的安全与保障. 因此, 对该类问题的深入研究具有重要意义. 对于该类问题的分析应用传统的加权和思想有时会遇到困难, 如在一个事故中究竟死亡多少人的后果与财产损失 100 万的后果相当, 这是一个难以确切定量的问题. 但从 DEA 方法出发来分析该类问题却具有一定的优势, 这主要表现在以 DEA 方法为基础给出的综合评价方法, 不仅可以克服确定指标间权重大小和某些定量关系的困难, 重要的是它可以从整体上提供决策单元各指标与样本单元比较的综合信息. 为决策单元的进一步改进提供有用的信息. 因此, 以 DEA[4] 的基本思想为基础, 给出了一种基于多个同类样本单元或给定标准的多目标、多准则的综合分析方法 (SPDEA), 并讨论了其相关性质. 该方法以已知样本前沿面为参照, 通过移动样本前沿面, 不仅能在多目标情况下对决策单元进行比较或排序, 而且还能分析决策单元在多维空间中的大致分布情况. 在此基础上, 推广了传统的 F-N 曲线分析方法, 给出了 n 维空间中最大可接受风险曲面概念、风险区域划分方法以及相应的判定决策单元风险层次的模型. 最后, 将上述结论应用于同类单元综合风险评估等问题中. 上述风险评估方法是一种建立在 DEA 基础上的非参数方法, 由于它无需事先确定各风险指标权重以及可能存在的某种显式关系等特点, 因而更适合于具有多种风险的复杂系统.

11.1.1　基于经验数据评价的 (SPDEA) 模型

假设共有 n 个待评价的决策单元和 $\bar{n}$ 个样本单元或决策者可接受的标准, 它们的特征可由 m 个评价指标 $y_i(i = 1, 2, \cdots, m)$ 来表示, 并且设第 p 个决策单元的指标值为

$$\boldsymbol{Y}_p = (y_{1p}, y_{2p}, \cdots, y_{mp})^{\mathrm{T}} > \boldsymbol{0},$$

第 j 个样本单元或决策者可接受的标准的指标值为

$$\bar{\boldsymbol{Y}}_j = (\bar{y}_{1j}, \bar{y}_{2j}, \cdots, \bar{y}_{mj})^{\mathrm{T}} > \boldsymbol{0},$$

则对某一决策单元 $\boldsymbol{Y}_p (1 \leqq p \leqq n)$, 有以下两个线性规划模型:

$$(\text{SPDEA}_d) \begin{cases} \max (\boldsymbol{\mu}^{\mathrm{T}}\boldsymbol{Y}_p + \mu_0) = V(d), \\ \text{s.t.} \quad \boldsymbol{\mu}^{\mathrm{T}}\boldsymbol{Y}_p + \mu_0 \leqq 0, \\ \quad\quad \boldsymbol{\mu}^{\mathrm{T}} d\bar{\boldsymbol{Y}}_j + \mu_0 \leqq 0, \quad j = 1, 2, \cdots, \bar{n}, \\ \quad\quad \boldsymbol{\mu} \geqq \boldsymbol{0}, \end{cases}$$

其中 d 为一个正数, 称为移动因子, $\boldsymbol{\mu} = (\mu_1, \mu_2, \cdots, \mu_m)^{\mathrm{T}}$ 为一组变量,

$$(\text{DSPDEA}_d) \begin{cases} \min (-\boldsymbol{e}^{\mathrm{T}}\boldsymbol{S}) = \mathrm{VD}(d), \\ \text{s.t.} \quad \boldsymbol{Y}_p(\lambda_0 - 1) + \displaystyle\sum_{j=1}^{\bar{n}} d\bar{\boldsymbol{Y}}_j\lambda_j - \boldsymbol{S} = \boldsymbol{0}, \\ \quad\quad \displaystyle\sum_{j=0}^{\bar{n}} \lambda_j = 1, \\ \quad\quad \boldsymbol{S} \geqq \boldsymbol{0}, \lambda_j \geqq 0, j = 0, 1, \cdots, \bar{n}. \end{cases}$$

定义 11.1　若规划 (SPDEA_d) 存在最优解 $\boldsymbol{\mu}^0, \mu_0$ 满足

$$\boldsymbol{\mu}^0 > \boldsymbol{0}, \quad V(d) = 0,$$

则称决策单元 $\boldsymbol{Y}_p$ 相对样本前沿面的 d 倍移动为有效的, 简称 SPDEA(d)(sample data envelopment analysis) 有效; 反之, 称为 SPDEA(d) 无效.

定理 11.1　决策单元的 SPDEA(d) 有效性与评价指标的量纲选取无关.

证明　由于不同的量纲间存在一个倍数变化, 若

$$a_i > 0, \quad i = 1, \cdots, m.$$

假设量纲变化使得 $y_{ip}, \bar{y}_{ij}$ 分别变为 $a_i y_{ip}, a_i \bar{y}_{ij}$, 则容易证明以下两个结论:

(1) 若量纲变化前, 应用规划 (SPDEA_d) 得到一个最优解 $\boldsymbol{\mu}^0, \mu_0$, 满足 $\boldsymbol{\mu}^0 > \boldsymbol{0}$ 且最优值为 0, 则

$$(\mu_1^0/a_1, \cdots, \mu_m^0/a_m) > \boldsymbol{0}, \quad \mu_0$$

就是量纲变化后规划 (SPDEA_d) 的一个最优解, 并且 $V(d) = 0$.

(2) 反之, 若量纲变化后, 应用规划 (SPDEA$_d$) 获得的最优解 $\boldsymbol{\mu}^0, \mu_0$ 满足

$$\boldsymbol{\mu}^0 > \boldsymbol{0}, \quad V(d) = 0,$$

则 $(a_1\mu_1^0, \cdots, a_m\mu_m^0) > \boldsymbol{0}$, μ_0 就是量纲变化前规划 (SPDEA$_d$) 的一个最优解, 并且 $V(d) = 0$. 因此, 易得结论成立. 证毕

对于多目标规划问题

$$(\text{VP}_d) \begin{cases} V - \max(y_1, \cdots, y_m)^{\mathrm{T}}, \\ \text{s.t. } \boldsymbol{Y} \in T, \end{cases}$$

其中

$$T = \left\{ \boldsymbol{Y} \,\middle|\, \boldsymbol{Y} \leqq \boldsymbol{Y}_p\lambda_0 + \sum_{j=1}^{\bar{n}} d\bar{\boldsymbol{Y}}_j\lambda_j, \sum_{j=0}^{\bar{n}} \lambda_j = 1, \boldsymbol{\lambda} = (\lambda_0, \cdots, \lambda_{\bar{n}})^{\mathrm{T}} \geqq \boldsymbol{0} \right\},$$

有以下结论:

定理 11.2 $\boldsymbol{Y}_p \in T$, 以下三个结论等价:

(1) $\boldsymbol{Y}_p$ 对应的决策单元为 SPDEA(d) 有效;

(2) (DSPDEA$_d$) 的最优值 VD(d) = 0;

(3) $\boldsymbol{Y}_p$ 为 (VP$_d$) 的 Pareto 有效解.

证明 在线性规划 (SPDEA$_d$) 的约束中增加约束条件

$$u_i \geqq 1, \quad i = 1, 2, \cdots, m,$$

就得到另一个线性规划 (SP$_d$). 事实上, (SP$_d$) 就是 (DSPDEA$_d$) 的对偶规划. 由线性规划的对偶理论[5] 可知, (SP$_d$) 存在有限最优解, 并且最优值为 0 当且仅当 (DSPDEA$_d$) 存在有限最优解, 并且最优值为 0. 可以验证, (SP$_d$) 存在有限最优解, 并且最优值为 0 当且仅当 (SPDEA$_d$) 存在最优解 $\boldsymbol{\mu}^0, \mu_0$ 满足 $\boldsymbol{\mu}^0 > \boldsymbol{0}$, 并且最优值为 0. 因此, 结论 (1) 与 (2) 等价.

若 (DSPDEA$_d$) 的最优值 VD(d) $\neq 0$, 则存在 $\boldsymbol{\lambda} \geqq \boldsymbol{0}$, 满足

$$\left(\boldsymbol{Y}_p\lambda_0 + \sum_{j=1}^{\bar{n}} d\bar{\boldsymbol{Y}}_j\lambda_j \right) - \boldsymbol{Y}_p = \boldsymbol{S} \geqslant \boldsymbol{0}, \quad \sum_{j=0}^{\bar{n}} \lambda_j = 1,$$

因此, $\boldsymbol{Y}_p$ 不是 (VP$_d$) 的 Pareto 有效解;

反之, 若 (DSPDEA$_d$) 的最优值 VD(d) = 0, 则 $\boldsymbol{Y}_p$ 是 (VP$_d$) 的 Pareto 有效解; 否则, 存在 $\boldsymbol{\lambda} \geqq \boldsymbol{0}$, 满足

$$\boldsymbol{Y}_p \leqslant \boldsymbol{Y}_p\lambda_0 + \sum_{j=1}^{\bar{n}} d\bar{\boldsymbol{Y}}_j\lambda_j, \quad \sum_{j=0}^{\bar{n}} \lambda_j = 1.$$

令

$$S = Y_p\lambda_0 + \sum_{j=1}^{\bar{n}} d\bar{Y}_j\lambda_j - Y_p,$$

则可以验证 λ, S 是 (DSPDEA_d) 的一个可行解, 并且其对应的目标函数值小于 0, 这与假设矛盾. 因此, 结论 (2) 与 (3) 等价. 证毕

11.1.2　(SPDEA) 模型含义及排序方法

在进行多目标、多准则的决策过程中, 常常需要将若干单元同一些给定的标准 (如风险可接受标准) 或选定的样本 (如国有企业中的试点单位) 进行比较, 试图以此为参照估计决策单元的相对地位、分析决策单元的基本状况, 并希望从样本单元的一般特征中发现它们的差距, 找到决策单元改进的策略和办法, SPDEA 模型就是以此为出发点给出的. 以下对 SPDEA 模型的含义、方法和运算步骤分别加以阐述.

该方法以决策者可接受的标准或样本方案为依据来构造一个数据包络面. 若这一多维曲面能够表征决策者可接受的最低标准, 那么就可以应用该曲面对决策单元进行分析和评判. 下面首先讨论一下模型的含义以及包络面族的性质.

多目标规划问题 (VP1) 为

$$(\text{VP1})\begin{cases} V-\max(y_1,\cdots,y_m)^{\mathrm{T}}, \\ \text{s.t. } Y \in T(d), \end{cases}$$

其中

$$T(d) = \left\{ Y \,\middle|\, Y \leqq \sum_{j=1}^{\bar{n}} d\bar{Y}_j\lambda_j, \sum_{j=1}^{\bar{n}} \lambda_j = 1, \boldsymbol{\lambda} = (\lambda_1,\cdots,\lambda_{\bar{n}})^{\mathrm{T}} \geqq \mathbf{0} \right\}.$$

定理 11.3　Y_p 对应的决策单元为 SPDEA(d) 无效当且仅当 Y_p 不是 (VP1) 的 Pareto 有效解.

证明　若 Y_p 对应的决策单元为 SPDEA(d) 无效, 则由定理 11.2 知, Y_p 不是 (VP_d) 的 Pareto 有效解. 因此, 存在 $Y \in T$, 使得

$$Y \neq Y_p, \quad Y \geqq Y_p.$$

由于 $Y \in T$, 故存在

$$\bar{\boldsymbol{\lambda}} = (\bar{\lambda}_0, \bar{\lambda}_1, \cdots, \bar{\lambda}_{\bar{n}})^{\mathrm{T}} \geqq \mathbf{0}, \quad \sum_{j=0}^{\bar{n}} \bar{\lambda}_j = 1,$$

使得

$$Y_p \leqslant Y_p\bar{\lambda}_0 + \sum_{j=1}^{\bar{n}} d\bar{Y}_j\bar{\lambda}_j.$$

由此可知 $\bar{\lambda}_0 < 1$; 否则, 必有 $\bar{\lambda}_0 = 1, \bar{\lambda}_1 = 0, \cdots, \bar{\lambda}_{\bar{n}} = 0$, 因此 $\boldsymbol{Y}_p \leqslant \boldsymbol{Y}_p$, 矛盾. 由此可以证得

$$\boldsymbol{Y}_p \leqslant \sum_{j=1}^{\bar{n}} \left(\frac{\bar{\lambda}_j}{1 - \bar{\lambda}_0} \right) d\bar{\boldsymbol{Y}}_j, \quad \sum_{j=1}^{\bar{n}} \frac{\bar{\lambda}_j}{1 - \bar{\lambda}_0} = 1, \frac{\bar{\lambda}_j}{1 - \bar{\lambda}_0} \geqq 0, j = 1, 2, \cdots, \bar{n}.$$

由此可知, $\boldsymbol{Y}_p$ 不是 (VP1) 的 Pareto 有效解.

反之, 若 $\boldsymbol{Y}_p$ 不是 (VP1) 的 Pareto 有效解, 则存在 $\boldsymbol{Y} \in T(d)$, 使得

$$\boldsymbol{Y} \neq \boldsymbol{Y}_p, \quad \boldsymbol{Y}_p \leqq \boldsymbol{Y}.$$

由于 $\boldsymbol{Y} \in T(d)$, 故存在

$$\tilde{\boldsymbol{\lambda}} = (\tilde{\lambda}_1, \tilde{\lambda}_2, \cdots, \tilde{\lambda}_{\bar{n}})^{\mathrm{T}} \geqq \boldsymbol{0}, \quad \sum_{j=1}^{\bar{n}} \tilde{\lambda}_j = 1,$$

使得

$$\boldsymbol{Y}_p \leqslant \sum_{j=1}^{\bar{n}} d\bar{\boldsymbol{Y}}_j \tilde{\lambda}_j.$$

若令 $\tilde{\lambda}_0 = 0$, 则

$$\boldsymbol{Y}_p \tilde{\lambda}_0 + \sum_{j=1}^{\bar{n}} d\bar{\boldsymbol{Y}}_j \tilde{\lambda}_j \in T,$$

因此, $\boldsymbol{Y}_p \in T$ 且 $\boldsymbol{Y}_p$ 不是 (VP$_d$) 的 Pareto 有效解. 由定理 11.2 知, $\boldsymbol{Y}_p$ 对应的决策单元为 SPDEA(d) 无效. 证毕

定理 11.4　$\boldsymbol{Y}_p$ 对应的决策单元为 SPDEA(d) 有效当且仅当 $\boldsymbol{Y}_p$ 是 (VP1) 的 Pareto 有效解或 $\boldsymbol{Y}_p \notin T(d)$.

证明　若 $\boldsymbol{Y}_p$ 对应的决策单元为 SPDEA(d) 有效, 则由定理 11.2 知, $\boldsymbol{Y}_p$ 是 (VP$_d$) 的 Pareto 有效解. 由于 $T(d) \subseteq T$, 若 $\boldsymbol{Y}_p \in T(d)$, 则易证 $\boldsymbol{Y}_p$ 也是 (VP1) 的 Pareto 有效解.

反之, 若 $\boldsymbol{Y}_p$ 是 (VP1) 的 Pareto 有效解或 $\boldsymbol{Y}_p \notin T(d)$, 则 $\boldsymbol{Y}_p$ 是 (VP$_d$) 的 Pareto 有效解. 否则, 存在 $\boldsymbol{Y} \in T$, 使得

$$\boldsymbol{Y} \neq \boldsymbol{Y}_p, \quad \boldsymbol{Y}_p \leqq \boldsymbol{Y}.$$

由于 $\boldsymbol{Y} \in T$, 故存在

$$\bar{\boldsymbol{\lambda}} = (\bar{\lambda}_0, \bar{\lambda}_1, \cdots, \bar{\lambda}_{\bar{n}})^{\mathrm{T}} \geqq \boldsymbol{0}, \quad \sum_{j=0}^{\bar{n}} \bar{\lambda}_j = 1,$$

使得

$$\boldsymbol{Y}_p \leqslant \boldsymbol{Y}_p \bar{\lambda}_0 + \sum_{j=1}^{\bar{n}} d\bar{\boldsymbol{Y}}_j \bar{\lambda}_j.$$

由此可知 $\bar{\lambda}_0 < 1$; 否则, 得到 $\boldsymbol{Y}_p \leqslant \boldsymbol{Y}_p$, 矛盾. 因此,

$$\boldsymbol{Y}_p \leqslant \sum_{j=1}^{\bar{n}} d\bar{\boldsymbol{Y}}_j \frac{\bar{\lambda}_j}{1-\bar{\lambda}_0}, \quad \sum_{j=1}^{\bar{n}} \frac{\bar{\lambda}_j}{1-\bar{\lambda}_0} = 1, \quad \frac{\bar{\lambda}_j}{1-\bar{\lambda}_0} \geq 0, j = 1, 2, \cdots, \bar{n}.$$

因此,

$$\boldsymbol{Y}_p \in T(d),$$

并且 $\boldsymbol{Y}_p$ 不是 (VP1) 的 Pareto 有效解. 矛盾!

因此, $\boldsymbol{Y}_p$ 是 (VP$_d$) 的 Pareto 有效解. 由定理 11.2 知, $\boldsymbol{Y}_p$ 对应的决策单元为 SPDEA(d) 有效. 证毕

当 $\bar{\boldsymbol{Y}}_j(j = 1, 2, \cdots, \bar{n})$ 是在生产实践中被选定的 $\bar{n}$ 个单元对应的数据 (选定的参照对象) 时, 定理 11.3 和定理 11.4 表明, 决策单元 $\boldsymbol{Y}_p$ 为 SPDEA(d) 有效 (d=1) 当且仅当它在由样本单元 $\bar{\boldsymbol{Y}}_j(j = 1, 2, \cdots, \bar{n})$ 确定的可接受区域外部或在包络面上. 决策单元 $\boldsymbol{Y}_p$ 为 SPDEA(1) 无效当且仅当它在由样本单元 $\bar{\boldsymbol{Y}}_j(j = 1, 2, \cdots, \bar{n})$ 确定的可接受区域包络面内部, 即决策单元的指标值 $\boldsymbol{Y}_p$ 是可接受的, 并且指标 i 超出可容忍限度所需增加值至多是 s_i, 在 m 维空间中增加的 1 范数距离是 $\sum s_i$. 这样就可根据计算的结果来进一步分析决策单元的指标特征.

由 $\bar{\boldsymbol{Y}}_k(k = 1, 2, \cdots, \bar{n})$ 确定区域的包络面是由某些超平面

$$S(1, k) : \boldsymbol{\mu}^{\mathrm{T}}\boldsymbol{Y} + \delta = 0$$

确定的, 其中 $\boldsymbol{\mu}, \delta$ 为满足 (11.1) 的向量和数,

$$\left\{ \begin{array}{ll} \boldsymbol{\mu}^{\mathrm{T}}\bar{\boldsymbol{Y}}_k + \delta = 0, & \boldsymbol{\mu} > \boldsymbol{0}, \\ \boldsymbol{\mu}^{\mathrm{T}}\bar{\boldsymbol{Y}}_j + \delta \leqq 0, & j = 1, 2, \cdots, \bar{n}. \end{array} \right. \tag{11.1}$$

同样, 对于任何 $d > 0$, 由 $d\bar{\boldsymbol{Y}}_k(k = 1, 2, \cdots, \bar{n})$ 确定区域的包络面是由某些超平面

$$S(d, k) : \bar{\boldsymbol{\mu}}^{\mathrm{T}}\boldsymbol{Y} + \bar{\delta} = 0$$

确定的, 其中 $\bar{\boldsymbol{\mu}}, \bar{\delta}$ 为满足 (11.2) 的向量和数,

$$\left\{ \begin{array}{ll} \bar{\boldsymbol{\mu}}^{\mathrm{T}}d\bar{\boldsymbol{Y}}_k + \bar{\delta} = 0, & \bar{\boldsymbol{\mu}} > \boldsymbol{0}, \\ \bar{\boldsymbol{\mu}}^{\mathrm{T}}d\bar{\boldsymbol{Y}}_j + \bar{\delta} \leqq 0, & j = 1, 2, \cdots, \bar{n}. \end{array} \right. \tag{11.2}$$

若对某个 k, 存在 $\boldsymbol{\mu}, \delta$ 满足 (11.1), 则超平面

$$S(1, k) : \boldsymbol{\mu}^{\mathrm{T}}\boldsymbol{Y} + \delta = 0$$

存在. 同时, 可以验证

$$\bar{\boldsymbol{\mu}} = \boldsymbol{\mu}/d, \quad \bar{\delta} = \delta$$

满足 (11.2), 因此, 超平面

$$S(d,k): \boldsymbol{\mu}^{\mathrm{T}}\boldsymbol{Y} + d\delta = 0$$

也存在. 反之, 若存在 $\bar{\boldsymbol{\mu}}, \bar{\delta}$ 满足 (11.2), 则超平面

$$S(d,k): \bar{\boldsymbol{\mu}}^{\mathrm{T}}\boldsymbol{Y} + \bar{\delta} = 0$$

存在. 同时, 可以验证

$$\boldsymbol{\mu} = d\bar{\boldsymbol{\mu}}, \quad \delta = \bar{\delta}$$

满足 (11.1), 因此, 超平面

$$S(1,k): \bar{\boldsymbol{\mu}}^{\mathrm{T}}\boldsymbol{Y} + \frac{\bar{\delta}}{d} = 0$$

也存在, 并且它们只相差一个常数. 这时, 超平面 $S(1,k)$ 与 $S(d,k)$ 之间可以看成是互相移动得到的.

定义 11.2[6] 若集合 P 上的一个二元关系 $\varpropto$ 满足自反性、反对称性和传递性, 则称二元关系 $\varpropto$ 为一个偏序关系. 定义了偏序关系的集合 P 称为偏序集, 记为 $(P, \varpropto)$.

定义 11.3[6] 假设 $(P, \varpropto)$ 是一个偏序集, $a \in P$, 对任何的 $b \in P$, 若 $a\varpropto b$ 都有 $a = b$, 则称 a 为 $(P, \varpropto)$ 的极大元.

在 T 和 $T(d)$ 上定义偏序关系 $\varpropto$ 为

$$\boldsymbol{Y}\varpropto\boldsymbol{Y}^1 \text{ 当且仅当 } \boldsymbol{Y} \leqq \boldsymbol{Y}^1,$$

其中 $\leqq$ 即为小于等于关系, 则有以下概念和结论:

定理 11.5 $\boldsymbol{Y}_p$ 对应的决策单元为 SPDEA(d) 有效当且仅当 $\boldsymbol{Y}_p$ 为 $(T, \varpropto)$ 中的极大元.

证明 由定理 11.2 知, $\boldsymbol{Y}_p$ 对应的决策单元为 SPDEA(d) 有效当且仅当 $\boldsymbol{Y}_p$ 为 (VP$_d$) 的 Pareto 有效解, 当且仅当不存在

$$\boldsymbol{Y} \in T, \quad \boldsymbol{Y} \neq \boldsymbol{Y}_p,$$

使得

$$\boldsymbol{Y}_p \leqq \boldsymbol{Y}(\text{即 } \boldsymbol{Y}_p \leqq \boldsymbol{Y}).$$

由极大元的定义知, $\boldsymbol{Y}_p$ 是 $(T, \varpropto)$ 中的极大元. 证毕.

另外, 也不难证明, 对于任何 $d > 0$, 由 $d\bar{\boldsymbol{Y}}_k(k = 1, 2, \cdots, \bar{n})$ 划定的区域 $T(d)$ 与 $T(1)$ 之间存在序同构.

这样就可以根据 (DSPDEA$_d$) 模型通过移动由 $\bar{\boldsymbol{Y}}_j(j = 1, 2, \cdots, \bar{n})$ 确定的包络面的方法对决策单元的可接受层次进行分类和排序. 当希望各指标数据越小越好时, 具体步骤可叙述如下:

步骤 1　令 $d=1$, 应用模型 (DSPDEA_d) 对所有决策单元的指标值 $\boldsymbol{Y}_p$ ($p = 1, 2, \cdots, n$) 进行评价, 记 SPDEA(1) 有效的决策单元集合为 Eff, SPDEA(1) 无效的决策单元的集合为 Ineff, 选定 d 的移动步长为 $d_0 > 0$, 令 $k = 1$.

步骤 2　若 Eff$\neq \varnothing$, 令 Ineff$_0 = \varnothing$, 则执行步骤 3; 否则, 令 Eff$_0 = \varnothing$, 执行步骤 5.

步骤 3　令 $d = 1 + kd_0$, 对集合 $\text{Eff} \backslash \bigcup\limits_{i=0}^{k-1} \text{Ineff}_i$ 中的决策单元应用模型 (DSPDEA_d) 进行评价, 记 SPDEA$(1 + kd_0)$ 无效的决策单元集合为 Ineff$_k$.

步骤 4　若 $\text{Eff} \backslash \bigcup\limits_{i=0}^{k} \text{Ineff}_i \neq \varnothing$, 则令 $k = k + 1$, 执行步骤 3; 否则, 令 $K_1 = k$, $k = 1$, Eff$_0 = \varnothing$, 执行步骤 5.

步骤 5　若 $1 - kd_0 > 0$, 则令 $d = 1 - kd_0$, 对集合 $\text{Ineff} \backslash \bigcup\limits_{i=0}^{k-1} \text{Eff}_i$ 中的决策单元应用模型 (DSPDEA_d) 进行评价, 记 SPDEA$(1 - kd_0)$ 有效的决策单元集合为 Eff$_k$; 否则, 令 $K_2 = k$, 停止.

步骤 6　若 $\text{Ineff} \backslash \bigcup\limits_{i=0}^{k} \text{Eff}_i \neq \varnothing$, 则令 $k = k + 1$, 执行步骤 5; 否则, 令 $K_2 = k$, 停止.

这样根据一族等距离的包络曲面将整个区域进行了分划, 同时也将决策单元进行了分类. 对 Ineff$_k$ 中的决策单元, k 越大, 决策单元与可接受标准的差距越大. 对 Eff$_k$ 中的决策单元, k 越大, 决策者对决策单元的满意感越大. 因此, 从这种意义上, 可对决策单元给出如下排序:

$$\text{Eff}_{K_2} > \cdots > \text{Eff}_2 > \text{Eff}_1 > \text{Ineff}_1 > \text{Ineff}_2 > \cdots > \text{Ineff}_{K_1}.$$

为了进一步考察决策单元的统计性质, 还可以分析决策单元可接受程度的概率分布情况.

定义满意度函数

$$w(\boldsymbol{Y}_j) = \begin{cases} i, & \boldsymbol{Y}_j \in \text{Eff}_i, \\ 1 - i, & \boldsymbol{Y}_j \in \text{Ineff}_i, \end{cases}$$

它们的概率分布为

$$\frac{|\text{Eff}_{K_2}|}{n}, \cdots, \frac{|\text{Eff}_2|}{n}, \frac{|\text{Eff}_1|}{n}, \frac{|\text{Ineff}_1|}{n}, \frac{|\text{Ineff}_2|}{n}, \cdots, \frac{|\text{Ineff}_{K_1}|}{n}.$$

根据上述理论和方法, 可以进一步分析基于样本的评价方法在风险评估中的应用.

11.1.3 (SPDEA) 模型在风险评估中的应用

假设共有 n 个待评估的同类决策单元, 每种决策单元均有多种风险, 根据评价的目标, 可将它们分成 m 种 (如在对海洋平台进行风险评估时, 可根据产生的原因分为碰撞、火灾、爆炸等, 也可根据作用的对象分为人、物、环境等), 并且第 j 个决策单元的第 i 种风险度量值为 r_{ij}.

另外, 设还有 $\bar{n}$ 个决策单元的风险被认为是可以接受的, 它们的风险指标值为

$$\bar{R}_j = (\bar{r}_{1j}, \bar{r}_{2j}, \cdots, \bar{r}_{mj})^{\mathrm{T}}, \quad j = 1, 2, \cdots, \bar{n}.$$

令 T 为可接受风险集, 即

$$\bar{R}_j \in T, \quad j = 1, 2, \cdots, \bar{n}.$$

如果可接受风险集满足凸性、无效性和最小性[4], 则当样本点选择适当时,

$$T = \left\{ Y \leqq \sum_{j=1}^{\bar{n}} \bar{R}_j \lambda_j \,\middle|\, \sum_{j=1}^{\bar{n}} \lambda_j = 1, \boldsymbol{\lambda} = (\lambda_1, \lambda_2, \cdots, \lambda_{\bar{n}})^{\mathrm{T}} \geqq \mathbf{0} \right\}$$

的极大元构成的包络面就基本上反映了决策者可接受的极大风险状态.

定义满足

$$\bar{\boldsymbol{\mu}}^{\mathrm{T}} \bar{R}_{j_0} + \bar{\delta} = 0, \quad \bar{\boldsymbol{\mu}} > \mathbf{0},$$

$$\bar{\boldsymbol{\mu}}^{\mathrm{T}} \bar{R}_j + \bar{\delta} \leqq 0, \quad j = 1, 2, \cdots, \bar{n}$$

的 $\bar{\boldsymbol{\mu}}, \bar{\delta}$ 确定的超平面

$$\bar{\boldsymbol{\mu}}^{\mathrm{T}} Y + \bar{\delta} = 0$$

与可接受风险集 T 的交集为最大可接受风险曲面.

应用 (SPDEA) 方法, 通过移动最大可接受风险曲面即可将空间划成多个具有不同性质的区域 (如低风险区、可接受风险区, 不可接受风险区等), 并进一步分析决策单元的风险层次以及分布情况等.

同时, 为了进一步考察决策单元的综合风险随时间的变化规律, 还可以对决策单元的统计数据按 p 个时间段进行横向分析, 应用 (SPDEA) 方法给出决策单元在第 j 个时间段上对可接受度 (ω_i) 的概率分布曲线 $f(w_i, j)$-w_i 以及总的可接受度 $W^j = \sum_i f(w_i, j) \cdot w_i$ 随时间变化的曲线 W^j-j 等. 以下通过一个算例来说明上述方法的应用.

11.1.4 应用举例

假设在某一水域内, 某类船舶已运营多年, 现准备设计一条新船, 共有 5 种设

计方案 (表 11.1), 预计每种设计方案在一段时间内均有一定的风险. 为了便于说明方法的使用, 仅考虑对人员和财产的风险.

表 11.1　各种设计方案及其风险指标的数据

设计方案 j	B_1	B_2	B_3	B_4	B_5
船长/m	253	230	260	245	237
船宽/m	34.67	36.72	34.43	34.96	35.78
吃水/m	16	16	15.72	16	16
方形系数	0.826	0.845	0.829	0.840	0.845
型深/m	22.03	21.69	21.85	21.91	21.80
排水量/t	119143	117366	119368	118384	117817
主机功率/kW	14773.5	14773.5	14773.5	14773.5	14773.5
初稳心高度/m	0.60	1.70	0.60	0.86	1.27
人员伤亡	0.32	0.398	0.26	0.575	0.53
财产损失	0.664	0.508	0.607	0.59	0.426

根据专家的评审、已有的经验和知识, 并依据相关的安全立法和设计要求等已经选出了若干样本单元 (它们的风险指标数据见表 11.2). 要求样本单元具有一定的代表性, 并且它们在给定的时间内所发生的危险被认为是可接受的. 同时, 这些数据能够反映决策者在目前条件下能够接受的一些最大风险值.

表 11.2　各样本单元的两种风险指标的数据

决策单元	A_1	A_2	A_3	A_4	A_5	A_6	A_7
人员伤亡	0.337	0.506	0.736	0.782	0.73	0.972	1.165
财产损失	0.888	0.508	0.8	0.59	0.426	0.481	0.333

注: 单项风险指标值可通过计算得到, 也可是统计数据, 只要能够从数量上客观反映指标的风险状况即可.

应用 (DSPDEA$_1$) 模型计算得到每种设计方案的最优解对应的 s 值以及应用满意度函数计算出的可接受度函数值见表 11.3.

表 11.3　应用 (DSPDEA$_1$) 算得的 s_1, s_2 的值

设计方案 j	1	2	3	4	5
s_1	0.416	0.338	0.476	0.161	0.206
s_2	0.136	0.292	0.193	0.21	0.374
$\sum s_i$	0.552	0.63	0.669	0.371	0.58
满意度函数值 ($d_0 = 0.5$)	5	8	7	5	8

从表 11.3 中的数据可知, 设计方案都是可接受的, 并且每种设计方案的, 两个风险指标分别增加 s_1, s_2 后, 该设计方案的风险才不可接受. 从效用函数值可知, 设计方案 2, 方案 5 更容易被接受, 相比之下, 方案 3 次之, 然后是方案 1, 方案 4. 决

策单元的风险值在曲线族中的分布情况如图 11.1 所示.

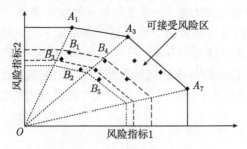

图 11.1　决策单元分布图

另外, 还可以应用 (SPDEA) 模型分析该类船在不同服役年限时的整体风险情况, 随机抽取若干条船, 首先将它们的统计数据按时间分成 t_1, t_2, t_3, t_4 4 个均匀时段. 为方便起见, 假设样本单元还是 $A_1 \sim A_7$, 并且每一时段上的 $f(w_i, j)$-w_i 曲线如图 11.2 所示.

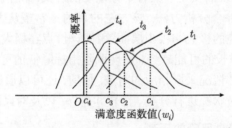

图 11.2　基于满意度值的概率分布函数曲线

从图 11.2 中可见, 随着时间的增加, 概率分布曲线在向左移动, 曲线的峰值在减小, 表示随时间的增加, 该类船的风险情况越来越不被接受.

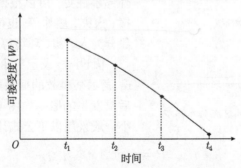

图 11.3　基于时间的可接受度变化曲线

进一步可以得到可接受度-时间曲线 W^j-j. 从图 11.3 中可见, 决策单元的风险可接受度随时间的增加在不断下降, 而且在 t_4 点, 决策单元总的可接受度基本上达到 0.

上述方法可以把多方面的意见、建议和规则等综合集成, 并集中反映在决策可能集中, 不仅可以根据各决策者的一般意愿对各决策单元的综合风险状况进行分类、比较以及对风险区域进行划分等, 而且还能给出许多有用的管理信息, 这些信息有助于预测风险增长的趋势或制定风险控制方案. 尤其对于一些关系复杂的系统, 该方法具有十分突出的优点. 同时, 该方法对定性问题的定量化研究也具有一定的意义.

11.2　基于极大 (极小) 风险曲面的风险评估方法

系统的安全性与风险性是近代可靠性工程中研究的重要课题. 某些系统常常置于多种风险之下, 这些风险可能涉及生命、健康、环境和财产等诸多方面, 产生的原因和内部关系也十分复杂. 因此, 合理地分析系统可能出现的各种风险并及时提出相应的对策, 对提高系统的安全性具有十分重要的意义. 以下基于广义 DEA 方法, 给出了一种系统风险综合分析方法, 该方法的目的是希望从大量的同类事件的统计数据中发现系统风险的极大和极小层面, 用被评价点在极大和极小层面上的 "投影" 来预测风险指标增长的可能趋势、发现风险指标降低的可行方向, 进而根据每种风险指标代表的具体情况采取相应的对策. 同时, 还可以通过极大风险曲面的移动对各决策单元的风险状况进行分类、比较和排序, 以及对风险区域进行划分等.

11.2.1　极大风险与极小风险的预测

对于存在多种风险的系统, 对它的风险分类方法可以有多种. 例如, 可以根据产生的原因分为人为失误、硬件故障以及外部事件等; 可以根据事故的类型分为碰撞、火灾、爆炸等; 也可以根据被作用的对象分为人、物、环境等.

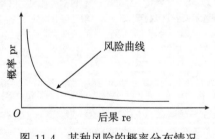

图 11.4　某种风险的概率分布情况

假设 pr 表示某事故后果发生的概率, re 表示某事故的后果严重性, 该事故各类后果发生的概率如图 11.4 所示, 则风险大小一般采用以下公式计算:

$$R = f\,(\mathrm{pr},\ \mathrm{re}).$$

在实际计算中, 一般简化为以下更适于操作的表达式:

$$R = \sum_{k} (\mathrm{pr}_k \times \mathrm{re}_k).$$

假设共有 n 个同类决策单元, 每个决策单元均有 m 种风险, 每种风险指标值均为事故发生后果严重性和相应发生概率乘积的和. 记第 j 个决策单元的第 i 种风险指标值为 R_{ij}, 则向量

$$\boldsymbol{R}_j = (R_{1j}, R_{2j}, \cdots, R_{mj})^{\mathrm{T}}$$

就代表了决策单元 j 的一种风险状况.

假设当

$$\boldsymbol{\lambda} = (\lambda_1, \lambda_2, \cdots, \lambda_n)^{\mathrm{T}} \geqq \boldsymbol{0}, \quad \sum_{j=1}^{n} \lambda_j = 1$$

时, 组合 $\sum\limits_{j=1}^{n} \boldsymbol{R}_j \lambda_j$ 也是决策单元可能出现的一种风险情况, 则可分下面两种情况进行讨论:

1. 考虑极大风险的情况

当预测风险指标可能达到的极大值时, 不妨认为更小的风险

$$\boldsymbol{Y} = (y_1, y_2, \cdots, y_m)^{\mathrm{T}}, \quad \boldsymbol{Y} \leqq \sum_{j=1}^{n} \boldsymbol{R}_j \lambda_j$$

也是可能发生的.

当参考点的数目足够多时, 状态集

$$T_{\max} = \left\{ \boldsymbol{Y} \leqq \sum_{j=1}^{n} \boldsymbol{R}_j \lambda_j \,\middle|\, \sum_{j=1}^{n} \lambda_j = 1, \boldsymbol{\lambda} = (\lambda_1, \lambda_2, \cdots, \lambda_n) \geqq \boldsymbol{0} \right\}$$

中的极大元 (极大风险状态) 就构成了若干超平面, 超平面上的点基本上能够反映决策单元的风险指标可能达到的极大值.

定义 $T_{\max}$ 上的二元关系 $\propto_0$ 为

$$\boldsymbol{Y}_1 \propto_0 \boldsymbol{Y}_2 \text{ 当且仅当 } \boldsymbol{Y}_1 \leqq \boldsymbol{Y}_2,$$

其中 $\leqq$ 即为通常的大小关系, 则对于多目标规划

$$(\mathrm{VP}) \begin{cases} V - \max(y_1, \cdots, y_m), \\ \mathrm{s.t.} \ \boldsymbol{Y} \in T_{\max}, \end{cases}$$

有以下结论:

定理 11.6 风险向量 $\boldsymbol{R}_0$ 为 $(T_{\max}, \propto_0)$ 的极大元当且仅当它是多目标规划 (VP) 的 Pareto 有效解.

证明 $\boldsymbol{R}_0$ 是多目标规划 (VP) 的 Pareto 有效解当且仅当不存在

$$\boldsymbol{Y} \in T_{\max}, \quad \boldsymbol{Y} \neq \boldsymbol{R}_0,$$

使得

$$\boldsymbol{R}_0 \leqq \boldsymbol{Y} \ (\text{即} \ \boldsymbol{R}_0 \varpropto_0 \boldsymbol{Y}).$$

由定义 11.3 知, 当且仅当 $\boldsymbol{R}_0$ 是 $(T_{\max}, \varpropto_0)$ 的极大元. 证毕.

对于模型 (D), 根据定理 11.2 和文献 [7], 易得以下推论:

$$(\text{D}) \begin{cases} \min \ (-\boldsymbol{e}^{\mathrm{T}} \boldsymbol{S}) = V_{\mathrm{D}}, \\ \text{s.t.} \ \displaystyle\sum_{j=1}^{n} \boldsymbol{R}_j \lambda_j - \boldsymbol{S} = \boldsymbol{R}_0, \\ \displaystyle\sum_{j=1}^{n} \lambda_j = 1, \\ \boldsymbol{\lambda} \geqq \boldsymbol{0}, \boldsymbol{S} \geqq \boldsymbol{0}. \end{cases}$$

引理 11.1　对于 $\boldsymbol{R}_0 \in T_{\max}$, 以下 4 个结论等价:

(1) $\boldsymbol{R}_0$ 对应的决策单元为 DEA 有效 (只有输出指标的情况);

(2) $\boldsymbol{R}_0$ 为 (VP) 的 Pareto 有效解;

(3) 模型 (D) 的最优值 $V_{\mathrm{D}} = 0$;

(4) 存在 $\bar{\boldsymbol{\mu}}$, $\bar{u}_0$, 使得

$$\bar{\boldsymbol{\mu}}^{\mathrm{T}} \boldsymbol{R}_0 + \bar{u}_0 = 0, \quad \bar{\boldsymbol{\mu}} > \boldsymbol{0},$$

$$\bar{\boldsymbol{\mu}}^{\mathrm{T}} \boldsymbol{R}_j + \bar{u}_0 \leqq 0, \quad j = 1, 2, \cdots, n.$$

引理 11.2　若 (D) 的最优解为

$$\boldsymbol{\lambda}^0 = (\lambda_1^0, \cdots, \lambda_n^0), \quad \boldsymbol{S}^0 = (s_1^0, \cdots, s_m^0)^{\mathrm{T}},$$

并且最优值不为 0, 则

$$\boldsymbol{R}_0 + \boldsymbol{S}^0 = \sum_{j=1}^{n} \boldsymbol{R}_j \lambda_j^0$$

为 (VP) 的 Pareto 有效解.

由定理 11.6 和引理 11.1 可知, 风险指标可能达到的极大值集合实际上就是 $T_{\max}$ 中的极大元集合, 它们构成的风险曲面可以由以下定义刻画:

定义 11.4　定义满足

$$\bar{\boldsymbol{\mu}}^{\mathrm{T}} \boldsymbol{R}_0 + \bar{u}_0 = 0, \quad \bar{\boldsymbol{\mu}} > \boldsymbol{0},$$

$$\bar{\boldsymbol{\mu}}^{\mathrm{T}} \boldsymbol{R}_j + \bar{u}_0 \leqq 0, \quad j = 1, 2, \cdots, n$$

的 $\bar{\boldsymbol{\mu}}, \bar{u}_0$ 确定的超平面

$$\bar{\boldsymbol{\mu}}^{\mathrm{T}} \boldsymbol{Y} + \bar{u}_0 = 0$$

与状态集 $T_{\max}$ 的交集为极大风险曲面.

这样就可以根据决策单元在这些超平面上的投影来预测风险指标可能达到的极大值.

若决策单元的指标值不在某个极大风险曲面上, 则对应模型 (D) 的最优值不为 0. 假设 (D) 的最优解为

$$\boldsymbol{\lambda}^0 = (\lambda_1^0, \cdots, \lambda_n^0), \quad \boldsymbol{S}^0 = (s_1^0, \cdots, s_m^0)^{\mathrm{T}},$$

称 $\boldsymbol{R}_0 + \boldsymbol{S}^0$ 为次策单元在极大风险曲面上的投影.

它表示决策单元各项风险指标继续增长后可能达到的一种极大状态. 在这一状态下, 各项风险指标值不可能同时继续增大, 除非降低某个指标代表的风险值.

2. 考虑极小风险的情况

当考虑决策单元各种风险减小的可能性或者预测风险可能降到的极小值时, 不妨认为更大风险

$$\boldsymbol{Y} = (y_1, y_2, \cdots, y_m)^{\mathrm{T}}, \quad \boldsymbol{Y} \geqq \sum_{j=1}^n \boldsymbol{R}_j \lambda_j$$

也是可能发生的, 则状态集

$$T_{\min} = \left\{ \boldsymbol{Y} \geqq \sum_{j=1}^n \boldsymbol{R}_j \lambda_j \,\middle|\, \sum_{j=1}^n \lambda_j = 1, \boldsymbol{\lambda} = (\lambda_1, \lambda_2, \cdots, \lambda_n) \geqq \boldsymbol{0} \right\}$$

中的极小元 (极小风险状态) 构成了若干超平面, 超平面上的点基本上能够反映决策单元风险指标可能达到的极小程度.

定义 $T_{\min}$ 上的二元关系 $\propto_1$ 为

$$\boldsymbol{Y}_1 \propto_1 \boldsymbol{Y}_2 \text{ 当且仅当 } \boldsymbol{Y}_2 \leqq \boldsymbol{Y}_1,$$

其中 $\leqq$ 即为通常的大小关系, 则类似可证以下结论成立:

风险向量 $\boldsymbol{R}_0$ 为 $(T_{\min}, \propto_1)$ 的极大元当且仅当它是多目标规划 (VP$_1$) 的 Pareto 有效解,

$$(\text{VP}_1) \begin{cases} V - \min(y_1, \cdots, y_m), \\ \text{s.t. } \boldsymbol{Y} \in T_{\min}. \end{cases}$$

对于模型 (D$_1$), 根据文献 [7], 易得以下引理:

$$(\text{D}_1) \begin{cases} \min \left(-\boldsymbol{e}^{\mathrm{T}} \boldsymbol{S} \right) = V_{\text{D}_1}, \\ \text{s.t. } \sum_{j=1}^n \boldsymbol{R}_j \lambda_j + \boldsymbol{S} = \boldsymbol{R}_0, \\ \sum_{j=1}^n \lambda_j = 1, \\ \boldsymbol{\lambda} \geqq \boldsymbol{0}, \boldsymbol{S} \geqq \boldsymbol{0}. \end{cases}$$

引理 11.3　对于 $\boldsymbol{R}_0 \in T_{\min}$, 以下 4 个结论等价:

(1) $\boldsymbol{R}_0$ 对应的决策单元为 DEA 有效 (只有输入指标的情况);

(2) $\boldsymbol{R}_0$ 为 (VP$_1$) 的 Pareto 有效解;

(3) 规划 (D$_1$) 的最优值 $V_{\mathrm{D}_1} = 0$;

(4) 存在 $\bar{\boldsymbol{\mu}}, \bar{u}_0$, 使得

$$\bar{\boldsymbol{\mu}}^{\mathrm{T}} \boldsymbol{R}_0 + \bar{u}_0 = 0, \quad \bar{\boldsymbol{\mu}} > \boldsymbol{0},$$

$$\bar{\boldsymbol{\mu}}^{\mathrm{T}} \boldsymbol{R}_j + \bar{u}_0 \geqq 0, \quad j = 1, 2, \cdots, n.$$

引理 11.4　若 (D$_1$) 的最优解为

$$\boldsymbol{\lambda}^0 = (\lambda_1^0, \cdots, \lambda_n^0), \quad \boldsymbol{S}^0 = (s_1^0, \cdots, s_m^0)^{\mathrm{T}},$$

并且最优值不为 0, 则

$$\boldsymbol{R}_0 - \boldsymbol{S}^0 = \sum_{j=1}^{n} \boldsymbol{R}_j \lambda_j^0$$

为 (VP$_1$) 的 Pareto 有效解.

由引理 11.3 可知, 风险指标可能达到的极小值实际上就是 $T_{\min}$ 中的极大元集合, 它们构成的极小风险曲面可以由以下定义刻画:

定义 11.5　定义满足

$$\bar{\boldsymbol{\mu}}^{\mathrm{T}} \boldsymbol{R}_0 + \bar{u}_0 = 0, \quad \bar{\boldsymbol{\mu}} > 0,$$

$$\bar{\boldsymbol{\mu}}^{\mathrm{T}} \boldsymbol{R}_j + \bar{u}_0 \geqq 0, \quad j = 1, 2, \cdots, n$$

的 $\bar{\boldsymbol{\mu}}, \bar{u}_0$ 确定的超平面

$$\bar{\boldsymbol{\mu}}^{\mathrm{T}} \boldsymbol{Y} + \bar{u}_0 = 0$$

与状态集 $T_{\min}$ 的交集为极小风险曲面.

这样就可以根据决策单元在这些超平面上的投影来估计各项风险可能降到的极小值, 进而发现系统调整的可行方向.

若决策单元的指标值不在某个极小风险曲面上, 则表示该单元的某些风险指标还可能继续降低, 这时应用模型 (D$_1$) 计算, 最优值不为 0.

假设 (D$_1$) 的最优解为

$$\boldsymbol{\lambda}^* = (\lambda_1^*, \cdots, \lambda_n^*), \quad \boldsymbol{S}^* = (s_1^*, \cdots, s_m^*)^{\mathrm{T}},$$

称 $\boldsymbol{R}_0 - \boldsymbol{S}^*$ 为决策单元在极小风险曲面上的投影.

它表示决策单元的各项风险指标继续降低后可能达到的一种极小状态, 这一状态下各项风险指标不可能同时继续降低, 除非加大某个风险指标的值.

从图 11.5 可见, 通过构造极大风险曲面和极小风险曲面的办法, 可以从整体上分析决策单元风险降低或升高的可能性, 并能估计风险可能达到的极大状态和极小状态, 进而根据决策单元是否在这两个曲面上来判断风险指标是否达到了极好或极坏.

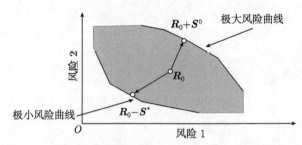

图 11.5 极大极小风险曲面及决策单元投影

事实上, 通过移动这两种风险曲面, 不仅可以对决策单元的风险性进行排序, 而且还能对风险区域进行分类.

11.2.2 基于极大风险曲面移动的排序方法

假设所有决策单元的集合为

$$S = \{\boldsymbol{R}_j | j = 1, 2, \cdots, n\},$$

当应用模型 (D) 进行评价时, DEA 有效决策单元的集合为 S^{D},

$$gS^{\mathrm{D}} = \{g\boldsymbol{R}_j = (gR_{1j}, \cdots, gR_{mj})^{\mathrm{T}} | \boldsymbol{R}_j \in S^{\mathrm{D}}\},$$

称 $g > 0$ 为移动因子.

假设 Sub 是一个集合, $\mathrm{Sub} \subseteq S$. 记 $\mathrm{Sub} \cup gS^{\mathrm{D}}$ 中所有相对于 $\mathrm{Sub} \cup gS^{\mathrm{D}}$ 中的单元为 DEA 有效决策单元的集合为 $(\mathrm{Sub} \cup gS^{\mathrm{D}})^{\mathrm{D}}$, 则对于 gS^{D} 有以下性质:

定理 11.7 若任何 $\boldsymbol{R}_j \in \mathrm{Sub}$ 都有

$$\boldsymbol{R}_j \notin (\mathrm{Sub} \cup gS^{\mathrm{D}})^{\mathrm{D}},$$

则必有

$$(\mathrm{Sub} \cup gS^{\mathrm{D}})^{\mathrm{D}} = gS^{\mathrm{D}}.$$

证明 由于任何 $\boldsymbol{R}_j \in \mathrm{Sub}$ 都有

$$\boldsymbol{R}_j \notin (\mathrm{Sub} \cup gS^{\mathrm{D}})^{\mathrm{D}},$$

又因为

$$(\mathrm{Sub} \cup gS^{\mathrm{D}})^{\mathrm{D}} \subseteq \mathrm{Sub} \cup gS^{\mathrm{D}},$$

因此,

$$(\mathrm{Sub} \cup gS^{\mathrm{D}})^{\mathrm{D}} \subseteq gS^{\mathrm{D}}.$$

下证 $gS^{\mathrm{D}} \subseteq (\mathrm{Sub} \cup gS^{\mathrm{D}})^{\mathrm{D}}$.

对任何

$$g\boldsymbol{R}_{j_0} \in gS^{\mathrm{D}},$$

由于

$$\boldsymbol{R}_{j_0} \in S^{\mathrm{D}},$$

因此, 存在 $\bar{\boldsymbol{\mu}}, \bar{u}_0$, 满足

$$\bar{\boldsymbol{\mu}} > \mathbf{0}, \quad \bar{\boldsymbol{\mu}}^{\mathrm{T}} \boldsymbol{R}_{j_0} + \bar{u}_0 = \mathbf{0},$$

$$\bar{\boldsymbol{\mu}}^{\mathrm{T}} \boldsymbol{R}_j + \bar{u}_0 \leqq 0, \quad \boldsymbol{R}_j \in S.$$

由于

$$\mathrm{Sub} \cup S^{\mathrm{D}} \subseteq S, \quad g > 0,$$

故得

$$\bar{\boldsymbol{\mu}}^{\mathrm{T}} g\boldsymbol{R}_{j_0} + g\bar{u}_0 = \mathbf{0},$$

$$\bar{\boldsymbol{\mu}}^{\mathrm{T}} g\boldsymbol{R}_j + g\bar{u}_0 \leqq 0, \quad g\boldsymbol{R}_j \in gS^{\mathrm{D}}.$$

因此, 为了证明

$$g\boldsymbol{R}_{j_0} \in (\mathrm{Sub} \cup gS^{\mathrm{D}})^{\mathrm{D}},$$

以下只需证明对任何 $\boldsymbol{R}_j \in \mathrm{Sub}$, 都有

$$\bar{\boldsymbol{\mu}}^{\mathrm{T}} \boldsymbol{R}_j + g\bar{u}_0 \leqq 0.$$

(反证法) 假设存在某个 $\boldsymbol{R}_{j_1} \in \mathrm{Sub}$, 使得

$$\bar{\boldsymbol{\mu}}^{\mathrm{T}} \boldsymbol{R}_{j_1} + g\bar{u}_0 > 0,$$

不妨设

$$w = \bar{\boldsymbol{\mu}}^{\mathrm{T}} \boldsymbol{R}_{j_1} + g\bar{u}_0$$
$$= \max\{\bar{\boldsymbol{\mu}}^{\mathrm{T}} \boldsymbol{R}_j + g\bar{u}_0 | \boldsymbol{R}_j \in \mathrm{Sub}\},$$

则有

$$\bar{\boldsymbol{\mu}}^{\mathrm{T}} \boldsymbol{R}_j + g\bar{u}_0 - w \leqq 0, \quad \boldsymbol{R}_j \in \mathrm{Sub},$$

$$\bar{\boldsymbol{\mu}}^{\mathrm{T}} \boldsymbol{R}_{j_1} + g\bar{u}_0 - w = 0,$$

$$\bar{\boldsymbol{\mu}}^{\mathrm{T}} g\boldsymbol{R}_j + g\bar{u}_0 - w \leqq 0, \quad g\boldsymbol{R}_j \in gS^{\mathrm{D}}.$$

由引理 11.1 知

$$\boldsymbol{R}_{j_1} \in (\text{Sub} \cup gS^{\mathrm{D}})^{\mathrm{D}},$$

矛盾! 证毕.

定理 11.7 表明, 在 $\text{Sub} \cup gS^{\mathrm{D}}$ 中的决策单元确定的可能集中, 若 Sub 中的任何决策单元都不在它的极大风险曲面上, 则 gS^{D} 中的单元必都在极大风险曲面上.

定理 11.8 假设

$$S^{\mathrm{D}} = \{\boldsymbol{R}_{j_i} \,|\, i = 1, \cdots, n_1\},$$

则有

$$T_{\max} = \left\{ \boldsymbol{Y} \leqq \sum_{j=1}^{n} \boldsymbol{R}_j \lambda_j \,\middle|\, \sum_{j=1}^{n} \lambda_j = 1, \boldsymbol{\lambda} = (\lambda_1, \lambda_2, \cdots, \lambda_n) \geqq \boldsymbol{0} \right\}$$

$$= \left\{ \boldsymbol{Y} \leqq \sum_{i=1}^{n_1} \boldsymbol{R}_{j_i} \tilde{\lambda}_i \,\middle|\, \sum_{i=1}^{n_1} \tilde{\lambda}_i = 1, (\tilde{\lambda}_1, \tilde{\lambda}_2, \cdots, \tilde{\lambda}_{n_1}) \geqq \boldsymbol{0} \right\}.$$

证明 若 S 中存在某个决策单元不为 DEA 有效, 不妨设 $\boldsymbol{R}_n$ 不是有效单元, 则必存在

$$\bar{\boldsymbol{\lambda}} \geqq \boldsymbol{0}, \quad \sum_{j=1}^{n} \bar{\lambda}_j = 1,$$

使得

$$\boldsymbol{R}_n \leqslant \sum_{j=1}^{n} \boldsymbol{R}_j \bar{\lambda}_j$$

且

$$\bar{\lambda}_n < 1,$$

故

$$\boldsymbol{R}_n \leqq \left(\sum_{j=1}^{n-1} \boldsymbol{R}_j \bar{\lambda}_j \right) \Big/ (1 - \bar{\lambda}_n),$$

因此,

$$\sum_{j=1}^{n} \boldsymbol{R}_j \lambda_j \leqq \sum_{j=1}^{n-1} \boldsymbol{R}_j \left(\lambda_j + \frac{\bar{\lambda}_j \lambda_n}{1 - \bar{\lambda}_n} \right).$$

又由

$$\sum_{j=1}^{n-1} \left(\lambda_j + \frac{\bar{\lambda}_j \lambda_n}{1 - \bar{\lambda}_n} \right) = 1$$

可知

$$T_{\max} = \left\{ \boldsymbol{Y} \leqq \sum_{j=1}^{n} \boldsymbol{R}_j \lambda_j \,\middle|\, \sum_{j=1}^{n} \lambda_j = 1, \boldsymbol{\lambda} = (\lambda_1, \lambda_2, \cdots, \lambda_n) \geqq \boldsymbol{0} \right\}$$

$$\subseteq \left\{ \boldsymbol{Y} \leqq \sum_{j=1}^{n-1} \boldsymbol{R}_j \hat{\lambda}_j \,\middle|\, \sum_{j=1}^{n-1} \hat{\lambda}_j = 1\,,\, (\hat{\lambda}_1, \hat{\lambda}_2, \cdots, \hat{\lambda}_{n-1}) \geqq \boldsymbol{0} \right\}.$$

反之, 显然有

$$T_{\max} \supseteq \left\{ \boldsymbol{Y} \leqq \sum_{j=1}^{n-1} \boldsymbol{R}_j \hat{\lambda}_j \,\middle|\, \sum_{j=1}^{n-1} \hat{\lambda}_j = 1\,,\, (\hat{\lambda}_1, \hat{\lambda}_2, \cdots, \hat{\lambda}_{n-1}) \geqq \boldsymbol{0} \right\}.$$

因此有

$$T_{\max} = \left\{ \boldsymbol{Y} \leqq \sum_{j=1}^{n-1} \boldsymbol{R}_j \hat{\lambda}_j \,\middle|\, \sum_{j=1}^{n-1} \hat{\lambda}_j = 1\,,\, (\hat{\lambda}_1, \hat{\lambda}_2, \cdots, \hat{\lambda}_{n-1}) \geqq \boldsymbol{0} \right\}.$$

如此重复即得

$$T_{\max} = \left\{ \boldsymbol{Y} \leqq \sum_{i=1}^{n_1} \boldsymbol{R}_{j_i} \tilde{\lambda}_i \,\middle|\, \sum_{i=1}^{n_1} \tilde{\lambda}_i = 1\,,\, (\tilde{\lambda}_1, \tilde{\lambda}_2, \cdots, \tilde{\lambda}_{n_1}) \geqq \boldsymbol{0} \right\}.$$

证毕.

由定理 11.8 知, 极大风险曲面由 S^{D} 中的决策单元决定.

定义 11.6[6]　称 f 为两个偏序集 $(P, \underset{\sim}{\preceq}_1)$ 和 $(Q, \underset{\sim}{\preceq}_2)$ 之间的一个同构映射, 若 $f\colon P \to Q$ 是一个双射, 并且对任何 $a, b \in P$ 满足

$$a \underset{\sim}{\preceq}_1 b \text{ 当且仅当 } f(a) \underset{\sim}{\preceq}_2 f(b).$$

定义 $T_{\max}$ 和 T_{Sub} 上的偏序关系均为通常的大小关系, 则有以下结论:

定理 11.9　当 Sub 中的单元均相对 Sub$\cup gS^{\mathrm{D}}$ 中的单元为 DEA 无效时, Sub$\cup gS^{\mathrm{D}}$ 中的决策单元确定的可能集 T_{Sub} 与 S 中的决策单元确定的可能集 $T_{\max}$ 之间存在同构映射.

证明　假设

$$S^{\mathrm{D}} = \{ \boldsymbol{R}_{j_i} \,|\, i = 1, \cdots, n_1 \},$$

当 Sub 中的单元均相对 Sub$\cup gS^{\mathrm{D}}$ 中的单元为 DEA 无效时, 由定理 11.7 和定理 11.8 知

$$T_{\mathrm{Sub}} = \left\{ \boldsymbol{Y} \leqq \sum_{i=1}^{n_1} g\boldsymbol{R}_{j_i} \tilde{\lambda}_i \,\middle|\, \sum_{i=1}^{n_1} \tilde{\lambda}_i = 1,\, (\tilde{\lambda}_1, \tilde{\lambda}_2, \cdots, \tilde{\lambda}_{n_1}) \geqq \boldsymbol{0} \right\}.$$

定义映射 $f\colon T_{\max} \to T_{\mathrm{Sub}}$ 为

$$f(\boldsymbol{Y}) = g\boldsymbol{Y}.$$

由于 $g > 0$, 可以证明 f 是 $T_{\max}$ 和 T_{Sub} 之间的一个同构映射. 证毕

移动极大风险曲面排序方法的步骤可叙述如下:

步骤 1 对 S 中的决策单元应用模型 (D) 进行评价, 记 DEA 有效决策单元的集合为 S_1^{D}, 选定一组移动因子

$$1 = g_1 > g_2 > \cdots > g_K > 0, \quad K \geqq 1,$$

令 $k = 2$.

步骤 2 若 $k > K$, 则令

$$S_k^{\mathrm{D}} = S \setminus \bigcup_{i=1}^{k-1} S_i^{\mathrm{D}},$$

停止; 否则, 对集合

$$\left(S \setminus \bigcup_{i=1}^{k-1} S_i^{\mathrm{D}} \right) \cup g_k S_1^{\mathrm{D}}$$

中的决策单元应用模型 (D) 考察它们的相对有效性, 记 DEA 有效决策单元的集合为 W.

步骤 3 记

$$S_k^{\mathrm{D}} = W \setminus g_k S_1^{\mathrm{D}},$$

若

$$S_k^{\mathrm{D}} \neq \varnothing,$$

则令

$$k = k + 1,$$

执行步骤 2; 否则, 执行步骤 4.

步骤 4: 若

$$S \setminus \bigcup_{i=1}^{k} S_i^{\mathrm{D}} = \varnothing,$$

则停止; 否则, 令

$$k = k + 1,$$

执行步骤 2.

这样就得到了 S 中决策单元的一个分类

$$S_1^{\mathrm{D}} > S_2^{\mathrm{D}} > \cdots > S_p^{\mathrm{D}}.$$

通过极大风险面移动对决策单元进行排序的办法是针对风险事件的分类和排序给出的, 但它也适用于其他分类和排序问题, 方法具有一般性. 对于通过极小风险面移动对决策单元进行排序的办法可以类似讨论.

11.2.3　应用举例

假设在对某一水域的若干船只的风险情况进行综合分析时, 通过传统的风险评估方法已计算出该水域中航行的某 m 个船在一段时间内的单项风险指标数据如表 11.4 所示.

表 11.4　各决策单元的两种风险指标的数据

决策单元	1	2	3	4	5	6	7	8	9
人员伤亡	0.560	0.730	0.840	0.891	0.776	0.675	0.967	0.710	0.879
财产损失	0.888	0.669	0.827	0.673	0.920	0.773	0.679	0.993	0.832

注: 单项风险指标的值可以通过计算得到, 也可是统计数据.

根据表 11.4 中的数据就可以应用有效前沿面整体移动的方法对各决策单元的综合风险状况进行分类和排序或对风险的区域进行划分, 从而为风险较大的船只提供降低风险的信息和可借鉴的样本.

首先, 应用模型 (D) 可算得与各决策单元的风险指标对应的 s_1, s_2 的值如表 11.5 所示.

表 11.5　应用 (D) 算得的 s_1, s_2 的值

决策单元	1	2	3	4	5	6	7	8	9
s_1	0.260	0.149	0.039	0.000	0.011	0.204	0.000	0.000	0.000
s_2	0.000	0.163	0.005	0.138	0.000	0.059	0.000	0.000	0.000

从表 11.5 中的数据可知, 决策单元 7~9 的风险指标达到了极大状态, 即它们达到了 Pareto 有效状态. 这表明相对于其他单元来说, 风险指标 1 和风险指标 2 不可能同时继续增大.

当分别取 $g = 0.95, 0.9, 0.85, 0.8$ 时, 按照移动极大风险曲面排序方法的步骤进行计算, 可算得决策单元风险状况的排序结果为

单元 7, 单元 8, 单元 9 > 单元 3, 单元 5 > 单元 4 > 单元 1 > 单元 2, 单元 6.

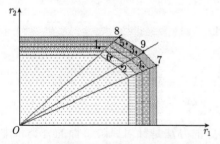

图 11.6　决策单元在极大风险曲线移动中的分布情况

可用图形表示如图 11.6 所示.

当参考点选择适当时, 还可根据上述方法预测风险增长的趋势或发现风险降低的可行方向.

例如, 应用 (D) 对决策单元 3 进行计算时, 可算得 s_1, s_2 的值分别为 0.039, 0.005. 这表明, 从目前获得的样本数据来看, 决策单元 3 的两个风险指标均有增大的可能性. 当两个指标分别增加 $0.039/0.84 = 4.6429\%$

和 $0.005/0.827 = 0.6046\%$ 时, 就不可能再同时增加, 这时就达到了极大风险状态.

应用 (D_1) 对决策单元 3 进行计算时, 可算得 s_1, s_2 的值分别是 0.11, 0.158. 这表明, 从目前获得的样本数据来看, 决策单元 3 的两个风险指标均降低的可能性也存在, 并且它们分别降低 $0.11/0.84 = 13.0952\%$, $0.158/0.827 = 19.1052\%$ 后, 两个风险指标不可能再同时减小, 即达到了极小风险状态.

对于某些系统, 各种风险产生的原因比较复杂, 尤其当较多地涉及人为因素时, 由于人本身就是一个复杂巨系统[8], 因而对风险的分析将变得更加困难. 上述方法通过 "投影" 把对一个系统的整体风险分析转化为某些方面、某些局部或者某些子系统的风险分析, 不仅为简化整体风险分析提供了一种可行的思路和方法, 而且更重要的是, 它能为决策层提供许多有用的信息. 该方法特别适合具有多种风险的复杂系统. 这主要表现在以下几个方面:

(1) 在估计决策单元的极大风险层次时, 它以决策单元的风险指标的权重为变量, 从最 "有利" 决策单元的角度进行评价, 不仅避免了确定各种风险指标在优先意义下的权重, 而且还较好地体现了风险的极大性原则.

(2) 该方法不必确定各风险指标之间可能存在的某种显式关系, 这就排除了许多主观因素, 不仅增强了评价结果的客观性, 而且还使得问题得到了简化.

11.3 降低风险措施有效性评价的广义 DEA 方法

在多风险系统的整个生命期中, 人们希望以较少的投入获得较大的收益, 并使系统各项风险指标尽可能降到最低程度. 为此, 常常需要制定一系列风险控制方案来实现这一目标. 然而, 想评价用于系统风险控制的投入是否得到有效利用, 仅靠成本效益分析是不够的. 一方面, 对于一个复杂系统想找出投入指标与各种风险指标之间的函数关系十分困难; 另一方面, 具有不同性质的风险在某些情况下并不能用价值来衡量. 例如, 生命损失与环境破坏是很难用价值来衡量的. 因此, 进一步探讨新方法是必要的. 通过多种方法的综合运用, 可以发挥各自的优势, 使获得的结果更加丰富, 内容更加客观.

下面以 DEA 方法为基础, 给出了一种降低风险措施有效性综合评价的非参数方法 (RDEA), 该方法主要针对以下几种情况进行分析:

(1) 当投入量不增时, 能否继续降低风险层次;

(2) 在不使风险层次升高的情况下, 能否降低投入量;

(3) 对于某一方案投入指标和风险指标是否还有进一步改进的可能性.

另外, 还对有关模型进行了进一步分析和推广, 运用偏序集理论给出了 DEA 有效性的一个充要条件, 探讨了 RDEA 方法的一些相关性质. 最后, 给出了该方法在船舶工程领域中的应用. RDEA 方法是建立在 DEA 理论基础上的一种非参数评价方法, 它对提高系统的安全程度、实现资源的合理利用具有一定意义.

11.3.1　降低风险措施有效性评价的模型与方法

对于一个具有多种风险的系统, 决策者为了提高系统的安全性投入了一定的人力、物力和财力. 由于对资源的不同利用与管理必将产生不同的效果, 因此, 探讨投入资源与风险降低效果之间的关系具有重要的现实意义.

假设共有 m 种投入与系统的 s 种风险有关, 并且投入指标值为 $\boldsymbol{x} \in E^m$ 时, $\boldsymbol{r} \in E^s$ 是该投入方案下系统的一组可能风险指标值 (图 11.7).

设所有 $(\boldsymbol{x}, \boldsymbol{r})$ 组成的集合为 State.

图 11.7　作用条件与作用效果关系

1. 降低风险措施的方案选优与评价

考查某种投入方式 $(\hat{\boldsymbol{x}}, \hat{\boldsymbol{r}})$ 是否有效, 实际上就是判断 $(\hat{\boldsymbol{x}}, \hat{\boldsymbol{r}})$ 是否为规划问题 (LP) 的最优解或多目标问题 (VP) 的有效解,

$$(\text{LP}) \begin{cases} \min \left(\sum_{i=1}^{m} x_i v_i^0 + \sum_{j=1}^{s} r_j u_j^0 \right), \\ \text{s.t.} \quad (\boldsymbol{x}, \boldsymbol{r}) \in \text{State}, \end{cases}$$

$$(\text{VP}) \begin{cases} V - \min(x_1, x_2, \cdots, x_m, r_1, r_2, \cdots, r_s), \\ \text{s.t.} (\boldsymbol{x}, \boldsymbol{r}) \in \text{State}. \end{cases}$$

当指标之间存在可比性时, 假设投入指标与风险指标的权重大小分别为

$$\boldsymbol{v}^0 = (v_1^0, v_2^0, \cdots, v_m^0)^{\mathrm{T}}$$

和

$$\boldsymbol{u}^0 = (u_1^0, u_2^0, \cdots, u_s^0)^{\mathrm{T}}.$$

若 $(\hat{\boldsymbol{x}}, \hat{\boldsymbol{r}})$ 是 (LP) 的最优解, 则表示 $(\hat{\boldsymbol{x}}, \hat{\boldsymbol{r}})$ 对应的资源投入与风险降低的总体效果达到了最优.

假设各项风险指标之间不存在可比性, 若 $(\hat{\boldsymbol{x}}, \hat{\boldsymbol{r}})$ 是多目标规划问题 (VP) 的有效解, 则表示在该投入下系统风险的降低比较有效, 即除非增大某项风险或增加某项投入, 否则, 其他风险指标均不可能继续降低.

这样就可以根据最优解 (或有效解) 所对应的样本单元及投入指标值的分配关系, 作出相应的调整和决策. 然而, 想确定集合 State 非常困难, 特别是对于一些比较复杂的系统, 这几乎是不可能的. 因此, 从 DEA 方法的基本原理以及风险分析中的 ALARP(as low as reasonably practicable) 原则[9] 出发, 引用非参数评价的 DEA 模型中的生产可能集来代替 State. 这时, 生产可能集可表示如下:

$$\mathrm{EState} = \left\{ (\boldsymbol{x}, \boldsymbol{r}) \left| \sum_{j=1}^{n} \boldsymbol{x}_j \lambda_j \leqq \boldsymbol{x}, \sum_{j=1}^{n} \boldsymbol{r}_j \lambda_j \leqq \boldsymbol{r}, \sum_{j=1}^{n} \lambda_j = 1, \lambda_j \geqq 0, j = 1, 2, \cdots, n \right. \right\},$$

其中

$$(\boldsymbol{x}_j, \boldsymbol{r}_j), \quad j = 1, 2, \cdots, n$$

为目前观察到的有限多个决策单元的活动信息.

这时, (LP) 和 (VP) 可分别表示如下:

$$(\mathrm{EM1}) \begin{cases} \min \left(\sum_{i=1}^{m} x_i v_i^0 + \sum_{j=1}^{s} r_j u_j^0 \right), \\ \mathrm{s.t.} \ (\boldsymbol{x}, \boldsymbol{r}) \in \mathrm{EState}, \end{cases}$$

$$(\mathrm{EVM1}) \begin{cases} V - \min(x_1, x_2, \cdots, x_m, r_1, r_2, \cdots, r_s), \\ \mathrm{s.t.} \ (\boldsymbol{x}, \boldsymbol{r}) \in \mathrm{EState}. \end{cases}$$

定义 11.7 (1) 若决策单元 $(\hat{\boldsymbol{x}}, \hat{\boldsymbol{r}}) \in \mathrm{EState}$ 为线性规划 (EM1) 的最优解, 则称决策单元 $(\hat{\boldsymbol{x}}, \hat{\boldsymbol{r}})$ 为 EM1 相对有效;

(2) 若决策单元 $(\hat{\boldsymbol{x}}, \hat{\boldsymbol{r}}) \in \mathrm{EState}$ 为多目标规划 (EVM1) 的有效解, 则称决策单元 $(\hat{\boldsymbol{x}}, \hat{\boldsymbol{r}})$ 为 EVM1 相对有效.

ALARP 原则的目标在于把某些拟采取的措施及其预计产生的结果和确定的或公认的惯例相比较, 在满足一定要求的条件下, 使整体作用效果比较有效, 并且迄今为止没有更有效的措施可采纳, 因而 EM1 相对有效或 EVM1 相对有效的含义和 ALARP 原则是一致的. 以下对风险分析中两个值得关注的问题给出进一步探讨.

2. 降低风险措施中的资源优化配置

有时对系统的风险要求是一定的, 那么如何实现资源的优化配置呢? 类似上面的讨论, 则有以下模型:

$$(\mathrm{EM2}) \begin{cases} \min \sum_{i=1}^{m} x_i v_i^0, \\ \mathrm{s.t.} \ (\boldsymbol{x}, \boldsymbol{r}) \in \mathrm{EIState}, \end{cases}$$

$$(\mathrm{EVM2}) \begin{cases} V - \min(x_1, x_2, \cdots, x_m), \\ \mathrm{s.t.} \ (\boldsymbol{x}, \boldsymbol{r}) \in \mathrm{EIState}, \end{cases}$$

其中

$$\text{EIState} = \left\{ (\boldsymbol{x}, \boldsymbol{r}) \left| \sum_{j=1}^{n} \boldsymbol{x}_j \lambda_j \leqq \boldsymbol{x}, \sum_{j=1}^{n} \boldsymbol{r}_j \lambda_j \leqq \boldsymbol{r} \leqq \boldsymbol{r}^0, \sum_{j=1}^{n} \lambda_j = 1, \lambda_j \geqq 0, j = 1, 2, \cdots, n \right. \right\}.$$

当投入指标之间存在可比性, 并且投入指标间的权重大小为

$$\boldsymbol{v}^0 = (v_1^0, v_2^0, \cdots, v_m^0)^{\mathrm{T}}$$

时, 若 $(\hat{\boldsymbol{x}}, \hat{\boldsymbol{r}})$ 是 (EM2) 的最优解, 则表示在系统的风险不超过 $\boldsymbol{r}^0$ 的情况下, $(\hat{\boldsymbol{x}}, \hat{\boldsymbol{r}})$ 对应的资源投入总量最小.

当投入指标之间不存在可比性时, 若 $(\hat{\boldsymbol{x}}, \hat{\boldsymbol{r}})$ 是多目标规划问题 (EVM2) 的有效解, 则表示在系统的风险不超过 $\boldsymbol{r}^0$ 的情况下, $(\hat{\boldsymbol{x}}, \hat{\boldsymbol{r}})$ 对应的资源投入达到了有效的程度, 除非增加某项投入, 否则, 其他投入指标不可能继续降低.

定义 11.8　(1) 若决策单元 $(\hat{\boldsymbol{x}}, \hat{\boldsymbol{r}}) \in \text{EIState}$ 为线性规划 (EM2) 的最优解, 则称决策单元 $(\hat{\boldsymbol{x}}, \hat{\boldsymbol{r}})$ 为 EM2 相对有效;

(2) 若决策单元 $(\hat{\boldsymbol{x}}, \hat{\boldsymbol{r}}) \in \text{EIState}$ 为多目标规划 (EVM2) 的有效解, 则称决策单元 $(\hat{\boldsymbol{x}}, \hat{\boldsymbol{r}})$ 为 EVM2 相对有效.

3. 理想风险层次的预测

为了分析在投入量不增的情况下系统的风险指标是否还有进一步改进的可能性, 给出了以下两个模型:

$$(\text{EM3}) \quad \begin{cases} \min \ \sum_{j=1}^{s} r_j u_j^0, \\ \text{s.t.} \ \ (\boldsymbol{x}, \boldsymbol{r}) \in \text{ERState}, \end{cases}$$

$$(\text{EVM3}) \quad \begin{cases} V - \min(r_1, r_2, \cdots, r_s), \\ \text{s.t.} \ \ (\boldsymbol{x}, \boldsymbol{r}) \in \text{ERState}, \end{cases}$$

其中

$$\text{ERState} = \left\{ (\boldsymbol{x}, \boldsymbol{r}) \left| \sum_{j=1}^{n} \boldsymbol{x}_j \lambda_j \leqq \boldsymbol{x} \leqq \boldsymbol{x}^0, \sum_{j=1}^{n} \boldsymbol{r}_j \lambda_j \leqq \boldsymbol{r}, \sum_{j=1}^{n} \lambda_j = 1, \lambda_j \geqq 0, j = 1, 2, \cdots, n \right. \right\}.$$

当风险指标之间存在可比性, 并且风险指标间的权重大小为

$$\boldsymbol{u}^0 = (u_1^0, u_2^0, \cdots, u_s^0)^{\mathrm{T}}$$

时, 若 $(\hat{\boldsymbol{x}}, \hat{\boldsymbol{r}})$ 是 (EM3) 的最优解, 则表示在对系统的投入不超过 $\boldsymbol{x}^0$ 的情况下, $(\hat{\boldsymbol{x}}, \hat{\boldsymbol{r}})$ 对应的风险总量最小.

当风险指标之间不存在可比性时, 若 $(\hat{\boldsymbol{x}}, \hat{\boldsymbol{r}})$ 是多目标规划问题 (EVM3) 的有效解, 则表示在对系统投入不超过 $\boldsymbol{x}^0$ 的情况下, $(\hat{\boldsymbol{x}}, \hat{\boldsymbol{r}})$ 对应的风险达到了极小的程度, 即除非增大某项风险指标, 否则, 其他风险指标不可能继续降低.

定义 11.9 (1) 若决策单元 $(\hat{x}, \hat{r}) \in$ ERState 为线性规划 (EM3) 的最优解, 则称决策单元 $(\hat{x}, \hat{r})$ 为 EM3 相对有效;

(2) 若决策单元 $(\hat{x}, \hat{r}) \in$ ERState 为多目标规划 (EVM3) 的有效解, 则称决策单元 $(\hat{x}, \hat{r})$ 为 EVM3 相对有效.

为便于计算和推广, 对上述模型的基本性质进行了进一步分析.

11.3.2 降低风险措施有效性的判定模型

应用 (EVM1)~(EVM3) 模型判断决策单元的有效性并不容易, 为此, 给出了以下方法: 对于线性规划 (LM1)~(LM3), 有以下结论成立:

$$
\text{(LM1)}
\begin{cases}
\max \sum\limits_{i=1}^{m} s_i^+ + \sum\limits_{r=1}^{s} s_r^-, \\
\text{s.t.} \sum\limits_{j=1}^{n} x_j \lambda_j + s^+ = \hat{x}, \\
\quad \sum\limits_{j=1}^{n} r_j \lambda_j + s^- = \hat{r}, \\
\quad \sum\limits_{j=1}^{n} \lambda_j = 1, \\
\quad s^+, s^-, \lambda \geqq 0,
\end{cases}
$$

$$
\text{(LM2)}
\begin{cases}
\max \sum\limits_{i=1}^{m} s_i^+, \\
\text{s.t.} \sum\limits_{j=1}^{n} x_j \lambda_j + s^+ = \hat{x}, \\
\quad \sum\limits_{j=1}^{n} r_j \lambda_j + s^- = r^0, \\
\quad \sum\limits_{j=1}^{n} \lambda_j = 1, \\
\quad s^+, s^-, \lambda \geqq 0,
\end{cases}
$$

$$
\text{(LM3)}
\begin{cases}
\max \sum\limits_{r=1}^{s} s_r^-, \\
\text{s.t.} \sum\limits_{j=1}^{n} x_j \lambda_j + s^+ = x^0, \\
\quad \sum\limits_{j=1}^{n} r_j \lambda_j + s^- = \hat{r}, \\
\quad \sum\limits_{j=1}^{n} \lambda_j = 1, \\
\quad s^+, s^-, \lambda \geqq 0.
\end{cases}
$$

定理 11.10　(1) 若 $(\hat{\boldsymbol{x}}, \hat{\boldsymbol{r}}) \in$ EState, 则 $(\hat{\boldsymbol{x}}, \hat{\boldsymbol{r}})$ 为 EVM1 相对有效当且仅当 (LM1) 的最优值为 0;

(2) 若 $(\hat{\boldsymbol{x}}, \hat{\boldsymbol{r}}) \in$ EIState, 则 $(\hat{\boldsymbol{x}}, \hat{\boldsymbol{r}})$ 为 EVM2 相对有效当且仅当 (LM2) 的最优值为 0;

(3) 若 $(\hat{\boldsymbol{x}}, \hat{\boldsymbol{r}}) \in$ ERState, 则 $(\hat{\boldsymbol{x}}, \hat{\boldsymbol{r}})$ 为 EVM3 相对有效当且仅当 (LM3) 的最优值为 0.

证明　(1) 若决策单元 $(\hat{\boldsymbol{x}}, \hat{\boldsymbol{r}})$ 为 EVM1 相对有效, 则 (LM1) 的最优值为 0. 若不然, 由于

$$s^+, s^- \geqq 0,$$

则必存在

$$(s^+, s^-) \neq 0, \quad \boldsymbol{\lambda} \geqq 0,$$

使得

$$\sum_{j=1}^{n} \boldsymbol{x}_j \lambda_j + s^+ = \hat{\boldsymbol{x}},$$

$$\sum_{j=1}^{n} \boldsymbol{r}_j \lambda_j + s^- = \hat{\boldsymbol{r}}, \quad \sum_{j=1}^{n} \lambda_j = 1.$$

这与 $(\hat{\boldsymbol{x}}, \hat{\boldsymbol{r}})$ 为 (EVM1) 的 Pareto 有效解矛盾!

反之, 若 (LM1) 的最优值为 0, 则决策单元 $(\hat{\boldsymbol{x}}, \hat{\boldsymbol{r}})$ 为 EVM1 相对有效; 否则, 若 $(\hat{\boldsymbol{x}}, \hat{\boldsymbol{r}})$ 不是 (EVM1) 的 Pareto 有效解, 则存在 $(\boldsymbol{x}, \boldsymbol{r}) \in$ EState, 使得

$$(\boldsymbol{x}, \boldsymbol{r}) \leqslant (\hat{\boldsymbol{x}}, \hat{\boldsymbol{r}}),$$

故可知存在 $\bar{\boldsymbol{\lambda}} \geqq 0$, 使得

$$\left(\sum_{j=1}^{n} \boldsymbol{x}_j \bar{\lambda}_j, \sum_{j=1}^{n} \boldsymbol{r}_j \bar{\lambda}_j \right) \leqslant (\hat{\boldsymbol{x}}, \hat{\boldsymbol{r}}),$$

$$\sum_{j=1}^{n} \bar{\lambda}_j = 1.$$

令

$$s^+ = \hat{\boldsymbol{x}} - \sum_{j=1}^{n} \boldsymbol{x}_j \bar{\lambda}_j,$$

$$s^- = \hat{\boldsymbol{r}} - \sum_{j=1}^{n} \boldsymbol{r}_j \bar{\lambda}_j,$$

显然, $(s^+, s^-, \bar{\boldsymbol{\lambda}})$ 为 (LM1) 的可行解, 并且

$$(s^+, s^-) \neq \mathbf{0},$$

故 (LM1) 的最优值不为 0. 矛盾!

(2) 若决策单元 $(\hat{x}, \hat{r})$ 为 EVM2 相对有效, 则 (LM2) 的最优值为 0. 若不然, 必存在 $s^+, s^-, \lambda \geq \mathbf{0}$, 使得

$$\sum_{j=1}^{n} x_j \lambda_j + s^+ = \hat{x},$$

$$\sum_{j=1}^{n} r_j \lambda_j + s^- = r^0, \quad \sum_{j=1}^{n} \lambda_j = 1$$

且

$$s^+ \geqslant \mathbf{0}.$$

显然,

$$\left(\sum_{j=1}^{n} x_j \lambda_j, \sum_{j=1}^{n} r_j \lambda_j \right) \in \text{EIState}$$

且

$$\sum_{j=1}^{n} x_j \lambda_j \leqslant \hat{x},$$

这与 $(\hat{x}, \hat{r})$ 为 (EVM2) 的 Pareto 有效解矛盾!

反之, 若 (LM2) 的最优值为 0, 则决策单元 $(\hat{x}, \hat{r})$ 为 EVM2 相对有效. 否则, 若 $(\hat{x}, \hat{r})$ 不是 (EVM2) 的 Pareto 有效解, 则存在

$$(x, r) \in \text{EIState},$$

使得 $x \leqslant \hat{x}$. 由

$$(x, r) \in \text{EIState}$$

可知, 存在 $\bar{\lambda} \geq \mathbf{0}$, 使得

$$\sum_{j=1}^{n} x_j \bar{\lambda}_j \leqq x, \quad \sum_{j=1}^{n} r_j \bar{\lambda}_j \leqq r \leqq r^0,$$

$$\sum_{j=1}^{n} \bar{\lambda}_j = 1.$$

令

$$s^+ = \hat{x} - \sum_{j=1}^{n} x_j \bar{\lambda}_j,$$

$$s^- = r^0 - \sum_{j=1}^n r_j \bar{\lambda}_j,$$

可以验证 $(s^+, s^-, \bar{\lambda})$ 为 (LM2) 的可行解, 并且

$$s^+ \neq \mathbf{0},$$

故 (LM2) 的最优值不为 0. 矛盾!

(3) 类似地可证.

证毕.

进一步地, 对于无效单元, 可以通过以下调整变为有效单元:

定理 11.11　(1) 若 $(\hat{x}, \hat{r}) \in$EState 不为 EVM1 相对有效, 并且 $(s^{+0}, s^{-0}, \lambda^0)$ 是 (LM1) 的最优解, 则 $(\hat{x} - s^{+0}, \hat{r} - s^{-0})$ 为 EVM1 相对有效;

(2) 若 $(\hat{x}, \hat{r}) \in$EIState 不为 EVM2 相对有效, 并且 $(s^{+0}, s^{-0}, \lambda^0)$ 是 (LM2) 的最优解, 则 $(\hat{x} - s^{+0}, r^0 - s^{-0})$ 为 EVM2 相对有效;

(3) 若 $(\hat{x}, \hat{r}) \in$ERState 不为 EVM3 相对有效, 并且 $(s^{+0}, s^{-0}, \lambda^0)$ 是 (LM3) 的最优解, 则 $(x^0 - s^{+0}, \hat{r} - s^{-0})$ 为 EVM3 相对有效.

证明　(1) 假设 $(\hat{x} - s^{+0}, \hat{r} - s^{-0})$ 为 EVM1 无效, 由定义知, $(\hat{x} - s^{+0}, \hat{r} - s^{-0})$ 不是 (EVM1) 的 Pareto 有效解. 因此, 存在 $(x, r) \in$EState, 使得

$$(x, r) \leqslant (\hat{x} - s^{+0}, \hat{r} - s^{-0}),$$

故可知存在 $\bar{\lambda} \geq \mathbf{0}$, 使得

$$\left(\sum_{j=1}^n x_j \bar{\lambda}_j, \sum_{j=1}^n r_j \bar{\lambda}_j \right) \leqslant (\hat{x} - s^{+0}, \hat{r} - s^{-0})$$

且

$$\sum_{j=1}^n \bar{\lambda}_j = 1.$$

令

$$s^{+1} = \hat{x} - s^{+0} - \sum_{j=1}^n x_j \bar{\lambda}_j,$$

$$s^{-1} = \hat{r} - s^{-0} - \sum_{j=1}^n r_j \bar{\lambda}_j,$$

显然, $(s^{+1} + s^{+0}, s^{-1} + s^{-0}, \bar{\lambda})$ 为 (LM1) 的可行解, 这与 (LM1) 的最优值为

$$\sum_{i=1}^m s_i^{+0} + \sum_{r=1}^s s_r^{-0}$$

矛盾!

(2) 假设 $(\hat{x} - s^{+0}, r^0 - s^{-0})$ 为 EVM2 无效, 由定义知, $(\hat{x} - s^{+0}, r^0 - s^{-0})$ 不是 (EVM2) 的 Pareto 有效解. 因此, 存在

$$(x, r) \in \text{EIState},$$

使得

$$x \leqslant \hat{x} - s^{+0}.$$

由

$$(x, r) \in \text{EIState}$$

可知, 存在 $\bar{\lambda} \geqq 0$, 使得

$$\sum_{j=1}^{n} x_j \bar{\lambda}_j \leqq x, \quad \sum_{j=1}^{n} r_j \bar{\lambda}_j \leqq r \leqq r^0$$

且

$$\sum_{j=1}^{n} \bar{\lambda}_j = 1.$$

令

$$s^{+1} = \hat{x} - s^{+0} - \sum_{j=1}^{n} x_j \bar{\lambda}_j,$$

$$s^{-1} = r^0 - \sum_{j=1}^{n} r_j \bar{\lambda}_j,$$

可以验证 $(s^{+1} + s^{+0}, s^{-1}, \bar{\lambda})$ 为 (LM2) 的可行解, 这与 (LM2) 的最优值为 $\sum_{i=1}^{m} s_i^{+0}$ 矛盾!

(3) 类似地可证.

证毕.

定义 EState 上的二元关系 $\varpropto_0$ 为

$$(x, r) \varpropto_0 (\bar{x}, \bar{r}) \text{ 当且仅当 } x \geqq \bar{x}, \quad r \geqq \bar{r},$$

其中 $\geqq$ 即为大小关系, 则可以验证 $\varpropto_0$ 为 EState 上的偏序关系.

定理 11.12　　$(\hat{x}, \hat{r})$ 为 EVM1 相对有效当且仅当 $(\hat{x}, \hat{r})$ 是 $(\text{EState}, \varpropto_0)$ 的极大元.

证明　由于 $(\hat{x}, \hat{r})$ 为多目标问题 (EVM1) 的有效解当且仅当不存在

$$(x, r) \in \text{EState},$$

使得

$$(\boldsymbol{x}, \boldsymbol{r}) \neq (\hat{\boldsymbol{x}}, \hat{\boldsymbol{r}})$$

且

$$\hat{\boldsymbol{x}} \geqq \boldsymbol{x}, \quad \hat{\boldsymbol{r}} \geqq \boldsymbol{r}(即 (\hat{\boldsymbol{x}}, \hat{\boldsymbol{r}}) \underset{\sim}{\propto}_0 (\boldsymbol{x}, \boldsymbol{r})),$$

因此, 结论成立. 证毕.

由定理 11.12 可知, EVM1 有效刻画了决策单元在某一偏好下的极大性质.

对于规划 (DEM), 容易证明以下结论:

$$(\text{DEM}) \begin{cases} \min \ \theta, \\ \text{s.t.} \ \displaystyle\sum_{j=1}^{n} \boldsymbol{x}_j \lambda_j + \boldsymbol{s}^+ = \boldsymbol{x}_{j_0}, \\ \displaystyle\sum_{j=1}^{n} \boldsymbol{r}_j \lambda_j + \boldsymbol{s}^- = \theta \boldsymbol{r}_{j_0}, \\ \displaystyle\sum_{j=1}^{n} \lambda_j = 1, \\ \boldsymbol{s}^+, \boldsymbol{s}^-, \boldsymbol{\lambda} \geqq \boldsymbol{0}. \end{cases}$$

方案 $(\boldsymbol{x}_{j_0}, \boldsymbol{r}_{j_0})$ 为 EVM1 相对有效当且仅当 (DEM) 的最优值为 1, 并且对其任何最优解均有

$$\boldsymbol{s}^+ = \boldsymbol{0}, \quad \boldsymbol{s}^- = \boldsymbol{0}.$$

11.3.3　权重受限的降低风险措施有效性分析模型

上述方法主要是针对权重可以确定或权重无约束情况进行探讨的, 实际上, 更多情况处于两者之间, 即权重属于某一区间、具有某种序关系或定量关系等. 以下给出了权重受限的 (EVM1) 模型:

$$(\text{CE}) \begin{cases} \min \ (\boldsymbol{\omega}^{\mathrm{T}} \boldsymbol{x}_{j_0} + \boldsymbol{\mu}^{\mathrm{T}} \boldsymbol{r}_{j_0} + \mu_0), \\ \text{s.t.} \ \boldsymbol{\omega}^{\mathrm{T}} \boldsymbol{x}_j + \boldsymbol{\mu}^{\mathrm{T}} \boldsymbol{r}_j + \mu_0 \geqq 0, \quad j = 1, 2, \cdots, n, \\ (\boldsymbol{\omega}, \boldsymbol{\mu}) \in U. \end{cases}$$

为便于运算, 根据风险分析中权重约束的实际情况, 这里取

$$U = \left\{ (\boldsymbol{\omega}, \boldsymbol{\mu}) \,\middle|\, \boldsymbol{A}(\boldsymbol{\omega}, \boldsymbol{\mu})^{\mathrm{T}} \geqq \boldsymbol{b}, \boldsymbol{\omega} \geqq \boldsymbol{0}, \boldsymbol{\mu} \geqq \boldsymbol{0} \right\},$$

其中

$$\boldsymbol{A} = (a_{ij})_{p \times (m+s)}$$

为常数矩阵, 并设

$$\boldsymbol{b} = (b_1, b_2, \cdots, b_p)^{\mathrm{T}}$$

为常向量.

线性规划 (CE) 的对偶规划可表示为

$$
\text{(DCE)} \begin{cases}
\max \sum_{j=1}^{p} b_j \lambda_{n+j} = V_{\text{DCE}}, \\
\text{s.t.} \sum_{j=1}^{n} x_{ij}\lambda_j + \sum_{j=1}^{p} a_{ji}\lambda_{n+j} + s_i^+ = x_{ij_0}, \quad i = 1, \cdots, m, \\
\sum_{j=1}^{n} r_{kj}\lambda_j + \sum_{j=1}^{p} a_{jk+m}\lambda_{n+j} + s_{m+k}^+ = r_{kj_0}, \quad k = 1, \cdots, s, \\
\sum_{j=1}^{n} \lambda_j = 1, \\
\lambda_1, \cdots, \lambda_{n+p}, s_1^+, \cdots, s_{m+s}^+ \geqq 0.
\end{cases}
$$

定义 11.10 若线性规划 (DCE) 的最优值为 0, 并且对它的任意最优解 $\boldsymbol{\lambda}^*, \boldsymbol{s}^{+*}$ 都有 $\boldsymbol{s}^{+*} = \boldsymbol{0}$, 则称决策单元 $(\boldsymbol{x}_{j_0}, \boldsymbol{r}_{j_0})$ 为 CE 有效单元.

利用 (DCE) 判断决策单元的 CE 有效性不太容易. 对它引入非阿基米德无穷小量后, 就可以得到一种比较简单的判定决策单元 CE 有效性的方法.

定理 11.13 设 ε 是非阿基米德无穷小量, 若线性规划问题 (DCE_{S}) 的最优值为 0, 并且最优解 $\boldsymbol{\lambda}^0, \boldsymbol{s}^0$ 中 $\boldsymbol{s}^0 = \boldsymbol{0}$, 则决策单元 $(\boldsymbol{x}_{j_0}, \boldsymbol{r}_{j_0})$ 为 CE 有效,

$$
\text{(DCE}_{\text{S}}) \begin{cases}
\max \sum_{j=1}^{p} b_j \lambda_{n+j} + \varepsilon \sum_{i=1}^{m+s} s_i = V_{\text{DCE}_{\text{S}}}, \\
\text{s.t.} \sum_{j=1}^{n} x_{ij}\lambda_j + \sum_{j=1}^{p} a_{ji}\lambda_{n+j} + s_i^+ = x_{ij_0}, \quad i = 1, \cdots, m, \\
\sum_{j=1}^{n} r_{kj}\lambda_j + \sum_{j=1}^{p} a_{jk+m}\lambda_{n+j} + s_{m+k}^+ = r_{kj_0}, \quad k = 1, \cdots, s, \\
\sum_{j=1}^{n} \lambda_j = 1, \\
\lambda_1, \cdots, \lambda_{n+p}, s_1^+, \cdots, s_{m+s}^+ \geqq 0.
\end{cases}
$$

证明 令

$$
\boldsymbol{d} = (\underbrace{0, \cdots, 0}_{n+p}, \underbrace{1, \cdots, 1}_{m+s})^{\text{T}},
$$

$$
\boldsymbol{x} = (\lambda_1, \cdots, \lambda_{n+p}, s_1, \cdots, s_{m+s})^{\text{T}},
$$

这样可以将 (DCE_{S}) 化成引理 9.2 中 (GH2) 的形式. 对于 (DCE) 的任一可行解 $\boldsymbol{x}$, 由于 $\boldsymbol{d}, \boldsymbol{x}$ 非负, 故有

$$
\boldsymbol{d}^{\text{T}} \boldsymbol{x} \geqq 0.
$$

由引理 9.2 知, (DCE$_S$) 的最优解 $\boldsymbol{\lambda}^0, s^0$ 也是 (GH4) 的最优解,

$$(\text{GH4}) \begin{cases} \max \ \boldsymbol{d}^{\mathrm{T}} \boldsymbol{x}, \\ \text{s.t.} \quad \boldsymbol{x} \in \bar{R}, \end{cases}$$

其中, $\bar{R}$ 为线性规划 (DCE) 的最优解集合.

若 $s^0 = 0$, 则可知 (GH4) 的最优值也为 0, 由此可知, (DCE) 的每一个最优解 $\boldsymbol{\lambda}^*, s^*$, 都有 $s^* = \boldsymbol{0}$. 否则, 它与 (GH4) 的最优值为 0 矛盾. 因此, 决策单元 $(\boldsymbol{x}_{j_0}, \boldsymbol{r}_{j_0})$ 为 CE 有效. 证毕.

11.3.4　应用举例

假设某类平台共有两种主要风险, 在对其维护的过程中, 根据实际情况, 决定在两个方面进行投入, 过去成功运用的方案和新制订的方案共 7 种. 通过分析模拟等手段已经估算出这些方案实施后平台的可能风险层次如表 11.6 所示.

表 11.6　各种方案预计情况一览表

指数	方案 1	方案 2	方案 3	方案 4	方案 5	方案 6	方案 7
人员素质投资指数 x_1	0.206	0.227	0.39	0.454	0.6	0.372	0.616
安全设施建设投资指数 x_2	0.338	0.505	0.498	0.355	0.559	0.51	0.369
人员风险指数 r_1	0.361	0.382	0.39	0.339	0.6	0.42	0.544
资产风险指数 r_2	0.344	0.356	0.594	0.39	0.391	0.68	0.6

(1) 应用 (EVM1) 模型进行分组计算, 得到各方案的有效性具有如下顺序:

方案 1, 方案 4 > 方案 2, 方案 3, 方案 7 > 方案 5, 方案 6.

如果决策者准备采用方案 2, 则应用 (LM1) 模型可算得

$$s_1^+ = 0.021, \quad s_2^+ = 0.167, \quad s_1^- = 0.021, \quad s_2^- = 0.012.$$

这表明从以往的经验数据来看, 方案 2 的资源投入量和相应的风险降低情况可能还没有达到有效的状态. 从计算结果来看, 系统可以用更少的投入来获得目前方案所能达到的风险层次.

因此, 有必要对方案 2 的资源分配关系以及系统的内部结构进行调整. 由定理 11.11 可知, 如果调整后各项指标若能小于等于

$$x_1 = 0.227 - 0.021, \quad x_2 = 0.505 - 0.167, \quad r_1 = 0.382 - 0.021, \quad r_2 = 0.356 - 0.012,$$

则表明这种调整符合 ALARP 原则, 即和确定的惯例或方案相比较, 调整后的新方案的投入和收益达到了有效配置.

(2) 如果系统仅要求风险不超过 $r^0 = (0.5, 0.5)$ 即可, 为实现资源优化配置, 由定理 11.11, 应用 (LM2) 模型计算知, 投入可调整为

$$x_1 = 0.227 - 0.021 = 0.206, \quad x_2 = 0.505 - 0.167 = 0.338,$$

这时系统预计风险层次为

$$r_1 = 0.5 - 0.139 = 0.361, \quad r_2 = 0.5 - 0.156 = 0.344,$$

也就是采取方案 1 效果更好.

(3) 如果系统仅要求投入量不超过 $x^0 = (0.55, 0.55)$ 即可, 则应用定理 11.11 可算得系统预计可达到的一种较理想风险层次为

$$r_1 = 0.382 - 0.021 = 0.361, \quad r_2 = 0.356 - 0.012 = 0.344,$$

并且预计的投入大致为

$$x_1 = 0.55 - 0.344 = 0.206, \quad x_2 = 0.55 - 0.212 = 0.338.$$

从上述应用举例可见, 该方法充分运用已有的成功案例的经验数据和信息, 从系统性、全局性的角度出发来对新制订的方案进行分析, 对选择降低系统风险措施、确定系统目标, 进行资源的优化配置等都可以提出一些建设性的意见, 具有一定的现实意义. 同时, 应用该方法对系统进行安全综合评估不仅方法简单、理论完备、可操作性强, 而且不必事先确定指标间的显式关系, 不必事先确定指标间的相对权重, 因而更具客观性.

参 考 文 献

[1] 马占新, 任慧龙, 戴仰山. DEA 方法在多风险事件综合评价中的应用研究 [J]. 系统工程与电子技术, 2001, 23(8): 7–11

[2] 马占新, 任慧龙. 一种基于样本的综合评价方法及其在 FSA 中的应用研究 [J]. 系统工程理论与实践, 2003, 23(2): 95–101

[3] 马占新, 唐焕文. 降低风险措施有效性综合评价的一种非参数方法 [J]. 运筹学学报, 2005, 9(3): 89–96

[4] Charnes A, Cooper W W, Rhodes E. Measuring the efficiency of decision making units[J]. European Journal of Operational Research, 1978, 2(6): 429–444

[5] 魏权龄, 王日爽, 徐兵. 数学规划引论 [M]. 北京: 北京航空航天大学出版社, 1991

[6] Gratzer G. General lattice theory[M]. New York: Academic Press, 1978

[7] 何静. 只有输出 (入) 的数据包络分析及其应用 [J]. 系统工程学报, 1995, 10(2): 48–55

[8] 钱学森, 于景元, 戴汝为. 一个科学新领域 —— 开放的复杂巨系统及其方法论 [J]. 自然杂志, 1990, 13(1): 3–10

[9] Yoshida K, Eknes M L, Ludolphy W L H. Risk assessment[C]. In: Proceedings of the 14th international ship and offshore structures congress. Nagasaki, Japan, 2000: 5–36

第12章 基于面板数据的广义 DEA 模型

DEA 方法是评价同类决策单元相对有效性的一类重要方法, 同类单元是指具有相同的目标、任务、外部环境和输入输出指标. 当时间条件发生变化时, 可能会使决策单元所处的外部环境发生变化, 这时使用 DEA 方法评价面板数据信息时就会与 DEA 方法的适用条件发生矛盾. 因此, 本章应用广义 DEA 方法的相关理论, 给出了基于面板数据的 DEA 方法, 并应用该方法测算出了 1998~2007 年中国 30 个省市自治区的能源效率指数, 分析了中国主要煤炭上市企业 2000~2008 年的企业效率状况. 本章内容主要取材于文献 [1]~[4].

DEA 方法是评价同类决策单元相对有效性的一类重要方法, 同类单元是指具有相同的目标、任务、外部环境和输入输出指标. 当时间条件发生变化时, 可能会使决策单元所处的外部环境发生变化, 这时使用 DEA 方法 (C^2R 模型、BC^2 模型) 评价面板数据信息时, 就会与 DEA 方法的适用条件发生矛盾. 因此, 目前, DEA 方法应用中多使用同类决策单元在同一时间段内的数据, 即使用的多为截面数据. 然而, 当评价具有时间序列的面板数据时 (这里的面板数据是指多个决策单元在多个时间序列上的数据), 如果继续使用 DEA 方法, 则是默认了在所有时间点生产技术是相同的, 这在实际上否定了技术进步, 与现实不符. 由于不能假设在所有的时间点生产技术是相同的, 因此, 生产可能集的构造应该重新考虑, 本章应用广义 DEA 方法的相关理论[1,2], 以某一技术层面的数据为观测点构造生产可能集, 给出了基于面板数据的 DEA 方法. 然后, 应用该方法给出了一种测算能源使用效率的非参数方法, 并应用该方法测算了 1998~2007 年中国 30 个省市自治区的能源效率指数, 初步描述了中国各省能源效率的整体状况. 最后, 探讨了如何应用煤炭企业的面板数据来评价企业的效率问题, 并分析了中国主要煤炭上市企业 2000~2008 年的企业效率状况. 通过实证研究发现, 基于面板数据的 DEA 模型采用的参考集更具稳定性, 获得的效率指数和相应的改进信息更符合实际情况.

12.1 基于面板数据的广义 DEA 模型

假设可以用 m 个输入指标和 s 个输出指标来反映某 n 个同类决策单元的投入产出状况, 并且已经测得这 n 个决策单元在某 L 个时间序列上的指标数据, 其中第 j 个决策单元在第 k 个时间段上的输入指标值为

$$\boldsymbol{x}_j^{(k)} = (x_{1j}^{(k)}, x_{2j}^{(k)}, \cdots, x_{mj}^{(k)})^{\mathrm{T}}$$

输出指标值为

$$\boldsymbol{y}_j^{(k)} = (y_{1j}^{(k)}, y_{2j}^{(k)}, \cdots, y_{sj}^{(k)})^{\mathrm{T}},$$

并且

$$\boldsymbol{x}_j^{(k)} > \boldsymbol{0}, \boldsymbol{y}_j^{(k)} > \boldsymbol{0}, \quad j = 1, 2, \cdots, n, k = 1, 2, \cdots, L.$$

假设在基础时间段 (对照组) 上, 第 j 个决策单元对应的输入指标值为

$$\boldsymbol{x}_j^{(0)} = (x_{1j}^{(0)}, x_{2j}^{(0)}, \cdots, x_{mj}^{(0)})^{\mathrm{T}},$$

输出指标值为

$$\boldsymbol{y}_j^{(0)} = (y_{1j}^{(0)}, y_{2j}^{(0)}, \cdots, y_{sj}^{(0)})^{\mathrm{T}},$$

并且它们均为正数. 以下以基础时间段的数据为样本, 综合考虑各决策单元相对于基础时间段的效率状况. 构造基年的生产可能集为 T,

$$T = \left\{ (\boldsymbol{x}, \boldsymbol{y}) \,\middle|\, \boldsymbol{x} \geqq \sum_{j=1}^{n^{(0)}} \boldsymbol{x}_j^{(0)} \lambda_j, \boldsymbol{y} \leqq \sum_{j=1}^{n^{(0)}} \boldsymbol{y}_j^{(0)} \lambda_j, \delta \sum_{j=1}^{n^{(0)}} \lambda_j = \delta, (\lambda_1, \cdots, \lambda_{n^{(0)}})^{\mathrm{T}} \geqq \boldsymbol{0} \right\}.$$

定义 12.1 对于第 j 个决策单元第 k 个时间段上的指标值 $(\boldsymbol{x}_j^{(k)}, \boldsymbol{y}_j^{(k)})$, 如果不存在 $(\boldsymbol{x}, \boldsymbol{y}) \in T$, 使得

$$\boldsymbol{x}_j^{(k)} \geqq \boldsymbol{x}, \quad \boldsymbol{y}_j^{(k)} \leqq \boldsymbol{y}$$

且至少有一个不等式严格成立, 则称第 j 个决策单元第 k 个时间段上为 D-panel 有效的.

定义 12.1 表明, 如果基础时间段上不存在比被评价单元的投入更小而产出更大的生产状态, 则认为被评价单元是 D-panel 有效的.

为了进一步度量被评价单元的有效性程度, 给出以下数学模型:

$$(\text{D-panel}) \begin{cases} \min \theta - \varepsilon(\hat{\boldsymbol{e}}^{\mathrm{T}} \boldsymbol{s}^- + \boldsymbol{e}^{\mathrm{T}} \boldsymbol{s}^+), \\ \text{s.t.} \ \sum_{j=1}^{n^{(0)}} \lambda_j \boldsymbol{x}_j^{(0)} + \boldsymbol{s}^- = \theta \boldsymbol{x}_p^{(k)}, \\ \sum_{j=1}^{n^{(0)}} \lambda_j \boldsymbol{y}_j^{(0)} - \boldsymbol{s}^+ = \boldsymbol{y}_p^{(k)}, \\ \delta \sum_{j=1}^{n^{(0)}} \lambda_j = \delta \\ \lambda_j \geqq 0, \quad j = 1, 2, \cdots, n^{(0)}, \\ \boldsymbol{s}^+ \geqq \boldsymbol{0}, \ \boldsymbol{s}^- \geqq \boldsymbol{0}. \end{cases}$$

定义 12.2　若规划 (D-panel) 无可行解或者它的最优值 $\boldsymbol{\lambda}^0, \boldsymbol{s}^{+0}, \boldsymbol{s}^{-0}, \theta^0$ 中 $\theta^0 \geqq 1$, 则称第 p 个决策单元在第 k 个时间段上的生产为弱 D-panel 有效.

定理 12.1　若规划 (D-panel) 的最优解 $\boldsymbol{\lambda}^0, \boldsymbol{s}^{+0}, \boldsymbol{s}^{-0}, \theta^0$, 满足下列条件:

(1) $\theta^0 > 1$ 或 (D-panel) 无可行解;

(2) $\theta^0 = 1$ 且 $\boldsymbol{s}^{+0} = \boldsymbol{0}, \boldsymbol{s}^{-0} = \boldsymbol{0}$,

则第 p 个决策单元在第 k 个时间段上的生产为 D-panel 有效.

模型 (D-panel) 描绘的 D-panel 有效性含义如下:

(1) 当 $\theta^0 > 1$ 时, 表明在保持原产出 $\boldsymbol{y}_p^{(k)}$ 不变的情况下, 只要第 p 个决策单元在第 k 个时间段上的投入不大于 $\theta^0 \boldsymbol{x}_p^{(k)}$, 则它的生产不会劣于基础时间段的有效生产效率. 当模型 (D-panel) 无可行解时, 表明被评价单元的产出已经大到样本单元无法达到的程度, 这时, 规定 $\theta^0 = 1$.

(2) 当 $\theta^0 = 1$ 且 $\boldsymbol{s}^{+0} = \boldsymbol{0}, \boldsymbol{s}^{-0} = \boldsymbol{0}$ 时, 表明第 p 个决策单元在第 k 个时间段上的生产效率和基础时间下的某种有效生产效率相当.

(3) 当 $\theta^0 = 1$ 且 $(\boldsymbol{s}^{+0}, \boldsymbol{s}^{-0}) \neq \boldsymbol{0}$ 时, 表明第 p 个决策单元在第 k 个时间段上的生产效率和基础时间下生产效率相比是弱有效的.

(4) 当 $\theta^0 < 1$ 时, 表明第 p 个决策单元在第 k 个时间段上的生产效率和基础时间下生产效率相比是无效的.

定义 12.3　设 $\boldsymbol{\lambda}^0, \boldsymbol{s}^{-0}, \boldsymbol{s}^{+0}, \theta^0$ 是线性规划问题 (D-panel) 的最优解, 令

$$\hat{\boldsymbol{x}}_p^{(k)} = \theta^0 \boldsymbol{x}_p^{(k)} - \boldsymbol{s}^{-0}, \quad \hat{\boldsymbol{y}}_p^{(k)} = \boldsymbol{y}_p^{(k)} + \boldsymbol{s}^{+0},$$

称 $(\hat{\boldsymbol{x}}_p^{(k)}, \hat{\boldsymbol{y}}_p^{(k)})$ 为决策单元 j_0 对应的 $(\boldsymbol{x}_p, \boldsymbol{y}_p)$ 在样本有效前沿面上的 "投影".

定理 12.2　若规划 (D-panel) 的最优解 $\boldsymbol{\lambda}^0, \boldsymbol{s}^{+0}, \boldsymbol{s}^{-0}, \theta^0$ 满足

$$\theta^0 < 1$$

或

$$\theta^0 = 1, \text{ 但 } (\boldsymbol{s}^{+0}, \boldsymbol{s}^{-0}) \neq \boldsymbol{0},$$

则

$$\theta^0 \boldsymbol{x}_p^{(k)} - \boldsymbol{s}^{-0}, \quad \boldsymbol{y}_p^{(k)} + \boldsymbol{s}^{+0}$$

是 D-panel 有效的.

12.2　中国能源利用效率省级数据的分析与比较

能源是国民经济发展的动力, 是现代经济的重要支撑. 能源问题已经成为当今社会关注的焦点, 各国普遍把提高能源效率、节约能源消费作为可持续发展战略的重要环节. 近年来, 伴随着中国经济市场化、工业化和国际化程度的提高, 中国能

源的供需矛盾将进一步加剧. 为了提高能源的使用效率, 2006 年, 中国首次以法律文件的形式, 明确提出 "十一五" 期间 GDP 能耗降低 20%的约束性目标. 在 2009 年哥本哈根大会上, 中国政府郑重承诺到 2020 年, 单位 GDP 二氧化碳排放比 2005 年下降 40%~45%. 因此, 如何提高能源利用效率、大幅度降低二氧化碳排放将成为急需重点思考的问题. 近年来, 国内诸多学者对能源利用效率问题进行了比较深入的研究, 评价方法主要包括加权平均法、模糊综合评价法、层次分析法、DEA 方法等, 其中确定性权重的方法一般存在评价工作量小、准确性高、实用性强等优点, 但是该类方法在权重确定方面却存在一定困难. DEA 方法是一种非参数方法, 在处理多输入多输出的复杂问题时具有独特的优势[5]. 因此, 近年来, DEA 方法在能源利用效率评价方面得到了广泛应用. 例如, 文献 [6] 利用 1995~2004 年的中国经济数据进行了省际能源效率测算, 并根据计算结果对能源效率的影响因素进行了计量分析. 文献 [7] 对单要素能源效率和多要素能源效率进行了对比, 并以 2005 年数据为基础, 对中国各地区的能效现状作了测算, 结果表明多要素能效指标在揭示一个地区资源禀赋对能效的影响方面有着单要素方法替代不了的优势. 文献 [8] 也采用 DEA 方法研究了中国 13 个主要工业省区 1990~2006 年的能源效率, 得到了 13 个省区的能源效率差距较大, 并且导致这种结果的最主要因素是技术进步和工业内部结构变化. 文献 [9] 则基于 DEA-Malmquist 生产率指数测算了 1990~2006 年全国 30 个省份全要素能源效率及技术进步、技术效率指数. 由于传统 DEA 模型 (如 C^2R 模型和 BC^2 模型) 一般要求决策单元具有相同的外部环境, 而处理面板数据信息时, 如何有效地处理不同时间条件下的数据仍有待于进一步思考. 因此, 本章应用基于面板数据的 DEA 模型, 选取 2007 年数据作为对照组, 对中国能源利用效率进行了评价. 该方法与以往的方法相比, 不仅参照系稳定, 而且有效地处理了时间条件变化的问题, 因而具有一定的优势.

12.2.1   中国能源利用效率综合指数的测评

1. 评价指标的选取

目前, 反映能源利用效率的指标种类很多, 根据评价的对象和目的不同, 选取的指标体系也不同. 以下主要从能源、人力、资产与经济增长的角度来考察能源效率问题, 即选取各省资本形成总额、就业人数、能源消费总量为投入要素, 以 GDP 作为产出要素来进行能源利用效率的评价与分析.

2. 数据收集

为了有效地评价和分析中国各地区能源利用效率状况, 根据数据的可获得性, 本章选取了 1998~2007 年中国内地 30 个省、市、自治区 (由于西藏缺少能源数据, 所以未包括在评价单元之列) 的数据作为研究对象, 所有数据均来源于《中国统计年鉴》、《中国能源统计年鉴》、《新中国五十年统计资料汇编》, 并将数据按 1985 年的不变价进行了转化.

3. 结果的计算

以下取 $d = 1, \delta = 0$, 并以各地区 2007 年数据作为对照组 (样本数据), 应用 (D-panel) 模型对中国各地区 1998~2007 年的综合效率值进行了度量, 获得各地区能源利用综合效率指数如表 12.1 所示.

表 12.1　基于 2007 年技术水平的中国各地区能源利用综合效率 (CE) 状况

地区＼年份	1998 年	1999 年	2000 年	2001 年	2002 年	2003 年	2004 年	2005 年	2006 年	2007 年
北京	1.066	1.069	1.108	1.130	1.080	1.071	1.069	1.038	1.022	1.000
天津	1.064	1.070	1.046	1.021	0.999	0.975	0.916	0.884	0.850	0.798
河北	0.753	0.747	0.799	0.847	0.887	0.884	0.849	0.796	0.764	0.734
山西	0.832	0.836	0.852	0.826	0.774	0.755	0.734	0.704	0.669	0.653
内蒙古	0.868	0.901	0.894	0.960	0.889	0.735	0.625	0.537	0.525	0.510
辽宁	1.307	1.340	1.288	1.266	1.228	1.084	0.897	0.849	0.788	0.742
吉林	0.952	0.943	1.062	1.014	1.006	1.019	0.952	0.845	0.672	0.625
黑龙江	1.048	1.165	1.230	1.182	1.107	1.209	1.147	1.159	1.120	1.000
上海	1.334	1.316	1.313	1.257	1.209	1.150	1.124	1.068	1.030	1.000
江苏	0.882	0.866	0.843	0.847	0.859	0.798	0.756	0.780	0.828	0.848
浙江	0.909	0.899	0.888	0.908	0.878	0.802	0.782	0.795	0.840	0.847
安徽	0.821	0.852	0.860	0.864	0.883	0.885	0.802	0.787	0.763	0.747
福建	0.978	0.946	0.890	0.914	0.908	0.853	0.841	0.818	0.786	0.746
江西	1.087	1.065	1.019	1.041	0.956	0.799	0.783	0.772	0.753	0.750
山东	0.837	0.823	0.771	0.799	0.799	0.790	0.775	0.795	0.813	0.803
河南	0.828	0.817	0.818	0.824	0.813	0.812	0.775	0.734	0.700	0.651
湖北	0.785	0.758	0.759	0.810	0.840	0.859	0.834	0.839	0.819	0.818
湖南	1.126	1.171	1.193	1.118	1.040	0.985	0.900	0.879	0.833	0.818
广东	0.943	0.949	0.982	0.963	1.004	0.964	0.954	0.971	1.003	1.000
广西	1.035	1.036	1.026	1.003	0.957	0.895	0.838	0.777	0.729	0.690
海南	0.994	0.950	0.915	0.865	0.829	0.801	0.792	0.766	0.767	0.763
重庆	0.879	0.886	0.827	0.759	0.723	0.666	0.633	0.609	0.607	0.592
四川	0.932	0.936	0.896	0.878	0.842	0.801	0.801	0.768	0.734	0.722
贵州	0.838	0.718	0.676	0.595	0.601	0.601	0.624	0.644	0.653	0.655
云南	0.830	0.865	0.896	0.785	0.827	0.731	0.724	0.622	0.604	0.632
陕西	0.801	0.838	0.781	0.747	0.720	0.662	0.675	0.644	0.622	0.631
甘肃	0.809	0.778	0.782	0.729	0.707	0.702	0.710	0.726	0.733	0.729
青海	0.701	0.683	0.672	0.616	0.580	0.578	0.610	0.622	0.614	0.633
宁夏	0.676	0.663	0.650	0.607	0.575	0.539	0.510	0.493	0.504	0.511
新疆	0.697	0.817	0.908	0.804	0.779	0.725	0.702	0.685	0.662	0.684

以下取 $d = 1, \delta = 1$, 以各地区 2007 年数据作为对照组, 应用 (D-panel) 模型对中国各地区 1998~2007 年的技术效率值进行了度量, 获得各地区能源利用技术

效率指数如表 12.2 所示.

表 12.2　基于 2007 年技术水平的中国各地区能源利用技术效率 (TE) 状况

年份 地区	1998 年	1999 年	2000 年	2001 年	2002 年	2003 年	2004 年	2005 年	2006 年	2007 年
北京	1.113	1.115	1.149	1.166	1.100	1.089	1.077	1.046	1.031	1.000
天津	1.191	1.194	1.193	1.174	1.171	1.135	1.095	1.074	1.051	1.000
河北	0.755	0.751	0.803	0.853	0.806	0.886	0.850	0.707	0.765	0.735
山西	0.856	0.860	0.863	0.833	0.782	0.762	0.740	0.709	0.674	0.657
内蒙古	0.935	0.971	0.963	1.030	0.924	0.737	0.629	0.541	0.530	0.515
辽宁	1.278	1.340	1.288	1.267	1.228	1.085	0.897	0.849	0.794	0.786
吉林	1.005	0.998	1.116	1.069	1.060	1.038	0.972	0.865	0.678	0.631
黑龙江	1.012	1.169	1.234	1.186	1.111	1.217	1.152	1.162	1.122	1.000
上海	1.328	1.318	1.314	1.260	1.212	1.152	1.114	1.061	1.031	1.000
江苏	1.087	1.017	0.994	0.992	0.975	0.944	0.928	0.966	0.990	1.000
浙江	0.910	0.898	0.872	0.886	0.852	0.765	0.737	0.776	0.825	0.834
安徽	0.828	0.861	0.870	0.873	0.894	0.895	0.809	0.794	0.770	0.753
福建	1.020	0.988	0.917	0.952	0.935	0.883	0.870	0.846	0.813	0.770
江西	1.134	1.111	1.061	1.085	0.997	0.835	0.812	0.791	0.771	0.767
山东	1.159	1.093	0.984	1.064	1.015	0.905	0.941	0.968	0.995	1.000
河南	0.808	0.799	0.801	0.811	0.803	0.813	0.770	0.730	0.716	0.703
湖北	0.787	0.762	0.762	0.812	0.845	0.865	0.837	0.843	0.821	0.819
湖南	1.128	1.173	1.193	1.120	1.042	0.988	0.901	0.880	0.832	0.808
广东	0.968	0.928	1.000	0.992	0.995	0.960	0.961	0.979	1.002	1.000
广西	1.069	1.062	1.052	1.028	0.983	0.920	0.860	0.797	0.748	0.706
海南	1.634	1.574	1.489	1.440	1.349	1.258	1.188	1.119	1.064	1.000
重庆	0.940	0.928	0.870	0.801	0.764	0.722	0.675	0.646	0.644	0.628
四川	0.929	0.932	0.892	0.875	0.843	0.802	0.802	0.767	0.730	0.711
贵州	0.842	0.765	0.721	0.637	0.643	0.643	0.665	0.678	0.672	0.668
云南	0.854	0.891	0.924	0.811	0.854	0.757	0.748	0.643	0.624	0.650
陕西	0.838	0.875	0.833	0.782	0.754	0.694	0.705	0.673	0.648	0.655
甘肃	0.887	0.856	0.860	0.806	0.781	0.774	0.779	0.772	0.775	0.774
青海	1.472	1.386	1.386	1.323	1.255	1.206	1.145	1.086	1.046	1.000
宁夏	1.377	1.340	1.311	1.244	1.189	1.009	0.930	0.898	0.873	0.819
新疆	0.754	0.875	0.949	0.853	0.822	0.742	0.701	0.685	0.662	0.687

12.2.2　中国各地区 1998~2007 年能源利用效率分析

1. 中国各地区平均能源利用综合效率分析

为了更好地了解中国能源利用效率的整体走势, 发现能源利用效率的平均变化状况, 根据表 12.1 中的数据, 可以给出中国内地 30 个省市自治区每年的平均综合效率 (ACE) 如表 12.3 所示.

表 12.3　中国各地区相对于 2007 年的平均能源利用综合效率指数

年份	1998 年	1999 年	2000 年	2001 年	2002 年
ACE	0.920	0.923	0.921	0.899	0.877
年份	2003 年	2004 年	2005 年	2006 年	2007 年
ACE	0.838	0.804	0.780	0.760	0.745

从表 12.3 中可以看出, 中国能源利用的综合效率呈整体下降趋势, 其中 1998~2000 年效率指数为 0.9~1, 说明这几年中国各地区在这些年份的平均能源利用综合效率接近 2007 年的最好水平. 而 2001 年之后, 下降的速度则有所加快. 2001~2004 年间效率指数为 0.8~0.9, 2005~2007 年则跌破 0.8, 并且下滑的趋势仍然较快. 上述数据说明, 尽管国家在近年来加大了节能减排的力度, 但经济社会快速发展以及对能源的大量需求仍然使能源的利用效率有所下滑. 特别是在中国快速发展、节能减排任务艰巨的情况下, 如何有效地提高中国能源效率仍然是一项需要深入探索的问题.

2. 中国各省市自治区平均能源利用技术效率分析

根据表 12.2 中的数据, 可以给出中国各地区每年能源利用的平均技术效率 (ATE) 如表 12.4 所示.

表 12.4　中国各地区相对于 2007 年的平均能源利用技术效率指数

年份	1998 年	1999 年	2000 年	2001 年	2002 年
ATE	1.030	1.028	1.022	1.001	0.969
年份	2003 年	2004 年	2005 年	2006 年	2007 年
ATE	0.916	0.876	0.848	0.823	0.803

从表 12.4 可以看出, 30 个地区的平均技术效率和综合效率基本趋势相似, 但仍略有不同. 主要表现如下: 1998~2001 年, 各地区的平均技术效率水平超过 1, 好于 2007 年的最好水平. 2003 年尽管有所下降, 但平均效率指数仍然超过 0.9. 2004 年以后, 则低于 0.9, 并且下滑的趋势明显. 这说明, 尽管近年来各地区的平均技术效率保持在一个相对较好的状态, 但下滑的趋势仍比较明显, 10 年间平均技术效率指数下降 22%, 这说明提高能源利用的技术效率已是一项急需解决的问题.

3. 中国能源利用效率的地域特征分析

中国能源利用效率的地域特征明显, 以下根据中国对东、中、西的划分情况, 对能源利用效率和地区分布的关系进行了分析, 其中东部地区包括北京、天津、河北、辽宁、上海、江苏、浙江、福建、山东、广东、广西、海南 12 个省区市, 中部地区包括山西、内蒙古、吉林、黑龙江、安徽、江西、河南、湖北、湖南 9 个省区, 西部地区包括重庆、四川、贵州、云南、西藏、陕西、甘肃、青海、宁夏、新疆 10 个省区市. 根据表 12.1 和表 12.2 的结果, 通过统计分析可以得到如表 12.5 所示的结果.

表 12.5 中国东中西能源利用效率的整体状况

年份	全国平均		东部		中部		西部	
	ACE	ATE	ACE	ATE	ACE	ATE	ACE	ATE
1998 年	0.920	1.030	1.008	1.126	0.927	0.944	0.796	0.988
1999 年	0.923	1.028	1.001	1.106	0.945	0.967	0.798	0.983
2000 年	0.921	1.022	0.989	1.088	0.965	0.985	0.787	0.972
2001 年	0.899	1.001	0.985	1.090	0.960	0.980	0.725	0.904
2002 年	0.877	0.969	0.970	1.059	0.923	0.940	0.706	0.878
2003 年	0.838	0.916	0.922	0.998	0.895	0.905	0.667	0.817
2004 年	0.804	0.876	0.883	0.960	0.839	0.847	0.666	0.794
2005 年	0.780	0.848	0.862	0.940	0.806	0.813	0.646	0.761
2006 年	0.760	0.823	0.852	0.926	0.761	0.768	0.637	0.742
2007 年	0.745	0.803	0.831	0.903	0.730	0.739	0.643	0.732

通过表 12.5 中的数据可以看出, 中国能源利用效率的地区特征明显. 具体表现在以下几个方面:

(1) 东部地区的综合效率和技术效率明显高于中西部地区, 中部地区也明显好于西部地区. 从整体看, 基本呈现了东高西低的格局. 特别是东部沿海地区和西部省份效率差距较大. 由此可见, 中国各省的能源利用综合效率和技术效率极不平衡.

(2) 从平均水平来看, 东中西部地区 1998~2007 年综合效率和技术效率均呈现明显下降的趋势, 其中东中部地区的效率值均高于全国的平均水平, 而西部地区离全国平均水平相对差距较大. 并且西部地区能源的利用效率和东中部地区相比, 差距一直很大. 因此, 对于西部地区必须高度重视能源消费结构的调整, 充分提高能源的利用效率.

12.3 基于面板数据的中国煤炭企业经济效率分析

煤炭是中国的基础能源, 煤炭产业的发展关系到国家能源安全和国民经济全局, 如何有效提高煤炭企业的生产效率是低碳经济时代的一项重要课题. 但中国煤炭企业同发达国家相比, 在机械化程度、劳动生产率等方面都有较大的差距. 伴随着中国经济市场化和国际化程度的提高, 煤炭企业所面临的竞争日趋激烈, 经营环境的不确定性更强, 加之煤炭企业特有的资源约束性, 这就为煤炭企业发展战略选择提出了新的课题. 煤炭企业如何通过经营业务的结构调整, 提高能源生产的效率将成为急需重点思考的问题. 近年来, 国内学者应用 DEA 方法对煤炭企业经济效率进行了深入研究. 例如, 文献 [10] 采用分批次的数据包络分析方法对中国煤炭上市公司经济效益进行了综合分析, 通过改进值给出了增强经济效益的相应措施. 文

献 [11] 运用 DEA 方法对中国 20 家大型煤炭企业经营效率进行评价分析, 结果表明大部分企业经营效率没有达到 DEA 有效, 针对评价结果给出了提高煤炭企业经营效率的建议和对策. 文献 [12]~[14] 等分别利用 C^2R 模型和 BC^2 模型对中国煤炭企业的有效性、煤炭上市公司经营效率等进行了评价, 并对无效单元进行了投影分析, 给出了相应的改进方案. 由于 C^2R 模型和 BC^2 模型一般要求决策单元具有相同的外部环境, 为了更好地处理不同时间条件下的数据, 以下应用 (D-panel) 模型对中国煤炭上市公司效率进行了评价.

12.3.1　中国煤炭上市公司的经济效益综合指数的测评

煤炭是中国的主要能源之一, 在未来相当长的时期内, 中国将继续维持以煤炭为主的能源格局, 因此, 提高煤炭企业综合经济效益是国民经济发展的必然要求.

(1) 评价指标的选取. 目前, 反映煤炭企业经济效益的指标种类很多, 根据评价的对象和目的不同, 选取的指标体系可能有多种. 以下主要从人力资源、资产投入所换得收益增加的角度来考察企业的经济效益. 根据上市公司公布的主要经济指标, 选取固定资产净额、职工总数、主营业务成本作为输入指标, 选取主营业务收入、每股收益、利税总额作为输出指标.

(2) 数据收集. 为了有效评价和分析中国煤炭上市公司发展状况, 根据数据的可获得性, 本章选取了 23 家上市公司作为研究对象, 数据均来自于相应公司的当年年报 (中财网 http://quote.cfi.cn/), 并将数据转化为 2000 年的不变价进行计算. 煤炭企业在运营过程中必须优化资源配置, 提高生产效率, 从而实现有效的生产和经营. 因此, 需要设计一种方法对上述数据信息进行加工.

(3) 结果的计算. 以下应用 (D-panel) 模型, 选取了各企业 2008 年数据作为对照组 (样本数据), 对中国煤炭上市公司 2000~2008 年的效率进行了评价, 获得各企业的经济效益指数如表 12.6 所示.

表 12.6　基于 2008 年技术水平的中国煤炭企业效率状况

公司	2000 年		2001 年		2002 年		2003 年		2004 年		2005 年		2006 年		2007 年		2008 年	
	CE	TE	CE	TE	CE	TE	CE	TE	CE	TE	CE	TE	CE	TE	CE	TE	CE	TE
露天煤业	—		—		—		—		—		—		—		0.82	0.85	0.84	0.85
中国神华	—		—		—		—		—		—		—		0.89	1.09	0.98	1.00
平庄能源	—		—		—		—		—		—		—		0.50	0.58	0.74	0.78
大同煤业	—		—		—		—		—		—		0.82	0.84	0.75	0.76	1.00	1.00
潞安环能	—		—		—		—		—		—		0.89	0.93	0.98	1.05	1.00	1.00
平煤股份	—		—		—		—		—		—		0.67	0.67	0.77	0.82	0.91	1.00
四川圣达	—		—		—		—		—		—		2.35	2.50	1.54	1.90	1.00	1.00
靖远煤电	—		—		—		—		—		0.83	1.86	0.76	1.42	0.74	1.27	1.00	1.00
开滦股份	—		—		—		—		0.70	0.72	0.64	0.64	0.62	0.64	0.64	0.65	0.77	0.89
恒源煤电	—		—		—		—		1.59	4.11	1.16	2.79	1.02	2.25	0.78	1.48	0.71	0.88

续表

公司	2000 年		2001 年		2002 年		2003 年		2004 年		2005 年		2006 年		2007 年		2008 年	
	CE	TE	CE	TE	CE	TE	CE	TE	CE	TE	CE	TE	CE	TE	CE	TE	CE	TE
国阳新能	—	—	—	—	—	—	0.56	0.58	0.77	0.78	0.84	0.93	0.77	0.88	0.75	0.87	0.82	0.99
兖州煤业	—	—	—	—	—	—	0.85	0.91	0.96	1.07	0.88	0.96	0.79	0.87	0.86	0.93	1.00	1.00
伊泰股份	—	—	—	—	—	—	1.63	1.92	1.83	1.88	1.62	1.69	1.44	1.46	0.77	0.81	1.00	1.00
安泰集团	—	—	—	—	—	—	0.82	0.89	0.78	0.85	0.56	0.64	0.48	0.55	0.70	0.71	0.75	0.80
上海能源	—	—	—	—	0.58	0.60	0.59	0.61	0.58	0.60	0.73	0.84	0.55	0.56	0.56	0.56	0.57	0.58	0.08	0.08
盘江股份	—	—	—	—	0.66	0.76	0.54	0.62	0.62	0.67	0.69	0.71	0.74	0.74	0.70	0.71	0.73	0.73	0.96	1.00
山西煤气化	—	—	—	—	0.63	0.72	0.56	0.64	0.68	0.73	0.59	0.66	0.63	0.67	0.63	0.67	0.64	0.68	0.86	0.86
西山煤电	—	—	—	—	0.60	0.62	1.45	1.46	0.65	0.67	0.77	0.77	0.62	0.63	0.65	0.66	0.67	0.68	0.89	0.89
郑州煤电	—	—	—	—	0.54	0.66	0.53	0.61	0.52	0.60	0.55	0.61	0.54	0.59	0.68	0.69	0.78	0.80	0.82	0.86
神火股份	0.67	0.68	0.65	0.66	0.67	0.67	0.77	0.91	1.23	2.06	0.85	0.89	0.67	0.70	0.63	0.64	0.68	0.78
冀中能源	0.71	0.72	0.66	0.67	0.58	0.62	0.55	0.59	0.62	0.63	0.65	0.67	0.61	0.63	0.68	0.69	0.86	0.92
兰花科创	0.42	0.65	0.51	0.62	0.63	0.76	0.74	0.82	0.85	0.87	0.97	1.18	0.90	1.20	0.71	0.77	1.00	1.00
山西焦化	0.81	1.01	0.66	0.93	0.60	0.72	0.62	0.69	0.76	0.91	0.64	0.68	0.55	0.62	0.57	0.61	0.58	0.59

注: CE 表示综合效率, TE 表示技术效率.

12.3.2 中国煤炭上市企业 2000~2008 年经济效率分析

为了更好地促进中国煤炭上市公司发展, 及时掌握中国煤炭企业的整体状况, 根据 (D-panel) 模型的分析结果, 选取了中国 23 家煤炭上市公司的经济效益状况进行了实证分析, 具体分析如下:

1. 煤炭上市公司平均综合效率分析

根据计算结果, 可以给出 23 家煤炭上市公司每年的平均综合效率 (ACE) 如表 12.7 所示.

表 12.7 基于 2008 年技术水平的 23 家煤炭企业平均综合效率指数

年份	2000 年	2001 年	2002 年	2003 年	2004 年	2005 年	2006 年	2007 年	2008 年
ACE	0.651	0.609	0.685	0.737	0.895	0.796	0.828	0.759	0.861

从表 12.7 中可以看出, 中国煤炭企业综合效率从 2001 年略有下降之后, 在 2001~2004 年呈快速上升趋势. 在 2004 年, 各企业的平均综合效率达到 9 年中的最高水平, 为 0.895. 2004 年后, 企业效率出现了较大波动, 并有下降的趋势. 但如果不考虑 2004 年和 2007 年的变化, 则企业的各年平均综合效率仍然呈平稳上升的趋势.

2. 煤炭上市公司平均纯技术效率分析

根据计算结果, 可以给出 23 家煤炭上市公司每年平均纯技术效率 (ATE) 如表 12.8 所示.

表 12.8　　基于 2008 年技术水平的 23 家煤炭企业平均纯技术效率指数

年份	2000 年	2001 年	2002 年	2003 年	2004 年	2005 年	2006 年	2007 年	2008 年
TE	0.767	0.7	0.745	0.814	1.164	1.008	0.972	0.867	0.903

从表 12.8 可以看出, 22 家企业的平均纯技术效率和综合效率基本趋势相似, 但略有不同. 主要表现如下: 2001 年和 2002 年的纯技术效率和 2000 年相比都有所下降. 在 2001~2004 年, 企业纯技术效率增长较快. 尽管 2005 年有所下降, 但平均效率指数仍然超过了 2008 年的最好水平. 2006~2008 年企业的平均纯技术效率和 2004 年相比还是存在一定的差距. 但可喜的是, 2008 年企业效率开始回升, 并超过了 0.9.

3. 煤炭上市公司的整体发展状况分析

首先, 从综合效率的角度来看, 在这 23 家企业的平均效率值大约分布在 0.6~1.63, 其中平均效率指数大于 1 的企业共有 3 家, 占总数的 13.04%; 平均效率值为 0.8~0.9 的, 共有 6 家, 占总数的 26.09%; 平均效率值为 0.6~0.8 的, 共有 14 家, 占总数的 60.87%. 从总体上来看, 大约有 60% 的企业的平均纯技术效率低于各年技术效率的平均值 0.882. 这说明大部分企业还有待于进一步挖掘潜力, 它们的效率还有较大的提升空间.

4. 2000~2008 年各企业的平均综合效率排名

四川圣达 > 伊泰股份 > 恒源煤电 > 潞安环能 > 中国神华 > 兖州煤业 > 大同煤业 > 靖远煤电 > 露天煤业 > 西山煤电 > 平煤股份 > 神火股份 > 国阳新能 > 兰花科创 > 盘江股份 > 安泰集团 > 开滦股份 > 冀中能源 > 山西煤气化 > 山西焦化 > 郑州煤电 > 平庄能源 > 上海能源.

5. 2008 年各煤炭上市企业经济效益状况分析

从整体上来看, 2008 年各煤炭上市企业的经济效益状况基本上处于一个较好的水平 (图 12.1). 和 2008 年的技术水平相比, 其中有 7 个企业同时处于规模和技术有效状态, 只有 4 个企业的纯技术效率低于 0.8. 这说明 2008 年中国煤炭企业的效益有所回升, 整体态势趋好. 通过分地区统计计算可知, 在两个煤炭主产区中, 内蒙古地区煤炭上市企业的平均综合效率 (CE) 为 0.94, 纯技术效率 (TE) 为 1.00, 分别高于山西省的 0.76 和 0.82.

6. 企业经济效益的无效性分析

本章给出方法的一个特点是它不仅能对效率进行度量, 而且还能通过投影分析决策单元无效性的原因. 例如, 2007 年, 伊泰股份的 θ 值为 0.767, 为 DEA 无效. 应

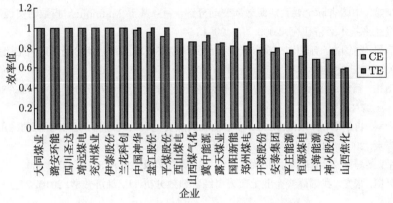

图 12.1　2008 年各煤炭上市企业经济效益状况

用投影公式可得

$$\Delta x_1 = x_1 - \hat{x}_1 = 85.5, \quad \Delta x_2 = x_2 - \hat{x}_2 = 810, \quad \Delta x_3 = x_3 - \hat{x}_3 = 53.2.$$

这表明若使伊泰股份达到 DEA 有效 (即达到 2008 年的先进水平), 则必须在总资本、职工总数及主营业务成本方面分别减少 85.5 千万元、810 人和 53.2 千万元, 才有可能实现这一目标.

　　这一信息可以为企业的进一步发展提供一个改进的方向和可能的尺度. 当然, 由于企业在现实生产经营过程中情况比较复杂, 因此, 企业经营者需要将获得的计算信息和现实情况结合起来, 进行合理的分析和调整, 才能得到比较符合实际的建议和对策.

参 考 文 献

[1] 马占新. 一种基于样本前沿面的综合评价方法 [J]. 内蒙古大学学报, 2002, 33(6): 606–610

[2] 马占新. 样本数据包络面的研究与应用 [J]. 系统工程理论与实践, 2003, 23(12): 32–37

[3] 马占新, 温秀晶. 基于面板数据的中国煤炭企业经济效率分析 [J]. 煤炭经济研究, 2010, 30(7): 50–53

[4] Ma Z X, Wen X J. An analysis of Chinese energy efficiency by the provincial panel data [C]. The 2nd International Conference on Information Science and Engineering, 2010, 8: 5606–5609

[5] 马占新. 数据包络分析方法的研究进展 [J]. 系统工程与电子技术, 2002, 24(3): 42–46

[6] 魏楚, 沈满洪. 能源效率与能源生产率: 基于 DEA 方法的省际数据比较 [J]. 数量经济技术经济研究, 2007, (9): 110–121

[7] 高振宇, 王益. 我国能源生产率的地区划分及影响因素分析 [J]. 数量经济技术经济研究, 2006, (9): 46–57

[8] 李世祥, 成金华. 中国主要省区工业能源效率分析: 1990-2006 年 [J]. 数量经济技术经济研究, 2008, 10: 32–43

[9] 屈小娥. 中国省际全要素能源效率变动分解 —— 基于 Malmquist 指数的实证研究 [J]. 数量经济技术经济研究, 2009, (8): 29–43

[10] 郝清民, 赵国杰, 孙利红. 我国煤炭上市公司经济效益数据包络分析 [J]. 中国地质大学, 2003, 3(2): 38–40

[11] 饶田田, 吕涛. 基于 DEA 的大型煤炭企业经营效率评价与分析 [J]. 中国矿业, 2009, 18(8): 27–31

[12] 米金科, 冉进财, 孙永健. DEA 模型在我国煤炭上市公司经营效益分析上的应用 [J]. 中国煤炭, 2003, 33(7): 33–35

[13] 姚平, 梁静国. 我国煤炭企业效率测算 [J]. 煤炭学报, 2008, 33(3): 357–360

[14] 彭英柯, 张文. 我国煤炭企业上市公司经营绩效分析 [J]. 经济数学, 2010, 27(1): 73–80

第13章　广义 DEA 方法与经济系统分析

地区经济效益与业绩在一定程度上反映了一个地区经济增长的质量和水平. 本章主要围绕只有输出的广义 DEA 方法在经济领域中的应用问题进行研究, 相应工作共分三部分: ① 以工业企业的面板数据为研究对象, 给出了工业企业经济效益的相对有效性、可比有效性和综合经济效益增长指数的概念以及相应的测算方法 (TEM). 然后, 应用 (TEM) 方法分析了中国西部地区工业企业经济效益的整体状况和总体增长速度. ② 针对中国地区经济效益评价问题, 给出了一种基于面板数据的地区经济效益评价的非参数方法. 并分析了该方法描绘的有效性的经济学含义. 最后, 应用该方法绘制了中国 30 个地区经济效益谱系图, 并对中国各省市经济发展效益进行了实证研究. ③ 针对中国地区综合经济业绩评价问题, 给出了一种应用面板数据综合评价经济业绩的非参数方法. 然后, 应用该模型对中国 30 个地区经济发展业绩进行了实证研究. 本章内容主要取材于文献 [1]~[3].

13.1　工业企业相对效益与总体增长状况分析

地区的经济效益状况在一定程度上反映了一个地区经济增长的质量和水平. 经济学家普遍认为经济增长是由多种因素作用的结果, 除了生产要素的投入之外, 技术进步也同样起着重要作用[4]. DEA 方法在测度生产的技术效率、规模效率[5,6] 以及在评估技术进步等方面具有独特的优势和特点[7,8]. 但对于决策单元只有输出的情况, DEA 方法无法进一步测度这些概念. 同时, DEA 方法要求被评价单元必须属于同类决策单元, 并且具有相同的外部环境. 而对于面板数据而言, 尽管决策单元类型相同, 但原始数据却处于不同的时间段, 外部环境发生了变化. 因此, 如何分析这类问题有待于进一步探讨. 本章以工业企业的面板数据为研究对象, 给出了工业企业经济效益的相对有效性、可比有效性和综合经济效益增长指数的概念和相应的测算方法 (TEM). 然后, 应用 (TEM) 方法分析了中国西部地区工业企业经济效益的整体状况和总体增长速度. 通过实证分析表明, (TEM) 方法是一种描述地区工业企业经济效益大小和增长速度的有效方法.

13.1.1　用于工业企业经济效益有效性评估的非参数方法

假设可以用 m 个指标来反映某 n 个地区的工业企业经济效益情况, 所有指标均越大越好, 并且已经测得这 n 个地区 s 年的相应指标数据, 其中第 j 个地区第 k

年的指标值为

$$\boldsymbol{Y}_j^{(k)} = (y_{1j}^{(k)}, y_{2j}^{(k)}, \cdots, y_{mj}^{(k)})^{\mathrm{T}},$$

并且

$$\boldsymbol{Y}_j^{(k)} > \boldsymbol{0}, \quad j = 1, 2, \cdots, n, k = 1, 2, \cdots, s.$$

上述数据按年可以分组如图 13.1 所示.

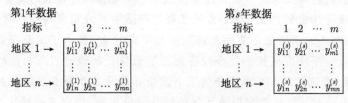

图 13.1　各地区历年的指标数据

在生产可能集满足平凡性、凸性、无效性、最小性假设的条件下, 可构造第 k 年的效益可能集为

$$T^{(k)} = \left\{ (y_1, y_2, \cdots, y_m)^{\mathrm{T}} \middle| (y_1, y_2, \cdots, y_m) \leqq \sum_{j=1}^{n} (y_{1j}^{(k)}, y_{2j}^{(k)}, \cdots, y_{mj}^{(k)}) \lambda_j, \right.$$

$$\left. \sum_{j=1}^{n} \lambda_j = 1, (\lambda_1, \cdots, \lambda_n)^{\mathrm{T}} \geqq \boldsymbol{0} \right\}.$$

1. 决策单元的相对有效性

当测算一个地区某一年的经济效益相对于当年有效技术水平的程度时, 可用以下模型进行度量:

$$(\text{TEM-1}) \begin{cases} \max \left(\theta_{j_0}^{(k)} + \varepsilon \sum_{i=1}^{m} s_i \right) = V_{\mathrm{D}}, \\ \mathrm{s.t.} \ \sum_{j=1}^{n} y_{ij}^{(k)} \lambda_j - s_i = \theta_{j_0}^{(k)} y_{ij_0}^{(k)}, \quad i = 1, \cdots, m, \\ \sum_{j=1}^{n} \lambda_j = 1, \\ \lambda_j \geqq 0, s_i \geqq 0, \quad j = 1, \cdots, n, i = 1, \cdots, m, \end{cases}$$

其中 ε 为非阿基米德无穷小量.

若 $\boldsymbol{\lambda}^0, (s_1^0, s_2^0, \cdots, s_m^0), \theta_{j_0}^{(k)}$ 是线性规划 (TEM-1) 的最优解, 令

$$E_{j_0}^{(k)} = 1/\theta_{j_0}^{(k)},$$

称 $E_{j_0}^{(k)}$ 为第 j_0 个地区第 k 年的当年经济效益指数.

2. 决策单元的可比有效性

由于 DEA 方法的样本点选择具有随机性, 为了保证参考面的稳定性 (即参考标准的一致性), 以下选择第 k_0 年各地区对应的指标数据

$$\boldsymbol{Y}_j^{(k_0)} = (y_{1j}^{(k_0)}, y_{2j}^{(k_0)}, \cdots, y_{mj}^{(k_0)})^{\mathrm{T}}, \quad j = 1, 2, \cdots, n$$

为参考样本, 综合考虑各年相对于第 k_0 年有效水平的程度. 以下给出度量模型 (TEM-2):

$$(\text{TEM-2}) \begin{cases} \max \left(z_{j_0}^{(k)} + \varepsilon \sum_{i=1}^m s_i \right) = V_{\mathrm{D}}, \\ \text{s.t.} \sum_{j=1}^n y_{ij}^{(k_0)} \lambda_j - s_i = z_{j_0}^{(k)} y_{ij_0}^{(k)}, \quad i = 1, \cdots, m, \\ \sum_{j=1}^n \lambda_j = 1, \\ \lambda_j \geqq 0, s_i \geqq 0, \quad j = 1, \cdots, n, i = 1, \cdots, m. \end{cases}$$

若

$$\boldsymbol{\lambda}^0, \quad (s_1^0, s_2^0, \cdots, s_m^0), \quad z_{j_0}^{(k)}$$

是线性规划 (TEM-2) 的最优解, 令

$$F_{j_0}^{(k)} = 1/z_{j_0}^{(k)},$$

称 $F_{j_0}^{(k)}$ 为第 j_0 个地区第 k 年的可比经济效益指数 (以 k_0 年为基年).

3. 综合经济效益增长指数

第 k 年的平均相对经济效益指数为

$$PE^{(k)} = \sum_{j=1}^n E_j^{(k)}/n,$$

第 k 年的平均可比经济效益指数为

$$PF^{(k)} = \sum_{j=1}^n F_j^{(k)}/n.$$

令

$$\alpha^{(k)} = PF^{(k)}/PF^{(k-1)}, \quad k = 2, \cdots, s,$$

称 $\alpha^{(k)}$ 为第 k 年的平均经济效益增长指数. 它反映了一个地区在第 k 年经济效益相对于上年的平均水平. 令

$$\alpha_j^{(k)} = F_j^{(k)}/F_j^{(k-1)}, \quad k = 2, \cdots, s, j = 1, \cdots, n,$$

称 $\alpha_j^{(k)}$ 为第 j 个地区第 k 年的经济效益增长指数.

取

$$a = \min\{\alpha_j^{(k)}|j = 1, \cdots, n\}, \quad b = \max\{\alpha_j^{(k)}|j = 1, \cdots, n\},$$

则可以给出以下几个判定条件:

(1) 若 $\alpha_j^{(k)} \geqq a + 2(b-a)/3$, 则称第 j 个地区第 k 年的经济效益增长是有效的;

(2) 若 $\alpha^{(k)} \leqq \alpha_j^{(k)} < a + 2(b-a)/3$, 则称第 j 个地区第 k 年的经济效益增长是较好的;

(3) 若 $a + (b-a)/3 \leqq \alpha_j^{(k)} < \alpha^{(k)}$, 则称第 j 个地区第 k 年的经济效益增长是较低的;

(4) 若 $\alpha_j^{(k)} < a + (b-a)/3$, 则称第 j 个地区第 k 年的经济效益增长是较差的.

13.1.2　中国西部地区工业企业经济效益分析

根据西部地区工业企业的特点, 并结合以往的企业经济效益评价的指标体系[9], 选取工业增加值率、总资产贡献率、资产负债率、流动资产周转次数、成本费用利润率、全员劳动生产率和产品销售率 7 项指标来综合评价企业的经济效益, 其中

工业增加值率 (%)= 工业增加值/工业总产值 ×100%;

总资产贡献率 (%)=(利润总额 + 税金总额 + 利息支出)/平均资产总额 ×100%;

资产负债率 (%)= 负债总额/资产总额 ×100%;

流动资产周转次数 = 产品销售收入/全部流动资产平均余额;

工业成本费用利润率 (%)= 利润总额/成本费用总额 ×100%;

全员劳动生产率 = 工业增加值/全部从业人员平均人数;

产品销售率 (%)= 工业销售产值/工业总产值 ×100%.

以下选取了中国西部 11 个地区 2000~2006 年工业经济效益数据与 1999 年 (西部大开发前) 的数据进行综合对比, 从而对中国西部大开发政策实施以后的工业经济发展状况进行综合评价.

由于采用的是同一时间序列数据, 为便于比较, 并消除价格变动的影响, 对全员劳动生产率指标进行变换, 得到 1999 年不变价为基数的全员劳动生产率, 使得各地区、各年份的全员劳动生产率数据具有可比性. 由于以上的各输出指标具有不同的量纲, 而且原始数据中还存在负数, 若直接代入模型难以求得线性规划问题的解, 从而无法进行 DEA 分析, 所以用下述方法将原始数据按一定的函数关系式归一到某一无量纲区间. 目前, 国内外指标的无量纲化方法很多, 其中较常用的是功效系数法. 考虑到评价指标中的资产负债率为逆指标, 为了使这一指标与经济效益保持同向变化, 对此进行倒数变换, 将其化为正指标.

1. 中国西部地区工业企业相对经济效益分析

应用模型 (TEM-1) 可算得 2000~2006 年每个地区工业企业经济效益相对于西部地区当年的最好水平的状况如表 13.1 所示.

表 13.1　中国西部地区工业企业经济效益的相对有效值

地区	2000 年	2001 年	2002 年	2003 年	2004 年	2005 年	2006 年	均值
内蒙古	0.940	0.959	0.939	1.000	1.000	1.000	1.000	0.977
广西	0.994	1.000	1.000	0.979	0.873	0.827	0.834	0.930
重庆	1.000	0.831	0.849	0.878	1.000	0.929	0.947	0.919
四川	0.894	0.844	0.913	0.965	0.929	0.919	0.895	0.908
贵州	0.638	0.667	0.690	0.730	0.717	0.630	0.719	0.684
云南	1.000	1.000	1.000	1.000	1.000	1.000	1.000	1.000
陕西	0.717	0.730	0.816	0.826	0.792	0.826	0.909	0.802
甘肃	0.693	0.732	0.769	0.858	0.863	0.826	0.840	0.797
青海	0.728	0.576	1.000	0.679	1.000	0.983	0.978	0.849
宁夏	0.847	0.898	0.828	0.724	0.819	0.859	0.691	0.809
新疆	1.000	1.000	1.000	1.000	1.000	1.000	1.000	1.000
$PE^{(k)}$	0.859	0.840	0.891	0.876	0.908	0.891	0.892	

从表 13.1 的数据可以看出, (TEM-1) 模型将每年工业企业经济效益的最好水平都设定为 1, 其他数据反映的是被评价地区相对于该年最好水平的程度. 例如, 2000 年贵州的经济效益指数为 0.638, 它反映的是贵州相对于 2000 年的最好水平的程度是 63.8%.

从整体上来看, 新疆和云南的工业企业经济效益始终保持在当年的最好水平, 内蒙古在 2003 年开始也保持了当年的最好水平. 其次是广西、重庆、四川, 它们的效益值也超过了 0.9, 青海、宁夏、陕西的效益值为 0.8~0.9, 甘肃和贵州的效益值最差, 低于 0.8. 从各年的情况来看, 各年的平均效益值呈现波动上升的趋势, 表明随着时间的推移, 各地区的经济效益的差距在不断缩小, 而且越来越接近于当年的最好水平.

2. 中国西部地区工业企业可比经济效益分析

应用模型 (TEM-2) 可算得 2000~2006 年各个地区工业企业经济效益相对于 2000 年最好水平的状况如表 13.2 所示.

表 13.2　中国西部地区工业企业经济效益的可比有效性值

地区	2000 年	2001 年	2002 年	2003 年	2004 年	2005 年	2006 年	均值
内蒙古	0.940	0.951	0.979	1.169	1.514	2.007	2.593	1.450
广西	0.994	0.975	1.052	1.208	1.363	1.554	1.701	1.264

续表

地区	2000 年	2001 年	2002 年	2003 年	2004 年	2005 年	2006 年	均值
重庆	1.000	0.872	0.946	1.026	1.328	1.260	1.584	1.145
四川	0.894	0.909	1.015	1.079	1.196	1.503	1.764	1.194
贵州	0.638	0.709	0.710	0.850	0.954	1.166	1.425	0.922
云南	1.000	1.217	1.479	1.728	1.912	1.980	2.342	1.665
陕西	0.717	0.780	0.888	0.911	1.044	1.357	1.638	1.048
甘肃	0.693	0.749	0.824	0.983	1.121	1.528	1.537	1.062
青海	0.728	0.702	1.104	0.933	1.284	1.689	1.993	1.205
宁夏	0.847	0.911	0.949	0.888	1.156	1.097	1.298	1.021
新疆	1.000	1.141	1.170	1.368	1.602	1.966	2.190	1.491
$PF^{(k)}$	0.859	0.901	1.010	1.104	1.316	1.555	1.824	1.224

(TEM-2) 模型将 2000 年经济效益的最好水平设定为 1, 表 13.2 中的数据反映的是被评价地区相对于 2000 年最好水平的程度. 例如, 2006 年, 贵州的经济效益指数为 1.425, 它反映的是 2006 年贵州相对于 2000 年的最好水平的程度是 142.5%. 从表 13.2 可知, 2000~2006 年各地区工业企业经济效益的平均有效性程度的次序为

$$云南 > 新疆 > 内蒙古 > 广西 > 青海 > 四川$$
$$> 重庆 > 甘肃 > 陕西 > 宁夏 > 贵州,$$

其中云南、新疆和内蒙古的状况最好, 效益指数超过 2000 年的最好水平 45%; 其次是广西、青海、四川和重庆, 效益指数超过 2000 年的最好水平大约 20%左右; 甘肃、陕西和宁夏效益增长情况一般, 略高于 2000 年的最好水平; 贵州则低于 2000 年的最好水平.

除贵州外, 西部地区工业企业的效益指数均好于 2000 年的最好水平, 特别是有三个地区效益指数提高的幅度超过 2000 年最好水平的 45%, 这充分说明西部大开发对西部地区的发展起到了巨大的推动作用.

应用公式

$$\alpha_k = PF^{(k)}/PF^{(k-1)}, \quad k = 2, \cdots, s$$

可以算得西部地区工业企业经济效益的平均增长指数值如表 13.3 所示.

表 13.3　中国西部地区工业企业经济效益平均增长指数

年份	2001 年	2002 年	2003 年	2004 年	2005 年	2006 年
α_k	1.049	1.121	1.093	1.192	1.182	1.173

从表 13.3 可以看出, 西部地区工业企业经济效益的平均增长速度呈现平稳上

升的趋势 (2001 年除外), 各年的增长速度基本上都保持了 9%~20% 的增速. 特别是最后三年基本上保持了 18% 左右的增速, 显示了中国西部地区以西部大开发为契机, 抓住机遇、快速发展, 工业企业呈现出旺盛的生命力.

当然, 西部地区经济社会发展还相对落后、一些地方的生产还过于粗放, 面对全球经济的快速变化和未来的挑战, 西部地区如何保持现有的效益仍然是一个富有挑战性的课题.

从以上应用可以看出, 本章给出的测度方法与传统 DEA 方法之间存在明显的不同, 传统 DEA 方法[8] 构造的生产可能集是由决策单元自身构成的, 而本章的方法使用样本单元构造生产可能集, 实现了评价对象与比对标准的分离, 突破了传统 DEA 方法不能依据决策者的需要来自主选择参考集的弱点, 因而具有更加广泛的应用前景.

13.2　基于面板数据的中国地区经济运行效益研究

地区经济效益是衡量地区经济活动的一项重要指标. 研究经济效益既是促进我国经济持续、快速、健康发展的需要, 更是实现经济增长方式由数量型向质量型转变的需要, 可以帮助政府促进宏观经济发展, 及时调控宏观经济结构和改善宏观经济政策, 因此, 科学评价经济效益是一项具有重要现实意义的工作. 从目前的经济效益评价方法来看, 用单一指标无法对经济效益作出全面评价, 而采用加权和的方法来综合评价经济效益也存在指标口径很难统一, 权重确定受主观因素影响较大等问题. 为此, 以下从计量经济学的角度, 提出了一种基于面板数据测度地区经济效益有效性的计量模型 (EP-DEA), 并且应用该方法绘制了中国 30 个地区经济效益谱系图, 对中国各地区经济发展效益进行了实证研究.

13.2.1　一种基于面板数据的地区经济效益评价方法

目前, 反映宏观经济效益的指标种类很多, 根据评价的对象和目的不同, 选取的指标体系可能不同. 以下为了分析人力资源、财力投入以及能源消耗对整个地区经济的影响, 应用 DEA 方法的偏好性质[10,11], 给出了一种用于地区经济效益评价的非参数方法.

假设某系统在第 l 年共有 $n^{(l)}$ 个地区, 其中第 j 个地区第 l 年的国内生产总值、平均劳动人数、固定资本形成总额、存货增加额、能源消费总量为 $(Y_j^{(l)}, L_j^{(l)}, K_j^{(l)}, H_j^{(l)}, R_j^{(l)})$,

如果基年各地区的数据为 $Y_j^{(0)}, L_j^{(0)}, K_j^{(0)}, H_j^{(0)}, R_j^{(0)}$ $(j = 1, 2, \cdots, n^{(0)})$, 则有以下测算地区经济效益的计量模型:

$$(\text{EP-DEA}) \begin{cases} \max \; [\theta_j^{(l)} + \varepsilon(s_{1j}^{(l)} + s_{2j}^{(l)} + s_{3j}^{(l)})] = V_{\text{EP-DEA}}, \\ \text{s.t.} \; \sum_{k=1}^{n^{(0)}} (Y_k^{(0)}/L_k^{(0)})\lambda_{kj}^{(l)} - s_{1j}^{(l)} = \theta Y_j^{(l)}/L_j^{(l)}, \\ \quad \sum_{k=1}^{n^{(0)}} (Y_k^{(0)}/(K_k^{(0)} + H_k^{(0)}))\lambda_{kj}^{(l)} - s_{2j}^{(l)} = \theta Y_j^{(l)}/(K_j^{(l)} + H_j^{(l)}), \\ \quad \sum_{k=1}^{n^{(0)}} (Y_k^{(0)}/R_k^{(0)})\lambda_{kj}^{(l)} - s_{3j}^{(l)} = \theta Y_j^{(l)}/R_j^{(l)}, \\ \quad \sum_{k=1}^{n^{(0)}} \lambda_{kj}^{(l)} = 1, \\ \quad s_{1j}^{(l)} \geqq 0, s_{2j}^{(l)} \geqq 0, s_{3j}^{(l)} \geqq 0, \lambda_{kj}^{(l)} \geqq 0, k = 1, 2, \cdots, n^{(0)}, \end{cases}$$

其中 ε 为非阿基米德无穷小量.

定义 13.1　若规划 (EP-DEA) 的最优解 $\theta_j^{(l)}, s_{1j}^{(l)}, s_{2j}^{(l)}, s_{3j}^{(l)}, \lambda_{kj}^{(l)}(k=1, 2, \cdots, n^{(0)})$ 中

$$\theta_j^{(l)} < 1$$

或者

$$\theta_j^{(l)} = 1 \quad \text{且} \quad (s_{1j}^{(l)}, s_{2j}^{(l)}, s_{3j}^{(l)}) = \mathbf{0},$$

则称第 j 个地区第 l 年的经济效益有效, 简称 EP-DEA 有效.

根据经济学的有关理论[12], 可以进一步给出以下公式:

第 j 个地区第 l 年的劳动生产率为

$$LR_j^{(l)} = Y_j^{(l)}/L_j^{(l)} \times 100\%;$$

第 j 个地区第 l 年的资本产出率为

$$KR_j^{(l)} = Y_j^{(l)}/(K_j^{(l)} + H_j^{(l)}) \times 100\%;$$

第 j 个地区第 l 年的能源消耗产出率为

$$RR_j^{(l)} = Y_j^{(l)}/R_j^{(l)} \times 100\%.$$

假设 $(LR_j^{(0)}, KR_j^{(0)}, RR_j^{(0)})$ 分别表示基年第 j 个地区的劳动生产率、资本产出率和能源消耗产出率, 采用 DEA 方法确定经验生产可能集的原理, 基年的系统整体经济效益可能状态的集合可以表示如下:

$$\text{Ep-S} = \left\{ (LR, KR, RR) \,\middle|\, (LR, KR, RR) \leqq \sum_{j=1}^{n^{(0)}} (LR_j^{(0)}, KR_j^{(0)}, RR_j^{(0)})\lambda_j, \right.$$

$$\sum_{j=1}^{n^{(0)}} \lambda_j = 1, (\lambda_1, \cdots, \lambda_{n^{(0)}}) \geqq \mathbf{0} \Bigg\}.$$

令 $\mathrm{Ep} = 1/\theta_j^{(l)}$, 称 Ep 为第 j 个地区第 l 年的经济效益相对于基年的度量值.

定义 13.1 表明, 若第 j 个地区第 l 年的经济效益指标为 EP-DEA 有效, 则它对应的指标值等于 Ep-S 中相应有效状态 Ep 倍.

定理 13.1 若规划 (EP-DEA) 的最优解 $\theta_j^{(l)}, s_{1j}^{(l)}, s_{2j}^{(l)}, s_{3j}^{(l)}, \lambda_{kj}^{(l)}(k = 1, 2, \cdots, n^{(0)})$ 中

$$\theta_j^{(l)} > 1$$

或者

$$\theta_j^{(l)} = 1 \quad \text{且} \quad (s_{1j}^{(l)}, s_{2j}^{(l)}, s_{3j}^{(l)}) \neq \mathbf{0},$$

则 $\theta_j^{(l)}(Y_j^{(l)}/L_j^{(l)}, Y_j^{(l)}/(K_j^{(l)} + H_j^{(l)}), Y_j^{(l)}/R_j^{(l)}) + (s_{1j}^{(l)}, s_{2j}^{(l)}, s_{3j}^{(l)})$ 为 EP-DEA 有效.

令

$$
\begin{aligned}
&(\Delta LR_j^{(l)}, \Delta KR_j^{(l)}, \Delta RR_j^{(l)}) \\
&= \left(\theta_j^{(l)} - 1\right)(Y_j^{(l)}/L_j^{(l)}, Y_j^{(l)}/(K_j^{(l)} + H_j^{(l)}), Y_j^{(l)}/R_j^{(l)}) + (s_{1j}^{(l)}, s_{2j}^{(l)}, s_{3j}^{(l)}).
\end{aligned}
$$

定理 13.1 表明, 若第 j 个地区第 l 年的经济效益是无效的, 则该经济效益指标 $(LR_j^{(l)}, KR_j^{(l)}, RR_j^{(l)})$ 再增加 $(\Delta LR_j^{(l)}, \Delta KR_j^{(l)}, \Delta RR_j^{(l)})$ 就可以达到 EP-DEA 有效, 即达到基年的 "最好" 水平.

劳动生产率、资本产出率、能源消耗产出率分别从人力资源、财力投入以及能源消耗的角度, 描述了整个地区经济的效益状况, 传统的加权和方法却存在权重确定的困难, 而应用 (EP-DEA) 模型不但可以回避确定权重的困难, 而且还能对地区经济发展效益给出定量的度量, 并根据定理 13.1 提出经济发展效益较差的原因, 发现经济调控的可行方向和尺度.

13.2.2 中国地区经济运行效益的实证分析

自从改革开放以来, 中国经济发生了翻天覆地的变化, 三十多年来中国的经济取得了举世瞩目的成绩, 经济结构发生了根本性的变化. 但与此同时, 中国经济整体上还比较粗放, 城乡差距和地区发展差距较大, 经济结构在一定程度上存在着不合理的现象. 因此, 保持经济持续、快速、健康发展是今后中国经济发展的中心议题. 地区经济效益是衡量地区经济活动的一项重要指标. 以下应用 (EP-DEA) 模型从人力资源、财力投入以及能源使用效率的角度, 对 1985~2008 年中国省市经济效益进行了计量分析.

1. 指标的选取与数据来源

为了反映经济建设中人力资源、财力投入以及能源使用的总体效率, 以下选取劳动生产率、资本产出率、能源消耗产出率作为分析的对象. 收集的数据主要来源于《中国统计年鉴》、《中国能源统计年鉴》. 原始数据包括国内生产总值、国内生产总值指数、从业人数、资本形成总额、能源消费总量, 数据包括全国 30 个省市自治区 1985~2008 年的宏观经济数据 (为使数据具有可比性, 已将有关数据转换为相对于 1985 年的不变价).

2. 各地区 1985~2008 年宏观经济效益的度量值

应用 (EP-DEA) 模型可算得 1985~2008 年中国地区经济效益的整体情况如表 13.4 所示. 为了节省篇幅, 参照《中国统计年鉴》提供信息的方式, 只给出了节点的数据信息.

表 13.4　中国 30 个地区综合经济效益度量值

地区	1985 年	1990 年	1995 年	2000 年	2005 年	2006 年	2007 年	2008 年
北京	0.751	0.867	1.439	1.993	1.664	1.687	1.465	1.426
天津	0.732	0.906	1.388	1.787	1.922	1.979	1.964	1.825
河北	0.710	0.777	0.751	0.736	0.754	0.743	0.724	0.713
山西	0.606	0.713	0.853	0.766	0.752	0.736	0.729	0.798
内蒙古	0.771	0.781	0.809	0.838	0.720	0.747	0.767	0.818
辽宁	0.913	0.913	1.034	1.250	1.109	1.125	1.119	1.193
吉林	0.740	0.725	0.829	0.999	0.85	0.873	0.932	0.936
黑龙江	0.812	0.874	1.092	1.191	1.128	1.112	1.110	1.161
上海	1.000	1.232	2.187	2.762	2.378	2.404	2.415	2.421
江苏	0.789	0.809	0.850	0.813	0.758	0.782	0.782	0.746
浙江	1.000	1.165	1.006	0.872	0.762	0.787	0.778	0.761
安徽	0.878	0.984	0.814	0.816	0.743	0.718	0.702	0.667
福建	0.978	1.122	1.079	0.906	0.758	0.727	0.693	0.654
江西	0.897	0.986	0.923	1.071	0.741	0.719	0.713	0.688
山东	0.822	0.788	0.828	0.856	0.724	0.744	0.749	0.766
河南	1.000	0.760	0.824	1.515	0.673	0.645	0.607	0.597
湖北	0.854	0.958	0.784	0.737	0.796	0.778	0.777	0.766
湖南	1.000	1.108	1.033	1.146	0.811	0.776	0.766	0.712
广东	1.000	0.957	0.889	0.955	0.864	0.882	0.879	0.872
广西	0.915	1.304	0.952	0.979	0.734	0.687	0.648	0.613
海南	—	2.109	1.359	0.921	0.724	0.720	0.712	0.663
重庆	—	—	0.989	0.802	0.576	0.572	0.563	0.493
四川	0.827	1.216	0.884	0.852	0.706	0.678	0.669	0.635
贵州	0.773	0.856	0.885	0.612	0.580	0.586	0.586	0.592
云南	0.829	0.975	0.838	0.866	0.583	0.566	0.589	0.684
陕西	0.614	0.721	0.741	0.764	0.605	0.592	0.605	0.573
甘肃	0.719	0.654	0.735	0.706	0.650	0.653	0.647	0.554

地区	1985 年	1990 年	1995 年	2000 年	2005 年	2006 年	2007 年	2008 年
青海	0.517	0.764	0.786	0.656	0.667	0.701	0.738	0.802
宁夏	0.495	0.560	0.711	0.618	0.58	0.603	0.649	0.727
新疆	0.597	0.656	0.725	0.866	0.858	0.904	0.890	0.941

表 13.4 中的度量值表示各省份在相应年份的综合经济效益相对于 1985 年 "最好" 经济效益水平的倍数. 当某个值等于 1 时, 表示该综合经济效益值与 1985 年的 "最好水平" 相当; 当这个值大于 1 时, 表示该综合经济效益值好于 1985 年的 "最好水平"; 当这个值小于 1 时, 表示该综合经济效益值劣于 1985 年的 "最好水平", 并且这些数值越大越好.

3. 中国地区经济运行效益分析

1) 1985~2008 年中国 30 个地区的平均经济效益分析

应用 (EP-DEA) 模型可算得 1985~2008 年中国各地区经济效益的平均值. 从图 13.2 可以看出, 中国各地区的平均经济效益基本上位于 0.8~1.03. 1985~1998 年经济效益保持了持续上升的势头, 显示出较好的状态, 1998 年平均经济效益值达到最大, 为 1.0252. 从 1998 年开始, 经济效益显示出递减的趋势. 特别是从 2004 年开始, 经济效率指数一直低于 0.9, 并仍然呈现不断下滑的趋势.

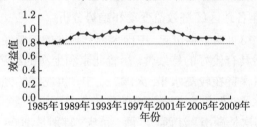

图 13.2　1985~2008 年中国 30 个地区的平均经济效益曲线

2) 中国 30 个地区在 1985~2008 年的平均经济效益比较

从 1985~2008 年中国省市经济效益的平均值来看 (图 13.3), 上海的综合经济效益指数最高, 为 1.991, 超出各省平均水平 116.7 个百分点; 其次是天津和北京的综合效益也比较突出, 超过平均水平的省市还有河南、海南、辽宁、黑龙江、湖南、广西、浙江、福建和广东, 它们的效益值为 0.9~1.16; 低于平均水平的城市中江西、四川、吉林、湖北、安徽的效益值为 0.8~0.9; 江苏、云南、内蒙古、山东、重庆、河北、山西、新疆、贵州的效益值为 0.7~0.8; 而陕西、青海、甘肃、宁夏的效益值低于 0.7.

从总体来看, 中国东部地区各省的经济效益明显较好, 效益指数基本上都高于全国平均水平, 平均效益指数为 1.079. 中国中部地区各省的经济效益一般, 各省效

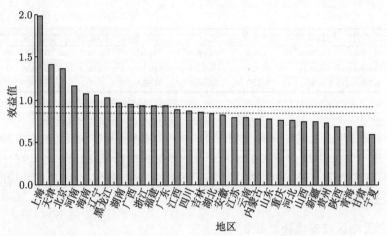

图 13.3　中国 30 个地区在 1985~2008 年平均经济效益状况

益指数基本上处于中流水平, 平均效益指数为 0.898, 基本接近全国平均水平. 而西部各省的经济效益普遍较差, 除四川、云南、重庆外, 其他均排在全国其他省市的最后, 平均效益指数仅为 0.726. 从东部、中部、西部地区的比较来看, 东部地区宏观经济效益高于中、西部地区, 呈现东高西低的格局, 效率较高的省份都集中在经济最为发达的东部. 西部省份经济效益相对不足.

3) 1985~2008 年各地区经济效益变动和趋势分析

从表 13.1 和图 13.4 的数据可见, 中国大部分地区的宏观经济效益都处于相对稳定状态, 经济发展具有较好的持续性, 尽管北京和上海的经济效益和 2000 年相比有所下滑, 但仍然保持在较高水平, 天津、辽宁、黑龙江的经济效益一直保持在一个持续、良好的水平. 但也有部分省市的经济效益下滑严重, 其中河南省经济效益下滑最为严重, 其次是湖南、江西、广西、重庆. 特别是 2008 年重庆的综合经济效益已经降到全国最低水平, 造成这种情况的主要原因是资本和劳动生产率的产出不足.

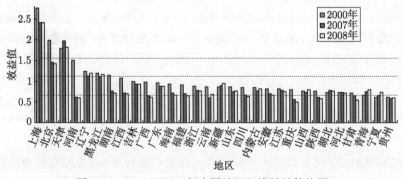

图 13.4　1985~2008 年中国地区经济效益趋势图

总之, 上述方法给出了中国省市经济效益的整体情况和分布特征, 可以指出造成经济效益较差的原因, 从整体上给出了我国经济效益演化的图谱. 因此, 对政府了解中国经济形势、把控经济趋势, 以及制定有效的经济政策都具有积极的参考价值.

13.3 基于面板数据的中国地区经济业绩综合分析

地区经济业绩是衡量地区经济活动的一项重要指标. 研究经济业绩既是促进我国经济持续、快速、健康发展的需要, 更是实现经济增长方式由数量型向质量型转变的需要, 可以帮助政府及时调控地区经济结构, 促进地区经济发展, 改善地区经济政策, 因此, 科学评价经济业绩是一项具有重要现实意义的工作. 以下从计量经济学的角度构建了一种基于面板数据评价地区经济业绩的非参数方法, 并应用该方法对中国 30 个省市区宏观经济发展的业绩进行了实证研究.

13.3.1 应用面板数据分析地区经济业绩的非参数方法

目前, 反映地区经济业绩的指标种类很多, 根据评价的对象和目的不同, 选取的指标体系可能不同. 以下选取国内生产总值、人均国内生产总值、失业率、居民消费价格指数 4 个具有典型特征的指标来构造地区经济业绩评价指标体系.

假设 $Y_i^{(q)}, Y_{A_i}^{(q)}, U_i^{(q)}, C_i^{(q)}$ 分别表示某一时间段 q 上第 i 个地区的国内生产总值、人均国内生产总值、城镇登记失业率、消费者物价指数 (CPI), 则向量 $(Y_i^{(q)}, Y_{A_i}^{(q)}, U_i^{(q)}, C_i^{(q)})$ 代表了该时间段 q 上的一种经济业绩状况. 那么, 如何描述一个经济系统在时间段 q 上所有可能的状态集 State(q) 呢?

对经济社会这样的复杂系统, 要想精确地描述经济业绩状态可能集是非常困难的, 因此, 以下采用 DEA 方法确定经验生产可能集的原理来构造 State(q) 的经验可能集 AS(q).

假设一个经济系统有 N 个地区, 其中已经测得第 q 年某 $n^{(q)}$ 个地区的经济业绩值为 $Y_i^{(q)}, Y_{A_i}^{(q)}, U_i^{(q)}, C_i^{(q)}$ $(i = 1, 2, \cdots, n^{(q)})$. 如果该地区经济状态满足以下经济学公理:

(1) 平凡公理;

(2) 无效性公理;

(3) 凸性公理;

(4) 最小性公理,

则可以构造第 q 年该经济系统状态可能集 AS(q) 如下:

$$\mathrm{AS}(q) = \left\{ (Y, Y_A, U, C) \,\middle|\, (Y, Y_A, -U, -C) \leqq \sum_{i=1}^{n^{(q)}} (Y_i^{(q)}, Y_{A_i}^{(q)}, -U_i^{(q)}, -C_i^{(q)})\lambda_i, \right.$$

$$\left.\sum_{i=1}^{n^{(q)}} \lambda_i = 1, (\lambda_1, \cdots, \lambda_{n^{(q)}}) \geqq \mathbf{0} \right\}.$$

当评价一个地区的经济发展业绩时, 人们自然期望把实现经济增长、充分就业、物价稳定作为经济调控的主要目标, 即希望国内生产总值、人均国内生产总值越大越好, 城镇登记失业率、消费者物价指数越小越好, 即如果

$$(Y, Y_A, -U, -C) \leqq (\bar{Y}, \bar{Y}_A, -\bar{U}, -\bar{C}),$$

则系统状态 $(\bar{Y}, \bar{Y}_A, \bar{U}, \bar{C})$ 优于 (Y, Y_A, U, C).

从多目标的角度来看, 判断一种经济状态 (Y_i, Y_{A_i}, U_i, C_i) 相对于第 q 年整个经济系统是否有效, 实际上就是判断向量 (Y_i, Y_{A_i}, U_i, C_i) 是否在可能状态集 $\mathrm{AS}(q)$ 上达到 Pareto 有效, 因此, 可以定义如下经济业绩相对有效性的定义:

定义 13.2　对于某一经济业绩值 $(Y, Y_A, -U, -C)$, 如果不存在 $(\bar{Y}, \bar{Y}_A, -\bar{U}, -\bar{C}) \in \mathrm{AS}(q)$, 使得

$$(Y, Y_A, -U, -C) \leqq (\bar{Y}, \bar{Y}_A, -\bar{U}, -\bar{C}),$$

并且

$$(Y, Y_A, U, C) \neq (\bar{Y}, \bar{Y}_A, \bar{U}, \bar{C}),$$

则称该经济业绩相对于第 q 年整个经济系统为 A-sys 有效.

从偏序集理论来看, 一个地区的经济业绩相对于第 q 年整个系统为 A-sys 有效, 实际上可解释为该经济业绩等于或好于第 q 年整个系统的 "最好" 水平.

13.3.2　用于地区经济业绩有效程度测评的计量模型

对于某一经济业绩状态的有效性度量, 可以类似于 13.2 节进行讨论, 每年各地区相对于基年的计量模型如下:

$$(\text{A-DEA}) \begin{cases} \max \left[\theta + \varepsilon s_1^+ + \varepsilon s_2^+ + \varepsilon s_1^- + \varepsilon s_2^-\right] = V_{\text{A-DEA}}, \\ \text{s.t.} \ \sum_{j=1}^{n^{(0)}} U_j^{(0)} \lambda_j + s_1^- = U_l^{(k)}, \\ \sum_{j=1}^{n^{(0)}} C_j^{(0)} \lambda_j + s_2^- = C_l^{(k)}, \\ \sum_{j=1}^{n^{(0)}} Y_j^{(0)} \lambda_j - s_1^+ = \theta Y_l^{(k)}, \\ \sum_{j=1}^{n^{(0)}} Y_{A_j}^{(0)} \lambda_j - s_2^+ = \theta Y_{A_l}^{(k)}, \\ \sum_{j=1}^{n^{(0)}} \lambda_j = 1, \\ s_1^- \geqq 0, s_2^- \geqq 0, s_1^+ \geqq 0, s_2^+ \geqq 0, \lambda_j \geqq 0, j = 1, 2, \cdots, n^{(0)}, \end{cases}$$

其中 $Y_j^{(0)}, Y_{A_j}^{(0)}, U_j^{(0)}, C_j^{(0)}$ 分别表示基年第 j 个地区的国内生产总值、人均国内生产总值、城镇登记失业率和 CPI 指数, $Y_l^{(k)}, Y_{A_l}^{(k)}, U_l^{(k)}, C_l^{(k)}$ 分别表示时间段 k 上第 l 个地区的国内生产总值、人均国内生产总值、城镇登记失业率和 CPI 指数. 由于相应的讨论类似, 这里不再赘述 (当模型无可行解时, 需要给出一些补充讨论).

以下给出描述历年各地区相对于当年系统水平状况的数学模型:

$$
(\text{A-D}_q)
\begin{cases}
\max \left[\theta + \varepsilon s_1^+ + \varepsilon s_2^+ + \varepsilon s_1^- + \varepsilon s_2^-\right] = V_{\text{A-D}}, \\
\text{s.t.} \displaystyle\sum_{j=1}^{n^{(q)}} U_j^{(q)} \lambda_j + s_1^- = U_{j_0}^{(q)}, \\
\displaystyle\sum_{j=1}^{n^{(q)}} C_j^{(q)} \lambda_j + s_2^- = C_{j_0}^{(q)}, \\
\displaystyle\sum_{j=1}^{n^{(q)}} Y_j^{(q)} \lambda_j - s_1^+ = \theta Y_{j_0}^{(q)}, \\
\displaystyle\sum_{j=1}^{n^{(q)}} Y_{A_j}^{(q)} \lambda_j - s_2^+ = \theta Y_{A_{j_0}}^{(q)}, \\
\displaystyle\sum_{j=1}^{n^{(q)}} \lambda_j = 1, \\
s_1^- \geqq 0, s_2^- \geqq 0, s_1^+ \geqq 0, s_2^+ \geqq 0, \lambda_j \geqq 0, j = 1, 2, \cdots, n^{(q)}.
\end{cases}
$$

定理 13.2 当 $1 \leqq j_0 \leqq n^{(q)}$ 时, 若 $\boldsymbol{\lambda}^0, s_1^{-0}, s_2^{-0}, s_1^{+0}, s_2^{+0}, \theta^0$ 是线性规划 (A-D_q) 的最优解, 则时间段 q 上第 j_0 个地区的经济业绩为 A-sys 有效当且仅当

$$
\theta^0 = 1, \quad (s_1^{-0}, s_2^{-0}, s_1^{+0}, s_2^{+0}) = \boldsymbol{0}.
$$

定理 13.3 时间段 q 上第 j_0 个地区的经济业绩为 A-sys 无效, 规划 (A-D_q) 的最优解为 $\boldsymbol{\lambda}^0, s_1^{-0}, s_2^{-0}, s_1^{+0}, s_2^{+0}, \theta^0$, 则 $(\theta^0 Y_{j_0}^{(q)} + s_1^{+0}, \theta^0 Y_{A_{j_0}}^{(q)} + s_2^{+0}, U_{j_0}^{(q)} - s_1^{-0}, C_{j_0}^{(q)} - s_2^{-0})$ 是 A-sys 有效的.

13.3.3 中国各地区经济业绩的有效性分析

改革开放三十多年以来, 中国经济建设取得了举世瞩目的成绩, 经济结构发生了根本性的变化. 运用上述方法, 不仅能够对地区经济业绩发展给出定量度量, 而且能够给出经济发展无效的原因, 同时指出宏观调控可能改进尺度的大小.

1. 指标选取与数据来源

为了反映经济建设中经济增长、充分就业以及物价稳定, 以下选取了国民生产总值、人均国民生产总值、城镇登记失业率、居民消费价格指数作为分析的对象. 收集的数据主要来源于《中国统计年鉴》、《中宏数据库》. 数据包括全国 30 个地

区 1998~2007 年的宏观经济数据 (为使数据具有可比性, 已经将有关数据转换为相对于 1985 年的不变价).

2. 各地区 1998~2007 年宏观经济业绩的度量值

以每年各地区最好的经济业绩作为参考集, 应用 (A-D$_q$) 模型可得到 1998~2007 年中国 30 个地区的经济业绩有效值如表 13.5 所示.

表 13.5　中国 30 个地区宏观经济业绩度量值

地区	1998 年	1999 年	2000 年	2001 年	2002 年	2003 年	2004 年	2005 年	2006 年	2007 年
北京	1.000	1.000	1.000	1.000	1.000	1.000	1.000	1.000	1.000	1.000
上海	1.000	1.000	1.000	1.000	1.000	1.000	1.000	1.000	1.000	1.000
广东	1.000	1.000	1.000	1.000	1.000	1.000	1.000	1.000	1.000	1.000
山东	1.000	1.000	1.000	1.000	1.000	1.000	1.000	1.000	1.000	1.000
江苏	1.000	0.991	0.952	0.954	0.946	0.936	0.891	0.909	0.902	0.912
辽宁	0.899	0.995	0.995	0.942	0.946	0.838	0.772	0.835	0.782	0.791
河南	1.000	1.000	1.000	0.835	0.855	0.790	0.739	0.751	0.746	0.760
浙江	0.709	0.772	0.716	0.767	0.784	0.762	0.746	0.893	0.735	0.746
河北	0.748	0.749	0.803	0.692	0.692	0.660	0.648	0.661	0.650	0.659
四川	0.684	0.763	0.694	0.682	0.680	0.665	0.655	0.632	0.629	0.651
黑龙江	0.810	1.000	1.000	0.728	0.730	0.686	0.667	0.774	0.651	0.645
湖南	0.643	0.646	0.648	0.856	0.635	0.628	0.625	0.619	0.619	0.639
天津	1.000	0.920	1.000	0.622	0.642	0.614	0.631	0.644	0.654	0.627
湖北	0.717	0.759	0.759	0.654	0.626	0.617	0.602	0.596	0.592	0.612
安徽	0.514	0.609	0.499	0.529	0.530	0.497	0.490	0.528	0.466	0.477
山西	0.509	0.434	0.427	1.000	0.475	0.416	0.424	0.433	0.423	0.429
福建	0.500	0.501	0.465	1.000	0.439	0.410	0.399	0.394	1.000	0.398
吉林	0.375	0.446	0.532	0.396	0.392	0.371	0.377	0.378	0.380	0.393
江西	0.410	0.435	0.429	0.401	0.400	0.386	0.385	0.389	0.384	0.391
广西	0.740	0.439	0.393	0.359	0.367	0.352	0.353	0.357	0.361	0.376
陕西	0.356	0.380	0.419	0.330	0.344	0.327	0.329	0.370	0.347	0.356
云南	0.418	0.398	1.000	0.487	0.348	0.340	0.346	0.361	0.345	0.353
新疆	0.274	0.588	0.468	0.299	0.318	0.315	0.314	1.000	0.340	0.337
内蒙古	0.308	0.315	0.299	0.302	0.302	0.300	0.315	0.317	0.322	0.334
青海	0.241	0.341	0.594	0.250	0.260	0.248	0.273	0.586	0.290	0.300
宁夏	0.207	0.337	0.341	0.201	0.225	0.204	0.272	0.273	0.280	0.296
重庆	1.000	0.310	1.000	0.285	0.296	0.298	0.295	0.667	0.289	0.286
贵州	0.222	0.243	0.266	0.229	0.248	0.232	0.233	0.337	0.239	0.248
甘肃	0.215	0.293	0.286	0.209	0.205	0.198	0.211	0.207	0.210	0.216
海南	0.496	0.328	0.225	1.000	0.193	1.000	0.191	0.186	0.192	0.186

表 13.5 中的度量值表示各省份在相应年份的综合经济效益相对于当年 "最好" 经济业绩水平的倍数. 当某个值等于 1 时, 表示该综合经济业绩值与当年的 "最好

水平" 相当; 当这个值小于 1 时, 表示该综合经济业绩值劣于当年的 "最好水平", 并且这些数值越大越好. 通过数据分析可得以下主要结论:

1) 1998~2007 年中国 30 个地区的相对经济业绩分析

应用 (A-D_q) 模型可算得 1998~2007 年中国各地区经济业绩的平均值. 从图 13.5 可以看出, 中国各省的平均经济业绩基本上位于 0.5~0.7, 其中 1998~2001 年平均值相对较高, 2002~2007 年则相对较低, 表明从 2002 年开始, 各地区的经济业绩的差距开始拉大, 地区发展的不平衡性开始显现.

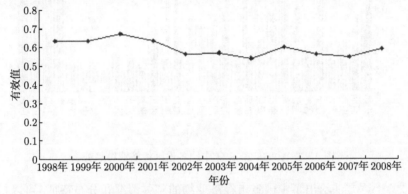

图 13.5　1998~2008 年中国 30 个地区的平均业绩

2) 中国 30 个地区在 1998~2007 年的平均经济业绩比较

从 1998~2007 年中国各地区经济业绩的平均值来看 (图 13.6), 北京、上海、山东、广东的综合经济业绩指数最高, 均为 1, 超出各地区平均水平 68 个百分点; 其次是江苏和辽宁的综合业绩也比较突出; 超过平均水平的省市还有天津、河北、黑龙江、浙江、河南、湖北、湖南、四川, 它们的业绩值为 0.65~0.94; 低于平均水平的地区中福建、安徽、山西、重庆、云南、新疆、广西、吉林、江西的业绩值为 0.4~0.6; 海南、陕西、青海、内蒙古、宁夏、贵州、甘肃的业绩值为 0.2~0.4.

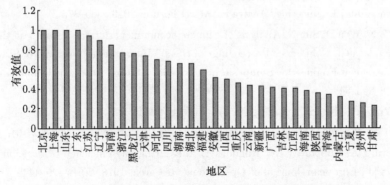

图 13.6　中国 30 个地区 1998~2007 年平均业绩状况

3) 1998∼2007 年各地区经济业绩变动和趋势分析

由图 13.7 可以看出, 全国大部分地区的宏观经济业绩保持了相对稳定的状态, 特别是北京、广东、上海、山东 4 个地区, 一直保持了相对于全国其他地区的最好水平. 而部分地区, 如天津、广西、海南, 发生了较大程度的下滑.

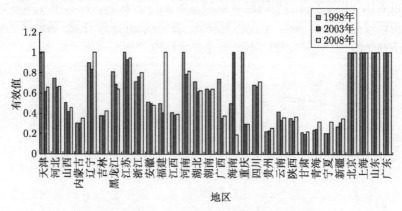

图 13.7　1998∼2008 年中国各地区经济业绩趋势

总之, 上述方法给出了中国省市经济业绩的整体情况和分布特征, 可以指出造成经济业绩较差的原因, 从整体上描述了中国经济业绩演化的图谱. 对政府了解中国经济形势、把控经济趋势, 以及制定有效的经济政策都具有积极的参考价值.

参 考 文 献

[1]　Ma Z Y, Ma Z X. Analysis of the relative benefit of industrial enterprises and its improvement[C]. The Conference on Web Based Business Management, 2010: 1241–1244

[2]　Ma Z X, Wen D. Research on the economic benefit based on the panel data of Chinese regions[C]. Proceedings of 2010 International Conference on Regional Management Sciences and Engineering, Australia: M&D Forum, 2010: 369–373

[3]　Ma Z X, Wen D, Sun N. Analysis of Chinese economic performance based on the region panel data[C]. Conference Proceedings of the 3rd International Institute of Statistics & Management Engineering Symposium, Australia: Aussino Academic Publishing House, 2010: 843–848

[4]　魏权龄. 数据包络分析 [M]. 北京: 科学出版社, 2004

[5]　马占新. 数据包络分析方法的研究进展 [J]. 系统工程与电子技术, 2002, 24(3)：42–46

[6]　Charnes A, Cooper W W, Rohodes E. Measuring the efficiency of decision making units [J]. European Journal of Operational Research, 1978, 2(6)：429–444

[7]　Wei Q L, Chiang W C. An integral method for the measurement of technological

progress and data envelopment analysis [J]. Journal of Systems Science and Systems Engineering, 1996, 5: 75–86

[8] Wei Q L, Sun B, Xiao Z J. Measuring technical progress with data envelopment analysis[J]. European Journal of Operational Research, 1995, 80: 691–702

[9] 方甲. 现代工业经济管理学 [M]. 北京: 中国人民大学出版社, 2002

[10] 马占新. 偏序集理论在 DEA 相关理论中的应用研究 [J]. 系统工程学报, 2002, 17(3): 193–198

[11] 马占新. 基于偏序集理论的数据包络分析方法研究 [J]. 系统工程理论与实践, 2003, 23(4): 11–17

[12] 范家骧, 刘文忻. 微观经济学 [M]. 大连: 东北财经大学出版社, 2002

第 14 章　广义 DEA 方法与多指标生物信息分析

在分析外界条件对生物体综合影响的过程中, 针对数据平均化处理方法存在无法考虑观察对象个性差异、指标权重确定困难等弱点, 给出了一种多指标生物信息非参数综合分析方法及其相应的数学模型, 该方法通过被处理单元与标准条件下样本单元构成的有效前沿面的比较来度量被处理条件的有效性程度, 找出导致被处理单元无效的指标和影响程度. 同时, 还能通过对被评价单元的分类分析来找到更多关于指标和综合分析结果的关系. 最后, 应用该方法分析了不同电场强度对小麦种子的综合影响. 通过和统计分析方法的结果相比较发现, 该方法具有一定的优点和特色. 本章内容主要取材于文献 [1].

在分析外界条件对生物体综合影响的过程中, 指标权重的确定是综合评价的关键. 但由于生命现象的复杂性, 如何找到指标间准确的权重关系却是一个长期悬而未决的难题. 例如, 在评价电场对植物生长的综合影响时[1], 究竟 1mg/L 叶绿素的重要性等于几厘米根长的重要性就是一个难以回答的问题. 另外, 即使这两个指标的权重可以确定, 在这两个指标被合成一个指标时, 叶绿素和根长的个性信息也会丢失. 然而, 应用数据包络分析 (DEA) 有效前沿面分析的原理[2~4], 就可以回避上述检测指标合成中存在的问题. 但由于传统 DEA 方法只能分析投入和产出之间的效率[5~8], 并且 DEA 方法无法分析被处理单元与标准条件下的样本单元的比较问题, 因此, 以下针对数据平均化处理方法存在无法考虑观察对象个性差异、指标权重确定困难等弱点, 给出了一种多指标生物信息非参数综合分析方法及其相应的数学模型. 该方法通过被处理单元与标准条件下的样本单元构成的有效前沿面的比较来度量被处理条件的有效性程度, 找出导致被处理单元无效的指标和影响程度. 同时, 还能通过对被评价单元的分类分析来找到更多的关于指标和综合分析结果的关系. 最后, 应用该方法分析了不同电场强度对小麦种子的综合影响. 通过与统计分析方法的结果相比较发现, 该方法具有一定的优点和特色.

14.1　多指标生物信息非参数综合分析技术 (MIBI-T)

假设当实验者测试某类外加条件对生物体的综合影响时, 选择了 m 个表示作用成效的观察指标进行测量, 并且要求这些指标越大越好.

假设实验者已经测得标准状态下的 n_0 个单元的指标数据为

$$\boldsymbol{Y}_j^{(0)} = (y_{1j}^{(0)}, y_{2j}^{(0)}, \cdots, y_{mj}^{(0)})^{\mathrm{T}}, \quad j = 1, 2, \cdots, n_0.$$

然后, 选择 n 组条件作用于该类样本单元, 其中第 k 组条件下共选择了 n_k 个单元, 并且已经测得第 k 种条件下第 j 个单元的指标数据为

$$\boldsymbol{Y}_j^{(k)} = (y_{1j}^{(k)}, y_{2j}^{(k)}, \cdots, y_{mj}^{(k)})^{\mathrm{T}}, \quad j = 1, 2, \cdots, n_k.$$

那么, 如何分析每组条件的有效性呢?

常规的方法是将每组数据进行平均合成一个数据, 然后再对每组条件下的平均数据进行比较. 例如, 图 14.1 显示的是 80 粒小麦种子在自然条件下的根长和株高的数值, 它们的平均值为 (15.48cm, 17.34cm). 应用数据平均化处理方法只能从 80 个数据信息中获得一个二维数据, 而其他数据的信息均被丢失, 但从图中可以看出, 小麦的生长存在较大的个性差异. 因此, 针对数据平均化处理方法存在无法考虑观察对象个性差异、指标权重确定困难等弱点, 给出了下面用于多指标生物信息非参数综合分析方法及其相应的数学模型.

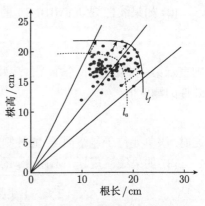

图 14.1 80 粒小麦种子在自然条件下的生长情况

14.1.1 个体单元的有效性测度方法

从图 14.1 可以看出, 小麦的生长存在个性的差异, 其中曲线 l_f 为 80 粒种子幼苗的株高和根长的外包络线, 该线上的点都是生长比较有效的幼苗. 那么, 以这些点为参考对象, 就可以评价其他幼苗的生长状况. 由于每个幼苗都存在个性差异, 因此, 采用图中箭头指定的方向对各幼苗进行比较. 如果一个幼苗的株高和根长值优于 l_f 上的对应值, 则认为该幼苗的生长是有效的; 否则, 认为该幼苗的生长是无效的, 并且可以按射线方向来测度该幼苗的有效性程度.

因此, 按照上述构想可以给出多指标生物信息有效性测度的数学模型如下:

$$(\text{MIBI-T}) \begin{cases} \max\ \theta_r^{(k)} = V_r^{(k)}, \\ \text{s.t.}\ \sum_{j=1}^{n_0} y_{ij}^{(0)} \lambda_{jr}^{(k)} = s_{ir}^{(k)} = \theta_r^{(k)} y_{ir}^{(k)}, \quad i = 1, 2, \cdots, m, \\ \sum_{j=1}^{n_0} \lambda_{jr}^{(k)} = 1, \\ s_{ir}^{(k)} \geqq 0, \lambda_{jr}^{(k)} \geqq 0, \quad i = 1, 2, \cdots, m, j = 1, 2, \cdots, n_0. \end{cases}$$

(1) 如果线性规划 (MIBI-T) 的最优解 $\theta_r^{(k)}, \boldsymbol{\lambda}_r^{(k)}, \boldsymbol{S}_r^{(k)}$ 满足

$$V_r^{(k)} = 1, \quad \boldsymbol{S}_r^{(k)} = (s_{1r}^{(k)}, \cdots, s_{mr}^{(k)}) = \boldsymbol{0},$$

则表示第 k 组的第 r 个单元的生物信息和标准条件下的优秀单元相比是处于同等地位的, 这时有效性的测度值

$$h_r^{(k)} = (V_r^{(k)})^{-1} = 1,$$

该单元位于包络面 l_f 上.

(2) 如果线性规划 (MIBI-T) 的最优解 $\theta_r^{(k)}, \boldsymbol{\lambda}_r^{(k)}, \boldsymbol{S}_r^{(k)}$ 满足

$$V_r^{(k)} < 1,$$

则表示第 k 组的第 r 个单元的生物信息和标准条件下的优秀单元相比更优秀, 有效性的测度值

$$h_r^{(k)} = (V_r^{(k)})^{-1} > 1,$$

这时, 该单元位于包络面 l_f 的外侧.

(3) 如果线性规划 (MIBI-T) 的最优解 $\theta_r^{(k)}, \boldsymbol{\lambda}_r^{(k)}, \boldsymbol{S}_r^{(k)}$ 满足

$$V_r^{(k)} > 1 \quad \text{或} \quad V_r^{(k)} = 1 \text{ 且 } \boldsymbol{S}_r^{(k)} \neq \boldsymbol{0},$$

则表示第 k 组的第 r 个单元的生物信息和标准条件下的优秀单元相比是无效的. 有效性的测度值

$$h_r^{(k)} = (V_r^{(k)})^{-1} < 1 \quad \text{或} \quad h_r^{(k)} = 1 \text{ 且 } \boldsymbol{S}_r^{(k)} \neq \boldsymbol{0},$$

这时该单元位于包络面 l_f 的内侧.

若第 k 组的第 r 个单元的生物信息是无效的, 则可以证明它对应的标准组的外包络面上的有效值为 $(\theta_r^{(k)} y_{1r}^{(k)} + s_{1r}^{(k)}, \cdots, \theta_r^{(k)} y_{mr}^{(k)} + s_{mr}^{(k)})$, 因此, 可以应用 $y_{ir}^{(k)}/(\theta_r^{(k)} y_{ir}^{(k)} + s_{ir}^{(k)})$ 来考察被评价单元第 i 个指标的有效性程度.

14.1.2　处理组与对照组单元的比较和分析方法

通过上述分析方法可以构造多指标生物信息及作用条件有效性的综合分析公式如下:

(1) 标准条件下生物体测评信息的平均有效性测度值 $H^{(0)}$ 如下:

$$H^{(0)} = \frac{1}{n_0} \sum_{r=1}^{n_0} h_r^{(0)}. \tag{14.1}$$

该指标反映的是在自然状态下 (未施加外界条件时), 生物体综合指标有效性的平均水平.

(2) 作用条件 k 下的生物体测评信息的平均有效性测度值 $H^{(k)}$ 如下:

$$H^{(k)} = \frac{1}{n_k} \sum_{r=1}^{n_k} h_r^{(k)}. \tag{14.2}$$

该指标反映的是在作用条件 k 下, 生物体综合指标有效性的平均水平.

(3) 作用条件 k 的有效性测度值 $W^{(k)}$ 如下:

$$W^{(k)} = (H^{(k)}/H^{(0)}) - 1. \tag{14.3}$$

从平均意义上来看, 如果 $W^{(k)} > 0$, 则作用条件 k 产生了积极作用; 如果 $W^{(k)} = 0$, 则作用条件 k 没有产生作用; 如果 $W^{(k)} < 0$, 则作用条件 k 产生了消极作用. $W^{(k)}$ 越大, 条件 k 的促进作用越明显; 否则, $W^{(k)}$ 越小, 条件 k 的作用越不利. 这一测度指标为确定有效电场强度提供了一定的参考依据.

(4) 作用条件 k 作用下, 测试单元的优秀率 $T^{(k)}$ 如下:

$$T^{(k)} = |\{h_r^{(k)}|h_r^{(k)} \geqslant 1, r \in \{1, 2, \cdots, n_r\}\}|/n_r. \tag{14.4}$$

这一测度指标为如何选择合适的电场条件来提高优秀单元比率提供了分析方法.

(5) 作用条件 k 作用下, 测试单元的合格率 $P^{(k)}$ 如下:

$$P^{(k)} = |\{h_r^{(k)}|h_r^{(k)} \geqslant H^{(0)}, r \in \{1, 2, \cdots, n_r\}\}|/n_r. \tag{14.5}$$

这一测度指标为如何选择合适的电场作用条件来提高合格单元的比率提供了一定的参考依据.

(6) 三区域分析法. 根据标准组单元数据的外包络面 l_f, 平均包络面 l_a 可以将整个空间分成三个部分:

如果测试单元的有效性测度值

$$h_r^{(k)} \geqslant 1,$$

则属于第一区域 (即优秀区, 这时该单元位于包络面 l_f 上或位于 l_f 外侧);

如果测试单元的有效性测度值

$$H^{(0)} \leqslant h_r^{(k)} < 1,$$

则属于第二区域 (即一般区, 这时该单元位于包络面 l_f 的内侧, 并且位于平均包络面 l_a 外侧);

如果测试单元的有效性测度值

$$h_r^{(k)} < H^{(0)},$$

则属于第三区域 (即较差区, 这时该单元位于平均包络面 l_a 内侧).

另外, 还可以进一步分析被测单元的测试数据、分析相对有效值的分布情况等.

上述信息可以被综合到表 14.1 中.

表 14.1　多指标生物信息及作用条件有效性的综合分析表

作用条件	A_0	A_1	A_2	$\cdots$	A_n
生物体平均有效值	$H^{(0)}$	$H^{(1)}$	$H^{(2)}$	$\cdots$	$H^{(n)}$
作用条件有效值	0	$W^{(1)}$	$W^{(2)}$	$\cdots$	$W^{(n)}$
单元的优秀率	$T^{(0)}$	$T^{(1)}$	$T^{(2)}$	$\cdots$	$T^{(n)}$
合格率	$P^{(0)}$	$P^{(1)}$	$P^{(2)}$	$\cdots$	$P^{(n)}$

14.2　MIBI-T 方法在电场处理种子有效性分析中的应用

自从 1963 年 Murr 发现模拟电场能够影响野茅的生长以来[9], 有关高压电场对生物效应影响的研究相当活跃, 取得了许多重要进展[10]. 特别值得关注的是, 高压电场在促进种子萌发、影响作物生长方面效果明显[11~16]. 中国的科学工作者先后对二十多个不同品种的种子用电场处理, 研究了电场对萌发、活力、生理生化过程、幼苗生长、植株生育性状及产量和质量的影响[17~23], 但这些研究都遇到了同样的难题, 即在多指标生物信息综合分析中各指标的权重确定异常困难. 例如, 1mg/L 叶绿素的重要性究竟与几厘米根长的重要性相当是一个难以回答的问题. 即使这两个指标的权重可以确定, 在这两个指标被合成一个指标时, 叶绿素和根长的个性信息也会丢失. 而 MIBI-T 方法通过采用非参数评估技术, 巧妙地回避了上述困难, 并充分地考虑到各指标的个性信息, 这可以通过以下的应用得到说明.

14.2.1　实验装置与方法

1. 实验装置

本实验的高压电场装置主要是由高压电源 (内蒙古大学物理系高压静电实验室自行研制)、控制台、正负两个电极板组成的. 两个电极板由长 70cm, 宽 50cm, 厚 0.3cm 的光滑矩形铝板组成, 上、下极板间距 5cm. 实验时将样品平放到下极板上, 如图 14.2 所示, 通过控制台来调节输出电压, 从而调节电场强度 (这里所用的是均匀电场, 电场强度 = 电压/极间距离).

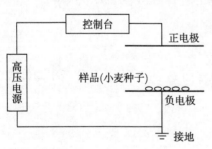

图 14.2　实验装置

2. 实验方法

选用内蒙古蒙丰种业公司提供的永良 4 号小麦 (*Triticum aestivum L.*) 种子进行实验. 挑选大小均一、籽粒饱满的种子, 分成 13 组, 其中一组为对照组, 其余 12 组分别用不同的电场强度进行处理, 每组 4 个重复, 每个重复 4×100 粒. 电场强度为 $E_N = 0.5 \times N(\mathrm{kV/cm})$ $(N = 1, 2, \cdots, 12)$, 其中对照组记为 E_0, 处理时间为

$T = 5$min. 按国家标准 GB5520—85 在 ST-01 型生化培养箱中进行发芽. 将前三天内每天发芽的种子移入规格统一的花盆 (盆中装有等量石英砂) 中培育. 花盆置于日光灯的培养架上, 每天定时定量浇水. 环境温度 20~25°C.

选九日龄幼苗为检测对象, 株高 H(cm)：从每盆中随机选取 20 株幼苗, 用直尺测量株高, 即根上部分; 根长 L(cm)：用直尺测量上述选取的 20 株幼苗根长.

14.2.2   计算结果与分析

电场处理小麦种子的形态指标的有效性分析.

为了便于分析和比较, 以下选取株高 (y_1) 和根长 (y_1) 两个指标进行分析, 通过对 13 组, 共 1040 个样本数据采用 (MIBI-T) 模型进行计算, 得到每根植物幼苗对应的有效值如表 14.2 所示.

表 14.2   采用 (MIBI-T) 模型获得的电场处理小麦种子的形态指标有效值

电场强度 /(kV/cm)	0.0	0.5	1.0	1.5	2.0	2.5	3.0	3.5	4.0	4.5	5.0	5.5	6.0
h_1	0.800	0.794	1.024	0.935	0.906	0.961	1.013	0.765	0.828	0.786	0.798	0.739	1.070
h_2	0.916	0.830	1.020	0.911	0.879	0.902	0.745	0.729	0.934	0.844	0.756	0.750	0.958
h_3	0.902	0.781	0.806	0.774	0.918	1.018	0.831	0.907	1.182	0.896	0.793	0.691	0.688
h_4	0.787	0.794	0.933	0.827	0.790	0.982	0.744	0.845	0.872	0.906	0.837	0.698	1.014
h_5	0.763	0.846	0.889	1.019	0.901	0.845	0.822	0.921	0.799	0.892	0.826	0.879	1.000
h_6	0.781	0.731	0.928	0.926	0.934	0.880	0.831	0.783	0.942	1.002	0.752	0.814	0.898
h_7	0.764	0.864	0.847	0.949	0.900	0.973	0.695	0.866	0.851	0.761	0.787	0.857	0.953
h_8	0.860	0.865	0.926	0.886	0.961	0.884	0.923	0.801	0.900	0.879	0.786	0.830	0.895
h_9	0.735	0.810	0.914	1.005	0.954	0.857	0.931	0.824	0.822	0.907	0.696	0.811	0.963
h_{10}	0.865	0.801	0.793	1.034	0.936	0.951	0.868	0.827	0.902	0.911	0.763	0.912	1.042
h_{11}	0.967	0.835	0.810	1.038	0.924	0.896	0.801	0.938	0.873	0.934	0.769	0.710	0.907
h_{12}	0.833	0.814	1.066	1.020	0.827	0.921	0.781	0.813	0.902	0.800	0.723	0.743	0.882
h_{13}	0.791	0.763	0.863	0.994	1.039	0.794	0.824	0.636	0.941	0.821	0.668	0.810	0.949
h_{14}	0.791	0.681	0.882	0.929	1.015	0.848	0.862	0.726	0.872	0.813	0.713	0.927	0.923
h_{15}	0.833	0.708	1.042	0.745	1.000	0.913	0.755	0.857	0.882	0.815	0.655	0.821	0.940
h_{16}	0.769	0.800	1.113	0.848	0.929	0.870	0.860	0.805	0.956	0.913	0.777	0.879	0.800
h_{17}	0.669	0.856	0.904	0.748	0.936	0.894	0.884	0.863	0.882	0.911	0.789	0.917	1.042
h_{18}	0.749	0.728	0.895	0.914	0.966	0.915	0.827	0.759	0.891	0.951	0.775	0.745	0.888
h_{19}	0.705	0.844	0.738	0.697	0.946	0.865	0.797	0.828	0.917	0.902	0.738	0.913	0.969
h_{20}	0.555	0.842	0.749	1.043	0.670	0.957	0.726	0.839	0.000	0.938	0.810	0.773	1.023
h_{21}	0.767	0.958	0.773	0.793	0.978	0.907	0.905	0.848	0.792	0.877	0.987	0.609	0.850
h_{22}	0.837	0.777	1.054	0.886	1.058	0.873	0.800	0.974	0.837	0.931	0.861	0.862	0.933
h_{23}	0.763	0.860	0.926	0.750	0.782	0.678	0.914	1.023	0.821	0.925	0.870	0.746	0.955
h_{24}	0.791	0.882	1.067	0.860	0.873	0.856	0.955	0.971	0.935	1.064	0.936	0.614	1.000
h_{25}	0.829	1.018	0.835	0.733	1.014	0.880	0.882	0.914	0.911	0.980	0.943	0.754	1.077
h_{26}	0.767	0.850	0.823	0.883	0.890	0.969	0.637	0.950	0.900	0.768	0.936	0.952	1.023

续表

电场强度 /(kV/cm)	0.0	0.5	1.0	1.5	2.0	2.5	3.0	3.5	4.0	4.5	5.0	5.5	6.0
h_{27}	0.814	0.760	0.879	0.834	0.836	0.900	0.878	0.838	0.792	0.985	0.987	1.032	1.091
h_{28}	0.786	0.842	0.941	0.837	0.836	0.588	0.941	0.961	0.870	0.823	0.943	1.002	0.909
h_{29}	0.935	0.854	0.978	0.797	0.975	1.010	0.835	0.825	0.817	0.917	0.825	0.889	0.912
h_{30}	0.821	0.853	0.991	0.797	0.929	0.817	0.833	0.897	0.987	0.874	0.822	0.808	1.015
h_{31}	0.847	0.884	0.932	0.778	0.980	0.901	0.732	0.880	0.751	1.016	1.006	0.544	0.807
h_{32}	0.821	0.861	1.050	0.697	0.978	0.778	0.870	0.935	0.788	0.873	0.975	0.971	0.801
h_{33}	0.921	0.821	1.059	0.810	0.664	0.781	0.898	0.947	0.922	0.866	0.867	0.944	0.936
h_{34}	0.730	0.817	0.967	0.777	1.069	0.861	0.964	0.635	0.905	0.894	0.896	0.813	0.956
h_{35}	0.888	0.904	0.937	0.820	1.005	0.870	0.843	0.902	0.916	0.940	0.942	0.753	0.849
h_{36}	0.847	0.917	0.957	0.775	0.841	0.944	0.833	0.912	0.873	0.787	1.005	0.849	0.809
h_{37}	0.819	0.809	1.150	0.926	0.920	0.661	0.780	0.861	0.730	0.999	0.829	0.930	0.979
h_{38}	0.837	0.749	1.026	0.760	0.884	0.865	0.781	0.865	0.978	0.807	0.967	0.910	1.163
h_{39}	0.823	0.745	0.662	0.829	0.899	0.811	0.950	0.752	0.910	0.956	0.902	1.034	0.941
h_{40}	0.781	0.838	0.717	0.888	1.020	0.743	0.939	0.864	0.893	0.963	0.894	0.914	0.932
h_{41}	0.933	0.843	1.042	0.972	0.963	1.020	0.982	0.809	0.820	0.882	0.958	0.746	0.845
h_{42}	0.912	0.863	1.031	0.843	0.968	0.966	0.813	0.937	0.913	0.977	0.840	0.876	0.787
h_{43}	0.813	0.793	0.851	0.951	0.985	0.717	0.874	0.821	0.852	0.998	0.873	0.731	0.815
h_{44}	0.834	0.932	1.020	0.931	0.955	0.949	0.786	0.856	0.858	0.949	0.913	0.817	0.955
h_{45}	1.000	0.898	0.931	1.007	0.921	0.856	0.900	0.703	1.007	0.747	0.964	0.589	0.868
h_{46}	0.866	0.934	1.085	0.847	0.873	0.943	0.740	0.786	0.788	0.714	0.886	0.781	0.851
h_{47}	0.923	0.908	0.949	0.961	0.914	0.868	0.809	0.815	1.034	0.929	0.922	0.673	0.909
h_{48}	0.781	0.848	0.913	0.668	0.885	0.805	0.887	0.820	0.931	0.860	0.824	0.752	0.755
h_{49}	0.875	0.803	0.912	0.891	0.935	1.009	0.797	0.865	0.912	0.879	0.911	0.915	0.645
h_{50}	0.823	0.861	0.982	0.896	0.882	0.961	0.730	0.761	0.932	0.857	0.818	0.838	0.360
h_{51}	0.946	0.826	0.946	0.862	0.880	0.953	0.974	0.897	0.968	0.842	0.796	0.840	0.879
h_{52}	0.803	0.842	0.827	0.865	0.786	0.879	0.912	0.827	0.937	0.763	0.896	0.825	0.953
h_{53}	0.843	0.941	1.018	0.908	0.944	0.713	1.000	0.793	0.852	0.822	0.788	0.981	0.923
h_{54}	0.708	0.823	1.026	0.837	0.860	0.997	0.856	0.686	0.886	0.944	0.842	0.933	0.940
h_{55}	0.785	0.913	0.949	0.913	0.845	0.809	0.921	0.594	0.828	0.834	0.848	0.834	0.795
h_{56}	0.818	0.908	1.021	0.812	0.754	0.855	0.710	0.851	0.753	0.860	0.850	0.726	0.949
h_{57}	0.888	0.943	0.941	0.949	0.984	0.786	0.816	0.973	0.846	0.764	0.914	0.784	0.890
h_{58}	0.907	0.800	0.882	0.941	0.844	0.910	0.948	0.905	0.960	0.922	0.782	0.786	0.691
h_{59}	0.663	0.810	0.936	0.824	0.857	0.878	0.900	0.745	0.988	0.751	0.858	0.840	0.476
h_{60}	0.827	0.822	0.894	0.637	0.801	0.809	0.663	0.645	0.894	1.011	0.838	0.918	0.837
h_{61}	0.991	0.838	0.888	0.624	0.918	0.862	0.835	0.841	0.895	0.959	0.802	0.932	0.915
h_{62}	0.822	0.814	0.782	0.844	1.018	0.762	0.619	0.991	0.880	0.932	0.864	0.936	0.726
h_{63}	0.937	0.795	1.008	1.032	0.885	0.867	0.941	0.894	0.958	0.866	0.953	0.887	1.123
h_{64}	1.000	0.967	0.935	0.841	0.888	0.664	0.924	0.851	1.077	0.883	0.890	0.873	1.064

电场强度 /(kV/cm)	0.0	0.5	1.0	1.5	2.0	2.5	3.0	3.5	4.0	4.5	5.0	5.5	6.0
h_{65}	0.967	0.742	0.957	0.941	0.886	0.852	0.941	0.955	0.590	0.757	0.843	0.922	0.844
h_{66}	0.976	0.848	0.846	0.791	0.899	0.859	1.006	0.917	1.068	0.879	0.748	0.842	0.614
h_{67}	0.918	0.986	0.882	0.980	0.907	0.851	0.913	0.781	1.064	1.018	0.737	0.750	0.855
h_{68}	0.883	0.974	0.781	1.032	0.968	0.937	0.968	0.890	0.817	0.915	0.682	0.723	0.896
h_{69}	0.923	0.903	0.855	0.932	0.702	0.819	1.034	0.858	0.920	0.981	0.951	0.716	0.892
h_{70}	0.830	0.794	0.961	0.959	0.943	0.909	0.909	0.874	0.926	0.902	0.655	0.830	1.138
h_{71}	0.751	0.850	0.962	1.002	1.035	1.036	0.982	0.902	0.958	1.045	0.998	0.915	0.910
h_{72}	0.854	0.946	0.826	0.823	0.741	0.921	0.956	0.775	0.973	0.907	0.777	0.949	0.981
h_{73}	0.939	0.910	0.882	0.915	0.969	0.932	1.136	0.778	0.434	0.647	0.734	0.839	0.908
h_{74}	0.907	0.965	0.934	0.947	0.928	0.976	0.691	0.877	1.054	0.890	0.723	0.799	1.000
h_{75}	0.963	0.753	0.951	0.953	0.921	0.852	0.804	0.815	0.839	0.771	0.926	0.941	0.714
h_{76}	0.800	0.898	0.944	0.886	0.909	0.984	0.967	0.934	1.050	1.036	0.757	0.740	0.895
h_{77}	0.907	0.972	0.849	0.531	1.077	0.969	0.958	0.845	0.827	0.955	0.842	0.877	0.958
h_{78}	1.000	0.902	0.785	0.980	0.997	0.829	0.769	0.929	0.981	0.975	0.852	0.863	0.907
h_{79}	0.855	0.852	0.885	0.927	0.893	1.000	1.097	0.932	0.963	0.901	0.839	0.884	0.936
h_{80}	1.000	0.841	0.973	0.781	0.807	0.959	0.978	0.795	0.845	0.883	0.853	0.802	0.896

根据获得的各组测试单元的有效性的测度值, 应用式 (14.1)~(14.5) 可以得到表 14.3 的数据.

表 14.3 多指标生物信息及作用条件有效性的综合分析表

电场强度/(kV/cm)	生物体平均有效值	作用条件有效值	单元的优秀率	合格率
0	0.843	0	5%	45%
0.5	0.848	0.0062	1.25%	51.25%
1	0.924	0.0961	23.75%	81.25%
1.5	0.871	0.0338	12.5%	61.25%
2	0.911	0.0810	13.75%	82.5%
2.5	0.879	0.0432	7.5%	76.25%
3	0.864	0.0253	7.5%	56.25%
3.5	0.845	0.0027	1.25%	55%
4	0.893	0.0596	10%	75%
4.5	0.890	0.0564	8.75%	73.75%
5	0.842	−0.0012	2.5%	47.5%
5.5	0.829	−0.0160	3.75%	43.75%
6	0.900	0.0683	20%	78.75%

由表 14.3 的数据可以得到下述四个图形 (图 14.3~ 图 14.6).

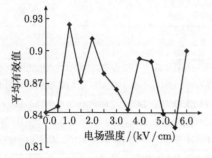

图 14.3　小麦幼苗生长的平均有效性曲线

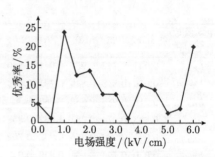

图 14.4　小麦幼苗生长的优秀率曲线

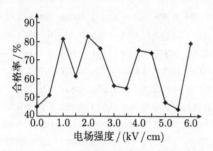

图 14.5　小麦幼苗生长的合格率曲线

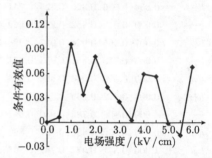

图 14.6　电场对小麦种子影响的有效性曲线

1. 不同电场强度下小麦幼苗生长的平均有效性分析

由图 14.3 可知, 对照组的平均有效值为 0.843, 小麦种子经过不同强度的电场处理后, 其幼苗生长的平均有效性有不同程度的变化. 当场强为 0.5kV/cm, 3.5kV/cm, 5.0kV/cm 时, 小麦幼苗生长的平均有效值接近对照组, 即此场强对小麦幼苗生长的平均有效性影响不明显; 当场强为 1.0kV/cm 时, 小麦幼苗生长的平均有效值达到最好, 即此场强对小麦幼苗生长具有明显的促进作用; 当场强为 5.5kV/cm 时, 平均有效值小于对照组, 即为最差组, 此场强对小麦幼苗生长具有明显的抑制作用.

从图 14.3 可以看出, 电场强度对小麦种子幼苗生长的平均影响次序为

$$1.0\text{kV/cm} > 2.0\text{kV/cm} > 6.0\text{kV/cm} > 4.0\text{kV/cm} > 4.5\text{kV/cm}$$
$$> 2.5\text{kV/cm} > 1.5\text{kV/cm} > 3.0\text{kV/cm} > 0.5\text{kV/cm}$$
$$> 3.5\text{kV/cm} > 0.0\text{kV/cm}(对照组) > 5.0\text{kV/cm} > 5.5\text{kV/cm}.$$

上述信息为如何选择合适的电场作用条件来促进作物生长的平均水平, 提高农业生产的平均产量提供了一定的参考依据.

2. 不同电场强度下的小麦幼苗生长的优秀率分析

由图 14.4 可知, 对照组小麦幼苗生长的优秀率为 5%. 和对照组相比, 当场强为

1.0kV/cm 时, 小麦幼苗生长的优秀率达到最好, 即此场强下达到或超出对照组优秀单元水平的幼苗个数最多; 场强 6.0kV/cm 为其次; 当场强为 0.5kV/cm, 3.5kV/cm 时, 小麦幼苗生长的优秀率不及对照组. 这些信息为如何选择合适的电场作用条件来选种育种提供了一定的参考依据.

3. 不同电场强度下的小麦幼苗生长的合格率分析

由图 14.5 可知, 对照组小麦幼苗生长的合格率为 45%, 即对照组中好于平均包络线 l_a 上点的幼苗个数的比率为 45%. 当场强为 2.0kV/cm 时, 小麦幼苗生长的合格率达到最高; 场强 1.0kV/cm 其次, 即在此场强下达到或超出平均包络线 l_a 的幼苗个数最多; 当场强为 5.5kV/cm 时, 合格率小于对照组, 为最差组; 当场强为 5.0kV/cm 时, 合格率接近对照组, 此场强对小麦幼苗生长的合格率影响不显著. 这些信息为如何选择合适的电场作用条件来提高合格种子的比率提供了一定的参考依据.

4. 电场条件对小麦种子影响的有效性分析

从平均意义上来看, 小麦幼苗生长的作用条件有效值, 在场强为 5.0kV/cm 和 5.5kV/cm 时, 产生了消极作用, 即 $W^{(k)} < 0$; 其余处理组对小麦幼苗生长产生了不同程度的促进作用, 即 $W^{(k)} > 0$, $W^{(k)}$ 越大, 电场强度 k 的促进作用越明显, 如当场强为 1.0kV/cm 时达到最好. 这些信息为确定有效电场强度提供了一定的参考依据.

总之, 从上述的讨论可以看出, 当场强为 1.0kV/cm 时, 几个方面的有效性均达到最好, 说明此场强对小麦种子产生的影响最为明显. 而处理条件 0.5 kV/cm 和对照组区别不大, 说明此场强对小麦种子产生的影响并不显著. 随着场强的增加, 有效性呈振荡式变化, 并且上限有不同程度的向下倾斜, 下限也有不同程度的向下倾斜. 可把 3.5kV/cm 作为第一次波谷, 5.5kV/cm 作为第二次波谷.

5. 不同电场处理小麦种子的三区域分析

应用三区域分析法可以获得标准条件下测试点的分布状况. 在标准条件下, 即未加电场时, 80 粒小麦种子的生长情况如图 14.1 所示, 从图中可以看出, 小麦的生长存在个性的差异, 其中曲线 l_f 为 80 粒种子幼苗的株高和根长的外包络线, 该线上的点都是生长比较有效的幼苗. 以这些点为参考对象, 就可以评价其他幼苗的生长状况. 由于每个幼苗都存在个性差异, 因此, 采用图中箭头指定的方向对各幼苗进行比较. 如果一个幼苗的株高和根长值优于 l_f 上的对应值, 则认为该幼苗的生长是有效的; 否则, 认为该幼苗的生长是无效的, 并且可以按射线方向来度量该幼苗的有效性程度. 此 80 粒小麦种子幼苗株高和根场的平均中心在 l_a 的左下侧.

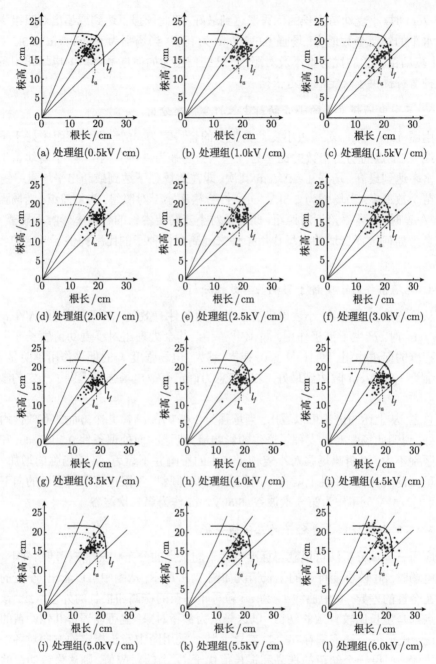

图 14.7　各场强下小麦幼苗株高和根长的二维图

　　应用三区域分析法可以获得在施加不同电场作用条件下的测试点的分布状况如图 14.7 所示.

从图 14.7 可以看出, 图 (a), (g), (j), (k) 中 80 粒种子幼苗株高、根长基本没有超出曲线 l_f 的外包络线, 单元的有效性测度值在一般区和较差区域内, 即场强 0.5kV/cm, 3.5kV/cm, 5.0kV/cm, 5.5kV/cm 对小麦种子幼苗的株高、根长影响不明显.

图 (b), (d), (h), (l) 中 80 粒种子幼苗株高、根长超出曲线 l_f 的外包络线的相对较多, 单元的有效性测度值三个区域内均有, 即场强 1.0kV/cm, 2.0kV/cm, 4.0kV/cm, 6.0kV/cm 对小麦种子幼苗的影响明显.

图 (c), (e), (f), (i) 中 80 粒种子幼苗株高、根长超出曲线 l_f 的外包络线的相对较少, 单元的有效性测度值在优秀区域的较少, 即场强 1.5kV/cm, 2.5kV/cm, 3.0kV/cm, 4.5kV/cm 对小麦种子幼苗有一定程度的影响.

此外, 随着电场强度的增加, 小麦种子幼苗株高、根长的平均中心逐渐顺时针移动, 即电场对根长的影响较为显著. 当场强为 1.0kV/cm 和 5.5kV/cm 时对小麦幼苗株高、根长的影响最为明显, 关于此场强更多的生物信息应从微观角度去进一步分析. 同样, 当场强为 6.0kV/cm 时, 小麦幼苗株高、根长的个体位置变得发散, 此场强的特殊性应从微观角度去进一步研究.

上述研究结果表明, 电场对小麦幼苗生长过程能够产生明显的促进作用. 在多数条件下, 小麦幼苗生长的平均有效性有不同程度的提高, 特别是在某些条件下, 电场对小麦幼苗生长的平均有效性具有明显的提高, 这表明应用电场处理种子的方法来改善作物生长、提高作物品质是可行的. 同时, 应用结果表明, 应用数据包络分析方法评价电场强度对作物生物效应的影响, 不仅可以全面反映电场强度对作物生物效应影响的相对有效性, 而且还能揭示在不同电场强度下, 每个幼苗形态指标与对照组之间的内在关系, 而这些都是常规的方法所不能得到的.

14.3 结 束 语

从上述应用可以看出, 这里提出的多指标生物信息非参数综合分析方法 (MIBI-T) 具有以下独特优点: 首先, (MIBI-T) 方法可以充分反映作用条件对生物体影响的个性差异. 其次, 处理组与对照组之间的比较不再局限于平均值之间的比较, 而是由对照组构成的有效面和处理组的每个数据进行比较. 此方法为分析作用条件与生物效应影响有效性之间关系提供了有效的分析工具. 应用该方法可以揭示在不同作用条件下每个单元指标与对照组之间的内在关系. 最后, (MIBI-T) 方法克服了确定各指标权重的困难, 而且方法简单、理论完备. 这些都是单项指标分析所不能得到的, 它对选择有效处理条件、全面提高生物体品质以及获得最佳处理条件提供了可行的依据, 这对提高生物信息技术促进生产的能力, 促进生物信息技术的普及和推广具有积极的意义. 另外, (MIBI-T) 方法具有一般性, 也为物理、化学、医药等其他领域中, 分析实验条件与作用对象综合影响之间的关系问题提供了一种全新的视角和有效的分析工具.

参 考 文 献

[1] 包斯琴高娃, 马占新. 电场作用条件与作物种子生长的相关性分析 [J]. 植物学报, 2010, 45(3): 384–391

[2] Cooper W W, Seiford L M, Zhu J. handbook on data envelopment analysis [M]. Boston: Kluwer Academic Publishers, 2004

[3] Cooper W W, Seiford L M, Thanassoulis E, et al. DEA and its uses in different countries[J]. European Journal of Operational Research, 2004, 154(2): 337–344

[4] 马占新. 数据包络分析方法的研究进展 [J]. 系统工程与电子技术, 2002, 24(3): 42–46

[5] Charnes A, Cooper W W, Rohodes E. Measuring the efficiency of decision making units [J]. European Journal of Operational Research, 1978, 2(6): 429–444

[6] Charnes A, Cooper W W, Golany B, et al. Foundations of data envelopment analysis for pareto-koopmans efficient empirical production functions[J]. Journal of Econometrics, 1985, 30(1): 91–107

[7] Färe R, Grosskopf S. A nonparametric cost approach to scale efficiency[J]. Journal of Economics, 1985, 87(4): 594–604

[8] Seiford L M, Thrall R M. Recent development in DEA: The mathematical programming approach to frontier analysis[J]. Journal of Economics, 1990, 46(1-2): 7–38

[9] Murr L E. Plant growth response in an electrokenetic field[J]. Nature, 1965, 207: 1177–1178

[10] 那日, 冯璐. 我国静电生物学效应机理研究新进展 [J]. 物理, 2003, 32(2): 87–93

[11] Sidaway G H, Asprey G F. Influnce of electrostatic fields on seed germination[J]. Nature, 1966, 211: 303

[12] Wang X, Li S H, Min W H. Effect of HVEF on biological reaction of Oenothera Biennis L seed during their sprouting period[J]. Acta Biophysica Sinica, 1997, 13(4): 668–670

[13] Murr L E. Plant growth response in a simulated electric field—environment[J]. Nature, 1963, 200: 490–491

[14] Stenz H. Electrotopism of maize (Zea mays L.) roots:facts and arti-facts[J]. Plant Physiol, 1993, 101(3): 1107–1111

[15] Li R N. Modern electrostatics[M]. Beijing: International Academic Publishers, 1989, 137–139

[16] Tong T Y. Electric activation of membrane enzymes[C]. In: First East Asian Symposium on Biophysics. Sponsored by The Biophysical Society of Japan. 1994: 39–40

[17] 习岗, 李伟昌. 现代农业和生物学中的物理学 [M]. 北京: 科学出版社, 2001: 175–178

[18] 白亚乡, 胡玉才. 高压静电场对农作物种子生物学效应原发机制的探讨 [J]. 农业工程学报, 2003, 19(2): 49–51

[19] 康敏, 余登苑. 滚筒式静电选种机的增产效应研究 [J]. 农业工程学报, 2001, 17(2): 92–96

[20] 侯建华, 杨体强, 吕剑刚等. 电场处理油葵种子后对其萌发期抗旱性的影响 [J]. 生物物理学报, 2003, 19(2): 193–197

[21] 袁德正, 杨体强, 韩国栋. 电场处理对羊柴种子萌发及幼苗生长的影响 [J]. 中国草地, 2006, 28(1): 78–80

[22] 杨体强, 侯建华, 苏恩光等. 电场对油葵种子苗期干旱胁迫后生长的影响 [J]. 生物物理学报, 2000, 16(4): 780–784

[23] 杨生, 那日, 杨体强. 电场处理对柠条种子萌发生长及酶活性的影响 [J]. 中国草地, 2004, 26(3): 78–81